Mathematics in Western Culture

Morris Kline

数学の文化史

モリス・クライン　中山茂訳

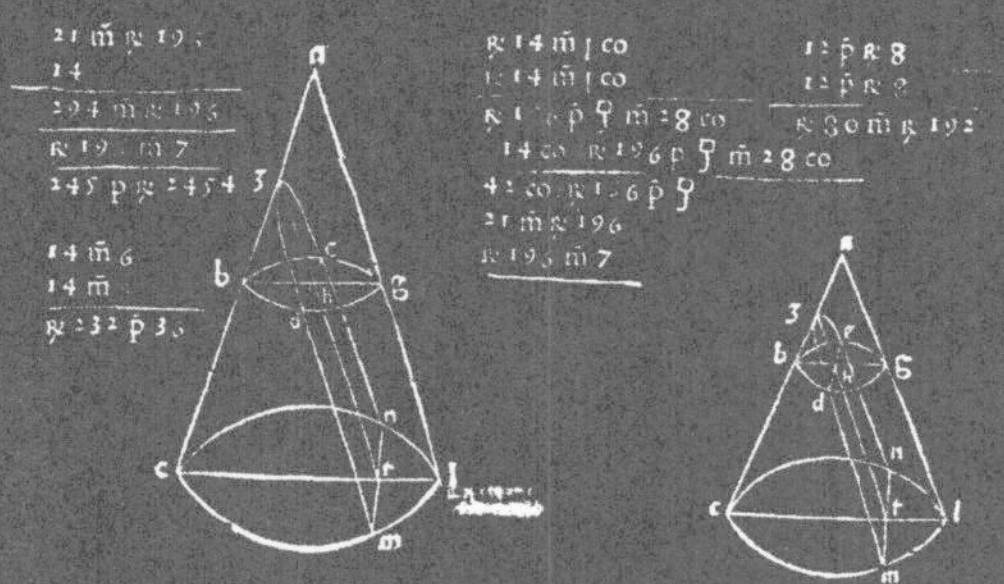

河出書房新社

序

　数世紀にわたって絶えざる伝統を維持した数学も、大量生産的教育方式に害されて、現在では文化の担い手とは考えられなくなってしまっている。科学研究者の孤立、熱心な教師の払底、無内容な営利的教科書の氾濫、知的訓練をなおざりにする一般教育の傾向が、教育界に反数学的な気風をつくりあげている。しかし公衆の中には数学に対する強い関心が今なお生きているのである。

　この関心をみたすべく、最近いろいろな試みがなされているが、私もH・ロビンスと共に《数学とは何か？》を書いて、数学の意義を論じようと努めた。しかし、この書はいくらか数学の知識を持つ読者にあてられたものである。専門的な水準は低くても、人類文化における数学の意義を知りたい人はたくさんいる。こういう人たちの期待に添う努力こそ為されるべきなのである。

　だから私はモリス・クライン教授のこの書を非常な関心をもって読みとおした。この書が数学の魅力や役割を知らない人を数学に引き寄せ得ることを信じる。

R・クーラン

はじめて数学に心を向けてからは、わたしは世にある数学の書物をほとんど読破し、もっとも簡明でいわばそれからすべてへの道が開けているといわれる算術と幾何にはとくに注意を払った。しかしどちらについてもわたしの心を完全に満たした筆者にはついぞ出くわさなかった。わたしは彼らから、正しい計算にもとづく数についての多くの定理を学びはした。図形についても、わたしの目に、彼らはある意味ではたくさんの真理を示し、確実な方法から結論を引き出しているように見えた。しかし何故そうなのか、どのようにしてそれを見いだしたか、についてはわたしの心を十分満たしてくれる人はいない。その結果世の中にこういう学問を一寸のぞいただけで無内容な子供じみたものと片付けてしまったり、学ぶはじめから、ひじょうにむずかしくて複雑なものだと決めてためらう人が、才能や学識にめぐまれた人の間にも多いのも不思議ではないと思うようになった。……しかし昔哲学を創った人たちが、数学をいとう者に知識の研究を許さなかったのはどういうわけだろうと、あとでよくよく考えてみると……昔の人は、現在世におこなわれているものとは全くちがった種類の数学を知っていたのにちがいない、という確信に達したのである。

ルネ・デカルト

はしがき

さて、こういう問題がみな結びついて、互いに関係があることがわかったとき、はじめて研究が価値を持つのである。そうでなければ値打などない。

プラトン

本書の目的は、数学が西洋文明を培う上に不可欠な役割を果たすという論旨を展開することにある。数学が技師の設計に必要であることは誰でも知っている。それが科学的推論の武器で、物理科学の核心であることも知る人は多い。ところが、数学が思想の方向・内容を変え、宗教の教義を破壊、再建し、経済や政治の理論に材料を提供し、絵画、音楽、建築、文学の様式を作り、論理学の生みの親となり、人や宇宙の本質についての根本的な問題に答を与えた、ということはあまり知られていない。合理的精神の唱道者として、数学は権威や慣習の支配する世界にいりこみ、思想や行動の基準となってそれらを駆逐した。さいごに……数学は他の文化領域に劣らず人間の繊細な欲求に満足と美的価値を与えている。

このように生活や思想に少なからぬ貢献をしているのに、教養ある人たちは皆といっていい位数学に知的な関心をよせない。この態度もある意味ではうなずける。学校の授業や教科書は「数学」を無意味な計算技術の連続として扱っている。生きて考えて感じる存在である人間を、一つ一つの骨の名前と場所と機能をあげるだけで、これが人間でございます、というようなものだ。言葉の切端は文脈から離れると意味を失うか、とんでもない意味になるものである。それと同じく数学も、人間文明の中における位置を見失い、単なる計算技術に引き直されると、いちじるしくゆがんだものになる。一般人には、数学の技術を使うチャンスがないから、無味乾燥なものとして目に映る。そしてその中の生きた大切な高尚なものを失い、教養ある人たちにも数学が軽蔑される結果になるのだ。実際には数学を知らないことが洗練された紳士の資格ともなっている。

本書では数学の考え方が二十世紀の生活、思想を形成する上にどのような役割をしたかを見る。その考え方をエジプト、バビロニアの昔から現代の相対性理論にいたるまで歴史の順序にしたがってならべる。古代を問題にするのは無意味だ、という人もあろうが、現代文化はいろいろの古い文明の集積であり綜合である。数学的推論の効力を初めて認めたギリシア人は、宇宙の構成に推論を用いることを神々に許し、そしてその設計の様式をときあかすべく努めたが、彼らの文明にとって数学が重要な地位を占めただけでなく、数学は現在の我々の思考様式の先鞭をつけたのである。以後の文明はこのギリシア人の遺産を現代に伝えつつ、さらに数学に新しい意義、深い役割をつけ加えていった。数学のこういう機能や影響は現代文化の底深くにしきつめられている。数学の現代における役割は過去に光を与えてこそ正しく評価されるものである。

本書は歴史的な方法をとってはいるが、数学史ではない。歴史的な順序を取ったのは、それが問題を論理的に示す上で最も便利で、ある考えがどのようにして起ったか、それを研究する動機は何か、それが他の分野にどのように影響したか、を調べるには自然な方法だからにすぎない。重要な副産物として読者は、数学全体がいかに発展したか、その活動の時期、静穏の時期が西欧文明史の一般的潮流とどのように関係しているか、現代西欧文明に影響した他の諸文明によって数学の性質と内容がどのように形成されたか、を知ることができる。数学が現代文明の形成者であるということを十分評価して、それによって、数学の上に、さらに現代の諸様相の上に、新しい光が投ぜられることをのぞむものである。

残念ながら一冊の書物では、論旨を説明する以上の事はできない。許されたスペースに限りがあるので、資料の山から選択をよぎなくされる。たとえば、数学と芸術の相互関係はルネサンス時代だけに限った。現代科学を知っている読者は、原子や原子核の理論において数学の果たした役割にはほとんどふれられていないことに気づくであろう。現代の主な自然哲学、特に有名なアルフレッド・ノース・ホワイトヘッドの説にはほとんどふれられていない。それでもここにえらばれた例が興味もあり、十分説得力のあるものであることを期している。

数学の全生涯を、二、三のエピソードを中心として描こうとすれば、歴史が粗略になることは免れない。政治的な事業と同様、知的な仕事でさまざまな努力、たくさんの人の個人的な貢献がその結果を決定する。ガレリオはひとりで近代科学に導く定量的な道を作ったのではない。微分演算もニュートン、ライプニッツと共にエウドクソス、アルキメデス、及び十七世紀の十指に余る人たちの創造の賜である。創造的な仕事は個人によって作られるが、その結果数世紀にわたる思想の発展という実りをもたらす。これは数学において特によく当てはまる言葉である。

しとやかな天女——数学という天使——がふみいることをためらった芸術、哲学、宗教、社会科学の領域に、著書は遺憾なく侵入した。誤りを冒すことのないようにと願っているが、その危険を敢て冒したのも数学が乾燥した機械的な道具ではなくて、文化の他の領域と不可分に結びつき、その結果ともなり原因ともなる生きた思想大系であることを示すためのものであるから、了としていただきたい。

人間の理知が果たしてきたこの業績を再評価することは、今日危殆に瀕している我が文明の理想をいくらかでも力づけることとなろう。焦眉の急は政治的、経済的な問題かもしれないが、こういう分野には困難を克服してよりよい世界を打ち立てる人間の力の跡は見られない。疑問を解決してゆく人間の力に対する信頼、成功に導くために人間が探し求めてきた方法の証跡は、人間の最も偉大な、不滅の知的偉業——すなわち数学——の研究によってえられるのである。

各方面から著者に与えられた好意に、ここで感謝の意をあらわしておきたい。ニューヨーク大学文理学部、ワシントンスクエアー・カレッジの学友たちに有益な議論をしていただいたことを、ブルックリン薬科大学のチェスター・L・リース教授には一般的な批判と特に理性の時代の文学に関する提案を、オクスフォード大学出版局のジョン・ベック氏には図の準備に対する助言をいただいた。立派な挿図を頂いたのはブーラー・マルクス夫人のおかげである。妻のヘレンも原稿の清書や校正、その批判を手伝ってくれた。特に私は、この書の着想を支持し、オクスフォードで印刷している間原稿を管理して下さったキャロル・B・ボウエン氏とジョン・A・S・カッシュマン氏に厚く感謝する。

以下に示す資料の使用を許された、出版者及び個人の方にもお礼を申し上げる。最後の章のアルフレッド・ノース・ホワイトヘッドからの引用は《科学と現代世界》(マクミラン社、ニューヨーク、一九二五年)からとったものである。デイトン・C・ミラーの手になる音のグラフの使用はオハイオ州クリーヴランドのケース工科大学の許しによる。エドナ・サン・ヴァンサン・ミレーからの引用は、エドナ・ヴァンサン・ミレー氏が一九二〇年から一九四〇年まで著作権をもつニューヨーク州ハーパー兄弟社刊の詩集《竪琴弾き》からの引用である。バートランド・ラッセルからの引用は、ニューヨークのW・W・ノートン社、ロンドンのジョージ・アレン・アンウィン社刊の《神秘主義と論理》にのったものである。セオドル・マーツからの引用は、エディンバラ及びロンドンのウィリアム・ブラックウード・アンド・サンズ社から出た《十九世紀ヨーロッパ思想史》第二巻からとられた。

モリス・クライン

ニューヨーク市にて
一九五三年八月

数学の文化史　目次

エリザベスとジュディスに

数学の文化史

第1章

概説——正しい考え方とまちがった考え方

無作法に踏み入るをひかえよ
汝の足は戦と交易の子なるミューズの
棲み家を荒らさんとする
汝、教会と法律の悪鬼どもも
泥足もてこのページを汚し得ず
朽ち腐り、卑劣無恥なる
汝の鈍感な心に触れる定義はなく
いかなる仮定も汝を顧みず
汝の澱める魂を燃やす公理はなく
汝にはタンゼントも触れず、角も合わせず
いかなる円も甘美なる接触を保たざるべし

ジョン・フーカム・フレール
ジョージ・カニング
ジョージ・エリス

数学が現代文化の重要な要素であり、さらにそれを形成する上に大きな力を揮った、と断定すると、それをそのまま信じる人はいないだろう。せいぜい途方もない誇張だと思われるのが関の山だろう。信じられないのはまったくもっともな話で、数学の本来の意義に対する誤った考え方が世上に流布されているからである。

学校で教えられたことからして、世人は数学を科学者、技術者、それに会計士にのみ使われるテクニックと考えている。こういうテクニックに対する反応が数学嫌いとなり、数学オンチともなるのである。数学嫌いの弁解として、次の様に権威の言葉を借りてくる読書子がある。聖アウグスチヌスは云ったじゃないか、「信仰厚いキリスト教徒は、根のない予言をする数学者のたぐいを警戒すべきである。数学者は悪魔と通じて魂を汚し、地獄の釜に人間を閉じこめようとしている。危険なことである。」またローマ法にもあるではないか、「悪人、数学者などに関して」云々、「幾何学の術を学ぶ事、数学者と断ぜられるような術の流布に加わることを禁ず。」有名な近代の哲学者の中にも好例は少くない。ショーペンハウエルは、算術は器械で出来るような事をするのだから、もっとも低級な精神活動である、と述べている。

こういう権威の言葉や、俗見は学校で教えられていることに関してなら肯けるが、世人が数学を全然無視してしまうのは誤りである。学校で教えるテクニックは数学の中のごくとるに足りない一面で、それを以て数学を断じることは、絵画を色の配合と片付けてしまうのと同じである。テクニックは数学からモチーフ、推理、美、意義を剝ぎとった残りにすぎない。数学の本質をいくらかでも理解すれば、現代生活、思想におけるその重要さを納得できるであろう。

そこで、この点についての二十世紀的見解を簡単に見てみよう。先ず数学は仮定的考察といわれる一つの研究方法である。その方法は論ぜられる概念の定義を注意深く公式化し、推論の基礎となる仮定を明確に述べることになる。このような定義と仮定からきわめて厳密な論理を応用して、結論が演繹される。この数学の特質を、ある有名な十世紀の数学者、科学者は、次のように云った。「数学者は恋人みたいなもので、ほんのわずかな原理を与えてやると、次から次へと結果を引き出してくる」と。

数学をただ研究方法だけと考えることは、ダ・ヴィンチの「最後の晩餐」をカンヴァス上の絵具の構成とみなすことに等しい。数学はまた創造的な分野でもある。証明の方法を立てることにも、証明されることの予測にも、数学者は高度の直観、想像を用いる。たとえばケプラーやニュートンは驚異的な想像力の持主で、それによって数世紀にもわたる堅固な伝統を打ち破って、新しい革命的な概念を作りあげたのである。数学によっていかに人間の創造力が鍛練されたかは、創造された物そのものを調べることによってのみ決められるものである。以下の章に、そのうちのいくつかを示すから、ここでは現在数学が約八十もの分科に拡がっていることを述べるにとどめる。

数学が真に創造活動であるなら、人をしてそれを追求させるものは何であろうか？　数学研究の最も顕著な動機は社会的必要から直接起る問題に答えることである。

商業、金融上の取引、航海、暦計算、橋、ダム、教会や宮殿の建設、要塞や武器の設計、その他無数の人間の営みは数学によって解きうる問題をふくんでいる。とくに現在の機械時代には、数学は広汎に使用される道具である。

数学のいま一つの基本的な用途は、自然現象の合理的関係を与え示すことで、これは近代になってとくに顕著になってきたものである。数学の概念、方法、結論は物理科学の基礎で、物理科学の成功の度合は数学と関連をもった度合で示されるともいわれる。数学はバラバラな事実の骨に生命を与え、連結器として働いてちりぢりの観測を科学の体系に結びつける。

数学者は純粋に思索に対する知的好奇心から、数の性質や幾何学的図形の探求を始め、それからして独創的な研究が生まれることが多い。今日重要な問題となっている確率は、トランプ遊びから起った問題、つまりゲームを中途で止める場合の賭金の正しい分配の仕方から始まったのである。また、科学や社会的必要と関係なく起った最大の業績に、古典時代のギリシア人によるものがある。彼らは数学を抽象的、演繹的、原理的思想体系として扱ったのである。そのほかすぐ思いつくものに限っても、射影幾何、整数論、無限論、非ユークリッド幾何など数学の主要問題の中で純粋に知的欲求から起ったものがかなりある。

なかでも創造に駆り立てる要素は美を追求する心である。抽象数学思想の権威バートランド・ラッセルは無条件でそれを認めている。

数学を正しく把えるならば、それが至上の美、彫刻のごとき冷たく厳粛な美を持つことを知る。人間本能の弱点を刺戟するようなものではなく、絵画や音楽のけばけばしい装飾もなく、最高の芸術においてのみ示される厳正な完璧と、高尚な純粋を持つものである。真に愉悦高尚の精神、最高の美質たる超俗的感覚、これらが詩におけると同様数学においても存するのである。

完璧な形の美にくわうるに、想像、直観の使用によって証明、結論を生むことは創造者に高度の美的満足をもたらすのである。洞察と想像、調和と均整、そして冗漫を排除して方法をさいごまで、正確に適用することが、美であり芸術作品の特性であるならば、数学は固有の美をもつ芸術である。以上の要素はすべて数学創造の動機となっていることは歴史に照らしてもあきらかなことであるが、それでも誤解を生み易い点がいろいろある。数学者という者は、ぼんやりした空想に耽ることが好きで、馬鹿げた、物の用に立たない夢想家である、という非難がある。これは数学の無知に対する弁解に使われることが多いのだが、こういった非難を反駁する答は容易だ。科学技術上の必要から生じたものはいわずもがな、純粋な抽象的研究でもはかり知れない実用性を示すのである。円錐曲線（抛物線、楕円、双曲線）は二千年もの間「思弁的頭脳の非生産的娯楽」以上のものではなかったが、ついにはそれが近代天文学、弾道理論、万有引力の法則を可能にしたのである。

一方「社会的関心のある」著述家が軽率に論じるように、数学が橋やラジオや飛行機を作ろうという実用的考慮からのみ促進された、とするのも誤りである。数学はこういう実用化を可能にしたが、大数学者で研究に熱中しているときに実用化のことを考えていた人は少ない。実際的応用とまったく無関係で、数世紀後になってはじめて実際上の効力を発揮した研究もある。ある倉庫番人が実用上からプラスとマイナスの記号を見つけ出したが、それを「一般社会の遺産から生じた数学史上の革命点」と信じる著述家もいるが、それよりもピタゴラスやプラトンの観念的な数学遊戯の方がはるかに意義ある役割をしているのである。もちろん、偉人は殆んどその時代の問題に心を占められていて、当時の社会思潮が彼の思索の条件となり、それを限界づけることは事実である。ニュートンが二百年前に生まれていたら、すぐれた神学者になっていただろう。婦人が服装の流行に従うように、大思想家も時代の知的流行に従う。数学をたんに慰みとみなしていた創造的天才でも、やはり当時の専門数学者、科学者を刺戟した問題を追求していたのである。しかしこういう「アマチュア」も専門数学者も、ふつうは研究の実用化を第一に考えていたのではなかった。

　実用的、科学的、美的、哲学的関心のすべてが集まって数学を形作ったのである。その一つの要素を分離してその役割、影響を論じたり、他との比重を考えたりすることは不可能だし、互の重要さを比較して軽率な格付けをすることは勿論できない。一方では美的哲学的関心としての純粋な思索が、ギリシア幾何学や非ユークリッド幾何学のような不滅の業績を生み出している。また一方では数学自身の力によるのではなく、社会の力によって純粋思索の高みにまで達している。こういう社会の力が数学に新しい息吹きを吹きこまなかったら、数学はしぼんでしまったであろう。孤独の中に身を持して、しばらくは輝きを保っていても、やがては知的崩壊を招くことになったであろう。

　数学のもう一つの重要な特性は記号による言葉である。音楽で音の表現、伝達に記号を用いるように、数学も量的関係や空間的形態を記号で表わす。社会的、政治的要素の加わった習慣の産物たる日常会話とちがって、数学の言葉は、注意深く、合理的に、巧みに工夫されたものである。その簡潔さによって、ふつうの言葉で表わすと、かさばって扱いにくい考えをぞんぶんに駆使できる。この簡潔さが思索を能率化する。ジエローム・K・ジェロームは代数記号の力をかりる必要を次の一文であらわしている。これは数学的な問題ではないけれども、記号の有用性と明確さをはっきり示している。

十二世紀の青年が恋に落ちた時は、三歩下って彼女の眼を見つめ、あなたはこの世のものとしては美しすぎる、なんて云いはしない。そのかわり、外に出て見よう、という。外に出た時に、一人の男に会って彼の頭をなぐったら、彼の――最初の男の――少女は美しいという証明になる。しかしもし別の男が彼の頭を――彼自身のではなくて、別の男のなんです――二番目の男に対する別の男、つまり、勿論別の男とは彼、つまり最初の男でない男、にとっての別の……――えいややこしい。彼が彼の頭をなぐったら、彼の少女――別の男のではなくって、その……――、つまりです。AがBの頭をなぐったらAの少女が美しい少女なのです。しかしBがAの頭をなぐったら、Aの少女は美しくなく、Bの少女が美しい少女なのです。

巧みな記号を使うと複雑な観念を容易に扱えるはずなのに、これがかえって世人には数学論議を理解し難くする。

数学で使われる記号は日常会話ではしばしば混乱を招く意味をはっきり区別する。たとえば英語で is という言葉はいろいろの意味に使われる。He is here という文では場所を示す。An angel is white という文では天使の性質を示し、場所や物理的実在とは関係がない。The man is running という文では動詞の時称を示す。Two and two is four の文では、is は数が等しいことをあらわす。Men are the two-legged thinking animals という文では、その中の is の形は言葉の二つのグループの一致を示すものである。勿論日常会話でこういう is の用法をみんなそれぞれ違った形であらわすのは繁雑である。すこしはあいまいさがあっても間違いは起らない。しかし科学や哲学におけると同様、数学の厳密さをうるにはこういう所にもっと注意を払わねばならぬ。

数学の言葉は厳密である。厳密なるが故にその形に慣れない人たちには混乱をひきおこす。数学者が「私は今日一人の人にも会わなかった」という時は、全然人に会わなかったか、たくさんの人に会ったという意味であろう。世人には、誰にも会わなかった、という意味である。この数学の厳密さは世人には衒学的とも誇張とも見えようが、正確な思索は正確な言葉と相たずさえてゆくものであるから、これは正確な思索に必要なものなのである。

数学の文体は簡潔さと形式の完全さを目標とする。ときにはあまりうまく行きすぎて、厳密さのために明快さを犠牲にすることがある。**図1**の例をふつうの言葉で表わしてみよう。直角三角形の直角をはさむ二辺をそれぞれ一辺とする二つの平方を作り、さらに斜辺を一辺とする平方を作るなら、三番目の平方の面積は最初の二つの平方の面積の和に等しい。しかし数学者でこういうように表現する者はいない。「直角三角形の斜辺の平方は他の二辺（腕）の平方の和に等しい」という。言葉を節約すれば表現は巧妙になる。数学の書物の特徴は少い言葉の中に多くをふくませることにある。しかし、数学書を読む人が、このインクと紙の節約のためにかえって苦労することもたびたびある。

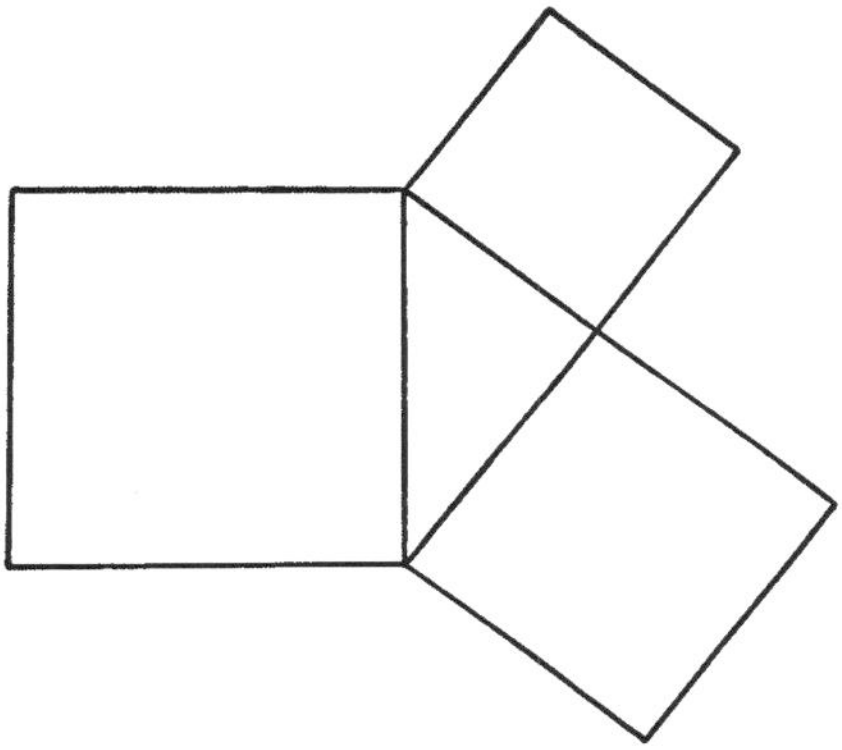

図1　ピタゴラスの定理

数学はたんなる方法、芸術、言葉より以上のものである。それは知識の体系である。その知識の内容は、物理学者や社会科学者、哲学者、論理学者、芸術家に役立つ。政治家や神学者の教義に影響する。天空を観測する人の好奇心や音楽の甘美な音をたのしむ人を満足させる。陰に陽に近代史の流れの形成にはたらきかける。

数学は知識の体系である。しかし真理をふくんではいない。いや、数学は要塞堅固な真理の博物館で、宗教家がバイブルを信じるように、神から与えられた啓示のようなものだという反対意見がある。これはときがたい世人の誤解である。一八五〇年までは数学者さえもこのあやまちに同調していた。しかし幸にして、のちに論じる十九世紀のある事件から、数学者は道を誤っていたことをさとるようになった。数学の中には真理はないが、ある分野の定理は他の分野の定理と矛盾することがある。たとえば十九世紀にできた幾何学の定理のうち若干はユークリッドの証明したものとは矛盾する。数学は真理を求めるものではないが、人類に自然を征服する奇跡的な力を与えてきた。この人間の思想の大きなパラドックスの解決がこれから述べる問題の主要なものの一つである。

二十世紀では数学的知識と真理は区別されるから、物質界の真理を求める科学と、数学とは区別されねばならない、数学は科学に対する燈台の灯であって、科学が現在文明の中で占める位置に達するまで絶えずそれをたすけてきた。近代科学の凱歌は数学のおかげであるといっても過言ではない。しかしここでは二つの分野が違ったものであることに注意しよう。

広い意味では数学は精神、合理主義の精神である。完全なものへと人間の心を励まし力づけるのはこの精神である。人間の物質生活、道徳生活、社会生活にはたらきかけ、人間存在に課せられた問題を解決し、自然を理解し統御し、既知の知識の深い内容を探ろうとするのも、この精神である。本書の注目するところはこの精神のはたらきである。

数学は文明の盛衰と共に花咲き凋《しぼ》む生きた木である。先史時代に創られた数学は、先史時代の数世紀、さらに有史に入ってからも数世紀間は生き残るのがやっとであった。そしてついにギリシアの快適な土壌にしっかり根を下し、しばらくの間さかんに生長を続けた。この期間にはユークリッド幾何学という開花を見たのである。他の花の蕾も僅かに開きかけ、よく注意してみると三角法や代数の萌芽もみとめられる。しかしこういう花もギリシア文明の衰退と共に凋み、一〇〇〇年もの間木は眠っていたのである。

木が再びヨーロッパの豊かな土壌にもたらされた時は数学は以上のような状態であった。しかし一六〇〇年までにギリシア時代の全盛期に持っていた勢を取り戻し、異例の光輝を放つ準備は成った。一六〇〇年までに知られていた数学を初等数学と呼べば、初等数学はそれ以後創られた数学に比べると無限小といっていいほどお話にならない微々たるものである。事実、ニュートンの知識を持つ人にも今日の数学者のしていることは想像もつかないだろう。世間の通念とはちがって、今日の数学は計算で始まるが、計算で終わらないからである。二十世紀では数学の問題も広く拡がって、その全体を修得したといえる数学者は一人もいない。

これから述べる数学の生涯の短いスケッチでも、いかに数学が文明の力に養われ、文化によって活気づけられたかが判る。このように数学は文明文化の大切な部分であるので、歴史家は時代の諸相がその時代の数学にいかに反映しているかをみとめ得る。たとえば紀元前六〇〇年から紀元前三〇〇年まで続いたギリシア文化の古典時代を考えてみよう。ギリシアの数学者たちは厳密な推論で結論をうることを強調する余り、実際的問題への応用には興味がなく、抽象的な推論や理想や、美への追求を心がけることにのみ関心を持った。だからこの時代の文学の美に、哲学のきわめて合理的な性質に、彫刻や建築の理想化の傾向に、おかしがたい気品があるのも、当然である。

数学創造の欠如が文明文化の程度を示すことも事実である。ローマ人の場合に例をとろう。数学史上ではローマ人はただ一度、しかも反動的役割をもってあらわれた。ギリシア最大の数学者であり科学者であったアルキメデスは、紀元前二一一年、砂の上に幾何の図形を描いて研究しているところへローマの兵士に踏み込まれて殺された。アルフレッド・ノース・ホワイトヘッドによると、

ローマの兵卒の手になるアルキメデスの死は世界史上の大変化を象徴している。抽象的科学を愛好するギリシア人は実利的なローマ人によってヨーロッパ世界の主導権を奪われた。ビーコンスフィールド卿は自作の中で、実利派の人間とは祖先の犯した誤ちを実行する人間だと定義している。ローマ人は偉大な民族ではあるが、実利性をたっとぶあまり思想の貧困を招いたことによって、呪われてしかるべきである。彼らは祖先の知識を改善しようとはせず、その進歩もせいぜい区々たる実用技術の面に限られる。彼らは大自然の力を根本的に統御しようという新しい見解に立つような夢想家ではなかった。ローマ人の中には幾何学の図形の研究に熱中するあまり、生命を失ったような人はない。

キケロは彼の同国人がギリシア人のような夢想家でなく、数学を実際面に応用したことを誇りとしている。

実利派のローマ人は、勝利の軍勢を祝う凱旋門の、優美とはいえないが頑強な姿で象徴されるように、統治と征服にうきみをやつし、真に創造的、独創的なものは何も産まなかった。一言で云えばローマ文化は到来物である。ローマ帝国時代の業績としては、ローマの政治的支配下にあった小アジアのギリシア人からもたらされたもののみである。

以上の例でも判るように、時代の一般的特徴は数学の活動と密接な関係にある。この関係は現在においてとくによくあてはまる。現在の歴史家、経済学者、哲学者、著述家、詩人、画家、政治家の業績はもちろん大したものであるが、古い文明はそれぞれ、その能力と業績に応じたものをちゃんと産み出しているのである。ユークリッドやアルキメデスは最上級の思索家であるが、現在の数学者が彼らよりも高所に達しているのは、ニュートンの云うようにそれら巨人の肩の上に立っているからだけの話だ。それでも、数学が広い範囲と異常なまでの応用性をかちえたのはやっと現代になってからのことなのである。だから現代西洋文明は、数学が現代の生活思想に影響した程度から推して、史上かつてないすぐれたものなのである。この本では、現代が如何に数学の恩恵を多く受けているかを、はっきりさせることにする。

第2章 経験的数学

数学を難解で常識に反するものと考えてはならない。ただ常識の枠を取ったものである。

ケルヴィン卿

人類の揺籃の地、西洋文化の源は、近東である。その昔人間は生まれ故郷を棄てヨーロッパ平原を遍歴していたが、その子孫は定着して文明文化の基礎を作った。数世紀後になって東の国の賢人が無教育の一族を集めて教育を施した。こういう賢人たちが西洋人に知識をのこしたのであるが、中でも数学は非常にたいせつな要素であった。だから現代文化に与えた数学の足跡を辿るために、近東文明をふりかえってみよう。

まず原始文明の中に数学のかんたんな形が作られたことを語らねばならぬ。こういう初歩的段階は全く実際上の必要から生れたものである。最も原始的なタイプの人間社会でも、必需品の物々交換が行なわれ、そこから数を数える必要が起ってくる。

数える方法には手足の指を使うと便利だから、原始人は子供のように手足の指を使ったと考えて不思議はない。この数を数える大昔の方法は現在の言葉にも残っていて、digitという言葉は1、2、3のアラビヤ数字と共に手足の指という意味を持っている。指の使用から十、百（十の十倍）、千（百の十倍）という十進法が採用されることになったに違いない。

原始文明でも数に対して特殊な記号を使うようになった。そして原始文明は三匹の羊、三箇の林檎、三本の矢は「三」という量の共通点を持つ、という認識に達した。この数を抽象的観念として考えること、特定の物体をはなれて抽象的なセンスを持ったことは、思想史上の重要な進歩である。現代でも初等教育では物体から数を引き離す方法を取っている。

原始文明は四つの基本演算を発明した。即ち加減乗除である。こういう演算の発明が人類にとっては容易なわざではなかったことは、現在の後進民族を研究すれば判る。原始民族では羊の所有者が数頭の羊を売る時は、ひとまとめにして渡さずに、一頭一頭別にして売るのである。彼らの頭には羊一頭の値段に羊の頭数を掛けるという計算は混乱を生じ、欺されたのではないかという疑いを起すのである。

数と同じく幾何学も人間生活の必要から原始文明の中にはぐくまれてきたことは疑いのないことである。幾何の基本概念は物の形の観察から来た。たとえば角度の概念は肘や膝の所の角度からきたものらしい。近代ドイツ語はじめ、いろいろな国の言葉にでてくる角の両側という言葉は、脚という意味も持っている。英語でも直角三角形の腕などと云っている。

我々の文化や数学の源たる近東文明はエジプト人、バビロニア人のものである。これらの文明の古い記録には、かなり進歩した数の法式、若干の代数、ごくかんたんな幾何が見られる。1から9までの数にエジプト人はⅠ、Ⅱ、Ⅲというように棒を使った。10には特別な記号∩を使い、100、1000、その他大きな数字にもこれに類した特殊な記号を用いた。その中間の数字にはきわめて自然な方法で以上の記号をならべた。だから21は∩∩Ⅰと書かれたのである。

バビロニアの量をあらわす方法は更に注目に値する。1は▽と書く。2は▽▽で、4は▽▽▽▽であらわし、9にいたる。10には◁という記号が使われる。だから、33は◁◁◁▽▽▽である。▽◁◁▽というような記号には特別の意味がある。ここでは最初の▽は1ではなくて60でみんなで60+10+10+1,つまり81となる。だから同じ記号でもその場所によって値が違う。この所の原理は今日用いられる位取りの考えと全く同じである。今日の法式は569という数字で9は9をあらわすが、6は10の6倍を、5は100の5倍または10^2の5倍を示す。つまり数の中のアラビア数字の位置がその値を決め、この値が位置に応じて10の1乗、10の2乗、10

の3乗などになるのである。十という数は現代の数の法式の基数と呼ばれる。

バビロニア人は60を基数とする位取りを用いたので、ギリシア人やヨーロッパ人は十六世紀まで数学や天文の計算にこの方式を使い、角度や時間の60分、60秒に今でも残っている。十を基数とする法式はインド人が作り出し、中世の終頃ヨーロッパに移入された。

位取りの原理は非常に重要なものなので、もう少し論じよう。十を基数とすれば、十箇の記号があればどんなに大きな値でもあらわしうる。その表わし方もエジプト人などの方法よりもずっと系統的で簡潔である。さらに重要なことは、この原理によって能率のよい計算方法が発達したことである。

ここで必ずしも十を基数とする必要はないことに気づくであろう。どんな整数を基数にとっても原理上かまわないはずだ。たとえば基数に五を使う人があると考えよう。そうすれば、1、2、3、4、0の五箇の記号で事足りる。五という数をあらわすには、10と書く。この場合の1はふつう十の1倍であるところを五の1倍なのである。五の基数を使って六と書くには11と書く。七は12である。十一は21である。二十五は100つまり$1 \times 5^2 + 0 \times 5 + 0$である。五を基数として加え算、掛け算の表も出来る。3＋4は12となり、13＋14は、五を基数とする二数は、それぞれ八と九をあらわすから、32となる、という工合である。一番よい基数は何かという問題が真剣に考えられ、十二がよいという理由がいろいろ挙げられている。しかし日常生活で数を使う際には、習慣上十を基数としている。

位取りの原理をうまく使うためにはゼロが必要になってくる。たとえば503と53とを区別しなければならないからである。その場合バビロニア人は5と3を分離する特殊な記号を使ったが、この記号を数として扱えるという認識には達しなかった。つまりゼロが量を示し、加えることも引くことも、他の数と同様に扱えることを知らなかったのである。「ゼロ」という数は無の概念と厳密に区別せねばならない。数学科の学生が試験を受けなければ成績は無であるが、試験を受けて全然出来ていない時はゼロなのである。

原始文明では分数計算はかんたんな事ではなかった。バビロニア人は適当な表わし方を知らなかった。だからＡＡＡは30でもあり30/60でもあり、そのどちらかは文の内容から判断するほかはなかった。エジプト人はいかなる分数も分子が1となる分数の和になおした。だから5/8は計算する前に$\frac{1}{2}+\frac{1}{8}$となおしてあらわすのである。現代の分数の扱い方はもっと効果的であるが、それでもまだ難かしいと思う人が多い。

　バビロニアやエジプトの古代文明は整数、分数の使用より程度の高い算術に達していた。彼らが未知量をふくむある問題を解くことができたことは現在知られている。勿論これは現在の中学校で学ぶものよりも粗雑で一般性に欠けた方法ではある。バビロニアはユークリッドの代数知識の源でもあると考えられている。

　バビロニア人が優れた算術、代数を編み出している間に、エジプト人は幾何の面で先を越して行ったと一般に考えられている。その理由についてはいろいろ考えられる。歴史家の挙げる一つの理由では、エジプト人は数、特に分数を研究する巧い方法を編み出さなかったので、代数の分野は進まなかった。そしてその代り、幾何に力点を置いたのである。別の見解によると幾何は「ナイルの賜」である。紀元前十四世紀にセソストリス王はエジプト人全部に土地を分配し、めいめいに同じ面積をあたえて、それに応じて税金を課した、とヘロドトスは述べている。ある人が毎年のナイルの氾濫で土地を失うと、王に損害を報告し、王は失地を測量する技師を送って税を控除した。だからエジプトの土地から幾何学 geometry ―― geo は土地を、metry は測定を意味する――が起り栄えたのである。このように、エジプトで幾何が重要視された理由をヘロドトスは正しくとらえたであろうが、紀元前十四世紀より数千年前に、実は幾何がすでに存在していたことを見逃しているようである。

　エジプトやバビロニアの幾何は経験的、実用的なものであった。直線は伸ばした紐の一片以上の意味を持たない。一方、ギリシア語の「斜線」は直角の二つの腕に対して「反対側に伸ばした」ということの意味である。平面は単に平坦な地表の一片である。穀物倉の容積や土地の面積の公式は、ただ何度も繰返しやっているうちにえられたもので、だからあきらかに間違っている公式も多い。たとえばエジプト人の公式によると、円の面積は半径の自乗の3.16倍である。エジプト人が実際に使うにはこれで十分だったが、正しいものではない。

エジプト人やバビロニア人は数学を無数の実際的応用に使った。当時のパピルス、粘土板には約束手形、信用状、抵当証書、据置払金、商売の利益配当が示されている。算術や代数はこのような商業取引に使われたが、一方幾何の公式からは土地の面積や、円柱形、ピラミッド形の穀倉に貯える穀物の量が出た。その上、エジプト人、バビロニア人は倦むことを知らない建築家であった。現代の摩天楼時代でも、彼らのなした寺院やピラミッドの技術的成果は驚嘆に値するものである。バビロニア人はその上優秀な灌漑技術者でもあった。当時の民衆の生命の血であったチグリス、ユーフラテスの両河は、巧みに掘った運河を通じて土地を灌漑し、あの暑く乾燥した気候の中で街は繁栄を続け、ウルやバビロンのような人口稠密な都市を現出した。

しかし、エジプトやバビロニアの数学が、いかに実用性を強調したとしても、実際問題の解答にのみ限られていたとするのは誤りである。これは当時だけに限らず、現在でも云えることである。くわしく調べると、芸術的、宗教的、科学的、哲学的、何であれ人間の思想、感情の正確な表現が、今日と同様当時にも数学の様相にふくまれていたことが見いだされる。

バビロニアやエジプトでは数学の絵画、建築、宗教、自然探求への関係は、商業、農業、建設への利用に劣らず、緊密であり、そして活発であった。

数学にただ実利的価値しか認めない著述家には、歴史の中に数学活動の実用的動機のみを読み取る人があるが、これは論理的にもありえなかったことである。彼の論旨はこういうのである。数学は暦計算や航海に応用された。だから数学の創造は、計算の必要から数列ができたように、実際的問題が動機となっている。このこれの後に、故にこれがために式の論旨には歴史はなく、勿論賛成できるものではない。舟乗りが海で方向を見失って、急に、星が航海の問題への答であることを発見したわけでもあるまい。エジプトの農夫が、毎年のナイルの氾濫に悩まされて、今後太陽の運行に注意しよう、と決心したわけでもあるまい。

航海や暦計算に対する天文や数学の利用に先立って、自然への畏敬の念で満たされ、制し切れない哲学的欲求に駆られた人間は、太陽、月、星の運行を絶えず観測しつづけたにちがいない。自然の神秘に取りつかれた予言者が、機械や数学の不備というハンディキャップを克服して、天体の描く道筋を観測から苦心して掴み出したのである。エジプト文明の初期に太陽年、つまり季節が一めぐりする年が約三百六十五日からなることを知ったのは、こういう人達である。

彼らの辛抱強い努力がなしとげた事はこれに限らない。毎年ナイルの氾濫がカイロに達する頃、日出時の空にシリウスがあらわれることが観測された。シリウスの天空における通路の図をつくって洪水を予言するよりもずっと以前に、この観測はなされていたにちがいない。さらに、三百六十五日の暦年は真の太陽年よりも四分の一日短いから、数年後には暦でシリウスが夜空に現われることを予測出来なくなってしまった。一四六〇年つまり4×365年後になってはじめて暦とシリウスの位置が一致するのである。このシリウス星周期といわれる一四六〇年はエジプトの天文家にも知られていた。このように天空に法則性が存在するということは、誰かがそれを応用しようと考える前に認められていたことはたしかである。

天文や数学の研究からこういう法則性が知れて、エジプト人やバビロニア人は天空面に注意を払うことを学んだ。天の命じる時に狩をしたり、魚を取ったり、種を蒔いたり、穫入れたり、踊ったり、儀式をしたりした。やがて特定の星座に、その見かけから古代人の諸活動に応じた名前がつけられた。狩人という意味のサジタリウス、魚という意味のピセズは今なお空にかかっている。

天は物事の時を決定した。しかしこの厳然たる支配者は秩序への服従を要求し、猶予を許さぬ。ナイルが毎年の洪水によって国中を地味の肥えた泥土で覆い、その土壌を耕作してくらしを立てていたエジプト人は、洪水に対して前もってそなえておかねばならなかった。家や家具、畜牛は洪水の間はその土地から移し、洪水の後ですぐ種蒔きにかかる準備を整えねばならない。だから洪水の来襲を予言する必要がある。エジプト人にかぎらず、どこの土地でも、栽培の時や、休日や、いけにえを供える日を前もって知る必要があった。

しかし、予言は過ぎさった日夜を数えて記録しておくだけではできない。三百六十五日の暦年は四分の一日だけ短いから、すぐに季節との関係を失ってしまう。休日や、その後数日してやってくる洪水の予言は、当時僧侶だけが持っていた天体の運行や数学の精密な知識を必要とした。日常生活の調整や天変地異への用心準備のために、暦の重要なことを知っていたこの伝道者たちは、一般民衆を支配する権力を保つためにこの知識を握っていた。エジプトの僧侶は太陽年、つまり季節の一巡が$365\frac{1}{4}$日であることは知っていたが、故意に大衆にこの知識を与えずにおいた、と考えられる。洪水のくる日を知っていながら、僧侶は自分の行なう儀式で、洪水を起させうるのだと装い、貧しい農夫から儀式の費用を取り立てた。数学や科学の力は、今日同様当時にあっても権力であったのである。

天界への驚異の念は成長して天文学となり、さらに数学になったが、神秘宗教は生、死、風、雨、自然の景観に対する驚異を表現し、やがて現在では問題にならなくなってしまっている占星術を数学に結びつけた。もちろん古代宗教における占星術の重要性は今日の観念から判断されるべきではない。この宗教にあってはたいてい天体、特に太陽は地上の万物を支配する神であった。神の意志や計画は天体の活動、規則的なゆきき、彗星の出現、日月食から推測された。古代の僧侶が惑星や恒星配置の運行をもとにして将来を予言する公式を立てるのは、現代の科学者が技術を凝らして自然を研究するのと同じ態度だったのである。

たとえ天体が神でなかったにしろ、科学的に未熟な人間にとって、太陽や月や星の位置を人間関係と結びつけるには、それ相当の理由があったのであろう。穀物の収穫が一般に太陽や天候によること、動物が一定季節に身ごもること、アリストテレスやガレノスさえも月の運行によって支配されると信じた女の生理周期、その他これに似たいろいろの関係からこの結びつけの信頼度は高められる。とくにエジプト人にとっては、シリウスが夜明けに空に現われる日にナイルの洪水が来襲することは、シリウスが洪水を起す、という事を意味したのである。

神秘宗教は、美しい寺院やピラミッドの定位や建造の中に、幾何学的慣習によって、端的に自己の姿を表現している。バビロニアの主要都市にはみな「ジッグラト」という塔の形をした寺院が建てられた。これは幅広い階段を昇って何層にも重なったテラスを経て頂上にいたる堂々たる大建造物で、周囲数マイルを見とおせるものである。エジプトのピラミッドや寺院は余りにも有名である。とくに、ピラミッドは王家の墓で、エジプト人は厳密な数学的掟に従って建てることが、死者の来世のために重要であると信じていたので、念入りに建造された。これらの宗教建築の方位は天体と関係があり、有名なカルナークのアモン・ラー、太陽神の寺院はその好例である。建物は夏至には丁度落日に面し、その日は寺院の中に直射光が入って後壁を照らしたのである。

神秘宗教は数の魔力を使ってその観念を表わすことも見逃さなかった。三と七という数は特別の注意を惹いた。宇宙は一定の周期からなるのだから、七のような好ましい数を利用しないわけがない。神の権力と自然の複雑さとを調停することが、当時の大問題であったらしい。

宗教家が宇宙の神秘を数で説明しようとしたことはカバラから説明される。バビロニアの僧侶は伝統の下にこの数の神秘的、悪魔的学問を発明し、後にヘブライ人によって拡張された。この擬科学は次のような考え方による。アルファベットの文字はそれぞれ数と関係がある。じっさいにも、ギリシア人やヘブライ人はアルファベット文字を数の記号として使っている。言葉はその言葉を構成する文字に付せられた数の和と関係をもつ。同じ数を持つ二つの言葉は関係があると信じられ、この関係が予言に用いられる。だから人間の企てた仕事の名に付せられる数と、死という言葉に対する数とが等しければ、その人間は死ぬと予言される。

数学知識の発見利用においては、人間の芸術的興味は宗教的感情に劣らないものである。建築家が美麗な公共建造物、寺院、宮殿の設計、建設に幾何を研究応用する一方、画家は美の概念を表現する手段として幾何図形に魅せられた。ペルシアのスサの街の芸術家は既に六千年前に、近代抽象芸術のように洗練され、様式化されたスタイルの中に幾何の形式を活かした。山羊の前半身と後半身が三角形、角が大ざっぱな半円で、こうのとりの身体と頭が大小の円で描かれて壺の飾りになっている。幾何学はヘロドトスの云うごときナイルのみの賜ではない。芸術家もこの賜を文明に捧げたのである。

エジプト・バビロニア文明は人間のもろもろの要求、関心からして数学に活動の息吹きを与えたが、数学の理解、その実際的業績、どの面においても大をなしえなかった。かんたんな公式、数値的基本法則やその技術を集積させはしたが、そのすべては特殊な状況から起る疑問への解決に過ぎない。問題の一般的展開も、一般原理を解明する書物もないのである。エジプト数学を知る主な資料であるアーメス・パピルスもただ特殊な問題に限られ、そこには操作に対する説明もその理由も与えられていない。バビロニアやエジプトの僧侶も数学の一般原理を持っていたであろうが、その知識が秘密としてかくされていたのだろうとも考えられる。これは想像ではあるが、一つにはアーメス・パピルスの「すべて不明な物事の知識をうる方法」という標題に、一つには知識の口伝と、民衆の支配階級に対する崇拝を起そうとするエジプト神権政治の一般的性格から、以上の事が察せられるのである。

科学知識の体系を作ったり、個々の物事を広い綜合の中にふくませるという点で、成功を見なかったことも、エジプトやバビロニアの天文学の顕著な性格である。数千年間も観測を続けていながら、その間に諸観測を関連づけ説明する理論は一向に進歩しなかった。

古代数学の深遠なことの例として、ピラミッドの建設に使われた数学が、強調されすぎる傾きがある。ある著者はピラミッドの各側線の長さが極めて精密に等しいこと、角が九十度に非常に近いことを指摘している。しかし、これに必要なものは数学ではなくて、努力と忍耐である。精密な計算家は、必ずしも大数学者ではなく、ピラミッド建設家でもない。この大事業で真に驚くべきことは、ただ大規模な夫役の組織工事である。

現代的視点に立てば、エジプトやバビロニアの数学は、経験から結論を作りあげる、という極めて重大な点において不備であった。エジプト人やバビロニア人が公式をうる方法を調べれば、それはすぐわかることである。

農夫が出来るだけ安価に矩形をした100平方フィートの土地を区切ろうとする、と考えよう。垣根の値段を安くするために、周囲を出来るだけ短くしたい。100平方フィートの矩形を作るには、50×2フィート、20×5フィート、8×12.5フィートといろいろな仕方がある。しかし面積は皆同じでも周囲の長さは違っている。たとえば2×50フィートでは54フィートの所が、5×20フィートでは50フィートですむ。縦横の比率が違えば、周囲の長さが違うことは、われわれにとっては計算しなくても判ることである。

ところが農夫にとってはそれが大変なことである。彼がいくらかでも算術を知っていれば、100平方フィートになるいろんな仕方をやってみて、一番周囲の短いものをえるだろう。けれどもそのやり方は無限にあって、全部やってみるわけにはゆかない。だから一番いい方法を決められない。そのうちでも気のきいた農夫が、縦横の長さが近いほど周囲が短くてすむことに気づくだろう。そして10フィート×10フィートが一ばん周囲の短いものであると考えるにいたる。ただ、それを確かめることはできない。しかし農夫の試行錯誤法でもかなりの結論、つまり与えられた面積の矩形の中で正方形が一番短い周囲を持つ、という結論に至る。

農夫はきっとこういう推論の過程をふみ、矩形の面積の算術と多年の経験からこの結論の支持をえて、信頼のおける数学的事実として後世に伝えることになる。もちろんこの結論はこのようにしてもしっかりした根拠をもつものではなく、現在の数学の学生でこんな方法で「証明する」者はいないであろう。古代の数学知識をうる方法の特徴は、才気のかわりに忍耐をもってしたことにある。

古代数学の今一つの特徴は注目に価する。僧侶は数学をふくめてあらゆる認識を独占し、それを自分たちの目的に使った。知識は権力をあたえた。彼らは民衆の知識を制限することによって、権力に抗する者の出てくる可能性を防いだ。その上、無智は恐怖を起し、恐れおののく人民たちは、彼らを導き、安心を与える指導者に帰依した。このようにして僧侶は自身の地位を強化し、人民の支配を維持しえた。バビロニアやエジプトの神権政治は、支配的僧侶階級の存在しない文明とくらべれば、余りにも貧弱である。ギリシア人の栄えた数百年や最近数百年が、この二つの古代文明の数千年とは比較にならない知識と進歩を産み出したことを見よ。

第3章

数学的精神の誕生

ギリシア人は何物をも改善し完成する。

プラトン

ある夜散歩に出たターレスは星の観測に気を取られてみぞに落ちた、という話がある。お伴の女がびっくりして言った、「足許の事を知らずに、どうして天の事が知れましょうか。」と。しかしターレスはつぎつぎとたくさんの事をなしとげた。一生の間にギリシア数学の基礎を作り、星を観測し、気心のあった友と自然を渉猟しただけでなく、ギリシア哲学の父となり、宇宙論に貢献し、遠征旅行し、天文学につくし、商業の上でも大成功を実現した。

初期のギリシア数学者と同じく、ターレスも代数や幾何の初歩をエジプト人、バビロニア人から学んだ。これらの学者にはバビロニア文化を受けついだ小アジアからきた人も多い。ギリシアに生まれた人もエジプトへ行ってそこで学んだ。エジプトやバビロニアはたしかにギリシア人の精神に影響を及ぼしているが、ギリシア人の生んだ数学はそれ以前のものとまったく違っていた。二十世紀の観点からすれば、数学、さらには近代文明も、紀元前六〇〇年から三〇〇年にわたるギリシア古典時代をもって始まったのである。

ギリシア時代以前の数学の特徴は、経験的結論の蒐集として既に語った。その公式は、今日でも治療や薬がそうであるように、時と共に経験を付加していってできたものである。経験も良師ではあるけれども、知識をうる上で効率の悪い場合が多い。経験から橋に使う鋼鉄柱の強度を試験してみようとして、わざわざ長橋を架する人があろうか？　試行錯誤法は直接的ではあるが、危険なことが多い。

経験が知識をうる唯一の道であろうか？　人間には推論能力が与えられているのではなかったろうか？推論にはいろいろな道があるが、なかでも広くひろまっているものは類推である。たとえばエジプト人は霊魂不滅を信じていたから、死者に着物や什器や宝石その他、来世で使われるものをつけて葬った。この世で必要なものはあの世でも、というのが彼らの類推である。

類推は役立つが、限界がある。まったく類推の利かない物が多い。飛行機、ラジオ、潜水艦などは類推から容易に発明できるようなものではない。また類似しているものがあっても、僅かに違っているそのことが大問題になることも多い。人間が猿に似ているからといって、猿の研究から人間に関する結論が引き出せるというわけのものでもない。

もっと広く使われる推論方法は帰納である。春ごとに豪雨があって、そのあとに豊作が訪れることが数度あったとすると、農夫は豪雨が穀物に有益である、という結論にいたる。また、弁護士にひどい目に会ったことのある人は、弁護士という奴はみんなひどい奴だときめこんでしまう。帰納というものは、限られた数の例から、あることが常に正しいと結論づけることにある。

帰納は経験科学の推論の基本的方法である。科学者がある量の水を四十度から七十度に熱し、水の容積が増したことに気づいたとしよう。良い科学者ならすぐには結論を出さず、何度も実験をくりかえして見るだろう。そして毎回同じ膨脹を認めたとしよう。そこではじめて彼は、水が四十度から七十度に熱せられると膨脹する、と断言する。この結論は帰納的推論からえられたものである。

帰納的推論による結論は、事実によって保証されているようだけれども、まったく疑いの余地をさしはさめないほどしっかりした根拠のあるものではない。こういう結論は、四億の中国人を観察して全人類は黄色い皮膚を持つ、という一般的命題を引き出すようなもので、理論的にはそれ以上の意義をもつものではない。云いかえれば、帰納的推論によってえられた結論は、たしかめることができない。ここにこの種の推論の限界がある。まだ施行されていない法律の、社会に対する影響を帰納的に論ずることはできない。

以上のようにして結論をうる方法は、それぞれの場合に役に立つことは判っていながら、共通した限界を持っている。つまり、たとえ経験的事実、類推や帰納に基づく事実が完全に正しくとも、得られた結論は確実ではなく、確実性が強調されるところでは、これらの方法は実際には役に立たない。

幸にして、生み出された結論の確実性を保証する推論方法がある。それは演繹という方法である。例をとって考えよう。リンゴはすべて腐るものであり、眼前にある物体がリンゴであることを認めるなら、この物体は腐るものである、と断定せねばならぬ。もう一つ例をとろう。善良な人は慈悲深く、私が善良な人であるなら、私は慈悲深いにちがいない。そして私が慈悲深くなければ、私は善良ではない。さらに、詩人はすべて知的であり、知的でない人は数学を軽蔑するという前提から、詩人でない人は数学を軽蔑するという結論に演繹的に論ぜられる。

推論に関する限り、前提を承認するかどうかは問題ではない。問題は、前提を受け入れるなら、それからする結論も受け入れねばならない、ということである。不幸にして、結論の受容性乃至は真理性と、結論にいたる推論の正しさとを混同している人が多い。知的な存在はすべて人間であり、この書の読者は人間である、という前提から、この書の読者は凡て知的であると結論するとしよう。この結論はたしかに真実ではあるが、その意味する演繹的推論は、結論が必ずしも前提から生じないが故に、正しくない。少し考えてみれば判ることだが、知的な存在はすべて人間であるからといって、知的でない人間も存在するし、前提にはこの書の読者がどういう種類の人間であるか何も語られていない。

だから演繹的推理とは、認められた事実から、必然的に受け入れざるをえない新しい命題をうる方法である。ここでは心理的確信をうる理由について問題にしているのではない。ここで重要なことは、人間がこの新しい結論にいたる方法を持つこと、出発した事実が疑いえないなら、結論も疑いえない、ということである。

演繹は結論をうる方法として、試行錯誤法や類推、帰納による推論よりも数等まさる。その著しい長所は、前にも云ったように、前提が疑いえないなら、結論も疑いえないことである。真理というものがえられるものなら、それは確実性によるものであって、疑わしいあるいはほぼ正しいというようなあいまいな推論では駄目である。次に、実験と違って演繹は高価な設備を使ったり消耗したりしなくても出来るのである。橋がつくられる前に、長距離砲が発射される前に、演繹的推論を応用すれば結果をきめられる。時には演繹しか使えない、演繹が唯一の方法である、ということもある。天体の距離の計算には物差を使うわけにはゆかない。さらに経験の立ちいれない時間空間の微細な構造の中にも、演繹的推論はのびていって、その適用範囲は無数の小宇宙や未来永劫にまでわたるのである。

このように多くの長所を持ってはいるが、演繹的推論が経験、帰納、類推にとってかわるというものではない。前提が百パーセント確かであれば、演繹による結論にも、百パーセントの確実性を与えうることは事実である。しかしこのような疑いえない前提が、必ず役に立つものであるとはいえない。残念ながら、癌の治療法を演繹できるような前提を確かめた人はいない、さらに、実際には演繹による確実性に固執しても無駄で、確率が高ければ十分なことが多いのだ。数世紀間エジプト人は経験から導いた数学公式を用いた。演繹的証明のできるまで待っていたら、ギザのピラミッドは、今日砂漠の中にそそり立っていなかったであろう。

知識をうる方法にはいろいろあるが、そのどれもが長所と短所とを持っている。にもかかわらずギリシア人は、すべての数学的帰結は演繹的推論によってのみ樹立される、という点に固執した。この方法に固執して、ギリシア人は経験、帰納、その他非演繹的方法によって数千年来集積したあらゆる法則、公式、方法を放棄した。ギリシア人は建設よりもむしろ破壊したとも云えよう。しかしその評価はしばらく保留することにしよう。

何故ギリシア人は数学で演繹的証明だけをもっぱら使ったのだろうか？　なぜ帰納、経験、類推のような便利で有効な方法を使わなかったのだろうか？　その答は彼らの性行や社会に見出される。

ギリシア人は生まれながらの哲学者である。彼らの理智への愛、精神活動の喜びには他民族とは違ったものがあった。教育のあるアテネ人たちは現在のハイカラ連がナイト・クラブにうきみをやつすように哲学に熱中した。キリスト紀元前五世紀のアテネは、アメリカ人が物質的進歩に関心を持つように、生死、霊魂不滅、魂の本性、善悪の区別の問題に深い関心を抱いた。哲学者は科学者のように自分で実験観察をして、その上に立って推理を行うようなやり方はしない。彼らの推理は抽象的概念や広い普遍性に注がれた。こういう真理に達するために魂の実験をするなど、できない相談である。哲学者の武器は演繹的推論であり、だからギリシア人は数学に対するときもこの方法を愛好したのである。

その上哲学者は、経験、観察、個々の事件という雑多な混合物をふるいにかけ、ごく僅かな永久不滅の要素だけを真理とみなした。確実性は真理になくてはならない要素である。だからギリシア人にとっては、エジプト人やバビロニア人が集めた数学的知識は砂の家にひとしい。触れるとすぐこわれてしまう。ギリシア人は年経てもこわれない大理石造りの宮殿を求めた。

ギリシア人の演繹愛好癖は、ヘレニズムの美への愛の一面でもあるのである。音楽愛好家が音楽を構成、音程、対位法として聞くように、ギリシア人は美を秩序、完全、明確さと見た。美は情緒的経験であると同様に知的経験でもあった。ギリシア人はあらゆる情緒的経験の中に知的要素を求めたのである。有名なペリクレスの頌詞は、サモスの闘いで死んだアテネ人を、単に勇気と愛国心の故ではなく、理智がその行動を是認したが故に讃めたたえたものである。美と理智とが一致する人間にとっては、当然、演繹的論議は計画的で矛盾なく完全なるが故に、強く訴える所があり、結論に対する信頼が真理の美を生じたのである。倉庫を建てるにも芸術の原理を用いるが故に、建築が芸術であるからには、ギリシア人が数学を芸術と見なしたのも不思議ではない。

もう一つ、ギリシア人の演繹愛好の説明となることはその社会組織である。哲学者、数学者、芸術家は最高の社会階級の一員である。この上層階級は営利追求や手仕事をまったく軽蔑するか、あるいは不幸な宿命と見なした。手仕事は身体を損ね、知的・社会的活動や、市民の義務に費す時間をうばうというものである。

ギリシアの名士たちは手仕事や商業に対する軽蔑を大っぴらに放言している。哲学者、宗教家の集まり、ピタゴラス学派の人は、商業の道具たる算術を、商人の必要以上のものに高めたことを誇っている。彼らが求めたのは知識であって、富ではなかった。算術は知識のためのものであって、取引のためではない、とプラトンはいった。さらに商取引は自由人の堕落であると断じ、利益追求は罪として罰せられるべしとした。アリストテレスは、市民は職工仕事をすべきでない、と放言した。すばらしい実際的発明をしたアルキメデスさえも、純粋科学の発見を愛し、日常の必要と結びついたあらゆる種類の技術を、下品で卑しいものと考えた。ボエチア人の間には実際の仕事に対する極度の軽蔑があった。商業に手を染めた者は十年間公職から追放された。

ギリシア人が「責任転嫁」しうる多数の奴隷を所有していなかったなら、彼らの手仕事にたいするような態度では、文明への影響力をほとんど持たなかっただろう。奴隷たちは事務や家事、さまざまな職人仕事に従事し、産業をつかさどり、医術のようなきわめて重要な仕事も行なった。古典ギリシア社会の奴隷制は、実用から理論を分離し、実験や実際的応用を無視して、科学や数学の思弁的抽象的側面のみを展開する傾向を助長した。

現在の上層階級が、財政や産業に専念するのとはおよそ正反対で、ギリシアの上層階級が商取引を厳戒していたことを考えれば、演繹の愛好も理解するに難くない。もし人間が現実社会に「生きて」いなければ、経験が彼に教えるものはほとんどない。また、帰納的、類推的に推論しようとすると、現実世界を積極的に巡遊観察しなければならない。実験というものは、手の使用をいとう思索家にはむかない。ところがギリシア人は怠惰ではないから、自然、彼らの趣味や社会的態度に合った研究方式にはまりこんだのである。

ジョナサン・スウィフトは、このギリシア文明の孤高性と、それが彼の時代のえせ科学の抽象的性質に影響しているさまを嘲笑している。ガリヴァーがラピュタの監視塔に案内されて見たものはこうなのである。

彼らの家は歪み、壁は傾き、どの部屋を見ても直角になった隅というのは一つもない。この欠陥は、彼らが実用幾何を卑しい職人のわざとして、頭から軽蔑することから生じたものである。しかし彼らのあたえる指図というものは、職人たちの知力には高級すぎるため、たえずまちがいばかりしているのだ。なるほど彼らは、定規と鉛筆とコンパスを使って紙片にむかえば実に巧妙であるが、日常の行動ではおそろしく不器用で、こんな間抜けな人種は見たことがない。数学と音楽とをのぞいては、他のあらゆる問題にたいして、ずいぶん理解のにぶいこみ入ってすっきりしない考え方をするが、こんな人種は見たことがない。

しかしながら、ギリシア人は、演繹推論を数学の唯一の証明方法として固執したことによって、第一級の業績を残したのである。それによって、数学は大工の道具箱、農夫の家畜小屋、測量師の鞄から解放され、人間思想の体系となったのである。それ以後は、感覚ではなく理性が、何が正しいかを決定するものとなった。この理性こそ、西洋文明への扉を開いたのであり、かくしてギリシア人は、人間理性の力がもっとも重視されるべきことをあきらかにしたのである。

さらに演繹のみの使用が数学の驚くべき力の源となり、他の分野のあらゆる知識と数学とが、はっきり区別されることになった。特に、数学と科学の間には明確な区別が存する。科学も、実験や帰納によりえられた結論を使うからである。だから科学の結論は時には改める必要が生じたり、まったくすてられてしまうこともあるが、数学の結論は、ある場合には、推論がさらにつけ加えられることもあるが、数千年来不変なものとして成り立っている。

たとえギリシア人が数学の性質を経験科学的なものから演繹的思想体系に切りかえただけだったとしても、

歴史の上に残した遺産は莫大なものである。しかし、それはまだ序の口だ。

その次のギリシア人の功績は数学を抽象化したことである。原始文明でも数やその操作をいくぶん抽象的に考えることを知ってはいたが、物心ついた子供のようなもので、意識的な抽象化では決してなかった。ギリシア時代以前にあっては、幾何学的考察ではさらにおくれていた。たとえばエジプト人にとっては、直線はまったく文字どおり、延ばした綱や砂に引いた線以上のものではなかった。矩形は土地を区切る垣であった。

ギリシア人は意識的に数の概念を認めたのみならず、「アリスメティカ」という高度の算術、整数論を発展させた。同時に、彼らが「ロギスティカ」とよぶ、抽象化の特質をほとんどふくまない単なる計算は、現代のタイプライターの使用のようなもので、技巧とは見なされなかった。同様に幾何学においても、「点」、「線」、「三角形」などはその起りは物体からきたものではあるが、物体から離れた抽象的概念となった。丁度富の概念が土地、建物、宝石と異なり、時の概念が太陽の進行の測定とはちがうように、である。

ギリシア人は、数学的概念から物体という中身をぬき取り、皮だけを残した。チェシァ猫をのけて、にやにや笑いだけを残した（チェシァ猫はにやにや笑うとして有名である。訳注）。何故そうしたのだろう？　具体的なものについて考えるよりも、抽象的に考える方がずっと難しいはずだ。しかしその一つの長所は自明である。即ち一般性の獲得である。抽象的な三角形で証明した定理は、マッチ棒三本でできた形にも、三角形をした土地にも、地球、太陽、月でできる三角形にも応用できる。ギリシア人は、物体が短命で、不完全で、こわれるものであるにひきかえ、抽象的概念は不滅で、思想的で、完全なるが故にそれを愛したのである。物質界は観念へのヒントをあたえるだけにすぎない。この強い抽象の愛好はギリシア最大の哲人の原理を一瞥すればあきらかになる。

プラトンは、紀元前四二八年頃アテネの権力の最盛時に、アテネの名門に生まれた。青年時代ソクラテスに接し、アテネの貴族政治擁護のため彼を援けた。民主党が権力をえて、ソクラテスは毒を呑む刑を宣され、プラトンはアテネの危険人物となった。良心のある人間は政治などに関与できないと確信した彼は――もちろん当時の政治は今と違ったものであったが――アテネを離れようと決心した。エジプトにまで足を伸ばした後、南イタリアのピタゴラス学派を訪れ、紀元前三八四年頃、アテネに帰って、哲学や科学研究のアカデミーを創立した。プラトンは、彼の八十年の生涯の後半四十年を、教育、著述、数学の建設に捧げた。彼の弟子、友人、崇拝者は当時の最高級の人物となり、紀元前四世紀の優れた数学者はほとんどみなその中にふくまれる。

プラトンの説によると、人間の感覚によって知覚できる大地と地上の物体からなる物質界がある。そのほかに精神界があって、美、正義、知識、善、完全、国家のような神聖な観念をあらわす。神秘主義者にとっての神格、仏教徒にとっての涅槃、キリスト教徒にとっての神の御心と同様に、プラトンにとってはこういう抽象があったのである。感覚は、移り行くもの、眼の前に見えるものをとらえるが、無限の相の瞑想にいたるのは心のみである。この目的にむかって心を用いるのは知的な人間の義務であり、日常の問題ではなく、このような理念のみが注意をむけるに価する。こういうプラトン哲学の核心たる理念化は、丁度数学の抽象的概念と同じ心理的基盤に立つものである。一つの問題の考え方を学ぶことは、他の問題の考え方を学ぶことである。プラトンはこの関係をとらえた。

彼はいう、物質界から精神界へ移るためには人は自分で準備しなければならない。聖なる世界にある最高の実在から来る光は、心の用意のない人に当ると、その人を盲にする。プラトン自らの有名な言葉を用いると、洞窟の闇に住みなれた人が急に日光にさらされるようになる。闇から光へ移るためには、数学は理想的な手段である。一面では、数学の知識はこの地上の物体に関係するから、感覚界に属する。つまり物質の性質の表示にすぎない。ところが一方では、理念化だけ、知的欲求だけを考えると、数学そのものはそれが描く物体とは全く異っている。その上、証明を作る段では、物体は閉めだされねばならぬ。だから数学的思索は、より高度の思想形態にたどりつくための心の準備となる。数学は移り行く感覚的なものから、永遠への想いへと心をいざない、心を純化する。魂の救済、真善美の把握への道は数学によって導かれるのである。数学の研究は神の心への手引である。プラトンの言葉に、「幾何学は魂を真理へと導き、哲学精神を創造する……」とある。幾何学は、物体にはかかわりなしに点、直線、三角形、四角形など純粋な思索の対象にあずかるからである。

算術も「魂を抽象的な数を推論するようにしむけ、論証に視覚、触覚など感覚的要素が入りこむことを防ぐ上で、非常に大きな効果がある」とプラトンは云う。そして「国家の第一級の人物が、たんなる素人としてではなく、心のみによって数の本性を見通せるまで、算術の研究にはげむ」ようにとすすめている。

プラトンの立場を概括すると、実用のための幾何や計算はほとんどないが、通俗的思考を超越するため、哲学の究極目的、善の理念の把握を可能にするための、より高度な数学を要求している。だからプラトンは、将来の哲人王は二十歳から三十歳までの十年間、算術、平面幾何、立体幾何、天文学、調和学の精密科学研究をすべきだとすすめている。哲学の準備として数学を重視することを、プラトンは弟子や後輩だけでなく、全古典ギリシア時代に対して力説した。

ギリシアの、一般化、抽象化の愛好は、哲学や数学におのずとあらわれている。さらに芸術にもはっきり出ている。古典時代のギリシア彫刻は特定の男女ではなく、理想型を示している。この理想化は、身体の各部の比率の標準となった。ポリクリッツスの比率の表は指先、爪先にいたる細部まで決して見落されていない。最近美人コンテストで標準に一番近い少女に賞金を与えることがはやっているのは、理想像へのギリシア的関心の連続であろうか。

古典ギリシアの彫刻は、少くとも後の「ラオコーン」までは、着衣像も裸身像も、顔やポーズに何の感情も関心も現わしていない。顔の表情だけで判断すれば、ギリシアの神々もギリシアの民族も、考えたり笑ったり心配したりしたことがないとも受け取れる。活動を描く彫像でも、そのポーズは静的である。その顔も抽象の世界に住む人の顔はこうもあろうかと思うほど平静である。特殊な感情はつかの間の事に過ぎないとして、これらの彫刻には、人間本性の永遠の相が描かれているのである。この叙事詩的スタイルの彫刻は、ローマ時代にたくさん作られた、戦争や政治の指導者の彫像とはいちじるしい対照をなしている。

ギリシア人は彫刻同様、建築においても標準を作りあげた。その簡素な建築は常に矩形をしており、各部分の比率は一定していた。アテネのパルテノンは、ギリシアの寺院に見られるスタイルや構成の典型的な例である。この理想的な構成は、ギリシアの抽象的な形式の尊重とよく符合する。このような概念は今日にはないものだが、当時は芸術と抽象は同じ意味を指していた。

演繹的、抽象的数学の尊重は、以上のような問題を生み出した。これらの特質はどちらも哲学者によって与えられたものである。このように、数学がギリシア哲学から生まれたものであるにかかわらず、今日多くの数学者、とくに余り偉くない数学者たちは、哲学的思索を極度に軽蔑している。もちろんこの態度は偏狭さのあらわれ以上の何物でもない。こういう数学者は、自分の専門の畑では山を穿ち海にいたる奔流にたとえられもしようが、その流れは狭い谷に閉ざされている。彼らの力は大地の下深くまで貫きうるが、高い壁に封じ込まれて見通しがきかない。このような傲慢な数学者は、深く大きい河もその上を蔽うぼんやりした雲から、絶えず補給を受けているることに気付かない。哲学思想の雲が、数学の流れにエッセンスを滴らしているのである。

ギリシア人が数学に足跡を残した道はもう一つある。それは数学の発展に顕著な影響をもつ幾何学の強調である。平面・立体幾何は徹底的に探求された。しかし数を表わす良い方法も、それを計算する方法も発展しなかった。計算の仕事では、実にバビロニア人が創案した技術を利用することも知らなかったのである。高度の記号性や無数の方法をもつ、今日の意味での代数学は夢想だにされなかった。この重点の置きかたが、余りに不均衡なので、その理由を追求して見るべきである。それにはいくつかある。

古典時代には、産業、商業、金融をつかさどったのは奴隷であったことは前に述べた。だから、数を扱う新工夫を生み出す筈の教育ある人たちが、実際にはそんな問題に関心を示さなかったのである。測ることをしない人が測量に、取引の嫌いな人が取引に、数を使うということが考えられようか？　すべての矩形に当てはまる性質に頭を悩ます哲学者も、特定の矩形の実際の大きさを知る必要はない。

ギリシア人は、哲人であると同時に星の観測家であった。宇宙の神秘を探らんがために天を研究した。しかし、天文学を航海や暦計算に利用することには、古典時代のギリシア人は関心がなかった。かれらにとっては測定や計算よりも形がもっと大切で、だから幾何学を愛好したのである。なかでも太陽、月、惑星の観測からして、円や球はとくに注目された。だから天文学的興味も、古典ギリシア人には幾何学愛好に結びついた。

二十世紀は、物質をこわして実在を求める原子論を生んだ。ギリシア人は物質を組み立てることを好んだ。アリストテレスなどの哲学者にとっては、物体の形式（形相）は、その中に見出ださるべき実在である。物質（質料）は素材となるもので形はなく、形をもつようになってはじめて意味がある。だから形の学問、幾何学がギリシア人に特に気に入ったのも不思議ではない。

さいごの理由として、ギリシアの数学者を幾何学へと駆り立てた重大な数学問題を挙げよう。バビロニアなどの原始文明が整数や分数を知っていた事はすでに述べた。バビロニア人は、直角三角形の定理の応用として現われる三番目のタイプの数（平方根）にも通じていた。

先ずその定理を考えてみよう。直角三角形の腕を3と4とすれば、斜辺つまり直角に相対する辺（**図2**のAB）の長さは5である。この直角三角形の辺の間の関孫、つまり斜辺の長さの平方は他の二辺の長さの平方の和に等しいという関係は、ピタゴラスの定理として知られている。バビロニア人やエジプト人にも、証明はなかったが、この関係が存在することは知られていた。

さて、直角三角形の腕が両者とも1である場合を考えてみよう。斜辺の長さはどうなるか？　斜辺をXとしよう。するとピタゴラスの定理により

$$x^2 = 1^2 + 1^2 = 2$$

となる。だから斜辺の長さXは、その平方が2となる数である。平方が2となる数を$\sqrt{2}$と書き、2の平方根とよぶ。だが$\sqrt{2}$とはどういう数か？　つまりなにを自乗すれば2となるか？

その答として、平方が2になる数は整数でも分数でもないことが発見された。これはピタゴラス学派の数学者には大きな驚きであった。$\sqrt{2}$は新種の数で、$\frac{4}{3}$、$\frac{3}{2}$という風に整数の比として正しく表わせないから「無理数」と呼ばれた。これに対して整数や分数は有理数と呼ばれる。この言葉は今日もなお使われている。

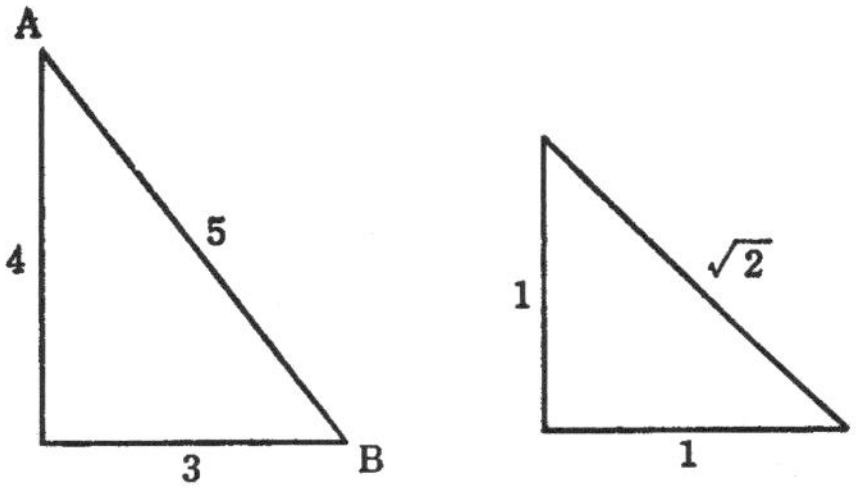

図2・図3　2つの直角三角形

無理数は思想史上、はなはだゆるがせにされている問題で、記数法の上では厄介な存在である。長さを表わすにはこういう数が必要であることは今述べたところだが、その他ほとんどあらゆる数学にこの数が陰に陽にふくまれている。しかし、こういう数を足したり引いたり、掛けたり割ったりするにはどうすればよいか？　たとえば2と$\sqrt{2}$をどうやったら加えられるか？　どうすれば$\sqrt{7}$を$\sqrt{2}$で割れるか？

バビロニア人はこういう難問を実際的、間にあわせ的に解いた。つまり$\sqrt{2}$の概略の値を出したのである。たとえば、$\frac{14}{10}$または1.4の自乗は1.96で1.96はほぼ2に等しいから、1.4はほぼ$\sqrt{2}$に等しい。1.41の自乗は1.98であるから、1.41は$\sqrt{2}$のもっとよい近似値である。

どんなに小数桁を多くしても、その平方が正しく2となる有理数は書けないから、バビロニア人が$\sqrt{2}$の近似値をいかにうまく作っても、無理数に対する正確な考え方とはいえない。数学の真価が正確な研究にあるとすれば、$\sqrt{2}$そのものを使う方法を発展させるべきで、近似値ではいけない。ギリシア人の頭には、この難問は、暗礁に乗りあげた船の食糧問題のように、よだれの出るような恰好な問題であった。

バビロニア人の大まかな方法に飽き足りないギリシア人は、論理的難問に真正面から取り組んだ。無理数を精密に考えるために、あらゆる数を幾何学的に扱う方法を編み出した。つぎのように始めるのである。1をあらわす長さをまず決める。他の数はこの長さを単位としてあらわす。たとえば$\sqrt{2}$をあらわすには、単位長の二辺で直角をはさんだ三角形の斜辺の長さを用いる。1と$\sqrt{2}$の和は単位長と$\sqrt{2}$をあらわす長さをつないであらわす。この幾何学的な方法によると、整数や無理数の和は一たす一よりも難しいものではない。同様に積を幾何学的にあらわすには、たとえば3と5の積は、両辺が3と5の矩形を用いる。3と5の場合では、積を面積であらわす考え方にとりわけ長所があるわけではない。しかし同様に3と$\sqrt{2}$の積も面積であらわされる。この二番目の矩形は前のものより難しいというほどのものではない。が、これで整数と無理数、さらには無理数と無理数の積が表わされるのである。

ギリシア人は幾何学的方法で数を扱っただけでなく、幾何の作図によって未知数をふくむ方程式を解くところまで行った。この作図の鍵は、未知数を長さで表わす線分である。すべてを幾何学に変換して考えたということは、古典ギリシアでは四つの数の積は考えられないものだったことからも察せられる。つまり二つや三つの数の積はそれぞれ、面積や体積を表わすが、四つ以上になると対応する幾何学的図形がないからである。現在でも25を5の平方、27を3の立方というように呼ぶのは、ギリシア的な考え方を継ぐものである。

ギリシア人の幾何学愛好はいちじるしいものである。ガリヴァーもこれをラピュタ旅行で再び次のように評している。

私の数学の知識は、科学や音楽にもとづく彼ら独特の言いまわしを理解するに大いに役立った。それに、さいわい音楽の方も私はまんざらでもなかったのである。彼らの考え方は常に線や図形になおされる。たとえば女や動物の美を賞でるに、菱形、円、平行四辺形、楕円などの幾何学的用語や、音楽から引いた芸術用語をふんだんに使う。私は王様の料理場にも、ありとあらゆる数学器械や楽器類がおいてあるのを見た。つまりこれらの形状にしたがって王様の食卓の肉片を切るのである。

ギリシア人は算術的な考え方を幾何学的に変換し、幾何学の研究に没頭したために、その後幾何学が数学を支配し、十九世紀になってはじめて、精密な純粋に算術的基礎に立って無理数を扱う問題が解かれるようになったのである。算術を幾何学的に扱う拙劣さ、複雑さを考えてみると、この変換は実際的観点からすればきわめて拙劣なものである。ギリシア人は、産業、商業、金融、科学に必要な記数法や代数を発展できなかったのみならず、もっと拙劣な幾何学的方法の適用で後世に悪影響を及ぼして、その進歩をさまたげた。ヨーロッパ人はギリシア的形式、方法の習慣を身につけたばかりに、アラビア人が遠いインドから輸入するまで、西洋文明は記数法をえられなかったのである。

このようにギリシア人が記数法や代数の進歩を歪めたことは不幸であったが、だからといってギリシア人の頭脳に罪を帰してとがめるべきではない。ギリシア人のなした反動的な足跡は、彼ら自身の身になって考えるとまったく合理的なものである。その上他の業績を考え合わせると、この損失をつぐなって余りあるものである。

近代文明に対するギリシアの貢献を語る人は、その芸術、哲学、文学を述べる。これらの分野でギリシア人の残した足跡は最高の賞讃に値する。ギリシア哲学は当時と同様今日にあっても生きており、重要な意義を持っている。ギリシアの建築や彫刻、ことに後者は、二十世紀の教養ある人士の眼には今日のものよりも美しい。ギリシアの演劇は今なおブロードウエイで演じられている。しかしなおかつ現代文明の性格決定に最高の役割を演じたのは、ギリシアの数学である。上述のように彼らは数学の性格を変えることによって、文明に最上のプレゼントをしてくれたのである。これを次章でさらに詳しく見ることにしよう。

第4章　ユークリッドの『エレメンタ』

ユークリッドのみ
美の女神の肌を視たのだ
ただ一度のみの奇跡
さいわいにして後の世も
はるかな女神の足音を
聞けるのだ

エドナ・サン・ヴァンサン・ミレー

ごく短い期間にターレス、ピタゴラス、エウドクソス、ユークリッド、アポロニウスなどの大賢人が輩出しすばらしい数学を生み出した。かれらの名声は地中海世界のすみずみまで行きわたり、数多くの門弟を引きよせた。先生と生徒は学校に集まった。学校といっても校舎や校庭は見当らないが、真に学問の中心であった。学校での教えはギリシア人の全知的生命を支配したのだから、いろいろの点からこの教えを述べてみよう。

ピタゴラス学派はギリシア数学の本質、内容を決める上でもっとも影響力が強かった。その指導者、伝説に包まれたピタゴラスは、紀元前五六九年頃サモス島に生まれた。エジプトやインドにまで旅行の足を伸ばした彼は、数学や神秘主義を豊かに取り入れた。それから南イタリアのギリシアの植民地クロトンに神秘的、合理的両面の教義をもった団体を創った。神秘的な側面ではそのグループはギリシア宗教の流れを引き、肉体の汚れから魂を純化し、身体の束縛から魂を救い出す必要があると考えていた。この目的を達するためにピタゴラス学派は独身を保ち、儀式や精進潔斎を行った。その上、あるタブーを守らねばならぬと信じていた。羊毛の衣類を身につけず、儀式の時以外は肉や豆を口にせず、白い雄鶏に触れず、はかり升の上に坐らず、大道を歩かず、火を起すに鉄を用い、壺の上に灰の跡を残した。一たび肉体から解放されるや、魂は再び別の肉体を与えられる。ある日ピタゴラスは、犬が打たれているそばを通りかかり、「もう打つな、それはある友人の魂だ、その怨みが聞えるのが私には判る」と叫んだ、とクセノファネスは伝えている。

その団体はまず哲学、科学、数学の研究に没頭した。この知識を濫《みだ》りに使われると恐るべきことになると予見して、新会員には固く秘密を誓わせ、終生離脱しないことを要求した。その会員は男だけに限られたが、女も講義の傍聴は許された。ピタゴラスは、女も若干の価値がある、と信じていたからである。そのグループの秘密主義的性格、神秘的習慣は、クロトンの市民の嫌疑、嫌悪を買い、ついにピタゴラス学派は追放され、建物は焼かれた。ピタゴラスは南イタリアのメタポンタムに流され、一説によるとその地で殺されたという。しかしその弟子たちはギリシア中に散って、教えを続けた。

ピタゴラス学派には他にも神秘的、思弁的教義があったが、これは後章にまわそう。ここでは、ピタゴラス学派が数学に特別な独立の地位を与え、信頼を置いた、という事実を語ろう。彼らは数学概念を抽象として取り扱った最初のグループである。ターレスやその弟子のイオニア派の人は、ある種の定理を演繹的につくりあげたが、ピタゴラス派の人はこの方法をもっぱら組織的に使った。彼らは数学の理論を、測量や計算のような実用と区別し、平面・立体幾何学や整数論「アリスメティィカ」の基礎定理を証明した。さらに驚くべきことには、二の平方根の無理性を発見し、証明しているのである。

ピタゴラス学派よりさらに有名なのはプラトンのアカデメイアで、アリストテレスはその最優秀の生徒である。(アリストテレスはプラトンの死の際にアカデメイアを離れて、自身で学校リュケイオンを作った。)プラトンの生徒が当時のもっとも有名な哲学者、数学者、天文学者となったことは既にのべた。プラトンの影響の下に、彼らはあらゆる実際的応用を無視するほどまでに純粋数学を強調し、巨大な知識体系を付加した。その学派は数学や科学の主流がアレクサンドリアに移った後も、哲学ではぬきんでていた。ユスチニアヌス帝によって紀元後六世紀に閉鎖されてからは、九世紀も忍苦の時代を耐えた。

小アジアからシシリーや南イタリアにわたる地中海地域にひろがっていた多くの学派や個人の研究は、『幾何学入門（エレメンタ）』と呼ばれるユークリッドの主著で統一された。紀元前三百年頃できたこの名著は、幾何学の論理的表現であると同時に、当時の数学の歴史でもある。ごく僅かの公理を巧みに選んで、それからユークリッドは、ほぼ五百にものぼる定理、古典ギリシアの生んだあらゆる重要な結論を演繹し出している。そのうち公理、排列、表現形式、未解決の問題の完成は、彼自身がなしたものなのである。

ユークリッドの『エレメンタ』中の材料の多くは、中学校の授業を通じてわれわれにもおなじみのものである。しかしこの数学の現代文明に対する意義の考察に移る前に、この史上もっとも影響力の強かった革命的な教科書の二、三の特徴を見てみよう。ここで問題とするのはユークリッドの構成である。

幾何学は点、直線、平面、角、円、三角形などを扱うものである。ユークリッドやギリシア人にとっては、以上の用語は物体自体をあらわさず、物体から抽象された概念をあらわした。実際には数学的抽象に反映されているのは物体の性質のごくわずかである。伸ばした糸は数学的な直線を生じるが、糸の色やその材質は直線の性質ではない。このため抽象的用語が何をふくむかを明確にするために、ユークリッドは若干の定義から出発した。直線を彼は両端間に一様によこたわるものとして定義した。（伸ばした糸や石工の水準器から抽象したことはここにあきらかである。）点はひろがりを持たないものである、という。同様にして三角形、円、多角形なども定義される。

ユークリッドのように定義すると、定義は不必要で当をえない長さのものになる。論理的に自足的な体系は、ある所から出発しなければならない。一つの概念は他の概念によって、さらにそれはまた別の概念によって定義できるから、あらゆる概念を定義することは、のぞましくない。しかし、この過程を循環しないようにするには、他の概念を定義するもとになる、無定義の用語から出発しなければならない。たとえばユークリッドの、点は部分を持たないという定義では、あきらかにひろがりの定義が必要となる。ユークリッドの説を改良しようと試みた人が、点を純粋な位置と定義した。では位置とは何か？　ある社会では位置（地位）というものが生活のすべてであるが、ここでは位置の概念は、なんら点の意味の解明とはならない。

完全な体系では、あらゆる概念が定義されるものではないことを、くりかえしておく。あらゆる概念が一定の物体より生じ、それを表わすことは事実であるが、物体の意味には数学はふくまれていないから、形式的定義の際には役立たない。しかし幾何学の扱う定義の若干が定義されえないとしても、後に見るように、別段、難点は起きないのだ。

ユークリッドは、自分に満足のゆくようにあつかうべき概念を定義して、その概念に関する事実や定理を樹立する大偉業を進めて行った。アリストテレスが指摘したように、ユークリッドは演繹過程に着手するために次の前提を必要とした。

すべてのものが証明されるのではない。すべてが証明されるとすれば証明の鎖は果てしがなくなってしまう。だから諸君は、どこかでスタートしなければならない。証明されないが容認される物事からスタートしなければならない。こういう物事はあらゆる科学に共通する第一原理であり、公理または基本的命題とよばれる。

公理の選択において、ユークリッドは偉大な洞察と判断を示した。一流の数学者たちはみな、自分流に承認できる公理から出発した。そういう研究の数が増すにつれて、疑いえない真理と見做すわけにはゆかないような公理が使われるという危険性も生じてきた。また、仮定は出来るだけ少くして、ごくわずかの公理から命題を演繹して証明する方がよいのだから、論理的な立場からすれば無駄な原理が多過ぎるのである。だからユークリッドの仕事は、もっとも普遍妥当的に受け入れられる幾何学の公理系を見つけることにあった。その上ギリシアの幾何学研究は真理探求の核心でもあったから、こういう公理は疑いえない絶対的真理でなければならなかった。

ユークリッドが提出した公理は点、直線、その他の物質界に対応を持つ幾何学図形の性質を述べている。この性質は対応する物体についても明らかに真であるので、推論を進めてゆく基礎として誰しも異存なく受け入れるものであった。ユークリッドの選択の真価は、こういう公理が直接的に受け入れられるべきものであったことはもちろんだが、そうかといって単なる皮相的なものではなく、深遠な帰結に導くものであった、ということにある。その上彼はごく限られた数、全部で十の公理を選び、それでもって幾何学の全体系の構成がくみたてられるようにしたのである。

ユークリッドの選択の能力を再確認するためにも、ここで彼の公理の二、三をふり返ってみよう。「いかなる二点も、それらを結ぶ直線を引くことができる」「与えられた中心から、与えられた点を通る円を引くことができる」「全体はつねにその部分よりも大きい」、などを彼は公理とした。たしかにこれらは万人に受け入れられ、論議の余地のないものである。

幾何学で扱うべき概念を選び、これらの概念に関する基礎的な公理を選択してから、ユークリッドは定理や帰結を樹立することに着手した。証明の方法はもちろん厳密な演繹である。後世がユークリッドの帰結の確実性を賞讃する理由を、彼の証明の一つをふり返りながら考えよう。

ユークリッドの定理に二等辺三角形の底角は等しいというのがある。この定理は初等的なものだが、中世の大学で教える幾何学はこの程度のものであったのである。この証明は「ロバの橋」と呼ばれていた。愚かな人はこの証明が判らなくて、橋の上のロバのようにそれから先に進まないからである。

証明の前にその定理の意味を考えてみよう。ＡＢＣ（**図4**）を二等辺三角形とするなら、二辺ＡＣ、ＢＣは等しい。ここで証明したいのは底角Ａ、Ｂつまり二つの等辺の向い側の角が等しいということである。

証明は角Cを二等分する直線CDを引くことからはじまる。この段階では次のようにしてユークリッドの言葉の正しさが確認される。ユークリッドは前もっていかなる角も二等分できることを示している。Cは角である。故にそれも二等分されうる。この演繹推論は、すべてのリンゴは赤い、ここにリンゴがある、故にこのリンゴは赤くなければならぬ、という形のものである。

直線CDは三角形ABCをACDとBCDの二つの三角形に分つ。元の三角形ABCは二等辺であるとされているから、これら二つの三角形でACとBCは等しいことがまずわかる。次にCDは角Cを二等分するのだから、角ACDは角BCDに等しい。第三に、CDは二つの小三角形に共通だから、二つの三角形は等辺をもつ。二辺とそれがはさむ角の等しいいかなる二つの三角形も合同であるという定理がその前にあるので、三角形ADCは三角形DCBに合同であるかどうかをみよう。問題の二つの三角形はたしかにこのような等しい部分をもつから、これら二つの三角形は合同である。さいごに、合同三角形の定義により、対応する部分は等しく、角Aと角Bは対応する部分であるから、角Aと角Bは等しいことがたしかめられる。

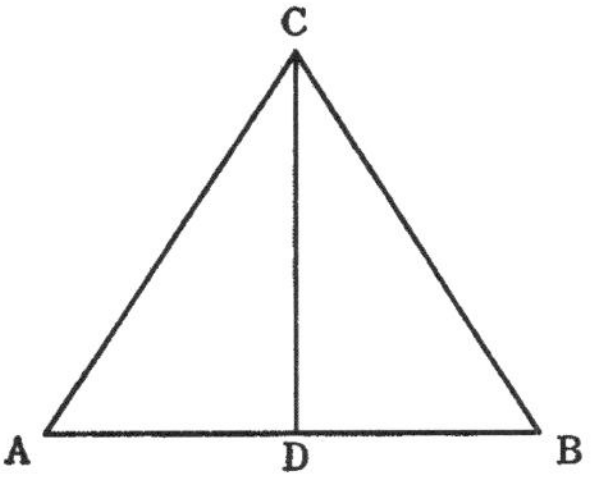

図4　二等辺三角形

この定理はいくつかの演繹で証明され、その各々が疑いえない前提を使って疑いえない帰結を生んでいる。もちろんユークリッドの証明の全部が全部こんなにかんたんではない。しかしどの証明も、たとえどんなに複雑であっても、一目でかんたんな演繹の連続以外のものではないことが判る。

ユークリッドの作った定理を一つ一つたしかめてみる必要はあるまい。公理から若干のかんたんな定理がただちに証明され、これらがさらに高度の定理への踏石となり、全構造が驚くべき精巧さで編み出されていることを述べれば十分であろう。莫大な数に見える定理も、ごくわずかの自明な公理から導かれるといわれて、煙に巻かれる学生も多いことだろう。

次にユークリッドが、とくに物体の大きさや形の基本的性質に関心をはらっていたことをのべよう。彼の一番関心を持ったことは、二つの対象が、どういう条件で形と大きさが等しいか、どういう条件で合同であるか、ということであった。たとえば測量家が三角形の土地を二つ持っているとしよう。この二つが等しいことをどうしたら証明できるだろうか？　等しいことを決めるには各辺、各角、さらに双方の面積を測らねばならぬだろうか？　たとえばもし一方の各辺が他方の各辺にそれぞれ等しいなら、二つの三角形はあらゆる点で等しい。この事実はしごく当り前に見えるだろうが、それなら二つの四辺形、つまり四辺を持つ図形、がどういう条件なら完全に等しいことを保証できるかと自らに問うてみたまえ。読者もかんたんには答えられないだろう。こういう種類のことは、もちろんあらゆる種類の幾何学的図形について云えることである。

ユークリッドの次の問題はこうである。図形が等しくない場合にも、お互の間にいかなる関係が存在しうるか、どういう共通な幾何学があるか？　彼の選んだ関係とは形である。大きさは等しくないが、形の同じ図形つまり相似形は、共通した多くの幾何学的性質を持っている。たとえば三角形のばあいは、相似性は一方の角が他方の対応する角に等しいことを意味する。この定義ともいうべき性格から、二つの対応する辺の比は一定、という関係が生じる。だからＡＢＣとがＡ′Ｂ′Ｃ′相似三角形なら（**図５**）ＡＢ／Ａ′Ｂ′はＢＣ／Ｂ′Ｃ′に等しい。さらに対応する二辺の比をｒとすれば、面積の比はr^2である。

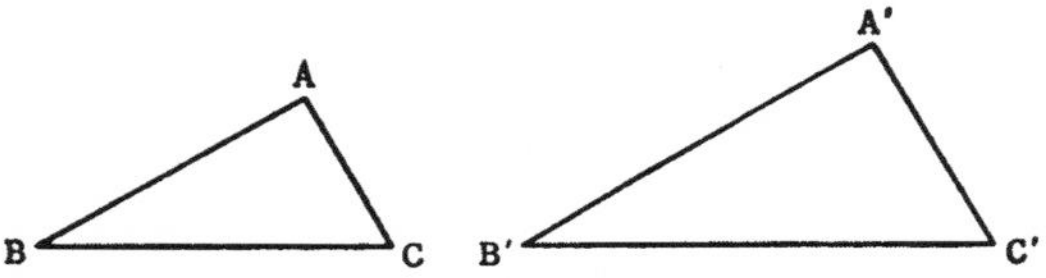

図５　２つの相似三角形

図形の形も大きさも共通でないなら、どういうことがいえるだろうか？　面積の等しいこともあるだろう。幾何学の用語ではこれを等積という。また同じ円に内接することもあるだろう。それぞれの場合に応じていろいろな関係や問題が無限にある。ユークリッドはそのうち基本的なものを選んだ。

ユークリッドは自分の研究したすべての概念を直線でできた図形だけでなく、円や球にも応用した。ギリシア人にとっては円や球は完全な図形であったので、これらの図形に対する関心は強かった。

美的欲求からすれば、ほかにも彼らを喜ばせる図形がある。三角形の中でも正三角形はあらゆる辺あらゆる角が等しいから、とくに注目された。四辺形の中では正方形が同じ理由で魅力的であった。五、六、さらにそれ以上の辺を持つ平面図形も、あらゆる角が等しいものを描ける。こういう図形は正多辺形とよばれ、くわしく研究された。どの面も同一種の多辺形からなる完全表面を作れる。たとえば立方体の表面は六つの正方形をつなぎ合わせて作った完全面である。立方体はその一例にすぎないが、こういう面は正多面体とよばれる。

正多面体のまず第一の問題はどれだけの種類があるか、である。

ここでは述べないが、巧みな推論によってユークリッドは、正多面体には五つのタイプがなければならないことを示した。これらは**図6**に描かれている。プラトンはこれらの図形が非常に気に入って、神がこれらを使わないはずはないとした。そこで彼は、万物は四元素、土、空気、火、水より成るというギリシアの一哲学派の説をさらに精密化して、火の基本粒子は四面体、空気は八面体、水は十二面体、土は立方体の形をしているとした。五番目の形、二十面体は神が宇宙のために残しておいたのだ、としている。

ギリシア人は他の種類の曲線も徹底的に研究した。われわれはみなソフト・アイスクリームの容器のような円錐形を知っている。こういう円錐形の長いものを二つ**図7**のようにならべると、数学者が円錐面、または単に円錐とよぶものができる。この円錐面はOの両側に無限に延びる二つの部分から成る。円錐面を平面(厚さのない、あらゆる方向に無限に伸びるテーブルの表面のように単なる平たい面)で切ると、切断面は円錐と平面の位置関係で形が決まる曲線となる。平面が完全に円錐の一方側にあってそれを切る時は、切断曲線は楕円(**図7**DFE)か円(**図7**ABC)になる。切断面が円錐の両側を切るように傾いているときには、切断面は二部から成り、双曲線(**図7**のRSTとR′S′T′)とよばれる。最後に切断面がPOP′のような

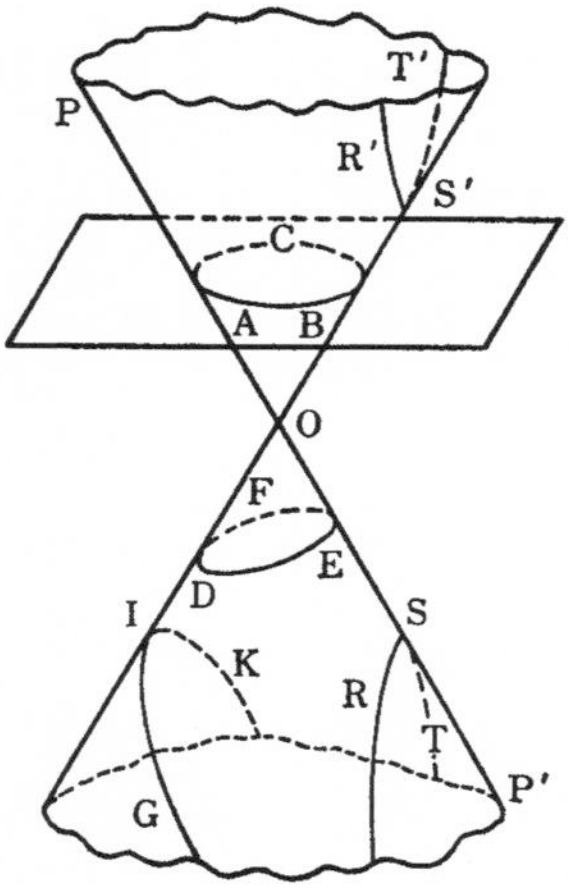

図7

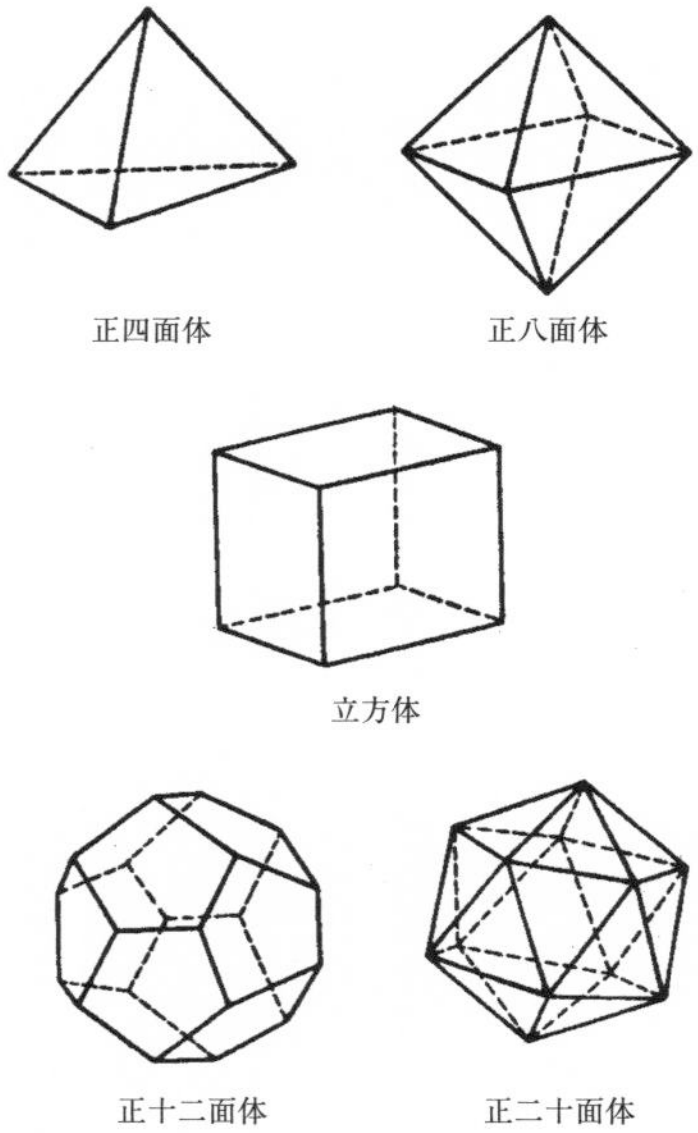

図6　５つの正多面体

円錐の母線と平行になるとき、断面は抛物線（**図7**ＧＩＫ）とよばれる。円錐切断に関する基本的事実もユークリッドの本の中に集められ系統づけられていた。ただしこれは現在残っていない。ユークリッドの時代より少しおくれて、同じく有名な数学者アポロニウスが、ユークリッドの『エレメンタ』同様に有名な自著の中で、この問題を論じている。これは現在も残っている。この古典時代にはその他多くの数学の研究書が生まれ書かれているが、現在残っているものはほとんどない。現在の書物や、断片から察すれば、当時はきわめて創造活動の活発な、数学的関心の強い、光輝ある時代であった。

　ギリシア数学には、解きえた問題と同じ位の意義を持つ未解決の問題がある。その中には誰でも知っている有名な三つの問題がある。それは「円を平方化すること」「立方体を二倍すること」「角を三等分すること」である。円を平方化するとは、与えられた円に等しい面積の正方形を描くことである。立方体を二倍するとは、与えられた立方体の二倍の体積を持つ立方体の辺を出すことである。さいごに、角を三等分するとは、いかなる角も三つの等しい部分に分割するということである。以上は直規、即ち目盛のない定規と、コンパスだけで作らねばならない。他の道具は使ってはいけない。

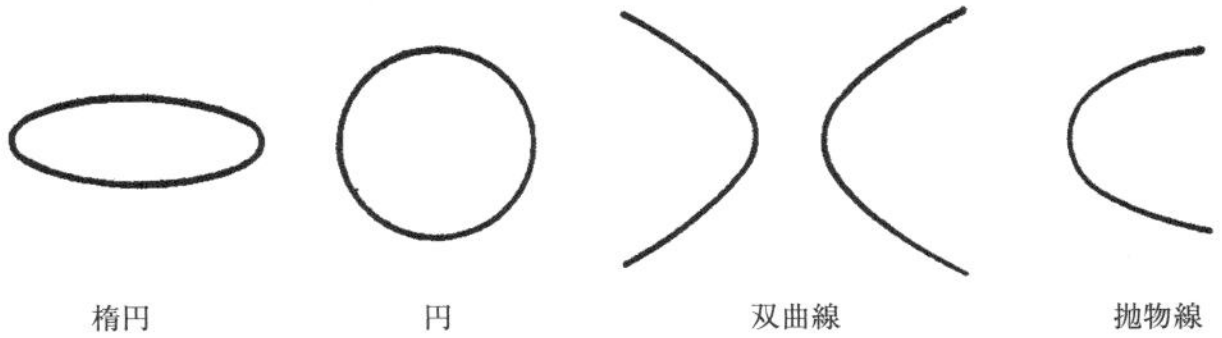

図 8　円錐曲線

この制限の理由は数学に対する古典的態度の解明ともなる。定規とコンパスは直線と円の対応物であり、ギリシア人はすべてただこの二つの図形とそれから直接にえられる図形とに考察を限った。円錐切断も円錐を切る平面によってえられ、円錐、平面の二図形も直線を動かしてえられるものなのである。このみずから課した直線と円への制限は、幾何学を簡素で調和的なものに保つ欲求、さらには美的欲求からきたものなのである。

ギリシア人、特にプラトンはこの制限を課することに、もう一つ重要な理由を持っていた。作図問題の解に適するもっと複雑な機械を導入することは、思想家たちの意見によれば、くだらない手細工である。さらにプラトンはいう、複雑な機械の使用は「幾何学を、思想の永遠の非物質的な像の高みに高めて霊気を吹きこむかわりに、感覚の世界に逆戻りさせることになる。幾何学の美質はなおざりにされ、破壊される。たとえそれが神の手によって使用されるとしても、是認さるべきではない。神は常にその推論においてのみ神の資格があるのだ。」

以上の三つの作図問題はギリシアでは非常に有名であった。はじめてこの問題を試みたのは、哲学者アナクサゴラスで、彼は牢獄での暇つぶしに円を平方化しようとした、ということである。ギリシア一流の数学者たちがくりかえし努力したにもかかわらず、ついに問題は解かれなかった。そのご二千年たっても解かれ

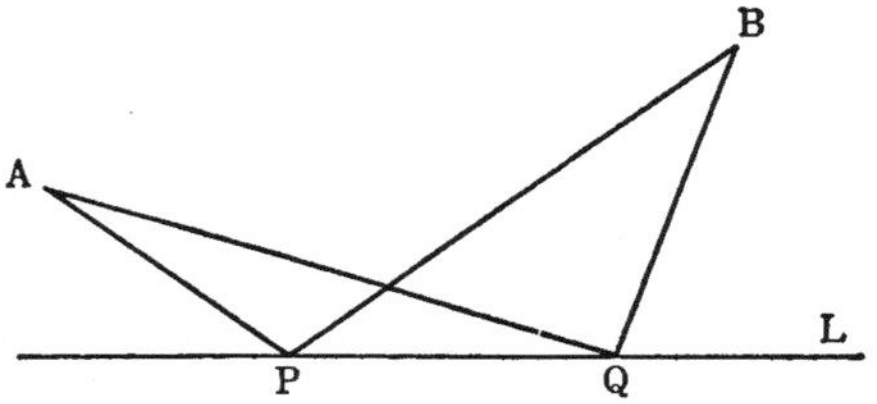

図9

ていないのである。約七十年前、遂にその作図は以上の条件の下ではできないことが証明された。それにもかかわらず、今もって試みて、時には成功したと叫ぶ人がある。こういう研究は間違いであるか、問題を誤解していることは、調べてみなくても断言できるのである。

　こういう問題にむけられた永年の労苦は数学者の慎重さ、厳密さ、忍耐強さ、執拗さのあらわれである。そんな作図は定規とコンパスよりちょっと複雑な道具を使えばわけないのだから、決して実際上重要だというものではない。ところが屈することなき知的欲求をもって人々は理論的作図を試みたのである。

　実際には鉄を求めて黄金をうるということがよくある。近代天文学への道を拓いた円錐曲線はこの有名な作図問題の試みの中で発見され、他にも多数の美しい有名な数学的結果がえられた。非実際的な「無価値」な問題にぶつかってえられた数学知識を表に作ってみると、数学をつまらぬ些事の連続発展として定義できるかもしれない。（「教育者」には数学やその歴史に無知なるが故にこういう判断を下して平気な人がいる。）しかしこの有名な作図問題研究の歴史を調べると、いわゆる実利的な人よりもこういう夢想家の方が科学の発達に貢献していることが判り、「非実際的な」ギリシア人に向けられる非難が当をえないものであることを知るのである。

　ギリシア人が数学を抽象化したことには、既に賞讃をあたえた。数学の効力を知るために、この抽象化がユークリッド幾何学などにどのようにふくまれているかを、ここで少し見てみよう。

　かんたんな例を考えてみよう。二点Ａ、Ｂと、Ａ、Ｂを通らないがそれらと同一平面内にある直線Ｌを考える（**図9**）。さらにＬ上の一点をＰとし、ＡＰ＋ＰＢが最短となるようにしたい。つまりＬ上に他のＱという点があって、Ｑをどのように取ってもＡＰ＋ＰＢがＡＱ＋ＱＢより小であるようにするのである。これは純粋に幾何学的問題である。ＡＰとＢＰとが直線Ｌとなす角が等しいようにＰを択べば、ＡＰ＋ＰＢの距離が最小となる、ということの証明はそんなにむずかしくない。

この定理の証明が認められたものとして、実際の場合にどのように応用できるかを考えよう。ＡとＢを街とし、Ｒを河とする。河に沿って両方の街に役立つように桟橋を作るには、そこからＡ街へとＢ街への距離の和を出来るだけ短くすべきである。河のどの点に桟橋を作るべきか？　定理からその答が出る。ＡＰとＢＰが河と等しい角をなすような点Ｐである。

もう一つ「実際的な」場合を考えよう。テーブル上の一点Ａにある球撞きの球を球撞台の端Ｌにはねかえらせて Ｂにある球にあてようとする。その時、台に向う道と、はねかえる道とが台となす角は等しくなければならない。つまり**図10**で角１と角２は等しい。球を撞く人なら誰でも、少くとも無意識的にこのことを知っており、それを使っている。つまりＡＰとＢＰとが端Ｌと等しい角をなすような点Ｐに球をあてるのである。しかしこのコースが、Ａから台の端にはねかえってＢに至る最短コースであることには気づかないだろう。

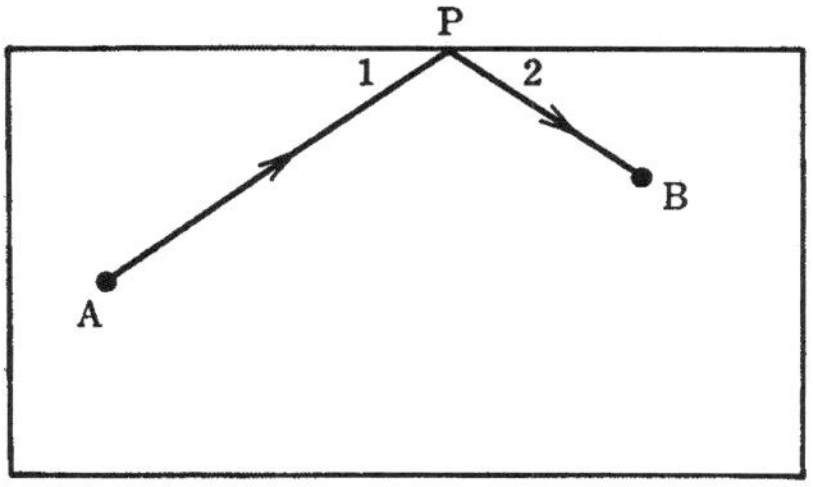

図10

この一つの数学定理が、全くちがった無関係な二つの場合にあてはまることを知った。この定理にはまだほかに無数の応用がある。一つの分野の問題に答えるために作られた定理が、まったく違った分野に決定的な役割をすることがしばしばある。このような事実は数学史上ザラにある。もちろんこの数学の広い応用性は、貴重な、高価な抽象性の代償によってあがなわれたものである。理想的な三角形の研究によって、あらゆる三角形にあてはまる定理をえるために、数学者は、木製の三角形をいじるかわりに、とらえ所のない、時としてはまったく処置に困る思索と闘ってきたのである。

数学の抽象的定理を応用する際に、心に留めておくべき非常に重要なことがある。すなわち抽象的定理は理想的な場合を扱っているが、実際に応用した場合には理想にははるかに及ばないことである。たとえば地球表面に三角形を描くとしよう。この三角形に平面幾何の定理を応用できるだろうか？　先ず地球は球形で、平坦ではない。さらに地球表面は完全な球ではなく少しいびつである。少くとも以上の二点で、地球表面上のこの三角形は平面幾何の理想的三角形とはかけはなれている。だから数学の定理を使用する際には若干の誤差が含まれるものである。実際上の三角形が理想的なものに近いほど、数学の結論の応用もうまくゆく。この事をわきまえないと、実際に応用する際に大変な間違いを起すことになる。

ユークリッド幾何学の創造は、有益な美しい諸定理を生み出しただけではない。合理的精神を促進したのである。推論のみによって達成された業績としては、ユークリッドの数百の証明の右に出るものはない。深遠な結論の演繹は、ギリシア人や後世の文明に推論の効力を教え、これによってかちえたものに信頼を置かしめた。これに力づけられて、西洋人は推論を至る所に応用した。神学者、論理学者、哲学者、政治家、あらゆる真理探求者は、ユークリッド幾何学の形式と方法をまねたのである。

ギリシア人自身の間でも、数学はあらゆる科学の基準とされた。とくにアリストテレスは、いかなる科学も、ユークリッド幾何学の公理にあたる僅かの基本原理をそれぞれ適当に選び、その原理から真理を演繹的に証明することである、と主張した。プラトンのアカデメイアの入口にある有名なモットー「数学を知らざる者、ここより入るなかれ」はこの数学に対する関心の集約的表現である。

西洋人はユークリッドの『エレメンタ』から、推論を完全に達成する法、推論に巧みになる法、証明の偽装にすぎないあいまいな空論と、精密な推論とを区別する方法を学んだ。幾何学の発展過程において、ギリシア人は推論の一般原理の認識に達した。なかでも最も有名なのは三段論法である。彼らは、問題を追求する一般的方法も発見した。たとえばプラトンは、欲する結論から出発して既知の事実にまで演繹してゆく分析的方法を工夫した、といわれている。それから追求していった段階を逆に辿って正しい証明がえられるのである。読者は、ユークリッド幾何学でこの方法を使って定理を証明したことがあるだろう。もちろん、方法は幾何学以上のものである。ギリシアの幾何学者は間接証明法も発見して、その威力を発揮させた。それは、正しいもの以外はみな矛盾に導くから棄てねばならない、という予想のもとに、いくつかの二者択一を含む問題を追求する方法である。論理学者が矛盾律、排中律、と呼ぶこの方法の論理的基礎は、アリストテレスが公式化した。

幾何学を研究してゆくうちに、正確な定義、明確な仮定、厳密な証明の必要が明らかになった。ソクラテスやプラトンのような人は、この必要を強調しただけでなく、数学に洗練された柔軟性と明確な構造を与えるという寄与をなした。幾何学によってギリシア人は論理の鍛錬を受け、それがアリストテレスによる思惟法則の建設、組織化となってあらわれた。この法則は現在でも認められ応用されている。かくして幾何学は論理の科学の生みの親の役割を演じたのである。

ギリシア時代以来数千年、人々はユークリッドを研究して推論の方法を学んだ。この方法は、数学の研究抜きで論理を学ぼうとする人たちには反対されている。これは、我々は皆偉大な絵画を思考できるから、絵画そのものを知らなくとも絵画の概念だけで十分だ、と論ずるに等しい。悲しいかな、絵画の概念は何ら心を揺り動かさない。

ユークリッド幾何学は、単なる論理の鍛錬や推論のモデルとしてよりも、はるかに重要な価値を持つ。幾何学の美しい構造、洗練された推論の展開と共に、数学は他の諸活動を進歩させる道具から芸術へと変った。ギリシア人は数学を芸術として賞でたのである。算術、幾何学、天文学は彼らにとっては魂を休める音楽であり、心の芸術であった。

道徳的関心と、合理的、美的関心とはギリシア思想では分ち難い。球はあらゆる物体の中で最も美しい形を持ち、しかるが故に神聖かつ善である。故に地球は球形でなければならぬと論じる。更に同じ理由で、プラトンは、太陽、月、星は地球のまわりを自転する球に固着していると信じていた。円や球は完全な道で、天の永遠不変の秩序を示し、不完全な地上の直線運動と対照をなすのである。また天体は一様な速度で動き、一定時間に一定距離を通過することが、美的、道徳的見地からきまる。この正しい秩序ある運動は天体にふさわしいものである。惑星が不定の速度で動くことは好ましくなく、ピタゴラス学派は「人間社会でもこのような不規則性は秩序正しい紳士の所業ではない」と論じている。詩の真実と科学の真理とは一つであり、アリストテレスを引用すれば、自然の目的と、その底にある法則とは、すべて自然の雑多なはたらきを一つの美の形式に統一する。

幾何学、哲学、論理学、芸術はすべて一つのタイプの心の表現であり、一つの宇宙観でもある。だから歴史家として、古典ギリシア文化の諸相から、共通に存在する性格を追求することは面白い問題である。たとえば、ユークリッド幾何学の明確、透明、簡素な構造は、ギリシアの寺院の平明で簡素な形式が示す、純粋と秩序に対すると同一の心情の数学的表現である。これに対してゴチックの寺院は、内も外も雑多な付属物をそなえたきわめて複雑な構造を持っている。古典時代のギリシアの彫刻は驚くほど簡明である。下品な衣服やゴテゴテした縁飾りは彫刻の調和を乱し、価値を減ぜしめるものであったのである。

同様に当時の古典文学も想像や修飾を削って、簡潔、明快、事実に即した文体で書かれている。「妖精の住む孤島に、泡立つ海に向って開く魔法の窓」から囀《さえず》るナイチンゲールと、「光も風も当らぬ、蔦の生い茂る沢地に、はっきりした音色を響かせる」ソフォクレスの鳥とを比べれば、ギリシアの文体の性質も判るであろう。透明、簡潔、抑制は美の要素であった。ギリシア芸術は知性の芸術であり、明哲の芸術であり、そして平明な芸術なのである。しかもその幾何学、建築、彫刻、文学は、簡素さ以上の美と気品をかちえている。

ユークリッド幾何学はしばしば閉された有限なものである、といわれる。こういう形容もある意味ではあてはまる。その問題は、定規とコンパスで作れる図と、一定の原理から生じる定理に限られている。推論を拡げるために新しい公理を導入するということはしない。ユークリッド幾何学は、無限を避けるという意味では、有限である。たとえばユークリッドは直線が無限に延びることを考えてはいなかった。線分はどの方向へも必要に応じて延ばせると彼はいっているが、無限に延長する必要を感じていなかった。また整数を扱う場合も、ギリシア人は整数が無限の可能性を含むものと考えていたが、ただある有限の集合に、いくらでも数を加えうるという意味での無限であった。彼らは整数全体というものを扱わなかったようである。

このような有限性はギリシア建築においても顕著である。ギリシアの寺院は小さくて、その全構造を一目で見わたせる。これは究極性、完全性、明確性を示すものである。眼と心でただちにその均整と荘厳さを把握できる。こういう点でもギリシアの寺院はゴチックのものと対比される。後者では一目で全体を見わたせるものはほとんどない。どの方向もおわりが見えなくなっていて、完全な理解ができない。それははるかな距離への尖塔による精神的願望を示している。何層にもはるかにつづいているアーチと、あたかも遠方から見るように、うすぐらい内部に見える高い祭壇とによって、想像がかきたてられ、畏敬の念が起され、広大な規模は不可視のものを強く印象づける。高い建物は微細な人間をのみ込み、うす暗い内部でわれを忘れさせ、そこでは有限の感覚は消え失せている。

ギリシア科学では無限性の概念はほとんど理解されず、また意識的に避けられていた。現在の考え方ではもっとも簡単な運動は直線運動であるが、ギリシア人にとっては直線はその果てが見極められなかったから、かんたんなものではなかった。直線運動は決して完結しない。だからギリシア人は円運動を好んだ。果てしない道という考えは彼らを恐れさせ、「無限の空間の沈黙」の前にうちふるえた。

哲学でも無限は嫌われた。後に見るような無限性のパラドックスは、ギリシアの哲学思想にとっては越えがたい障壁であった。無限は不完全であり、結末のないものであり、それ故に考えられないものである、とアリストテレスは云っている。無限は形なき混乱である。善と悪は、有限かつ明確なものと、不定かつ無限なもの、というように解釈されていた。限界ある明確性は物体に性質と完全さを付与した。物体は明確で定義しうるものであってはじめて、本質と意味を持ちえたのである。「漠然としたものが人間生活に入ってくるときは、必ず災難がつきまとう」とソフォクレスはいっている。

ギリシア数学の今一つの特性をあげよう。ユークリッド幾何学は静的である。図形をかえる性質は研究されていない。その上、図形は完全なものとして与えられ、あるがままの姿を研究するのである。ギリシア寺院の静かな雰囲気はこの主題を反映している。そこでは心は平和である。ギリシアの彫刻も同様に静的な、超然たる姿で、平静な心理を示している。それでいて二等辺三角形と同じく非常に印象深いものである。ミロンの「円盤投げ」は、はげしい肉体活動をしているのに、ことわざにいう、茶を飲む時のイギリス人のように平静である。

ギリシア演劇の静的な特徴もしばしば指摘される所である。そこにはほとんど所作らしいものはみられない。まず劇のはじめに、その劇の問題点や登場人物の環境をのべて、それまでのいきさつを完全に説明する。だから劇の結末はほとんど前もって予知できるものであるが、劇で関心の対象となることは、結末にいたるまでの心理的ないきさつや、こまごました行為なのである。

ユークリッド幾何学には、ギリシアの演劇の静的な性質と結びつくもう一つの特質がある。ギリシア悲劇は運命や必然のはたらきを強調する。演劇の中の登場人物は決心する意志も力も持ち合わせず、かくれた力に押しやられるように見える。だからエディプスは近親相姦や母殺しを余儀なくされる。演繹的推論では、数学者は前提から引き出した帰結を自由に選べず、必然的な結末を受け入れざるをえないが、運命のはたらきはこの演繹推論の使用の際にふくまれる強制力に似ている。

ギリシアの芸術、幾何学、哲学にはもう一つ大きな特徴がある。彼らの仕事では「永遠の相の下に」宇宙を見ようとした努力が反映している。これはどこにもある事であるが、とくにギリシア人には顕著なものだ。彼らは束の間の、個別的なものよりも、永遠の、普遍的な知識を求めた。数学上の球は永遠であり、その数学的性質は永久に存するであろう。だから球の知識はもっとも望ましいものである。しかし水あぶくや、はでに色を塗った風船球などは、見かけはきれいでもすぐこわれてしまうから、注意をむけるに価しない。また古典時代のギリシア芸術は、大衆向のではなく、個人の中から広い基本的な特質を引き出し描こうと努めた。一人の人間において問題となることは彼が示す人類一般の特質である。着衣、個人関係、日常活動というようなものは偶然的な瑣事である。ギリシア人はまた哲学的思索において、概念や質の完全な形式を定義づけ理解しようとした。完全なものはその本質上永遠だからである。完全な国家は熟考するに価するものである。だからギリシア社会の民主化は難事ではなかった。

これまで概観してきた数学や、それを反映した文化は、古典ギリシア時代のものである。この「文明の曙光」は数学や人間の生活、思想に大きな足跡を残し、決して枯れつきることがない。さらにこれに続く紀元前三〇〇年から、紀元後四〇〇年の間にわたるすばらしい時期がわれわれを待っている。しかし頁をめくる前にわれわれが今別れようとしている時代が、今日の意味での数学を創造したことを想い起してみよう。証明方法としての演繹に固執したこと、個別のものに反して抽象を愛好したこと、実り多く、しかも受け入れやすい公理群を選んだこと。これらが近代数学の性格を決定し、多数の基礎定理の予測証明が、数学をその軌道に乗せたのである。ギリシア人によって初めてともされた人類の理智の灯が、数学とともに数学の中から輝き出したのである。彼らの数学の文献には、人間社会における精神の優位、それからする文明の新しい概念が強調されている。

第5章 星に物差をあてる

夜更け、人里離れた高みにあって
天文学者は暗黒をくまなく探り
遠き光の孤島をはるかに認める

乱れさまよえる星を招いて云う
「汝今より十世紀後のある夜に再び帰り来れ」

かの星は帰り来るであろう
一時間たりとも科学の計算を欺き狂わせはしないであろう
時経て塔の中に空を見つめる人は変れど
常に人は眠れぬ夜の瞑想にふける
つぎつぎと人は死に世は変るとも
命限りある人にかわって
真理が星の再来を見まもるであろう

サリー・プリュドーム

少くとも四千年間、エジプト文明は固定した型にとどまっていた。実験において、数学、哲学、交易において、各世代は父祖を模倣していたにすぎない。外部からの影響で、平穏な生活や固定した習慣をこわされるということはなかった。しかし紀元前三二五年頃、アレクサンドロス大王がギリシア、近東とともにこのエジプトの巨大な土地も征服し、征服地のヘレナイズを始めた。アレクサンドリアという都市を創り、古代社会の中心首都を、アテネからこの新都市に移した。アレクサンドリアを中心として、諸文明が融合し、新文明が現われ、数学や西洋文明に意義深い貢献をした。

アレクサンドリアはアジア、アフリカ、ヨーロッパの接合点という理想的な位置にあったので、全古代社会の中心となった。街路ではエジプトの原住民がギリシア人、ユダヤ人、ペルシア人、エチオピア人、シリア人、ローマ人、アラビア人と交易を行った。貴族も市民も奴隷も街にあふれ、ごった返した。こんなにさまざまな民族の寄り合う街は世界中どこにもなかった。現代のニューヨークといえども及ばない。

この大都市に世界のすみずみから貿易業者、商人がやってきた。港にはイタリアから酒を、ウェールズから錫を、スウェーデンから琥珀をもたらす船が満ちていた。遠洋航路はガンジス河やカントンまで伸びた。アレクサンドリアの商人たちはギリシア文化を世界中に拡めるだけでなく、外国でえた知識をアレクサンドリアに持ち帰った。その結果、街は世界的国際的な都市になり、富は集積され、あらゆる方向に膨れて行った。宏壮な建築、彫像、オベリスク、霊廟、墓地、寺院、ユダヤ教会がたくさん出来あがった。厚生設備としては、アレクサンドリアにはバザー、浴場、公園、劇場、図書館、競馬場、競技場、富者の邸宅が設けられた。

アレクサンドリアを、新しい世界の知識の中心とした名誉は、都市の建設者アレクサンドロス大王には帰せられない。大王が遠征中に死んだあと、エジプト全土を統治した極めて有能な太守プトレマイオス一世の功績である。プトレマイオスはピタゴラス、プラトン、アリストテレスなどが創ったギリシアの学派の文化的重要性をよく知っていて、アレクサンドリアにこのような学校を作り、新世界におけるギリシア文化の中心地としようと決心した。そこで彼は学者が学問に没頭できるようにムーサイ学園を建設した。

プトレマイオスは学園の隣に図書館を作り、重要文献の保存だけでなく、一般公衆の使用にも供した。この有名な図書館は一時は七十五万冊の書籍を所有していたといわれる。学園も図書館も近代の大学に似ているが、今日の大学でも、当時そこに集められた知識には及ばない。

プトレマイオスによって、あらゆる国から学者がアレクサンドリアに招かれ、彼の基金によって養われた。従ってこの学園には詩人、哲学者、言語学者、天文学者、地理学者、医者、歴史家、芸術家、それにアレクサンドリア時代の屈指の数学者が集った。学園に集まった学者の大部分はギリシア人であったが、他の国からもすぐれた学者がここに集まった。ギリシア人以外のなかで、もっとも有名なのはエジプトの大天文学者クラウディウス・プトレマイオスである。

民族や学者の混合、交流地域の拡大から生じた二つの要素が、文化の性格に決定的な影響を与えた。その一つは、アテネ人よりもっと広汎なアレクサンドリア人の商業的関心が地理や航海の問題を発展させ、原料、生産方法、技術の改良に注意をむけたことである。次に、学者と没交渉ではない自由人の手で商業が行なわれたから、学者も庶民の直面している問題を取りあげるようになった。その結果、学者は豊かな理論的研究を、具体的な科学的技術的研究と結びつけるようになった。技術的な分野が発展し、技能教育が樹立され、機械学などの科学が進歩した。古典時代には軽蔑され無視された工芸がさかんになった。

新しい関心にこたえてアレクサンドリア人が発明した機械装置の創意は、現代の観点からしてもおどろくべきものである。彼らは水時計、日時計を改良工夫し、法廷で弁護士が、限られた時間の演説をするときに使った。ポンプ、滑車、くさび、巻揚機、歯車装置、総キロ数測定器など、今日自動車に用いられているものと異らないものが広く使われていた。機械の発明のなかには天文観測用の設備もあった。数学者や発明家ヘロン（紀元前一世紀）の手で、五ドラクマ銅貨を入れると聖水がふりかかってくる自動装置もできた。オルガンも同じようなしかけではたらいた。寺院では銅貨を落とすと扉が開くようにして、民衆を不思議がらせた。

気体や液体の研究から、水オルガン、空気銃、火に水をまくホースができた。公園は水圧で動く影像と噴水で引き立てられた。アレクサンドリア人は蒸気力も発達させた。お祭の日には、市街を蒸気力による自動車が動いた。祭壇の下に火を起して、蒸気で神々に魂を吹きこんだ。観衆は神々が手を上げて信者を祝福し、涙を流し、神酒を注ぐのを見て、畏敬の念に打たれた。人工の鳩が空に舞いあがり、目に見えない蒸気の作用で降りてきた。

アレクサンドリア人はまた、音や光の知識を実際に応用した。なかでももっとも大規模なのはアルキメデスの大反射鏡で、母国シラクサを攻撃するローマの船に太陽光を集中させた。船は強熱で焼けたことであろう。

初期エジプト時代の秘伝、口伝の学問とはちがって、書籍は自由に新知識の種子をまきちらした。さいわいにしてアレクサンドリアではエジプトのパピルスは羊皮紙《パーチメント》より安価で、そのためアレクサンドリアは古代社会の写本業の中心となった。力学、冶金学上の知識に関する優れた研究が科学史上初めて現われた。水圧や蒸気圧の装置の原理は、流体静力学の研究で説明され、また円天井、弩器、トンネルの作り方の説明をした研究もあった。なかでも、山の下にトンネルを掘り、両側から進めて真中で会うようにしたヘロンの数学的な手口は、当時としてはすぐれた巧妙なものであった。

もちろん数学は、このアレクサンドリア社会でも重要な位置を占めていたが、古典ギリシアの学者が知っていた数学とはちがったものであった。思想の純粋性、環境からの超越を云々した数学者も一部にはあったが、アレクサンドリアのヘレニズム文明は、古典ギリシア時代にできたものと、ほとんど対蹠的性格をもつ数学を生み出した。古典ギリシアではまったく応用に関係しなかったが、新しい数学は実用的であった。古い数学は測定をこばんだが、新数学は宇宙の砂粒の数、遠い星への距離を測った。古い数学が坐して心の眼で無形の抽象を見るのに対し、新数学は大陸や海を越えて旅することを可能にした。アレクサンドリアの大数学者、エラトステネス、アルキメデス、ヒッパルコス、プトレマイオス、ヘロン、メネラウス、ディオファントゥス、パップスなどは例外なくギリシアの理論抽象の才も示したが、一方その才を彼らの文明にきわめて重要な実際問題に応用しようとつとめた。

この新しいギリシアの典型はアレクサンドリアの図書館館長、万能の天才、エラトステネス（紀元前二七五―一九四）である。数学、詩、哲学、歴史の古典的研究に長じていた彼は、測地学や地理学にも深いうんちくを示した。エラトステネスは歴史、地理のあらゆる知識を集大成したのみならず、ギリシア人に知られていた範囲での全宇宙図を作った。また地球の半径を測り、広い土地を測量するかんたんな方法を見いだした。天文観測や天文器械の製作も彼の功績に帰せられる。

エラトステネスは暦も改良した。原始文明では、太陽年の正確な長さが知られていなかったから、天体の運行をとらえることも難事であった。たとえば、バビロニアから来たものと思われるギリシア初期の暦では、一年を十二ヵ月、一月は三十日としている。この暦が不適切なことは、春分のような天文現象を示す日付が遅すぎたり早すぎたりすることからあきらかになってきた。もちろん神々はこのような不一致に反対するはずである。アリストファネスは雲に託して神々の不満を記している。

お月様は俺達（雲）をつかわして君に時候の挨拶を送るとき
いつも月日が間違って使われているといいえと命じる
君が月日を滅茶苦茶に狂わせるので
お月様はすっかり気を悪くしているんだ
そして（お祭の日を待ちかねている）神様方は
君の数え違いのために晩のごちそうにありつけなくて
お月様にあたりちらして嵐を起すのだ

エラトステネスの暦では、一年は三百六十五日で、四年に一度閏日がある。この暦は後にローマ人によって採用されたもので、今日用いられるものと同じである。一般に古代文明では、王の即位から年数を数え、初期ギリシアではトロイの没落以後、四年毎のオリンピック大会の数で年を表わす習慣があったが、エラトステネスはこれに反対し、すべて暦に従って月日を決めるべきであると主張した。エラトステネスはアレクサンドリアで盲になるまで研究をつづけ、その後断食して死んだ。

アレクサンドリア時代の特質の典型ともいうべき人は、古代最大の知性の一人アルキメデスである。シシリー島のギリシア植民地、シラクサで生まれたが、アルキメデスはアレクサンドリアで教育を受けた。それからシラクサに帰って余生を送った。彼は高い知性、実際と理論両面にわたる広い関心、飛びぬけた機械発明の才、ヴォルテールがホーマーに優ると称した豊かな想像力を持ち、同時代の人の非常な尊敬を得た。

アルキメデスの実際的関心は、その優れた発明にもっとも顕著にあらわれている。彼は若くして天体の運行を示すプラネタリウムを作った。河から水を汲みあげるポンプを発明した。シラクサのヒエロン王の船をあげおろしするのに複滑車を使った。またローマの攻撃からシラクサを守るための兵器、弩器を発明した。彼がローマの船を焼くために、凹面鏡の焦点の性質を応用したのはこの時のことである。また大きな荷物を動かすために、てこの使用を発達させた。

おそらく彼の科学上の発見で、もっとも有名なものは、現在彼の名を冠して呼ばれる流体静力学の原理であろう。アルキメデスがどのようにしてこの発明に到達したかの物語は、現在まで伝わっている。シラクサ王が金製の王冠を注文した。王冠を受け取った王はそれに不純物が混ぜてあるのではないかとあやしみ、それをアルキメデスに送って、細工をこわさないで中身をテストする方法を工夫してくれと頼んだ。アルキメデスはその問題に没頭したが、ある日入浴中に身体が水で浮くように感じた。急に問題を解く原理が摑めた。水に浸った身体は、それが排除した水の重さだけの力で浮き上がることを発見したのである。空気中の身体の重さと排除された水の重さは測れるから、その重量の比も知られる。この比は金属の形いかんにかかわらず、ただ金属の種類によって異なる。そこでアルキメデスは金に対する比と王冠に対する比とをくらべてみた。残念なことにその結果がどうであったかは伝えられていない。アルキメデスが発見した原理は、科学の根本的な普遍法則の一つである。彼はそれを著書『浮かぶ物体について』に組み入れている。

彼は測定問題に生涯の多くを費し、数学の理論的研究においてもアレクサンドリアの時代精神の影響を受けていた。円の面積は半径に円周を掛けたものの半分（ふつう πr^2 の式で表わされる）であることを証明し、π の値を決定した。π は $3\frac{1}{7}$ と $3\frac{10}{71}$ の間にあるという彼の計算結果は、当時としては実に優れたものである。そのほかにも彼は、面積や体積を求めるいろいろな公式を証明した。

さらにまた、当時の時代思潮に動かされて、アルキメデスは古典時代のギリシア人がいやがっていた仕事にも従った。彼は「砂計算」と題する研究で高位の数を表わす方法を工夫し、これを使って宇宙に砂粒を満たした時の数を表わせることを示した。

アルキメデスは、当時の実利的関心にかなり動かされたけれども、やはり古典ギリシア人の基礎理論への愛着も持っていた。自分の業績の中では理論的なものをもっとも誇りとしていた。彼は自分の墓石に、球とそれに外接する円柱の図と、三分の二の比を書きこむことを希っていたそうである。これは円柱に内接する球の体積と円柱の体積の比は二対三であり、球の表面積と円柱の表面積の比も二対三である、という彼の大発見によるものである。

アルキメデスの死は、その生涯と同じく時代を象徴するものである。シラクサの街にふみこんだ、一ローマ兵士に殺されたことは前に述べた。アルキメデスは思索に没頭していたあまり、兵士の誰何《すいか》が聞えなかったのである。ローマの大将マルセルスは、アルキメデスを殺してはならないと命令を出していたのに、兵士の誰何に答えなかった故に殺されてしまった。時にアルキメデスは七十五歳、それでも精力に全く衰えを見せていなかった。罪滅しにローマ人は立派な彼の墓を立て、その上に上述の有名な定理を彫りつけた。

数学固有の領域では、アルキメデスは間接測定の方法を案出し応用した。その研究には特定の幾何学的形状の面積、体積の公式がある。驚くべきことに、こういう公式はユークリッドにはなかったのである。それは、ユークリッドにとってはアレクサンドリア時代のはじめに生きていて、古典時代の数学の集大成が主な問題だったからである。二つの相似三角形の面積の比は対応する辺の自乗の比である、ということはユークリッドの関心事であったが、三角形の実際の面積は、底辺と高さの積の半分であるということはアレクサンドリア人の発見である。

面積や体積の公式の研究は往々過小評価されている。床の面積はどうやったら測れるだろうか？　一辺が1フィートの正方形の小片をたくさんつくって床全体にならべ、床の面積は100平方フィートだなどとするだろうか？　たしかにこれが面積の意味にはちがいないが、もちろん誰もこんなことはしない。ただ縦と横とを測り、掛け合わせて面積をうるという、いたってかんたんな方法を使う。これは、長さを測って面積をうるのだから間接測定である。この考えは体積にも拡張できることは明らかである。だからアレクサンドリア人が作った、長さという測りやすい量から、間接的に面積や体積を出すという幾何学のきわめてありふれた公式でも、実際には非常に役に立つのである。

しかし以上のような間接測定はアレクサンドリア人にとっては子供だましである。彼らは間接的な方法で地球の半径、太陽、月の直径、月、太陽、惑星、恒星への距離も測りえたのである。ちょっと見当のつかないような長さでも、現在では望むがままの精度で測定できる。アレクサンドリア人は見かけ上不可能な事を可能にし、数学思想の発展のうえで、当時では想像できないような難事を、かんたんにしかも徹底的にやってのけたのである。

古代社会最大の天文学者ヒッパルコスが数学の一分科を編み出し、それを地球や天体に巧みに応用したのは、紀元前二世紀のことであった。ヒッパルコスの巧みな方法というのは、かんたんな幾何学の定理をもとにしたものである。まず二つの三角形で、それぞれ対応する角が等しければ、定義からこれらの三角形が相似であることを思い起そう。さて二つの三角形が相似であることを示すには、対応する二つの角がそれぞれ等しいことを示せば十分である。その理由はかんたんで、いかなる三角形でも内角の和は百八十度であるから、二つの角がそれぞれ等しければ、残りの一つも等しいに決まっている。とくに二つの直角三角形のばあいは、直角は等しいから、もう一つ鋭角が等しいことが判れば、それらの三角形は相似であると結論できる。

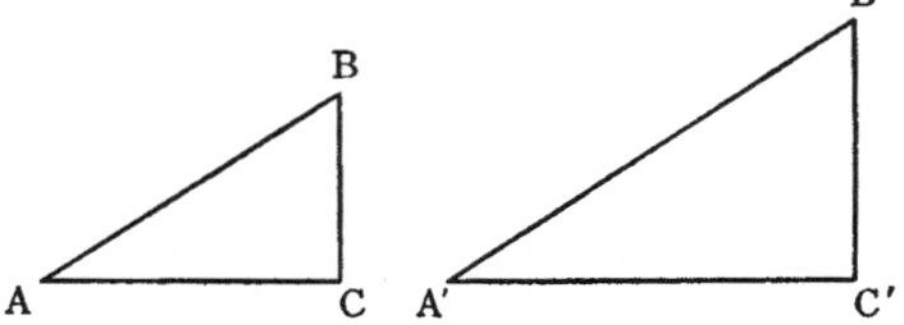

図11　２つの相似直角三角形

　ヒッパルコスが応用した定理とは、二つの三角形が相似の場合、一方の三角形のある二辺の長さの比は、もう一方の対応する辺の比に等しい、というものである。だから三角形ＡＢＣとＡ′Ｂ′Ｃ′（**図11**）が相似なら、たとえばＢＣ／ＡＢはＢ′Ｃ′／Ａ′Ｂ′に等しい。また三角形ＡＢＣとＡ′Ｂ′Ｃ′が直角三角形で、角Ａと角Ａ′が等しければ、今云ったことからこの三角形は相似であることを知る。だからヒッパルコスは角Ａの向い側の辺と斜辺の比は角Ａをふくむいかなる直角三角形でも同じでなければならぬと述べた。このＢＣとＡＢの比は非常に重要で、サイン（sine）という特別の名がつけられ、その比は角Ａの大きさによるから、サインＡ（sine A）と書かれる。だから定義によって、

$$\text{sine A} = \frac{\text{BC}}{\text{AB}} = \frac{\text{角Aの向い側の辺}}{\text{斜辺}}$$

となる。

　角Ａを含む直角三角形ではサインＡは常に同じであるが、この論法はＡを含む直角三角形の他の辺の比にも応用できる。たとえば

$$\text{cosine A} = \frac{\text{AC}}{\text{AB}} = \frac{\text{角Aに隣る辺}}{\text{斜辺}}$$

$$\text{tangent A} = \frac{\text{BC}}{\text{AC}} = \frac{\text{角Aの向い側の辺}}{\text{角Aに隣る辺}}$$

などの比は、角Aを含む直角三角形では常に同じ値となる。

ヒッパルコスが地球、天球の測定に、このような比を使った方法をこれから見てゆこう。第一段階はまず山の高さを測ることである。問題をかんたん化して、**図12**で山が点Cを根とし、BCが絶壁をなすと考えよう。まず大地に沿って距離ACを測るのは容易で、これを十マイルとしよう。つぎに角Aを測り、十七度であったとしよう。タンゼントAをつかえば、

$$\text{tangent } 17^\circ = \frac{BC}{AC}$$

である。ACは十だから

$$\text{tangent } 17^\circ = \frac{BC}{10}$$

となり、両辺に十を掛けると、

$$BC = 10 \cdot \text{tangent } 17^\circ$$

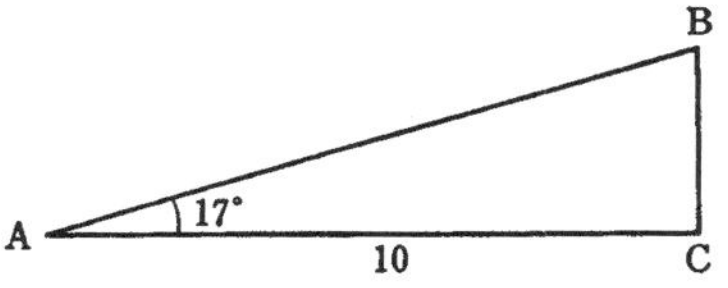

図12　山の高さの計算

となる。タンゼント十七度が判っていれば、すぐにBCが得られる。タンゼント十七度は、この角をふくむ直角三角形では常に同じ値である。だからこの値を決めるために手頃な三角形を選べばよい。

　大工はかんたんにこの値を出す。角Aが十七度の小さい直角三角形をつくって、求める角の対辺とその隣辺を測り、二辺の比を計算する。数学者はさらに洗練された、さらに精密な方法を使う。

　天文学者であると同時に数学者であったヒッパルコスは、こういう比を計算する方法を工夫し、その結果を有名な表として後に残し、現在の教科書にも組みこまれ

ている。

　ここでヒッパルコスの計算の詳細を述べる必要はあるまい。望むがままに精密にこの比を計算できる、ということが肝心なのである。この計算からタンゼント十七度は、四桁までとると○・三○五七となる。だからＢＣは10・tangent 17°だから三・○五七マイルとなる。こうして山の高さは物差を直接あてなくても計算できるのである。

　さて、この結果が地球の大きさの測定に使われることをみよう。教育あるギリシア人は、地球の形が完全球であると信じていた。この結論は世界一周航海からではなく、美的、哲学的議論から出たものである。だから球の半径を測ることは重要問題であった。

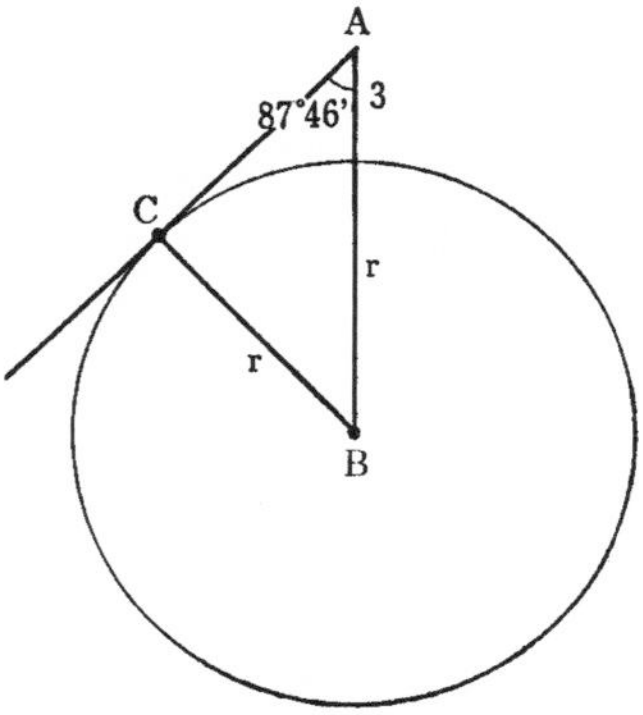

図13　地球の半径の計算

　この長さを測るには次のようにすればよい。たとえば三マイルの山に上って水平線を見わたすとする。そして何か適当な器械で視線と鉛直線の間の角、**図13**の角ＣＡＢを測る。この角がほぼ八十七度四十六分となったとする。この簡単な測定から、地球の半径をｒとする図ができる。この図で、視線ＡＣは地球表面に接するから、半径ＢＣはＡＣに垂直である。ユークリッド幾何学の定理によれば、接線の接点に至る円の半径はその接線に垂直である。さてヒッパルコスに従って、測定した角の向い側の辺と直角三角形の斜辺の比に注意しよう。図の記号ではこの比は$\frac{r}{r+3}$となる。この比はまたサインＡつまりsine 87°46′である。だから

$$\text{sine } 87^\circ 46' = \frac{r}{r+3}$$

となる。ヒッパルコスはサイン比を計算していたから、sine 87°46′は五桁までとると○・九九九二四となる

ことを知っていた。だから

$$0.99924 = \frac{r}{r+3}$$

となる。高等学校で学ぶかんたんな代数でこのｒの方程式が解け、地球の半径は三九四四マイルという値をえる。角度を秒まで測ればもっとよい結果がえられる。

こんな計算を面倒がる読者は、上述の方法と、地球の中心までトンネルを開け、中心から地表まで物差をあててやっと半径が測れる大変な仕事と、どちらを選ぶべきかを考えてみればよい。

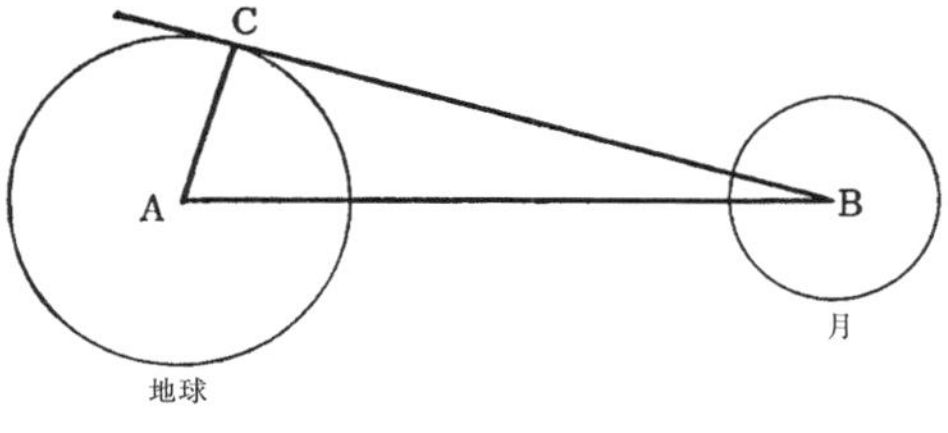

図14　地球から月への距離の計算

次に、ヒッパルコスが地球から月への距離、正しくいえば地球の中心から月の中心への距離を、どのようにして求めたかを述べよう。以下の説明は少し簡略化してあるが、ヒッパルコスの方法を本質は失っていない。地球と月の中心を結んだ線、つまり**図14**のＡＢが、地球表面を赤道上の一点で切るときの距離を計算するとしよう。Ｃで地球表面に接するようにＢから線を引く。さて上述の幾何学の定理により、地球の半径をあらわすＡＣとＣ点の接線は直角をなす。図の角ＣＡＢはＣの緯度である、たまたまヒッパルコスは自分で、地表面上の位置を今日広く用いられているものと同じ緯度、経度で示す方法を創っていた。そこでヒッパルコスはＣの緯度を知った。また地球の半径ＣＡも知っていた。

$$\text{cosine}\ A = \frac{AC}{AB}$$

である。**図14**のＡの値を出すと八十度三分となる。ヒッパルコスの表では

cosine 89°3′=0.01658である。地球の半径は約三九五〇マイルである。だから

$$0.01658=\frac{3950}{AB}$$

両辺にＡＢを掛け、〇・〇一六五八で割ると、

$$AB=\frac{3950}{0.01658}$$

をうる。だから地球と月の中心間の距離は、約二三万八〇〇〇マイルである。

ふりかえってみると、容易に測れる地上の距離から出発して、次々に山の高さ、地球の半径、月への距離と計算を進めて行ける。この知識とヒッパルコスの方法で、さらに太陽、惑星、恒星へと拡張できる。ヒッパルコスは実際に多数の天文計算を成しとげた。彼の三角法はかんたんで、しかも同時に広い応用を持つものであった。

地球や天体の観測にヒッパルコスが生みだした数学は、それ以後、多数の実際問題に使われてきた。測量家、航海者、地図製作者は常にそれを用いた。ヒッパルコスなどの方法をここでは詳述しないが、アレクサンドリアのギリシア人は、地図製作を科学にまで高めたのである。彼らの地図は十五、六世紀の探検時代までは地球の最良の知識であった。さいわいにして後世のために、天文学者プトレマイオスは、八巻からなる大著『地理学』に、古代社会において集積された地理の知識すべてを総括してくれた。この書には地球上の約八〇〇〇の位置の緯度、経度が与えられており、最初の世界地図であり、地名辞典でもあった。

三角法の問題は、実用的、知的、両面の関心から出発した、数学のかっこうの例題であった。一方では測量、地図製作、航海、一方では宇宙の大きさへの好奇心から発したのである。これによってアレクサンドリアの数学は宇宙の三角測量をなしとげ、地球や天体の正確な知識をえた。それから次章で述べるように、この研究をさらにつみかさねていったのである。

第6章　自然は合理性をうる

ソクラテス　よろしい、ではプロタルコス、問いからはじめよう
プロタルコス　どういう問いですか？
ソクラテス　宇宙というものは不合理な雑多な偶然に導かれるものか、それとも逆に父たちが云ったように驚くべき知性、知慧によって秩序づけられ統御されるものか
プロタルコス　徳高きソクラテスよ、二つの見方があります。あなたが今わたしにおっしゃったことは神を冒瀆するものと思えますが、また一面、心が万物を支配するということはこよなく尊いことでもあります

プラトン「フィレボス」

創造せんとする人はまず夢見ねばならない。哲学好きのギリシア人は、往々にして思索を駆って夢想の域に入ったから、あの人類はじまって以来、すばらしい予言的洞察を報いられたのである。異常なまでの想像力が、思索好きのギリシア人すべてを知的生活へと駆りたてたのである。その影響は、西洋文明にとってきわめていちじるしいものである。

自然は合理的に秩序づけられている、あらゆる自然現象は、正確不変のプランに従っていると想像は語る。また想像は、精神が最高の力であり、それ故に自然の摂理は、精神を宇宙の出来事にあてはめれば知覚しうる、とまで考えた。

ギリシア人は夢を現実に投影し、自然現象に合理的な説明を与える、力と才智を持った最初の民族である。ギリシア人の理解への衝動は研究・探検欲を刺戟した。その探検の間にも、辺境へはやく行ける道を見つけ、新しい土地を征服するに役だつようにと、ユークリッド幾何学などを使って地図を作りあげたのである。

先行する諸文明、とくにバビロニア人とエジプト人は無数の観測をなし、多くの有益な経験的法測をえた。しかし自然に秩序が存することに想いいたらねばならないにもかかわらず、彼らは理論には達しえず、宇宙の構造など思いもよらぬものであった。自然界のさまざまな複雑な作用、反作用に目をうばわれて、計画、秩序、法則のあらわれに気がつかなかった。自然は気まぐれな、神秘的な、時には恐るべきものとして目に映った。ギリシア人の考え方はこれとは対蹠的である。知識への欲求、推論への愛に駆られて、精神の力を重んじるギリシア人たちは、自然の法則を調べることによって、物質界に内在する秩序を表現することができると信じていた。

自然の合理的説明の探求は、ギリシア文明の初期にさかんであった。その典型的なものは、万物の根元は水であり、霧も大地も水からできるとする、タ一レスの宇宙論である。宇宙は中に泡のある水の塊であり、泡が地球で、水に浮かび、上からは雨となって水が落ちてくる、と彼は信じた。天体は水が自然状態にあるもので、泡のまわりの水の上に浮かんでいるのである。エジプト人やバビロニア人にとっては星は神であったが、タ一レスには「壺から出た湯気」である。宇宙構造論としては、タ一レスはなかなか近代的な見解を取った。彼は自分の説明が、かならずしも文字通り存在するものを描いたのではないことを弁解している。むしろ合理的な型に観測をはめこむために、こんな提案をしたのだ。

こういった自然現象の分析は、現在の科学的な理論の洗練された深遠さにくらべると、浅薄な子供じみたものにみえる。しかしタ一レスやイオニア学派は、先行する文明の思想よりずっと進んでいた。少なくともこれらの人たちは宇宙にとりくんで、神や妖精、精霊、悪魔、天使、その他、合理的精神には受け入れられない不可思議なもののせいに帰することをこばんだ。彼らの唯物的、客観的説明は、神秘的、超自然的説明にとってかわり、合理的方法によって詩人の無批判な空想的説明を打ち破った。明晰な洞察で宇宙の本性をつきとめ、理性がこの洞察を擁護した。

ピタゴラス学派の出現とともに、数学の手を借りて自然を合理化するこころみが起きてきた。ピタゴラス学派は、物理的には多様な現象も同一の数学的性質をもつことに注目した。月もゴムまりも同じ形をし、球に共通な諸性質をもっている。屑箱も酒樽も体積は同じである。だから数学的関係が雑多な事物の基礎をなし、現象の本質であらねばならぬことは自明ではないか？

とくに、ピタゴラス学派はこの本質を数と数の関係においた。数は自然を説明する第一原理で宇宙の実体であり形式である、とした。紀元前五世紀の有名なピタゴラス学派の人ヒロラオスはいっている。「もし数とその性質がなければ、存在自身もその間の関係も他人にも認められない……神や悪魔の世界においても、手芸や音楽における人間の行為思想においても、数の力があらわれているのを認めうるではないか。」

たとえば、ピタゴラス学派は、次の二つの事実を発見して、音楽も、数の間のかんたんな関係に還元できるとした。第一は、引っ張った弦から出る音は弦の長さによる。第二に、和音は長さが整数比をなす弦から生じる。たとえば二対一の長さの弦を同じ工合に張ると和音を生じる。この二つの音の差は現在オクターヴとよばれている。引っ張った二本の弦の長さの比が二対三のとき、もう一つ別の協和音の組み合わせができる。この場合は、短い方は長い方より五度上といわれ、ピアノの鍵盤では四つ目にあたる。どんな協和音でも、弦の長さの比は整数比である。

ピタゴラス学派は、惑星の運動も数の関係に還元した。彼らは空中を動く物体は音を生じ、スピードの速いものほど高い調子を出すと信じていた。おそらくこの考え方は、弦の端に物体をつけてふりまわすときに出る音からヒントを受けたものだろう。ピタゴラス学派の天文学によると、地球から遠い惑星ほど速く動く。だから惑星から発する音も地球からの距離によって異なり、これらはみな協和している。しかしこの天球の音楽その他すべての協和は、数の関係以上のものではなく、惑星の運動も単に数としての扱いを受けるのみであった。

以上述べた彼らの哲学の実質的要素のほかに、ピタゴラス学派は、個々の数になかなか面白い関係や説明をほどこした。一という数は推論に一致する。推論は矛盾なき完全体を生むからである。二は見解に一致する。四は正義に一致する。なぜならば自乗としては最初の数だからである。（ピタゴラス学派にとっては、一は完全な意味での数ではなかった。なぜなら単位は量に反するものであったから。）五ははじめての奇数とはじめての偶数の和であるから、結婚である。七は健康、八は友情である。ピタゴラス学派は四を正方形の四隅の点と考え、四は正義であるとしていたから、正方形と正義の関係は今日でも続いている。英語で四角鉄砲 square shooter とは正義漢のことである。

偶数はみな女、奇数は男とみなされていた。この関係から偶数は悪、奇数は善をあらわすことになった。二は一と一、四は二と二、八は四と四という風に分割されるから偶数は嫌われた。分割をつづけて行くと、確定有限を愛するギリシア人に苦手の無限という考えにいたる。一方奇数は、偶数が無限に分割されバラバラになることを防ぐ。さらに、奇数の場合、いやしい不体裁な分数になることの抵抗となるのである。

6＝1＋2＋3のように素数の和に等しい数は完壁であった。共通の素数を持つ数は互いに「友好的」であった。だから二百二十と二百八十四は仲が良いのである。こういう数を丸薬に記し、それを媚薬として用いたりした。理想的な数は十である。それは一つには基数一、二、三、四の和であり、一つには天体の数が十でなければならないからである。ピタゴラス学派は地球、太陽、月、恒星球とその他五つの惑星が、固定した中心火をまわっていると信じていたから、九つは容易に説明できた。十番目の天体は対地球と呼ぶものであるとした。この天体は常に中心火に対して地球の反対側にあり、だから見えないのだった。また十は理想的なものだから、宇宙の万物が、奇数と偶数、有限と無限、右と左、一と多、男と女、善と悪というような十対のカテゴリーであらわされるべきであるとした。

こういうピタゴラス学派のとっぴな思いつきは多分に空虚な非科学的な無益なものだった。数の重要さに取り憑かれて、自然とはほとんど対応しない自然哲学を作る原因となった。不幸にもこの哲学は若干中世ヨーロッパに持ちこされて、神秘宗教によって神聖視された。しかしピタゴラス学派の主題、つまり自然は数や数関係で説明される、数は実在の本質である、という精神は近代科学を支配している。ピタゴラス学派のテーマはコペルニクス、ケプラー、ガリレオ、ニュートン、その他の後継者によって改良され精製されて、今日、自然は定量的に研究されねばならぬという信条となって現われている。わりあい最近まで科学者たちは、ピタゴラス学派の信念のうちのあるもの、すなわち、宇宙は完全な数学的法則で秩序づけられている、神の理性は自然の組織者である、自然を探求する人間理性はその中に聖なる構想を見わけようとする、などを採用していた。この哲学が近代科学の成功にみちていたこと、数関係がギリシア人の愛好した幾何学の優位にとってかわるようになったこと、をあとで述べる。

ピタゴラスに次ぐピタゴラス学派の最右翼は、プラトンであった。彼は、物質界の実在と可知性は、「神は永遠に幾何学する」から、数学によってのみ把握される、と信じた。プラトンはピタゴラス学派を越えた所まで達した。彼は数学によって自然を把握しようとしたのみならず、彼が真の実在と信じた理想的な数学から成る世界の把握によって自然を超越しようとした。感覚的、非永遠的、不完全なものは、抽象的、永遠的、完全なものに置きかえられた。物質界に炯眼の一瞥を送るだけで、観測の手を借りずに、推論を発展させて、基礎的真理に到ることを望んだ。この点からすれば、自然は完全に数学によって置きかえられる。彼はピタゴラス学派が、耳には聴こえても決して自然の調和に到りえない調和数を研究した、と云って非難している。彼が無益と難じた単なる協和音の研究も、美と神の観点から探究するのであれば、最高の価値を持つものであったのである。

プラトンの天文学に対する態度は、またあらゆる自然科学への態度でもある。プラトンによると、天文学は眼に見える天体の運行を論ずるものではない。星の位置や見かけの運動は、眼には実に美しくすばらしいものではあるが、単なる運動の観測や説明では真の天文学とはなりえない。真の天文学に達するためには

「天体にかかずらわってはならない」。真の天文学は、数学的な天における真の星の運行の法則を扱うべきもので、眼に見える天は、単に真の天の不完全な模写にすぎないからである。眼ではなく心を楽しませる理論天文学に没頭することを彼は推奨した。航海、暦、時の測定はプラトンの天文学とは相容れぬものなのである。

　プラトンが観察や実験を嫌ったことは、たしかにギリシア科学の発展を妨げ、基礎的真理の把握と論理的帰結の演繹の上で、精神の力に頼り過ぎる結果となった。しかしそれでも、彼の自然科学観から生じた産物は、測り知れぬ価値をもつものである。彼がかかずらわりたがらなかった、その天に対するすぐれた構想を生んだのである。

　当時のギリシア人も、惑星運行図を作ろうとする人が知っている位の事なら観測していた。地球からみるとその運行は、ぜんぜん法則が認められないほど無秩序である。順行するものもあれば逆行するものもある。こういう天の放浪者（ギリシア語で惑星《プラネット》という言葉は「放浪者」を意味する）は、規則正しいコースに従おうとしないように思われた。

　エジプト人やバビロニア人が、数世紀間惑星の運行を観測し、図を作ったのも、一つの功績である。しかし彼らは単に観測家にすぎなかった。もう一つ別の重要な段階がある。それは見かけ上の不規則性の底にある秩序を見いだし、天体運行の統一的理論を作ることである。これが、プラトンがアカデメイアに課した問題であった。つまり惑星の系統的運行を究めつつも、見かけ上の不規則性を説明する数学的工夫である。プラトンは「現象を救う」という有名な言葉で彼の態度をあらわしている。

　プラトンの出した問題への解答は、プラトンの弟子、生まれながらの天才でギリシア最高の数学者の一人、エウドクソスによって与えられた。これは史上最初の優れた天文学理論であり、また自然を合理的に説明づける上で決定的な進歩をしめしたものである。

　エウドクソスの方法は、不動の地球を中心とする同心球を用いる。天体の複雑な運行を説明するために、エウドクソスはまず、地球を軸として一定速度で回転する球を考えた。つまり**図15**の惑星Ｐは、断面がＡＭＢの球にはりついていて、この球はＡＢを軸として回転する。エウドクソスは次に第一の球を投影した第二の同心球を考え、ＡＢを延ばして**図15**のＣとＤで留めた。この二番目の球は自身の回転軸、**図15**のＧＦのまわりを回転し、しかも第一の軸を中心とする回転球に沿って動くのである。この二つの球だけでは天体の運行を十分描けないので、エウドクソスはさらに第二の球の軸を延ばして第三の同心球を考えた。惑星の場合、エウドクソスはそれぞれこんな球を四つ使っている。回転速度と同心球の半径は、惑星の視運動に適合するようにエウドクソスが決めた。

もちろん、二つや三つの球の運動を組みあわせて、どんな天体の運行も眼で見えるようにすることは出来ない。しかしその結果として、非常に複雑な運動となるが、これが地球から見た五惑星、太陽、月、恒星の通路を描くにエウドクソスが必要としたものであった。全体系については全部で二十七の球を必要としたのである。

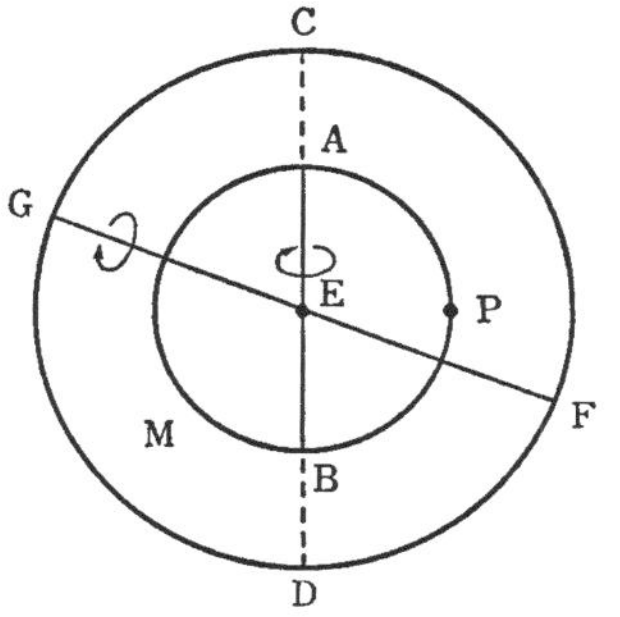

図15　エウドクソスの同心球の略図

あてどなくさまよっているかに見える天体の運行を、描き予測したこのエウドクソスの方法は、きわめて巧妙なもので、ギリシア人を強く印象づけた。それは自然における、数学的秩序をあきらかにしたのみならず、このような秩序を考えだす人間精神の力の証明ともなった。エウドクソスが、自分の方法を純粋に数学的なものと見なしたことも注目に価する。彼は同心球になんら物理的な意味を付さなかった。ただ運動の観測を説明づける創作であり理論であったのである。

エウドクソスの理論がギリシア天文学最高のものではない。すぐあとに、これにまさるすばらしい理論が出てくる。しかしこのギリ

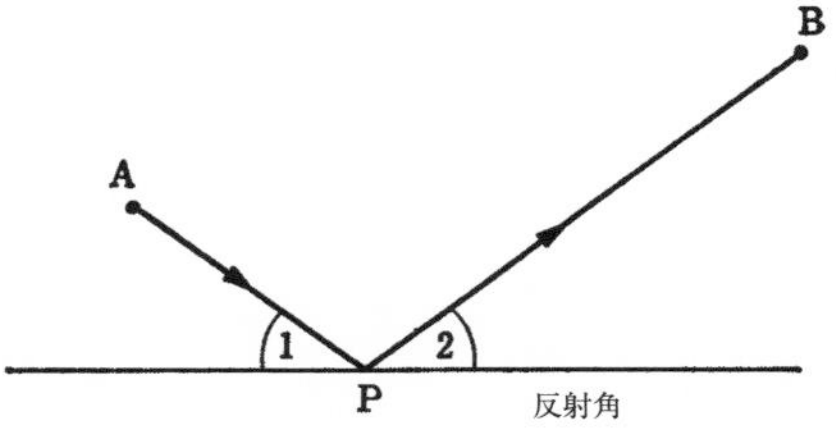

図16　入射角と反射角は等しい

シア文化の古典時代を離れるにあたって、自然の合理性を打ち立てる努力における、さらに重大な業績に言及しておこう。古典ギリシア人が、自然が数学的に作られているという結論に達するためには、空間に探りを入れる必要はなかった。ただユークリッド幾何学の意義を想起すればよかったのである。

　ユークリッドの幾何学は十の公理から出発した。そのうちいくつか、たとえば等しいものに等しいものが加えられるならばその和は等しい、というような公理は自明である。また二点を通る直線はただ一本である、というようなものは、物質界の観察から示されるものである。しかし一たびこれらの公理が選ばれれば、定理は思考のみのはたらきで演繹される。『エレメンタ』に収められた数百の定理はみな、象牙の塔に閉じこもって瞑想するユークリッドの手で演繹された。しかしひとたびこういう定理を物質界に応用してみると、定理で完全にその状態を描きうることがあきらかである。定理は、その物質界から直接に結論を引き出したかのように、厳密な信頼のおける知識を与える。公理から何百という演繹をつづけて、純粋な推論によってえられた定理が、完全に物質界にあてはまる、という事実を見て、ギリシア人はいかなる結論に達したであろう？　自然が合理的なプランに従って作られたということの証左ではなかろうか？　自然は推論による知識の全体系と一致しているのではなかろうか？　これが、自然に神の構造が存在することの否定できない根拠ではなかろうか？

　ギリシア人は数多くの物理現象を研究して、自然の数学構造の根拠を見いだした。一例を光学の分野から取ると、これがよく判る。

　ユークリッドは、光線が鏡にあたるとき、入射光と反射光とが鏡面となす角は、等しいことを見いだした。つまり**図16**の1＝2である。これは入射角が反射角に等しいといわれ、自然現象の法則性と数学的構造を示す好例となるものである。

　この光学現象には別の数学法則がふくまれている。直線の一方側に二点Ａ、Ｂがあるとき、点Ａから直線に触れて点Ｂに至る最短路は、ＡＰとＢＰがその直線と等しい角をなすような直線上の一点Ｐを経るコースである、ということは他の所で述べた。この最短路は正しく光線がたどる道なのである。まるで自然は幾何学をよく知っていて、それをフルに駆使するかのようである。

　古典時代のギリシア人が、自然の数学的構造のあきらかな根拠をえたとすれば、アレクサンドリアのギリシア人は、それが議論の余地のない程正しいものであることを確証した。なかでもその最高の業績は、古典を通じてもっとも正確で、後世への影響のもっとも強かった天文学理論の創造である。その中心人物は、天体の大きさと距離を測る上に間接測定法を使ったヒッパルコスである。天文研究の途上、彼は観測器械を改良し、春分点の歳差を発見し、黄道傾斜を定め、月の運行の不規則性を測り、年の長さの推定値を改め（ヒッパルコスは太陽年を三百六十五日五時間五十分と推定し、それまでのは六分半多過ぎるとした）約千個の星表を作った。これらの個々の研究は天文学体系の構造の中に取り入れられ、まとめあげられた。

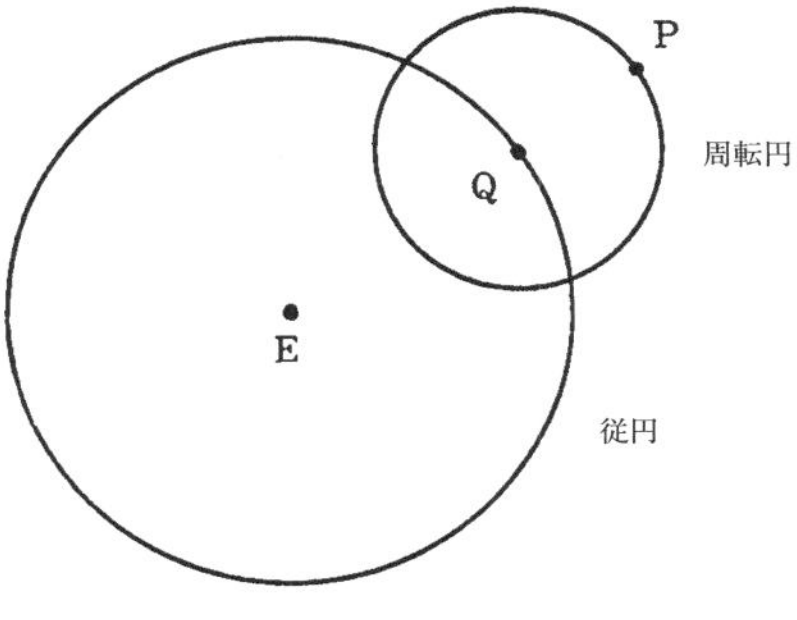

図17　ヒッパルコスの天体系の略図

　ヒッパルコスは、天体が地球を中心とする回転同心球にひっついているというエウドクソスの説が、他のギリシア人やヒッパルコス自身の観測事実の説明とならないことを認めた。エウドクソスの理論は、特に火星と金星の運行においていちじるしい誤差をふくむ。そこでエウドクソス説のかわりにヒッパルコスは、惑星Ｐ（**図17**）が一定速度で円上を動き、この円の中心Ｑが地球を中心とする他の円上を一定速度で動くと想像した。二つの円の半径と、QやPの速度を適当に選べば、多くの惑星の運行を正確に描きうる。この説による惑星の運行は、近代天文学の月の運行に似ている。月は地球のまわりを公転するが、同時に地球は太陽のまわりを公転する。太陽のまわりの月の運行は、ヒッパルコスの天体系における地球のまわりの惑星の運行に似ている。

ある天体の場合は、ヒッパルコスはさらに三つ四つの円を使うことを必要とした。つまり惑星Pは点Q、Qは点R、Rは地球のまわりを円運動する。その場合も、天体も天球上の点も固有の一定速度で動く。さらに最内円の中心は地球でなくその近くにあると考えねばならない場合もあった。こういう幾何学的構造をもった運動は離心的とよばれ、地球を最内円または従円の中心とするときは、惑星の運動は周転的とよばれた。この両種の運動を使い、円の半径と速度を適当に選んで、ヒッパルコスは月、太陽、惑星の運行をうまく描きえた。この理論によって、日食はともかくとして、月食は一、二時間の誤差内で予言できた。

近代的観点からすれば、ヒッパルコスより約一世紀前に、有名なアレクサンドリア人のアリスタルコスが、すべての惑星は太陽のまわりをめぐるという地動説を取っているのだから、ヒッパルコスは逆コースを行ったとたしかにいえる。しかし、古代バビロニアの記録を用い、アレクサンドリアの天文台で百五十年にもわたってなされた観測をもとにして、あらゆる惑星が太陽のまわりをまわるという、太陽中心説は正しくないとヒッパルコスは確信していた。

アリスタルコスの考えを発展改良させるかわりに、ヒッパルコスはそれを思弁的に過ぎるとしてしりぞけた。他の人は、地球を惑星と見なし、不滅の天体と不滅ではない地球の物質を同じものとするアリスタルコスの考えを、神を崇めぬ不敬なものとして排斥した。ギリシア思想の中では、地球と天体ははっきり区別されていたので、独断的でなかったアリストテレスも、それを擁護した。そしてこれがキリスト教神学の科学的教義となり、この過ちを除くことが近代数学、近代科学の凱歌の一つとなったのである。

ギリシアの天文学理論はクラウディオス・プトレマイオスの研究を以てその頂点に達した。彼はエジプトの為政者ではなかったが、王室付きの数学者のメンバーであった。ヒッパルコスの研究も、プトレマイオスの『アルマゲスト』に残っているからこそ現在に伝えられているのであって、この書はユークリッドの著書と共に、後世にもっとも強い影響を与えたものである。『アルマゲスト』は数学ではギリシアの三角法に明確な形を与え、その後千年以上も手を加えられないままに維持された。天文学の分野では周転円と離心円を使った地球中心説を完成させ、後世にプトレマイオスの理論として伝わった。それは量的に非常に正確であったために、永く絶対的真理と見なされた。

この理論は、天体現象に合理性を与えようというプラトンの問題に対するギリシア人の決定的な解答で、また歴史上最初の科学的集大成でもある。ヒッパルコスの研究をプトレマイオスが完成して、宇宙における神の構想の存在は十桁まで保証されるようになった。宇宙は合理的であり、その運行を決める原理は数学的であった。この天文理論の原則は、ルネサンス時代にコペルニクスとケプラーによって変形され、さらにニュートンによって磨きをかけられ、近代科学の最も重要な原則の根拠を与えることになった。その原則とは自然の一様性と不変性である。

ところがこの理論を直接に使ったのは、まったく別の思想家の一群であった。プトレマイオスは宇宙の中心を地球だとしたから、キリスト教神学者にとっては、人間が神の一番重要な創造物である、人間の福祉が神の最大関心事である、という命題を、合理的な線に沿って進める上にまったく好都合であった。実は、彼らにとってこの神学的結論が一番重要で、その根柢にある数学的根拠は従属的なものであるが、教会の確認する、人間が宇宙において最も重要な対象であり、宇宙は人間のために特に造られたのである、というキリスト教の教義は、プトレマイオスの理論にもとづくものだとされたのである。

ギリシア人が自然の合理づけを完成したわけではない。今日でもこの仕事は続けられているのである。ともあれギリシア人は、天文学、力学（第8章を見よ）、光学、空間や図形の研究にモニュメントを残した。これらの偉業の中で数学はその本質であり、本質的手段であった。

不幸にしてギリシア人の知的生活は、数学者や哲学者の力の及ばない政治的事件によって断絶せしめられた。アレクサンドリアが栄えている間に、ローマの権力はイタリア半島を支配し、地中海周縁の土地に手を伸ばし始めた。プトレマイオス王家の末のクレオパトラとその弟の間のお家騒動の隙に、カエサルはエジプト獲得をもくろんだ。彼は港に錨を下ろしているエジプト艦隊に火をつけて撃滅しようと企てた。その結果、夷狄征服史上比類のない、酸鼻をきわめた大虐殺となった。海から這い上った火はアレクサンドリアの大図書館を焼き払った。古代文化の盛観を示す、二世紀半にわたって集積された図書、五十万におよぶ文献は一なめにされた。ローマ人は、紀元前三一年クレオパトラの死によって、やっと引き揚げたが、アレクサンドリアの学園に対するローマ人の干渉、支配があってからのちは、アレクサンドリア文化はますます衰退の途をたどって行った。

アレクサンドリアの火は、ローマ人の抽象的知識への軽蔑を象徴している。ローマ人は歴史の上ではギリシア人と共に発展して行ったが、詳しい数学史をひもといてもローマ人の功績を見いだしえない。ローマ人は実利的な民族で、またその実利的性質を誇りにしていた。彼らは橋梁、今日まで残っているすばらしい道路、公共建造物、土地測量など偉大な土木事業に着手し、成就したが、時代の要求する具体的応用以外の事は考えてみようともしなかった。彼らの使ったテキストから一つ問題を拾うと、その一般的態度が知られる。その問題は、敵が対岸に迫っているときに河幅を求める方法である。キケロは「ギリシア人は、幾何学者に最高の尊敬を払ったから、何にもまして数学において最高の進歩をとげた」とし、「われわれローマ人はこの方法を最大限に利用して測量、計算にその実用性を発揮した」と誇っている。

ギリシアの数学には、その芸術の理想性との関連が見られるように、ローマ民族の実利的関心は芸術の具体性、通俗性にあらわれている。ローマの芸術には教訓とか記念とか目的を持ったものが多く、美は装飾に堕落している。彫刻や肖像はみな特定個人を描いたもので、名誉や崇拝を目的としている。たとえばアウグストゥスは軍人として武装し勲章をつけて彫られており、その側の子供はローマの発展を象徴している。理想へのあこがれや、神や人間像の持つ完全な均斉への努力は消え去った。建築ではローマは浴場のような公共建造物に意を注ぎ、これらはみな実際に役立つためのものであった。

近視眼的なローマ人は、一面的、模倣的な二流の文化を生んだ。数世紀間は、彼らも独創的な思索の不足をギリシア人から補うことができた。アウグスツスがローマ帝国の測量をするときは、アレクサンドリアから専門家を招いた。ユリウス・カエサルも暦を改良するときにアレクサンドリア人を呼んだ。学問の泉が枯れ尽きんとしたとき、はじめてローマ人は水の補給を怠った誤りに気づきはじめた。しかし既におそかった。

数学、科学、哲学、芸術などにおけるローマ人の業績の不毛性は、実用性を動機としない抽象的思索を非難した「実利的」民族への当然の報いである。高度に理論的な数学者、科学者の研究を軽蔑し、その非実利性を責める民族は、実際的な重要な発展がいかにして起きるものかについて無知である、とはローマ史の残した教訓である。今日では、新しい思想や技術を産むためには、直接役に立ちそうもない研究にも何百万ドルという費用、何年という歳月をかけねばならないことは誰でも知っている。

ローマ人によるギリシア文明の支配が破壊的なものであることには、さらにもう一つの理由がある。ローマは何百万という他民族を奴隷とし従属させた。ローマの官僚主義は、あらゆる社会的経済改善を弾圧し、教育を最小限におさえた。同時に課税によって従属国から巨万の富を搾取し、ローマに運びこんだ。多数の人民はそれに耐えられなくなった。こうした悲惨な人民のなかに、キリスト教は倫理、友愛、来世の報いをもってよびかけ、たちまちにして数千数万の人を引きつけ、ギリシア文化から、人心を引きはなすことになった。血の暴動は「異教徒」とキリスト教徒の間でいたるところにひろげられた。不幸なことに、ギリシアの学問はキリスト教徒によってすべて異教徒と見なされ、はげしく攻撃された。アレクサンドリアの学園の学者たちは処刑されたり、国外に追放された。

アレクサンドリア学派の最後の数学者、ヒパチアの運命は、アレクサンドリア時代の終熄を劇的に表わしている。彼女はギリシア宗教を棄てることをこばんだために、いきり立ったキリスト教徒の手にかかり、手足をバラバラにされてアレクサンドリアの街に棄てられた。ヒパチアの運命はまたギリシア思想の運命でもあった。

風に向ってばらまかれた古典の各ページのように、崩壊しつつあったアレクサンドリアのムーサイ学園は、六四〇年、市を征服した回教徒による学園の炎上を以て最後の輝きとなった。ヘレニズム圏内の敵なら全学園や残存文献を保存するが、回教徒にかかっては、内容がマホメットの著書に反するものを含んでいれば悪いとされ、含んでいなければ無駄だという理由から、すっかり破壊されてしまった。

しかし、学園は破壊されて学者はちりぢりになったけれども、ギリシア文化は生き残り、時をえて西欧文明の形成に再燃した。ヨーロッパは、人間理性の産物およびその潜在する力をギリシア人から学びくみ取った。ヨーロッパはまた、自然の構図にある数学的根拠と、推論をあらゆる現象に応用する確信とを、受け継いでいる。西欧文明は推論の精神が人間をとらえたときにはじめて生まれ、この文明はその合理化精神の強さの変化に応じて進歩もし後退もするものである。

第7章

幕合劇

心に物をかくすなかれ
すべてを神に捧げよ
しかして神をおそれよ

ジョン・ミルトン

地球は扁平である、と六世紀にアレクサンドリアの見聞豊かな一商人は書いた。人の住んでいる部分は矩形で、長さは幅の倍である。この、人の住む部分のまわりには水があり、さらにそのまわりに土地がある。北には高い円錐形の山があり、太陽や月はそのまわりをまわっている。夜には太陽は山の彼方にあり、もちろん昼は前に現われる。空は外側の土地の端にくっついている。空の上には天があり、天は二階に分れていて、上には聖徒や神が住み、下には人間に使いする天使が住んでいる。

これは、ユークリッド、アルキメデス、ヒッパルコス、プトレマイオスと同じ空気を吸った人が書いたものである。この商人はコズマスといい、のちに修道僧になった人であるが、彼は数多くの旅行によって宇宙の事実を学んだわけではない。むしろ、宇宙の地理は聖書の示すところからできるものであって、キリスト教徒がそれを疑うのは罪深いことだ、と彼はいっている。十二世紀まで、教育ある人にも無智な人にも広く読まれた著書『キリスト教地理学』の中で、コズマスはこの宇宙地理学を詳述している。バイブルは、人間が「土地の表面」に住んでいると述べているから、その裏側はない。裏側があったとすれば空は大地をとりまかねばならないことになろうが、ところがバイブルでは、大地はその基礎の上に固定されているといっている。

さらにのちに、コズマスの宇宙論に重要な改良を加えた思想家がある。宇宙の中心にはもちろん大地が固定されている。大地の上には月、惑星、太陽があり、それぞれ一つの球にくっついている。これら都合八つの球は大地のまわりを円運動する。球や天体は地上の物質の物理法則に従わず、その物質はこわれない。さらにこれらの天体は、その構成物質に応じて適当な場所に止まるから大地から一定距離にある。以上の八つの球のほかにまだ二つある。九番目は惑星も恒星もくっつけていないが、他の八球の原動力となるのである。九番目の球には精霊が住んでいて、十番目の球、即ち天に次いで位の高いもので、他の八つよりも勤勉だから、他の球よりも速く二十四時間で大地を一周する。十番目の球は静止していて、コズマスがのべたように神や天使が住んでいる。

大地はさらに奇妙な様相を呈する。土地はほぼ今日のヨーロッパと近東にまたがっており、イェルサレムは人間界の中心である。大地の下には地獄があり、漏斗形をしていて罪人共がその傾斜面を列をなして駆けまわっている。地獄の魔王がその一番底に住んでいる。地上には花咲くエデンの園もあるが、残念ながら火の壁にとりかこまれていてそこにいたりえない。大地には人間のほかにさまざまな怪物が棲んでいる。そのうちの主なものは天使と悪魔に仕える鬼共である。人間と同じく命に限りある生き物にはサターがある。サターは曲った鼻を持ち、額から角が出、山羊のような足をしている。頭のないもの、一つ眼のもの、沢山耳を持っているもの、足が一本のものなどである。海は大地と対抗し、そこには常に象と争っている竜が群がり棲んでいる。

自然は実に驚嘆すべき景観を有する。もちろん誰も必要がないから自然を観察しはしない。聖アウグスチヌスはいった。「人がバイブル以外からえた知識は、それが有害なら棄て去るべきで、有益ならすでにバイブルの中に含まれているのである。」だから人が持つべき知識をうるには、ただ聖書と教会の始祖の著書を読むべきである。バイブルの言葉は何故に物質界、動物、植物が存在するかの根元的な問いに答えている。これらは人間に役立つように創り出されたものである。雨が穀物を養うように、植物、動物は人間に食物を供給する。人間は地理的にだけでなく、究極の目的、構造において宇宙の中心である。自然界は人間に役立つべく存在しているのであるが、自然の研究は避けるべきで、魔王が地を支配し、その手下共が至る所にいるから自然は恐るべきものでさえある。科学は罪深い。科学によってえられた知識は永遠の刑罰をもって酬いられる。

万物は人間に奉仕するが、人は死んで神に結合するためにのみ存在しているのである。この地上の生命が大切なのではない。来世の魂だけが問題なのである。それゆえ人は、この汚れた大地から脱して聖なる天上界に入るべきである。人はあらゆる地上のけがれや欲望を脱ぎ棄てて、原罪による強い肉体の束縛から魂を解放するべくたたかわねばならない。自然、食物、衣服、性への関心は抑制しなければならない。それらは魂を汚すからである。原罪を確信し、来世の救いを懸念した中世の人は、これらの尺度によって神の恩寵をうるに努めたのである。この人間の思想、感覚から自然を追い出し魂を清める必要が、肉体と精神、俗世と神の無限のたたかいという二分法を導いたのである。

人間や宇宙の本質に対するこのような説明は、アレクサンドリア時代の末から中世のあいだに広く拡まっていた学問の一例である。前章で述べた理由から、アレクサンドリアのギリシア文明は急速に衰微した。末期のアレクサンドリアの思想家は、知的伝統を改良するよりむしろ破壊した。彼らは科学や数学を無視し、形而上的論議におちいり、プラトンやアリストテレス自身には関係のない問題をこの二人の権威に結びつけようとした。キリスト教の影響が強くなるにつれて、アレクサンドリア人は見えない世界を探索し、魂を肉体から解放する方法を求め、悪魔や精霊と会話を交わすことが重要だと思うようになった。彼らの仕事は哲学を魔術に変えることであった。

ギリシアやローマの学問の衰亡は教会の異教追放によって速められた。ギリシアやローマの大著には、キリスト教倫理に反する神話や道徳性があり、ためにこれらは、人間の心から消し去られるべしとされた。また、ギリシアやローマは現世の生活を重視したが、これは心得違いとして戒められた。物質生活、健康、科学、文学、哲学は魂の救済に比してどれ程のものであろうか？　バイブルの教えに想いを至すべきであるのに、詩人はそれ以外の何を語る必要があるか？　地上の生活は来世の永遠の生活への序幕にすぎないのに、何故それを楽しい快よいものとする必要があるか？　神の本性や、人間の魂の神との関係こそ探求され理解されるべきであるのに、自然現象の謎の答を求める必要があろうか？　しかし、ギリシアやローマの学問はみな邪悪で異教的だとするのはまだ序の口であった。教会の異教攻撃はキリスト教の全勢力範囲にわたって反古典的態度を促進し、あらゆる知的関心とエネルギーを神学の問題に吸収してしまった。

これまで述べてきたように、知識や学問が絶頂に達し、それから急に奈落に落ちたというのは、地中海を取り巻く国々のことである。ヨーロッパの中部北部はあずかり知らぬ所である。ではイギリス、フランス、ドイツなどの国ではどういう状態だったろうか？　どのようにギリシア、ローマ文明に結びつき、どのようにギリシア思想の富を受け入れて来たか？

アメリカ人の祖先は大ていゲルマン民族であるが、彼らはキリスト紀元のはじめごろ、ヨーロッパに住んでいたまだ未開の蛮族であった。彼らは無智貧困の中に生活し、よくいえば純朴であった。産業というものはなかった。交易は物々交換で、他の蛮族や文明区域からの掠奪で補給していた。各部族の政治組織は原始的で、勇猛な男が長となっていた。これら蛮族はみな、太陽、月、火、土地や日常生活を支配する特殊な神を崇拝していた。ゲルマン民族も他の原始民族と同じく、占や人身御供を信じていた。

ゲルマン民族の学問、芸術、科学の説明はかんたんである。つまり何もなかったのである。彼らは全然文字の使用を知らなかった。書くことを知らないから後世に彼らの発見、工夫、経験を伝えることはできない。知識の口伝は、つまらない戦功を誇張し、空想や迷信の上に真理らしいものをつけ加えはしようが、芸術、科学を促進するものではない。

蛮族は徐々に開花させられた。最初の大きな影響は、ヨーロッパを征服し、征服地域に自身の習慣や制度を課したローマ人によるものである。ローマ帝国が崩壊したあとは、ヨーロッパに残った唯一の強力な組織たる教会が支配した。異教徒をキリスト教化するために、教会は学校や教区を設け有能な指導者を送り込んだ。こういう手段によって蛮族は、キリスト教はもとより、筆記、行政制度、法律、倫理を知り始めた。かくしてヨーロッパはローマの遺産を受け継いだ。

算術の基本を知らない民族が、数学を進歩させるということは考えられない。実際に歴史を見てもその通りである。現代文明に寄与した諸文明のうち、どれ一つとして中世のような程度の低い数学を持つものはない。五〇〇年から一四〇〇年の間には、キリスト教国を通じて一人として特筆すべき数学者が見あたらない。

この時期になされた進歩は、インド人とアラビア人によるものである。インド人がバビロニアの位取りの原理を基数十に応用し、未完成なバビロニアの位取り記号にゼロを使って、その機能を十分発揮させたことは既に前の機会に述べた。インド人はさらにもう一つの、まったくオリジナルな考えを産み出し、後にこれが非常に重大な役目を果たすようになった。それは負数の概念である。たとえば5という数に対応して−5という新しい数を導入し、前者を正、後者を負と名づけた。借金をこの新しい数であらわすと正の数と同じく重要な意義をもつ。実際にインド人は、この応用を心に入れて負数をふくむ算術演算の式を作ったのである。

アラビア人は、これらのインド人の研究を知って、それをヨーロッパに伝えた。しかしヨーロッパでは、十七世紀にいたるまでもこの考えが数学体系の中に容れられなかった。中世のヨーロッパの大学には算術と幾何しかなかった。その算術も、かんたんな計算と複雑な迷信とから成る思弁的な算術であった。幾何はユークリッドの第三部までに限られ、学位の受験者もそれ以上知らなかった。ある大学での最高の段階は、二等辺三角形の底角は等しいというきわめて初等的な定理であった。四科のうちで他の二科、つまり天文学と音楽にも数学が少々ふくまれていたが、全部合せても千年前のヨーロッパの数学者は今日の小学校卒業生ほどのことも知らなかった。

しかしこの最低の文明状態にあっても数学は一役演じた。数学の一つの役目は占星術で予言することだった。ただしこれは必ずしも教会の気に入ったものではない。中世初期では、幾何学と区別した数学、マセマティクスという言葉は占星術を意味し、占星術の教授はマセマティシイと呼ばれた。当時は、占星術はローマ皇帝の不興を買い、数学者と悪行を取り締るローマ法が出来、数学の術を罰し禁じたのである。ローマの皇帝も法王も占星術師を国外追放したけれども、後になると彼らを宮廷内で顧問として重用した所もある。為政者は将来の変事の予言を自分のものとし、他人がその知識を手に入れないようにと占星術を独占したのである。

占星術を道徳的、法律的に戒めたのに、かえってそれが栄えたのは、アレクサンドリア時代以来、ガレノスなどの偉大な医者が星によって治療法を決めたからである。アリストテレスのアラビア訳には間違った所もあったが、これを基礎にして、恒星の規則的な円運動は、季節、夜昼、成長衰退など秩序ある自然の移り行きを支配する、と信じられた。一方惑星は地球から見ると運行が不規則なので、不測の人事を左右する。各惑星は人体の個々の器官に影響を及ぼす。火星は胆汁、血液、腎臓を支配し、水星は肝臓を、金星は生殖器を支配する。各黄道宮は頭、首、肩、手など人体の一部を支配する。星座中の惑星の位置は人間の運命を左右する。こうして数学者と医者は一生懸命星の運行を研究し、その天空における位置と、人体の働きや人間関係とを結びつけようと試みた。

この目的には数学がかなり必要であったので、医者も数学を学ばねばならなかった。実際のところ彼ら医者は、人体の研究家であるよりも、占星術師であり、数学者であった。数百年間というもの、医者と代数学者とは実際には同義語であった。たとえば『ドン・キホーテ』の中に出てくるサモン・カラスコが馬から落ちると、傷に包帯するために代数学者（アルジェブリスタ）が呼ばれるのである。中世の大学では医術の学生に占星術の数学の使い方を教えた。一番有名な大学はボロニヤにあって、十二世紀から既に数学と医術の講座をもっていた。ガリレオでさえも、医術の学生に、占星術に応用するための数学を講義していた。

中世では、占星術は、愚かな人だけが虜となった迷信ではなかったことはあきらかである。それは科学であって、その原理は十九世紀におけるコペルニクス天文学や重力の法則と同様、当時にあっては大真面目に受け入れられていた。ロージャー・ベーコン、カルダーノ、ケプラーもそれに賛意を表し、彼らの科学、数学の知識を占星術に使った。現在では、占星術は赤新聞の隅っこや露店の三文本に追いやられている。それによって運命を支配される人々は三文の値打しかないのだろうか。昨日の科学は今日の迷信である。

近代人にとっては、教会の数学への関心はまだしも理解できることである。まず、天文学、幾何学、算術は占を作るのに必要であった。とくに復活祭の休日の日付は大切であった。どこの僧院でも、この仕事に少くとも一人の修道僧が専門にあたっていた。

数学は、教会にとって神学への準備としても重要であった。プラトンなど古典時代のギリシア人はみな数学を哲学への準備としたが、教会は哲学を神学に置きかえたのである。しかしこの目的には、数学はそれほど必要ではなかったことを注意しておく。ただ気持の満足のためのものでそれ以上ではなかったのである。信仰を受け入れ、真理の裁決者としてバイブルや教会の始祖に頼る神学者が、そのくせ推論に関心を示したことに少し注意してみよう。

ギリシア人は多くの神々を持っていたが、神学は持っていなかった。中世は唯一の神と多量の神学を持っていた。中世初期ではこの神学の唯一の支えは信仰であった。聖アウグスチヌスは云った、知るために信じようと。しかし教会の神父たちがどしどし教義を出し、その教義の理解に努める学者が、正反対の命題を調和させる必要に直面するに及んで、推論はこの調整につかわれた。推論はまた真理の論述、弁証法、説明によって信仰を強化した。さらに推論は、哲学、キリスト教教義の体系と、観測される事実及びそのキリスト教的解釈との間の一致を証明した。

中世も少し後になると、推論がキリスト教神学の基礎として、信仰に取ってかわりはじめた。この動きは無数のギリシア文献のアラビア訳からラテン訳への重訳によって促進された。とくにアリストテレスの博学とその論理は広く知られるようになった。キリスト教神学はアリストテレス主義と一致するところがあったので、教会の学者たちも彼の巨大な知識の体系を無視できなかった。教会はアリストテレス主義とカトリック神学を調停し、形而上学と啓示とを調和する仕事にゆきあたった。キリスト教の完全かつ合理的な擁護がスコラ哲学者に課せられたが、なかでももっとも著名なのは聖トマス・アクィナスであった。アクィナスは、神学の堅固な論理構造をうちたて、カトリックの教義とアリストテレス哲学とを一つの合理的体系に結びつけようと努めた。彼の努力の成果『神学大全』はカトリック哲学中もっとも広汎かつ完全なもので、その資料の綜合体系化の仕事は彼に「精神上のユークリッド」の名を与えている。

カトリック神学徒のきわめて知的な研究を承認することはできなくとも、彼らの合理的関心を一瞥すれば、何故教会が、中世を通じてごく少量とはいえ数学を保存したかはあきらかであろう。しかし数学と中世神学との間にはもっと強い関係があった。教会が自然哲学をもっていることはすでに述べた。この哲学はまず第一に自然は神によって作られ、実は人間に役立つように作られたものであることを確認する。万物はこの目的に奉仕する。自然を知ることはこの哲学では二の次である。神の行為や目的は、熱心に究めれば人間にも理解できる。理解は自然の観察からではなく神の言葉、バイブルの研究から来る。さらに教会は、この神の目的の理解にいたるための問題の探求をうながす。人類に対する課題は神なのである。凡庸な人間は完全な理解にいたりえないであろうが——神の行為はある人たちには不可思議に見えるから——、意味、合理性、目的は神にあるのである。「ただ人の認めうるは神の道のみ。」

かくして中世後期の哲学者、とくにスコラ哲学者は近代数学、科学を産む合理的雰囲気を醸成したのみならず、ルネサンスの大思想家達に自然は神の創造物であり、神の道は理解されうるという信仰をそそぎこんだ。ルネサンスの数学者、科学者を支配し鼓舞したのはこの信仰であった。コペルニクス、ブラーエ、ケプラー、ガリレオ、ホイヘンス、ニュートンの倦むことなき研究の支えとなったのはこの信仰であった。彼らがバイブルを棄て、ユークリッドの前提に帰って、純粋な科学的データのための自然観察に向かったのは事実であるが、彼らとしても、神の壮大なる構想の理解以上のものは求めなかった。彼らは常にキリスト教の正統的な帰依者であった。彼らの研究が教会の教義を打ち破る法則を産み、結局教会の思想支配をくつがえすことになったのは、歴史の皮肉である。

中世を離れる前に、なぜ中世は、少なくとも後期において、数学を進歩させなかったかの理由をたださねばならぬ。この問いに答えるには、中世文明と同様に不毛な、ローマ時代と結びつけ比べてみるべきである。ローマ文明が数学を産まなかったのは、彼らがもっぱら実利的なことのみ関心を持ち、鼻から先は判らないような近視眼であったからである。一方中世は俗界ではなく神の世界にのみ関心を持っていて、もっぱら来世の準備をしていたから不毛なのである。一方の文明は地に、他方は天に縛りつけられていた。ローマ人の実利性が不毛をもたらし、一方、教会の神秘主義は事実上自然を完全に無視し、知性はその教義に限られ、創造的精神をさまたげた。数学がこれらの風土のどちらにも花咲かないことは、歴史上いくらでも例のあることである。数学は、自然界と結びつき、しかも同時に、人間社会の問題に直接の解答を与えようと与えまいと、束縛なき思想の自由を許す文明においてのみ栄えうる。ギリシア時代がそうであったし、これから述べるように、その後の時代についてもこれは正しいのである。

第8章　数学的精神の復興

正しい自然の基礎にもとづかないならば、
報いられること少なき骨折りとなるであろう

レオナルド・ダ・ヴィンチ

ルネサンスにおける影響力の大きいすばらしい人物であるにもかかわらず、あまり知られていないのは、ジェローム・カルダーノである。カルダーノは『我が生涯の書』に彼の生涯と時代のいきいきとした諸相を奥深くまで率直な筆で描いている。これはチェルリーニ（イタリヤ、ルネサンスの彫刻家。訳注）の『自伝』と比されるが、カルダーノに比べればチェルリーニは聖者、隠者になってしまう。

この天性無頼の学者は、彼の母が堕胎を試み失敗したその日から冒険の生涯にスタートした、と彼は自己の告白に書いている。このひよわな私生児は一五〇一年ミラノに生まれた。彼は誕生の日から、哀れみとさげすみで迎えられたと自らを語っている。まだよく生育しないうちに、彼は将来何になろうかとさまざまな人生を考えてみた。数学者、医者、形而上学者、詐欺師、賭博師、人殺し、冒険家、と。悲惨な少年時代、さまざまの持病、極貧、それにもめげずついに彼はパヴィア大学の医学校を卒業した。はじめ四十年間は貧困に彼はさいなまされつづけた。病弱な体質は、恋の歓喜への強い欲求に永くひたるのを許さなかった。病は常に彼の力を削いだ。彼は人生への憤懣、呪いの吐け口を求めるかのように、ゲームではインチキをし、会話では意識的に意地悪い冷酷な口をきき、仲間には己の優越を誇った。

彼は生涯の大部分を医術と放蕩に費した。その合い間に、ルネサンス最高の数学を産み出したのである。彼の悪人根性はこの数学の研究にも表われて、彼の数学の大著『大技法』にあらわれた最も有名な成果は、他の数学者の創造になり、カルダーノが許しなしに発行してしまったものである。彼は長い間、イタリアのいくつかの大学で数学と医術の教職にあった。晩年は法王庁で占星術師として日を送り、死期の近づいた頃には、病身にもかかわらず彼は孫、名声、富、権力ある友に恵まれ、口にまだ十五本の歯が残っているのは神のおかげだとして神を信じるに至った。彼は自分の死を予言し、自己の名声を保つためにその予言の当日に自殺した、と伝えられている。

カルダーノは中世と近世の橋渡しをした。形而上学ではまだ中世と結びつき瞑想的であった。彼は手相、幽霊、前兆、占星術の合理性を擁護した。彼はまた占星術よりやや広い「科学」である奇術（神の力によらないもの）を固く信じていた。奇術によって、人間の性格、自然の移り行きや目的、未来の知識、不滅の天体の日常活動や人間の運命に対する影響、寿命を伸ばす方法などを学びうる、というのである。

数学や身体、医術の研究とならんで、彼の淫奔及び背教は、一千年来の学問奴隷からの自己解放と物質界への復帰とを象徴している。彼の正しい科学的研究は近代的精神によるもので、完全に神秘主義から解放されている。他の人の手になるものを広く取り入れてはいるが、カルダーノの代数や算術における偉業は近代数学への大きな寄与であり、十六世紀最良のものに属している。

カルダーノの『大技法』、コペルニクスの『天球の公転について』、ヴェサリウスの『人体の構造について』は共に一五四三年から一五四五年の間にあらわれ、鮮かに中世思想と近世思想の間に境界線を画すものである。彼らの業績は余りにも革命的なので、いかなる力によって中世文明が崩れ、新文明形成に結合したかを当然知りたくなるであろう。

中世ヨーロッパの、思想・生活を改革するにいたる影響は、まずギリシアの学問の導入であった。ギリシア人の研究にはじめて接触したのはアラビア人である。それから中世後期には、東ローマ帝国（ビザンチン）の首府コンスタンチノープルに住んだギリシアの学者の一部は、貧困に苦しめられ、イタリアに移住した。残留した者も、トルコ人が市を占領したとき追放されてイタリアに保護を求めた。十五世紀までには、これらの学者がもたらしたギリシアの文献から、直接にラテン語に翻訳できるようになった。これよりギリシアの知識は、際限なくヨーロッパ思想に浸透して行った。ルネサンスの大科学者はみなギリシア人からヒントを受けたことを認め、彼らのすぐれた思想を信頼した。ポーランド人コペルニクス、ドイツ人ケプラー、イタリア人ガリレオ、フランス人デカルト、イギリス人ニュートンはみなギリシアの太陽から光と熱を受けたのである。

近代文明の普及に同じく重要なのは、都市や商人階級の勃興である。鉱山、手工業、大規模な牧畜、広大な農場、現代の大企業の先駆、それらはヨーロッパ人の生活に重要な役割を占めるようになった。富はさらに富を、そして世俗性を、産むようになった。商人たちは物質生活の享楽を求め、彼らの利益に都合のよい政府の機構、その下での企業の自由を要求した。一方教会は営利を非難し、貧困と簡素な生活をすすめ、来世のために現世の否定を強調した。しかし都市の住民は教会の課した抑圧に憤り、反抗した。

商人は交易の拡張を求めたから、十五、六世紀の地理的発見を促進した。アメリカの発見、中国やアフリカへの通路の発見は、ヨーロッパ人に異邦の土地、信仰、宗教、生活様式の知識をもたらした。この知識は中世の教養に反抗させ、人間の想像力を刺戟した。

新社会では、エジプト、ギリシア、ローマの奴隷階級や、中世封建時代の農奴とはちがった種類の自由労働者や職人が数を増していった。労働によって利益をえようという欲望から、彼らはその仕事に応じた考え方を持つようになった。能率を増そうとする労働者、賃金を払う雇主は、共に労力を軽減する工夫に熱心にとりかかった。その結果、機械、物質、自然への関心が高まった。この社会的、経済的な動きは、ヨーロッパ文明を、自然現象への無関心と封建制から、産業時代と実利問題の研究へと改革して行った。職人仕事からおこった実用的な大発明は、予期しなかったほどすばらしいものとなった。棉紙、さらにのちの襤褸紙は高価な羊皮紙にとってかわり、活字は写本師にとってかわった。これらの発明は思想に翼をつけ、国や宗教の境界を越えて飛びたたせた。

さらにもう一つのルネサンスの大事件、十四世紀の火薬の登場はさまざまな科学的問題を巻き起した。火薬によって、遠方からまたたく間に効果的に焼き払う銃砲弾ができるようになった。領主たちはその科学的意義よりも、これらの武器を発達させ、有効に使うことにはるかに大きい意義を認め、巨大な費用を投じた。戦争の必要は常に平時では考えられない程の費用と努力を国に課するものである。

教会公認の科学や宇宙論の正しさへの疑念、新しい経済秩序が産み出した実験や思想に対する教会の弾圧への反発、不信仰といえるまでの法王庁の道徳の堕落、さらに教義上の深刻な分裂、それらがプロテスタント革命において頂点に達した。革命は教会の権力を砕こうとする商人階級、教会の抑圧を嫌った領主たちによって支持された。

宗教改革そのものは人間の心を解放しなかったが、間接的に自由思想を起す役割を演じた。宗教改革の指導者ルーテル、カルヴィン、ツヴィングリが法王権やカトリックの教義に挑戦し、世人もそれに賛意を示した。革命家としてのプロテスタントはカトリックよりも寛容であり、カトリック教会が弾圧した思想家を保護した。ルーテルにとっては理性は「悪魔の淫売婦」であったけれども、プロテスタントもカトリック教義と闘うためには、バイブルの合理的解釈をしなければならなかった。やがてはプロテスタントは自由思想の必然的結果として信仰の自由を認めることをよぎなくされた。そしてついにはカトリックとプロテスタントとどちらを選ぶかは、自由に考えて勝手に決められるべきものとなった。「御両家ともペストにかかっている」として、この二つの信仰から離れ、自然や古典の知識の泉に向う人が多くなった。

以上のべた、ヨーロッパにおける新しい力の性急な概観からでも、文明の中に根本的変化が起ったことが判るであろう。中世と近世を何世紀のどこで区切るかはいろいろ異論もあろうが、十五世紀までにヨーロッパは、宗教信仰をはげしく攻撃し、スコラ哲学の横暴と腐敗した権威に抗して理性を擁護し、カトリックの超俗性に対してギリシア的現実性を以ってたたかう、騒然たる戦いの舞台と化したことは、疑いえない。閉ざされた社会において、果てしない概念的思弁を強いられ、教義と限られた知識に拘束されていた知性は、遂にそのきずなを絶ち切った。束縛に堪え難く、既成の行為基準の批判と、古代の自由を熱望した人たちは、保守的な権威に対する反抗に身を捧げた。この知性の醱酵によって、新思想に飢えた心は、カトリック神学よりも堅固な所に、よって立つべき場所を求め、人間、自然、社会秩序の問題に新しい道を切り拓こうと努めた。

建設の材料はたやすく手に入った。ほとんど一千年の間かえりみられなかったギリシアの学問の宝庫から、新精神、新理想、新宇宙観が引き出された。ギリシアの研究は人間理性の至上の力への信頼を回復し、ルネサンス人を鼓舞して、時代の要求する諸問題にこの能力を応用させた。客観的研究への愛情がよみがえり、バイブルからひろった冒すべからざる掟よりも自然の法則へ、神よりも神の宇宙へと方向がかわった。人々は活発な好奇心をもって天を仰ぎ、海を越え、新しい土地に探検した人の物語に魅せられた。永く肉欲の罪をもって、地獄に落さるべき異教の女神と見なされていた美は、文学の中にも、現実世界の中にも再発見され、原罪、死、掟のかわりに、人々は美と快楽と歓喜を求めた。それまで罪深く無価値なものとされていた人間の尊厳は再確認された。人間精神は解放され、大宇宙を濶歩した。

ルネサンスの主潮は「自然へ帰れ」の思想を起した。意味あいまい、かつ経験と没交渉の、教義的原理の基礎を合理化する果てしない努力を棄てて、科学者たちは知識の真の源を求めて、自然そのものにむかった。この自然と観察への意欲は既に早くロージャー・ベーコンにはじまり、十五世紀以前には、数人の、高貴で度量の広い思想家が出て促進された。そのなかにはウィリアム・オッカム、ニコラウス・オレーム、ジュアン・ビュリダンのような人がいた。しかしこれらの人の説はあまりに時代に先行しすぎて、果てしない神学論争の騒音にかき消されてしまった。しかし細い流れはだんだん幅広くなり、力をうるにいたった。

自然に帰れ、の運動がまだ緒についていないころに既に二、三の科学者はもっと革命的な考えを抱いていた。ギリシア人や初期ルネサンスの科学者は自然の知識を求めたが、一方では、フランシス・ベーコンとルネ・デカルトとは、人間による全自然界の征服を夢見ていた。ベーコンにとっては科学の目的は単に頭脳の満足に止まらず、自然に対する人間の優位の確立と、人間の幸福快楽の増進にあった。デカルトは書いている。

人生のためにきわめて有益な知識に達することは可能である。学校で教える思弁的哲学のかわりに実際的哲学を発見し、この哲学によって火、水、空気、星、天、その他私どもをとりまくあらゆる物の力と作用をはっきり見分けうる。ちょうどそれは、職人たちにはそれぞれ独自の技能のあることを、誰の目にもはっきりと見わけられるのと同じである。この実際的哲学によって、物の力と作用をそれぞれ固有な用法において用いうるし、こうして私どもは自然の主人にして所有者となりうるのである。

ベーコンとデカルトによって投ぜられた課題はただちに取りあげられ、科学者は希望に満ちて自然を征服する仕事に没頭した。三百年後の今日、これらルネサンスの思想家、科学者の後裔は、ベーコンやデカルトの夢を念頭に置き、それによって常に励まされて、自然征服の事業を進めているのである。

理性の応用によってあらゆる知識を再建しようとする動きと、真理の源たる自然への復帰は、過去においてすばらしい成果をもたらした問題を再び明るみに出し、推進させた。確実有力な知識の上に新思想体系を樹立せんとする鋭敏な精神は、数学の確実性にひきつけられた。数学は、中世においてこそ無視されはしたが、真の学者には疑いえない、難じえない問題だったからである。その上、数学の証明は、科学、哲学、宗教には見られない必然性と確実性を有している。デカルトはいった。

とりわけ私は数学を好んでいた。それの持つ理論の確実性と確証性の故に。……その基礎がきわめて堅牢、きわめて確実で、何一つとしてあぶなっかしい建造がないのを見て驚いてしまった。

レオナルドも、数学を堅持することによってのみ、不触無形の思想の迷路を突き抜けうる、と云っている。ギリシア人にとってと同じくルネサンスの科学者にとっても、数学は単に知識への手がかりにとどまらず、さらに自然現象への鍵であった。自然は数学的であり、あらゆる自然現象は数学の法則に従うという確信は、ヨーロッパ人が始めてアラビア人から数学を学んだ十二世紀から起り始め、そのアラビア人も、源はといえばさらにギリシアから取ってきたのである。一例をとると、ロージャー・ベーコンは、自然の書物は幾何学の言葉で書かれている、と信じた。ただし当時はこの考えは奇妙な形に取られていた。たとえば、聖なる神の光はあらゆる現象の原因であり、あらゆる物体の形式である。故に光学の数学法則は真の自然法則である、という風に。

ケプラーも、世界の実在は数学的関係から成ると確信した。数学的法則は諸現象の真の原因である。ガリレオは云った。数学原理は神が世界を書くに使うアルファベットである。それなくしては一言も解しえず、人は暗い迷路にただ踏み迷うばかりだ。ただ数学的にあらわした物質界の性質のみが、実際に知りうるものである。宇宙の構造は数学的であり、自然は厳然不変の法則に従って動く。

近代の父デカルトは、自然の神秘が彼に見えたという不思議な体験を語っている。一六一九年十一月十日に起った夢の中で、数学が「開け、ごま」である、という真理がはっきりとあらわれたことを、まざまざと思い出しうる、と彼はいう。自然のすべては巨大な幾何学的体系であると確信したときに、彼は目覚めた。以来彼は「幾何学や抽象数学の中にない物理学の原理は、いかなるものも容認しないし期待もしない。幾何学、抽象数学によってあらゆる自然現象が説明され証明されるからである。」

さて自然は数学法則に分析され変形された。ではこの方法はいかにして始まるのか？　研究にはどんな現象が選ばれるべきか？　どんな概念が基本的であり、同時に数学的に表現されるか？　これらの疑問に対して、ルネサンスの自然研究家は彼らなりの答を作りあげた。

ギリシア人にとっては物体とその形態が基礎的であって、空間は物体の境界を画す以上のものではなかったが、新しい科学者たちは、空間そのものを、あらゆる現象の基礎にあり、その中に物体が存在し広がりを持つ一つの概念として選び出した。（もっともデカルトは具体的な経験上の物質が存在しないところに、ある種の知覚されない物が存在すると主張していたが。）物体、物質の本質は空間であり、物体は凝固した空間の一片であり、幾何学の具現である。この原理からして、物質は空間の幾何学によって数学的に描かれた。時間は今一つの基礎的概念として導入された。物体は空間におけると同じく時間の中に存在し運動する。時刻は単に数であり、数が連続するように時刻もまた連続的に継起するため、ガリレオは時が数学的に表現されることを指摘した。

物体の本質的性質は広がりと運動である。物体の差異は形態、密度、構成粒子の運動の差異であり、これらの諸特性は実在するものであり、数学的に表現される。一方、色、味、暖かさ、音調などの性質は実在的でなく、ただ心に実在的な根本的性質であるような作用を起すだけである。こういう、二次的性質は単に幻影で、見かけ上のものにすぎないから、実在界の分析においては排除しなければならない。

だから空間における広がりや形、時間、空間における運動は、あらゆる性質の源であり基礎的実在である。デカルトの言葉に「我に広がりと運動を与えよ、しからば宇宙を造らん」とある。数学は幾何と数によって物体のこれらの本質を表現する。デカルトはつづける。物体の運動は、必然的で精密な法則に従う力の、力学的作用に従う。生命そのものは、人間も動物も植物も含めて、これらの法則に従う。ただデカルトの場合は神のみが例外である。要約すれば、実在界は時間、空間における物体の数学的運動の総体であり、全宇宙は偉大で調和的な、数学的に設計した機械である。

一つの出来事は他の出来事から必然的に生じる、という二つの事象の間の連鎖、つまり因果律の観念が、新しく形成された。時間的に、原因の後に結果が生じるように思うのは人間の感覚知覚の限界で、「原因は理性に待つ」、因果関係は実は推論以外の何物でもないのである。この原則の意味を例によってしめそう。ユークリッド幾何学の公理をあたえれば、円周の長さ、面積、内接角の性質というような円の諸性質は、ただちに必然的論理的帰結として決定される。ユークリッド幾何学の定理はみなその公理の中に含まれているから、定理をいっぱい書きならべる必要はないではないか、とニュートンは云ったそうである。ふつうこういう性質を発見するにはかなり時間がかかる。しかし公理と定理からするこういう発見が、原因、結果の時間的継起だとするのは誤りである。物理現象でも同じである。神のような理解力からすれば、あらゆる現象は同時に共存し、一つの数学的構造において把握される。感覚では一つずつ事象を認識し一方を他の原因とみなす。しかし、何故に将来の数学的予言は可能か、それはデカルトも云うように、数学的関係が内在するからだと理解できる。物理的説明の究極は数学的関係である。一六五〇年ころまでには、自然の数学的解明は広く行きわたり、ヨーロッパ中に広がり、その主導者デカルトの解説書は美しく装幀されて貴婦人の化粧台を飾った。

ルネサンス思想における、もう一つの重大な要素にはまだふれてなかった。当時の科学者は、一つの自然哲学を持った宗教の世界に生まれ教育された。この哲学によれば、宇宙は神によって創られ、神の手細工の産物なのである。そういう理論的解釈は人々に受け入れられていた。カトリックは自然の合理性と神の重要性とを強調し、これが十五、六世紀の知識人の頭に強く焼きつけられていた。だから彼らは、カトリックの教えとギリシアの数学的自然観を一致させ、接合する仕事に直面した。その解答は当然次のようになる。宇宙には秩序がある。合理性がある。それは人に理解できる。これは双方の哲学に共通したものだった。ただ調和させるためには神が数学法則にあうように宇宙を設計し創造したことをつけくわえればよい。云いかえれば、神を至上の数学者にすることによって、自然の数学法則の研究を、宗教的問題と見なしうるようになるのである。自然の研究は神の言葉、神の意志の研究となった。世界の調和は神の数学的操作であり、さらにデカルトによれば、自然法則が常に変らないのは神の意志の永久不変性のためなのである。

苦心してやっと理解できる厳密な数学的秩序を、神は世界に課したのである。数学の知識は絶対的真理であり、バイブルの言葉のように神聖——事実はバイブルには誤りがあっても、数学的真理には誤りがないから、より以上に神聖である。ガリレオは云った、「神はバイブルの言葉より以上に、自然の行為において自らの崇高さを顕現しているのである。」

カトリックは神によって創られた宇宙の合理性を強調し、ピタゴラス、プラトン派は数学を根本的実在とする。これらは次のように、科学の本質において融合せられる。すなわち、科学は、あらゆる自然現象の底に横たわり、それを説明づける数学的関係の発見であり、だから神の創造の壮大さ、輝やかしさを表現するものである。

近代科学は、自然の数学的構造を確認する哲学から、みちびきと激励をえたことは以上で判ったであろう。さらに、科学の目標とする所は、自然の構造を曝露する数学的研究である。ランドールは『近代精神の形成』において云う、「科学は、経験的に実証されるよりずっと古く、自然の数学的解明への信仰から生まれた。」

ルネサンスの思想家たちが頭に描いた科学的活動は、しばしば誤解されている。近代科学の勃興は大規模な実験の導入にあり、数学は時たまその道具になったにすぎないと信じている人が多い。しかし事実は前述のようにまったく逆である。ルネサンスの科学者は数学者として自然を研究した。つまりユークリッドが公理を見つけたのと同じように、直観や直接感覚知覚によって、広く深い不滅の合理的原理を見いだそうとしたのである。実験の力を借りたことはまれである。ルネサンスの科学者は神のかわりに自然を研究した神学者であった。ガリレオ、デカルト、ホイヘンス、ニュートンには、科学における演繹や数学は、常に実験より重要なものに見えた。ガリレオは科学的原理を評価する際に、たとえそれが実験からえられたものであるにしろ、それの生み出す知識そのものよりも、それから演繹によって流れ出る多くの定理に注目した。その上、彼自身あまり実験しなかったが、彼の実験も、その原理の数学に従わない人をやりこめるのが主目的であったそうである。

少しは実験も行なわれたことは事実である。しかし大抵は実験は職人によるもので、彼らは根本的な意味や法則を求めず、ただ実利的な知識をえようとした。その上、十七世紀中頃までの実験には大したものはなかった。近代科学形成期には、数学理論は実験に先行優越していただけでなく、実験はまだ非科学的とも見なされていた。当時にあっては実験への志向は、反合理主義運動から、すなわち無益な宗教的思弁と、誤まった教義主義からの解放を目ざす運動であった。ルネサンス以後長年月かかって、やっと実験家と理論家は同じ目的を追っていることを覚り、協力するようになったのである。

ルネサンスの大思想家たちが科学の正しい方法としたことは、実際には彼らの考える以上の、実り多い道となってあらわれた。自然法則の合理的研究は、ニュートンの頃のごく貧弱な観測実験知識をもとにして、非常に貴重な結果を生み出した。十六、七世紀には、天文学において、新しい観測はほとんどなかったが、ごく限られた実験を基礎にした力学は、数学理論の力で、大成功をおさめ得たのである。科学者は常に、ガラクタ装置の積みあげられた研究室で想像をたくましくしているものである。ルネサンス時代も一流の科学者たちは「鉛筆学者」であった。

第9章

世界の調和

見かけにまどわされずして、
いかにして作り産むべきか。
円、周転円、軌道また軌道
そを、めぐりて天球は
いかに中心、扁心を描きなすか。

ジョン・ミルトン

一五四三年、コペルニクスの死後刊行された『天球の公転について』の扉に、プラトンのアカデメイアの入口に記されてあったと伝えられる「幾何学を知らざる者、ここより入るなかれ」が出ている。ルネサンスはその幾何学の最初の果実を生んだのである。

イタリアの町の商人たちは、ギリシア文化の復活を支援して、金儲け以上のとんでもないものを得た。彼らは自由な雰囲気を促進して、思いもかけぬ暴風の報いを受けた。不動の地球上にしっかり根をはって栄えるかわりに、恐ろしい速度で太陽をまわる急速回転球上に、よろめきながらへばりついている自分に気がついた。人間の心を解放しようとした同じ原理が、地球をも解放してキリキリ舞いさせる結果になったのは、何としてもこれらの商人にはお気の毒なことである。

よみがえったイタリアの大学は、これら新思想の肥沃な土壌であった。そこでニコラウス・コペルニクスは、宇宙が数学法則によって調和の取れた混成曲であるというギリシア思想を芽生えさせ、またそこで、固定した太陽をまわる惑星運動という仮説――これもヘレニズムに源を持つものである――を知った。コペルニクスの心の中では、この二つの考えが融合した。宇宙における調和は太陽中心説となり、その樹立に天地を聳動させようとした。

コペルニクスはポーランドに生まれた。クラカワ大学で数学と科学を学んだ後、学問がもっと進んでいたボロニヤへ行こうと決心した。その土地で一流のピタゴラス主義者、ノヴァラという良師の下に天文学を研究した。一五一二年、彼は東プロシアのフラウエンブルクの大本山のカノン（参事会員）の職についた。その仕事は教会財産の管理と保安であった。しかし彼は、残りの三十一年間教会の小さい塔にこもり、惑星を肉眼でくわしく観測し、手製の粗末な器械で数多くの測定をした。その余暇に天体運動の新説の改良に耽った。

何年も観測と数学的研鑽を経たのち、コペルニクスはついにこの理論を完成した。当時の法王クレメント七世はその研究を認め、出版をすすめた。しかしコペルニクスはためらった。ルネサンス時代の法王の任期は短く、自由主義的な法王が、すぐに反動的な人に変るおそれがあったからである。後年コペルニクスの友人レチクスは、彼にしきりに出版を説得し、レチクスが自身で事に当った。中風で身体不随のため床に伏しながらコペルニクスはその本を受け取った。しかしとうとう回復しなかったから、ついにそれを読めなかったらしい。その後しばらくして彼は死んだ。時に一五四三年である。

コペルニクスが天文学に没頭したころの科学の水準は、プトレマイオス時代とほぼ同じであった。しかしプトレマイオスの後、数世紀にわたって、主としてアラビア人によって地球や天空の知識と観測が集められ、それらをプトレマイオス宇宙の下に含めることはだんだんむずかしくなってきていた。コペルニクスの頃までには、第五章で論じた周転円系では、太陽、月、五惑星の説明に総計七十七の円を書く必要が生じていた。だからコペルニクスが、固定太陽をめぐる惑星運動、というギリシアの考え方の可能性を認めたのも不思議ではない。

すでにプトレマイオスの理論には、コペルニクスが採用した以外のギリシアの考え方が若干ふくまれていた。コペルニクスも円運動が天体の自然な運動であると信じ、理論をたてる上の基本的曲線として円を用いた。したがって各天体、すなわち月や惑星は、円をなして動き、その中心はまた別の円の上を動く。さらに後者の円の中心がさらに三番目の円の上を動く、と仮定しなければ説明できない天体もある。さらに彼は必要に応じて第四番目の円も用いた。最後の円の中心を、ヒッパルコスやプトレマイオスは地球としているが、彼はこれを太陽としてみた。天体の見かけの運動は一定ではないが、ギリシア人と同じく、彼もある奇妙な理由から、天体やその上の点は円に沿って一定速度で動くという考え方に執着していた。コペルニクスの推論によると、速度の変化は原動力が変わることによってはじめて変わり、運動の原因たる神は一定であるから、その結果も一定であらねばならぬ、ということになる。

それから先は、コペルニクスはギリシア人の未踏の領域に入ってゆく。彼は太陽中心説による数学的分析を行ったのだ。ヒッパルコスやプトレマイオスが地球とした所に太陽をおいただけでなく、コペルニクスは、それまで七十七の円がつかわれていたのを三十一にへらした。後に観測ともっと良く一致させるために、若干の円については、その中心ではなく中心から少し離れた所に太陽があるようにした。

コペルニクスは、太陽中心説によって生じる異例に簡単化された数学に、非常な満足と熱情を持った。彼は天体の運行の説明に、より簡単な数学的関係を見いだしたから、ルネサンス時代の科学者と同じく、彼も「自然は簡素を愛し、余計な原因でごてごて飾ることを嫌う」と確信した。コペルニクスは、アルキメデスさえもナンセンスだと拒否した事を敢て考え通した、と自ら誇りにしていた。

コペルニクスは彼の着手した研究を完成したわけではない。固定太陽説は、かなり天文理論と計算を簡単にしたが、惑星の周転円軌道は完全に観測と一致せず、円運動に執着して理論を補正しようとしたコペルニクスの試みは成功しなかった。

コペルニクスの研究の完成、拡張は、約五十年後に出たドイツ人、ヨハネス・ケプラーに残された仕事で

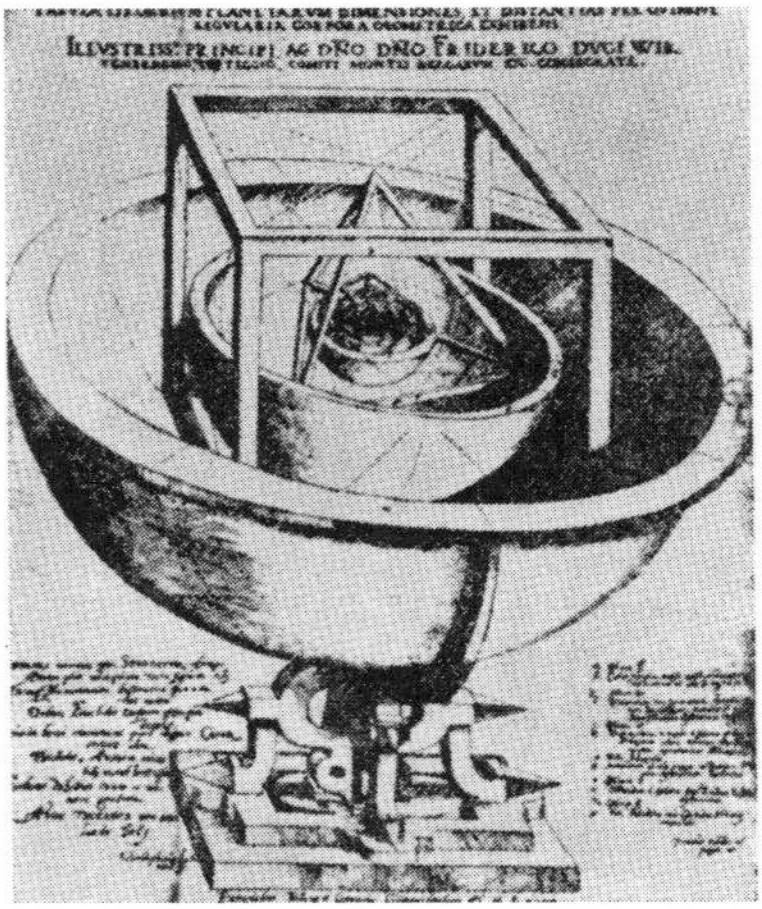

図18　ケプラー『宇宙の調和』（1596年）より

あった。当時の青年は学問に関心をしめし始めていたが、ケプラーも修道院学校に入って勉強した。チュービンゲン大学で学んでいる間に、一教師で、終生の友となった人からコペルニクスの説を個人的に学んだ。この説の簡単さはケプラーに強い感銘を与えた。この関心はおそらくルーテル教会の上司に疑念を起させたのであろう。ケプラーの信仰を疑い、牧師職を断念させて、グラーツ大学の数学、倫理の教授に任じた。この地位は、占星術の知識を必要としたので、彼はその、「技術」の法則を修得しようと努めた。そして実際に自分の将来の予言を調べたりした。

　余技として彼は、数学を結婚に応用してみた。彼はグラーツにいたときに、裕福な後継娘と結婚した。この妻が死んだとき、彼は空席を満たすべき若い婦人の候補者表をつくり、さまざまな規準で格づけをし、点数を平均した。ところが女というものはどうも自然ほど合理的には行かず、最高点のものは数学の要求に従うことを拒否し、ケプラー夫人となる名誉をことわった。そこでもっと小さい数値を代入することによって、やっと彼は結婚の方程式を満足できた。

　ケプラーの天文学への興味はさらにつづき、グラーツを去って有名な観測家ティコ・ブラーエの助手になった。ブラーエが死んでからは彼はその跡を継ぎ、お抱え天文家となったが、その仕事は又もや占星術的性格のもので、雇い主のルドルフ二世の宮廷で、報酬の代償として星占いを要求された。彼は、自然はあらゆる動物に存在意義を与えるという哲学的見解をもってこの仕事に妥協した。彼は占星術を、母たる天文学を養う娘と見なしていたようである。

　ルドルフ皇帝に天文家として仕えている間に、ケプラーはきわめて意義の大きい研究をした。彼もコペルニクスも、スコラ哲学の伝統と袂をわかつことが出来なかったのはきわめて興味あることである。とくにケプラーは、天文研究において科学、数学と神学、神秘主義とを混同していた。

コペルニクスの体系の、美と調和の取れた関係に魅せられた彼は、ティコ・ブラーエの観測データがさらにどのような幾何学的調和をもたらすかを研究し、さらにあらゆる自然現象を結びつける数学的関係を見いだすことに専心した。しかし前もってきめた数学的な型に自然をあてはめようとする先入主のために、誤まった試みに数年間を浪費することとなった。『宇宙の神秘』の序文に彼は次のように書いている。

私は次の事を証明しようとした。宇宙を創りその秩序を統べ給う神は、ピタゴラス、プラトンの時代から知られた五つの幾何学的正多面体を考慮して、これらの大きさに従って天空の数、その比率、その運動関係を定め給うた、ということである。

そこで彼は、惑星の軌道半径を、次のように五つの正多面体に関する球の半径であると想像した。最大の半径は土星軌道である。この半径の球には立方体が内接する。この立方体には木星半径の球が内接する。この球には正四面体が内接し、それには火星半径の球が内接する。このようにして五つの正多面体ができる。この型には六つの球があり、ちょうど当時知られていた惑星の数と一致する。この型の美と精巧さがすっかり気に入って、彼は、しばらくは、五つの正多面体で距離が決まるのだから、惑星は六つ存在するのだ、と主張していた。

この「科学的仮説」の出版はケプラーを有名にし、今日でも読んで面白いものだが、不幸にしてそれからの帰結は観測と一致しなかった。彼はそれでも、これを修正した形であてはめようといろいろ努力したあげく、仕方なくこの着想の放棄をよぎなくされた。

自然の神秘を探るべく、五つの多面体を使うこの試みは失敗に帰したけれども、ケプラーはさらに、調和的数学関係を見つけようとしてついにすばらしい成功をとげた。彼のもっとも有名かつ重要な成果は、今日ケプラーの惑星運動の三法則として知られている。これらの法則は非常に有名であり、科学にとって非常に価値あるものだったので、彼は「天空の立法者」という名をかちえた。

その第一法則は、惑星軌道は円でなく楕円で、太陽の位置は中心から少し離れた楕円の焦点にある、というものである（**図19**）。円の代りに楕円とすると、周転円理論で惑星運動を描くに必要な数個の円運動を重ねる必要はなくなる。（ケプラーが約二千年前にギリシア人の展開した数学知識をつかったことは、注目に価する）楕円を導入すると非常にかんたんな結果がえられたので、彼は円運動をつかう試みを棄てねばならないと信じるようになったのである。

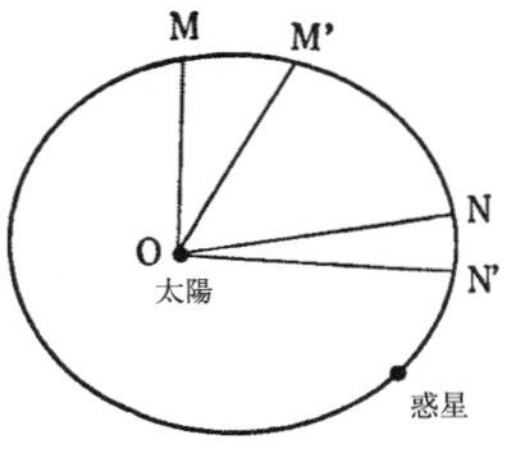

図19　惑星運動の楕円等積法則

ケプラーの第二法則は、惑星の速度に関するものである。コペルニクスは一定速度、つまり各惑星は円上を等速度で動くという原理に固執した。この円の中心は他の円の中心を一定速度で動き、さらに二番目の円の中心は……というようになる。ケプラーははじめ、惑星が楕円上を等速度で動くという原則を固く信じていたが、ついに観測と一致させるために、この愛好する信念を棄てねばならなくなった。しかしそのかわりに、自然は数学的であるという信念を再確認する上で、同様に都合のよい法則を発見した時の彼の喜びは非常なものであった。

図19で、ＭＭ′とＮＮ′をおなじ時間内に惑星が通過した距離とすれば、一定速度の原理に従えばＭＭ′とＮＮ′は等距離でなければならない。しかしケプラーの第二法則に従うと、一般にＭＭ′とＮＮ′は等しくなくて、Ｏを太陽の位置とすれば面積ＯＭＭ′とＯＮＮ′は等しい。こうしてケプラーは、等距離を等面積におきかえただけで、宇宙の数学的構造は維持された。この関係は、ここで紙の上で述べたようにかんたんに認められたものでは決してない。従ってこれは宇宙の神秘に挑む上で一つの凱歌である。ケプラーは一六〇九年に、この

法則と楕円運動の法則を『火星の運動について』という名の本にして発表した。

ケプラーの第三法則も前の二法則に劣らず有名である。それは、いかなる惑星も公転周期の自乗は太陽からの平均距離の三乗に比例する、というのである。つまりこの二つの値の比はどの惑星について一定である。この公式は、惑星の平均距離を知って公転周期を算出するのに、あるいは逆に公転周期から平均距離を知るのにつかわれた。

数学概念と数学法則が、新しい天文学理論の本質であることはあきらかである。しかしもっと大切なことは、多数の反論にもかかわらず、コペルニクスやケプラーには、その数学的なすばらしさが気に入ったという事実である。もしコペルニクスやケプラーが、数学者であるよりも、科学者であり、あるいは盲目な宗教家であり、あるいは世間でいう良識家であったなら、決してこういう説をたてなかったであろう。動く地球に対する科学的反論は実に多数あった。天体は軽いから動くのだと信ずる人は、この重い地球をどうして動かすのだ、それは人間には説明できない、と反対した。それに対してコペルニクスは、いかなる天球も動きうる、と答えるのがせいぜいだった。さらに難問があった。糸の端に物体をつけてまわすと飛び外れてしまうのに、地球の回転は地上の物体を振り離さないのはなぜか？　また地球自身バラバラに飛び散らないのはなぜか？　前の方の疑問にはまったく答えられなかった。後の疑問には、コペルニクスは、運動は自然だから物体がこわれることはありえない、と答え、また地球中心説による運動の下では天空が分裂しないのはなぜか、と反問した。まったく答えられなかったのは第一の疑問に関する反論である。地球が西から東へ回転しているのなら、空中に投ぜられた物体は元の地点から西にずれて落ちて来るはずだ。また実際にギリシア時代以来あらゆる科学者は、物体の運動がその重さに比例すると信じていたが、そうすれば地球が太陽のまわりを運動するときに、軽い物体を背後におきざりにしないのは何故か？　地球を取りまく大気もおきざりにされるはずだ。コペルニクスは、地上のあらゆる物体が地球と共に動くことを説明できなかったが、空気は地球に縁深いものだから、地球のお伴をして動くのだ、と論じて、この空気の運動の問題を「処理」した。

新しい太陽中心説に対する科学的反論はすべてきびしいもので、これらは、当時なおアリストテレス物理学が受け入れられていたという事実からおこったものである。これらの反論にはニュートン物理学が生まれるまでは満足に答えられなかった。

経験科学の父、フランシス・ベーコンのような人でさえ、一六二二年にコペルニクス説への科学的反論を次のようにまとめている。

　コペルニクスの体系には、いろいろ大きな不都合な点があらわれてくる。地球は三重運動という過労にはとてもたえられないことが一つ、また惑星と共通した感情をもつ太陽を仲間外れにすることは困難で、太陽や恒星を不動のものとして、自然の中に不動停滞性をもちこむことになる……すべてこれらのことは、あつかましくも自然の中にこしらえ事をもちこんで、ただ自分の計算の答えだけを欲する人の空想にすぎない。

ベーコンの明快な議論は論破できはしたが、彼は有能な人として音に聞えた人だったので、その反対は容易に排除できなかった。ベーコンのこの保守性は、観測を重視したくせに精密測定の重要性の評価ができなかったことによる。

コペルニクスやケプラーがもっと「良識的」で「実際的」な人であったら、感覚に映るものを無視できなかったであろう。コペルニクスの説によれば、われわれは毎秒約十分の三マイルで空間中を自転し、太陽のまわりを毎秒十八マイルの速度で公転することになるが、実際には地球の自転も公転も感覚には感じない。一方太陽の運行は毎日認めていることである。有名な天文観測家ティコ・ブラーエにとっては、以上が地球が静止していることの決定的証明であった。ヘンリー・モーアの言葉によれば「感覚はプトレマイオスを弁護する」。

コペルニクスやケプラーが当り前の宗教家だったら、太陽中心説の可能性さえも検討しなかっただろう。プトレマイオスの体系によって支持された中世神学では、人間は宇宙の中心であり、神の目のリンゴであり、神はとくに人間のために太陽、月、星を創造し給うたのである。宇宙の中心に太陽をおいた太陽中心説は、この有難い教義を打ち破った。そして人間は、冷たい空にただよう惑星上に、蝟集している群の一つであることを知らされた。彼は舞台中央の主役から、回転球上のささいな塵の一つとなった。だから彼が栄光ある人生に生まれ、死後は楽園に達するということも、彼が神の構想の目的であることも、嘘になった。無意味な人間のためにキリストが犠牲になったことはナンセンスになった。神の座、地上から聖者や天帝が昇ってゆく目的地、善良な人が切望した楽園としての天は、地球が、速く移動するのでこわれてしまった。つまり宇宙のプトレマイオス的秩序の顚覆は、キリスト教の大伽藍を取り払い、全構造を脅威にさらした。

堅固な宗教思想とたたかおうとするコペルニクスの意志は、法王パウル三世に当てた手紙の一文によくあらわれている。

> 数学に全く無智なくせに、不遜にも数学の問題を処理しようとする人は、その目的のためにバイブルを不当に歪め、私の体系になんとか誤りを見つけ、それを取締ろうとするが、私はそんな人の判断を無智なるものとして軽蔑し無視する。

コペルニクス、ケプラーの命令一下、宗教、物理学、常識、さらに天文学までも数学に脱帽した。コペルニクスとケプラーは、プトレマイオスの理論やアリストテレスの中世的修飾でできた天文学説とたたかわねばならなかった。たとえば惑星、太陽、月は完全不変のもので、地球はその反対と信じられていた。ところが新理論の分類によれば、地球も他の惑星も同種である。さらに地動説からは、地球の季節による位置変化と恒星との間に相対的運動が生じるはずである。しかし十六、七世紀人の観測では、この相対運動は見つからなかった。現在では事実と一つでも合わない科学仮説は主張され得ない。ところがそれでもコペルニクスとケプラーは太陽中心観を主張した。彼ら数学愛好者は、美しい理論を組み立てた。理論が事実と完全に一致しないのは、事実が悪いのだった。

コペルニクスは、恒星に対する地球の運動の問題にははっきり答えなかったが、まず恒星は無限の距離にあるとしてこの問題を処理した。しかし彼自身こういう扱い方には不満で、この問題を哲学者にゆだねた。恒星はその相対的運動を認め得ないほど遠方にあるという正しい説明は、宇宙は有限であるとなお信じていたルネサンスの「ギリシア人」には受け入れ難いことであった。その真の距離は、彼らの思いもよらぬ程大きな数字になる。じっさいにはやっと一八三八年になって地球に対する恒星運動の計算問題は解かれた。数学者ベッセルが、ついに一番近い恒星の視差を測り、〇・七六秒であることを知ったのである。

あらゆる説、あらゆる権力がこの新説に反対してはたらいたのに、何故コペルニクスやケプラーはそれを擁護したのだろうか？　当時は大発見時代で、さらに精密な天文学が必要だったから、もっと信頼のおける地理上の知識や、航海技術の改良の必要が動機となったと説明してみたくなる。ところがコペルニクスもケプラーも、全然こういう実際上の問題には無関心であった。彼らが時代に負うところのものは、ギリシア思想に接する機会、イタリアでの学問の復活によって得られた機会であった。コペルニクスはイタリアで研究したし、ケプラーはコペルニクスの研究のおかげを受けている。また彼らは、二世紀前よりもずっと新思想を受け入れ易い時代の雰囲気に負うている。地理上の発見、宗教改革、その他多くの目ざましい運動が保守反動に挑んでいたので、一つの新説だけが反動の矢面に立つ必要はなかった。

コペルニクスやケプラーの革命的理論は、ある哲学的、宗教的関心を満たすために展開された、というのが事実である。宇宙は秩序あり調和ある構造で、その本質は数学的法則にある、というピタゴラス学派の教義を信じて、彼らはこの本質の発見に着手したのである。コペルニクスの刊行した著書は、間接的にではあるが彼の天文学に没頭した理由を誤りなく伝えている。彼は惑星運動論の意義を航海の方法の改良にではなく、神の創造における真の調和、均斉、計画性の解明においている。それが神の存在のすばらしい疑いえない証拠なのである。コペルニクスは三十年かけた自己の研究を満足をもって次のように回顧している。

それ故にわれわれはこの秩序ある配置の下に、おどろくべき宇宙の均斉と、軌道の運動、大きさにおける明確な調和関係とを見る。これは他のいかなる方法によってもえられないものである。

彼は主著『公転について』の序文に、ラテラン公会議から数世紀間狂いの生じてきた暦の改正を求められた、と述べている。彼はこの問題を心において書いているけれども、決して彼の思索を支配したものではないことはあきらかである。

ケプラーも彼の最大の関心事をあきらかにしている。彼の研究の結晶たる著書には、神の創造における調和と法則の探求を証明し出している。『宇宙の神秘』の序文に彼は云う。

天体の研究に専心する人は幸福である。彼は世間で尊ばれているものがそれほど価値のないことを知っている。神の仕事こそ彼にとって何にもまして尊ぶべきことで、その研究は彼にもっとも純粋な喜びをもたらす。

一六一九年、ケプラーが公けにした主著『世界の調和』は、六つの惑星のさまざまな速度を用いた天の調和の体系、新しい「天球の音楽」を詳述している。ケプラーが特に気に入って心魂をそそぎ込んだ太陽は、これらの調和をよく示して彼を喜ばせた。こういう研究が単に詩的神秘主義にすぎないとすれば、有名な運動の第三法則だってそう云えるだろう。

コペルニクスやケプラーの研究は宇宙の調和を探る人の研究で、彼らの、宗教と科学の混り合った信仰からすれば、この種の調和が美的満足を伴う数学形式の中にのみ確固として存在するのである。天文学は幾何学であり、幾何学は真理である。プトレマイオス説も宇宙の数学法則を産んだ事は事実で、天動説も地動説もよい幾何学なのだからどちらの理論も真理といえる。しかし新理論は数学的に、より簡単で、より調和的であった。

数学的宇宙を形成する全知全能の存在は、至上の姿を好む、と信ずる人にとっては、新説は必ずや正しいものであった。宇宙は簡単に合理的に秩序づけられていると確信する数学者のみが、権威となっている哲学的、宗教的、科学的信仰を蹴とばす強固な精神と、革命的天文学の数学を成就する忍耐力とを持っていたのである。宇宙の計画における数学の重要性に関して、ゆるぎなき信念を持つ人のみ、強力な反対に抗して新説を堅持しえたのであろう。コペルニクスは、数学者のみが彼を理解できると期待して、数学者にしか手紙を書かなかったし、彼の期待は裏切られなかった。

コペルニクスやケプラー、さらに後にはガリレオをして、宗教的確信、常識、堅固な通念を棄てるにいたらしめたのは、新理論の魅力あふれる数学であるが、ではこの理論が近代を形成するにいかに役立ったであろうか？

まず、コペルニクス説は近代科学の内容に対して決定的役割を演じた。これは世人の想像以上のものである。もっとも有力かつ有用な科学法則はニュートンの重力法則である。この書ではそれは後のもっと適当な場所であつかうとして、ここではたち入らないが、この法則の最良の実験的証拠、この法則を形成した実験的根拠はまったく太陽中心説にあるのである。

次に、コペルニクス理論は科学における新しい傾向を育成した。この傾向は当時はやっと認められる程度のものであったが、今日ではもっとも重要なものとなっている。地球の自転、公転は目には見えず身体には感じられない。だから新しい理論は、感覚的根拠を排除するという傾向を持つにいたった。万事は見かけ通りではない。感覚的なデータは誤謬に導き、理性こそが信頼のおける手引きである。コペルニクスとケプラーは、理性と数学が、感覚的根拠よりも、宇宙の理解、解釈において重要であるとする近代科学の先導となった。コペルニクスが最初の先例をなした理性への信頼を、かりに科学者が受け入れなかったとしたら、電気や原子の理論の大部分、相対性理論の全部に決して思いいたらなかったであろう。この意味においてコペルニクスとケプラーは、宇宙の合理的把握という、科学者、数学者の基本的機能を完全にはたした上に、「理性の時代」の始祖となった。

コペルニクス説はホモ・サピエンス（人間）株を下落させ、西洋文明の番人共がキリスト教神学の基礎にのっかってひとりよがりな解答を与えていた問題をふたたびむしかえすことになった。なぜ、いかなる目的をもって人間は生きることを欲するか？　なぜ人は道徳的で掟を守らねばならぬか？　なぜ種の保存を求めるか？　かつてはこういう基礎的な問題には、ただ一つの答しかなかった。それが今や十にも二十にもなった。信仰の問題として解釈して、人間は寛大、強力かつ思慮深い神の子であり、被保護者である、とするのは一つの答え方である。人間が暴風中の塵の一粒であることから答えるのも一つの方法である。

コペルニクス説は、老若男女、すべて考える人の面前に以上の問題を投じた。考える存在として、人々はこの問題を避けえなかった。コペルニクス、ケプラーに続く数学的、科学的研究によって、精神はさらに混乱に陥ることになったが、その平衡を回復するたたかいが、最近数世紀の思想史の鍵である。

ケプラー時代以来、この新思想に対する反応が、多く文学の中に見いだされる。百科全書的、系統的スコラ哲学の知識をもった形而上的なジョン・ダン（英国の神学者、詩人。訳注）でさえも、プトレマイオス説が不必要な複雑さに導くことを認めざるをえなかった。

天体はすべてを抱き
そのまろき調和を好む
されど年経て見いだされしは

清き形をこぼつ不調和
さまざまに乱れたる道
そはすべて人々をして
法はずれたる道あまたなるを認めしむ

コペルニクスの説の正しさはダンにはすでにあきらかであったけれども、彼はただ、太陽も惑星ももはや地球をめぐるのではないことを嘆くのみだった。

ミルトンもプトレマイオス説に対する反論を熟考したが、はっきりどちらを選ぶとは云わなかった。『失楽園』(一六六七年刊)には両方とも描かれている。ミルトンはプトレマイオス説を非難するかわりに、プトレマイオス説の基礎の上に新数学を奉ずることができずに、ただ混乱するだけだった。人間は神の創造を崇めるべきである。……

大いなる神の建築は
さかしくも人の目を避け
口さがなきやからには
神秘をさらけ出しはしない
…………
かくれたる神の御心を求めるな
ただ神のみにまかせよ
…………
せんさく好きはさかしき業とも思えず

ただ神のみに思いをいたせ

しかしミルトンなどは、ダンテの、堅実、明確な空間などよりはもっと神秘的な漠然たる空間を無意識的に受け入れていたようである。

おだやかな詩人たちの抗議、ベン・ジョンソン（英国十六―七世紀の詩人。訳注）の諷刺、ベーコンの個人的嫉視と科学的反論、教授連の嘲笑、異才カルダーノの数学的反駁、生活を奪われることを恐れる占星術師たちの怨み、シェークスピアの完全な無理解、ジョン・ミルトンの丁重な異論、それらがコペルニクスに学識ある狂人、ドウンス・スコトゥスの徒の名誉（ドウンス・スコトゥスは十三世紀スコットランドのスコラ哲学者、ここでは屁理屈屋の意。訳注）を与えた。一五九七年ガリレオがケプラーに送った手紙には、コペルニクスを「少数の人の間では永遠の名声をえ、愚かな多くの人々には嘲けり笑われた」人と述べている。

しかしこの少数の人の意見が優勢となった。文化革命ははずみがついてきた。人々は、既存の教義に反抗し、永く受け入れられてきた信仰を再吟味する必要にせまられた。そしてこの批判と再吟味から、現在なんら疑念なく西洋文明に受け入れられている、多くの哲学的、宗教的、倫理的原理が生じた。

太陽中心説の近代への最大の意義は、思想言論の自由への貢献である。変化への反応は反動である、という一般的な傾向があるが、太陽中心説があらわれた時もそのあつかいはこの例に洩れなかった。人間は保守的習慣の中に生きているもので、現在の自分が大切であることを確信しているから、新理論は全然歓迎されなかった。さらに、頑固な学者や宗教家は人々の間に反対をまきおこした。史上最大のたたかい、人間思想の自由へのたたかいは、太陽中心説擁護の問題に結びついた。そして反コペルニクスの急先鋒は、自身、伝統を打ち破ったばかりのプロテスタントであった。

神の選民たちははげしい攻撃をはじめた。マルチン・ルーテルはコペルニクスを「成りあがり占星術師」「全天文学をくつがえそうとする愚か者」と呼んだ。カルヴィンはわめいた、「神の上にコペルニクスの権威をおく人間がいるものか」(事実はカルヴィンはコペルニクスについて何も云わなかった。訳注)。ジョシュアが静止するのを命じたのは大地ではなく太陽だとバイブルにあるではないか。太陽が天の一端から他端に行くとあるではないか。大地の基礎は固定していて動かないとあるではないか。天へ行くことを考えよう、天が行くのではない、と枢機官は抗議した。審問では新理論を「バイブルに、まったく反するピタゴラスの徒のあやまてる教義」と断じた。こんなに烈しい反対を受けたのも、この新しい考えが人類史上かつてない重要性を持つものだったからである。

当時は宗教審問が非常にきびしくて、ガリレオが自分の小さい望遠鏡で木星の四つの衛星を発見したとき、ある科学者や宗教家たちは、自分で望遠鏡を覗いてみることを嫌がったほどである。覗くと悪魔に誘惑されると恐れて、自分の眼を信頼しなかった人も多かった。新理論の弁護を危険にしたのは、この偏窟な態度である。そして「極力慈悲深く、血を流すようなことをしない」宗教審問によって、ジョルダノ・ブルーノを恐るべき火刑にする運命につき落したのである。

早くからコペルニクスの研究は教会で禁じられていたにもかかわらず、法王ウルバヌス八世は、ガリレオにこの問題に関する著書の出版の許可を与えた。法王は、新説を誰も真理だと思わないだろうから危険はない、と信じていたからである。そこで一六三二年、ガリレオは地動説と天動説とを比較して『宇宙の二体系についての対話』を刊行した。教会を喜ばし、検閲を免れるために、彼は、新説は空想の産物である、という序文をつけた。しかし不幸にもガリレオはあまりにうまく書きすぎて、法王はふたたび、太陽中心説は不発弾のようにカトリック信仰を破壊するという恐れを感じはじめた。教会はもう一度「ルーテル、カルヴィン、その他のすべての異端の書にもましてキリスト教の名誉を汚し、不利な証明をし、有害である」異教として太陽中心説に対する弾圧をおこした。ガリレオは再びローマの宗教審問所に呼び出され、拷問で脅されて「コペルニクス説の誤りは、とくにわれわれカトリック教徒にとって疑いえないものである」と声明させられた。

焼いた鉄棒、車輪、拷問台、絞首台などありとあらゆる工夫をこらした拷問道具の発明は、科学の進歩を示すものというよりも、権威に益するものなのである。臆病で神経質なデカルトは、ガリレオの宣告を聞いて、新説の弁護を差控え、それについての彼自身の研究も放棄してしまった。

しかし太陽中心説は、自由思想抑圧とたたかう強力な武器となった。人々が宗教家の教えにも誤りがありうることをだんだんさとるようになるにつれて、新説の真理（少なくとも十七、八世紀においての）とそのたぐいのない簡明さは、ますます味方を多く引きつけていった。やがて宗教家は全ヨーロッパを支配するその権威を保ちえなくなり、自由思想への道は全世界に通じるようになった。神学からの科学の解放はこの論争から出発するのである。

このたたかいの意義と成果は決して忘れてはならない。西洋文明において自由が得られたのはごく最近のことだが、その自由を、今なお享受している人も既にうしなってしまった人も、どれほど多くが太陽中心説を進めるたたかいに賭けられ、われわれが火刑を恐れぬ偉大な知性と異常な勇気の人々に、どれほど多くの恩を受けているかは、何人も認めざるをえない所である。さいわいにして殉教のその火は中世の暗黒をはらいのけた。太陽中心説を確立するたたかいは、人間精神にのしかかる教会の圧制を弱めた。数学は神学よりも力をえ、考え、語り、書く自由へのたたかいはついに勝ち取られた。科学の「独立宣言文」は数学定理の体系である。

第10章　絵画と透視法

宇宙は永遠の意味もて
自らの思想をつづる書なり。
巨大なるその輪郭を、その真髄を
神の図形をもて満たせる伽藍なり

カンパネラ

中世のあいだ、絵画は教会の下女の役割をし、キリスト教の思想、教義を美化することにつとめた。この時代も終わり頃になると、画家たちは他のヨーロッパの思想家たちのように自然界に興味を持ちはじめた。人間や、人間のまわりの宇宙を、新しく重視する空気に刺戟されて、ルネサンスの芸術家たちは自然に面とむかい、それを深く研究し、合理的に描こうとしだした。画家たちは現実世界の光と歓喜を復活し、肉体の喜びで、自然の欲求を満たす当然の権利、大地、海空から生じる愉悦をしめす美しい形式を再製した。

いくつかの理由から、現実世界を描く問題はルネサンスの画家を数学へと導いた。これは、いかなる時代でも画家が写実的に描こうとする際に役だつものである。色や内容を取りのけると、画家がカンヴァス上に描く対象は空間に位置をもつ幾何学体となる。こういう理想化した対象を扱う言葉、理想化したときの諸性質、空間における相対的位置を描く精密な関係、これらはすべてユークリッド幾何学で扱われるものである。芸術家はただそれを応用すればよいのだ。

ルネサンスの芸術家が数学にむかったのは、ただ自然を再生しようとしたからでなく、ギリシア哲学の復興に強く影響されたからでもある。数学は実世界の本質であり、宇宙は幾何学によって秩序立てられ、合理的に表現される、という原則が、彼らの考え方に徹底的に浸み入っていた。だから彼らは、ギリシアの哲学者のように、底に潜む意義、つまりカンヴァス上に表現しようとするテーマの本質を見抜くために、数学的内容にたち帰るべきである、と信じていた。レオナルドの均斉の研究は、当時の芸術家が数学的本質を見いだそうと試みた証拠として、ひじょうに面白い。レオナルドは理想的な人間の構図を、円と正方形の理想的図形に適応させようと試みたのである。

精密描写への数学の利用、数学は実在の本質なりとする哲学、これらはルネサンスの芸術家たちが数学をつかった理由のうちのただ二つにすぎない。ほかにも理由がある。中世末期やルネサンスの芸術家は、同時に当時の建築家でもあり技師でもあって、そのために数学を必要とした。企業家、封建領主、教会の役人はすべて建設問題を芸術家にゆだねた。芸術家は、教会、病院、宮殿、僧院、橋、要塞、ダム、運河、城壁、武器を設計し、作った。ダ・ヴィンチのノートは、こういう技術上のプランの図で埋まっていた。彼自身建築家、彫刻家、画家であると同時に、軍事技術者、兵器設計家としての契約で、ミラノの支配者ロドヴィコ・スフォルツァに仕えた。芸術家は弾道の問題をとくことを要求されたが、これは当時の高い数学的知識を要する仕事であった。ルネサンス芸術家は最良の実用数学者であり、かつ十五世紀における、もっとも学識深き理論数学者であった、と述べても誇張ではない。

ルネサンス画家の数学的才能を必要とした特殊問題は、カンヴァス上に三次元の景観を写実的に描くことであった。芸術家は、まったく新しい数学的透視法を編み出してこの問題

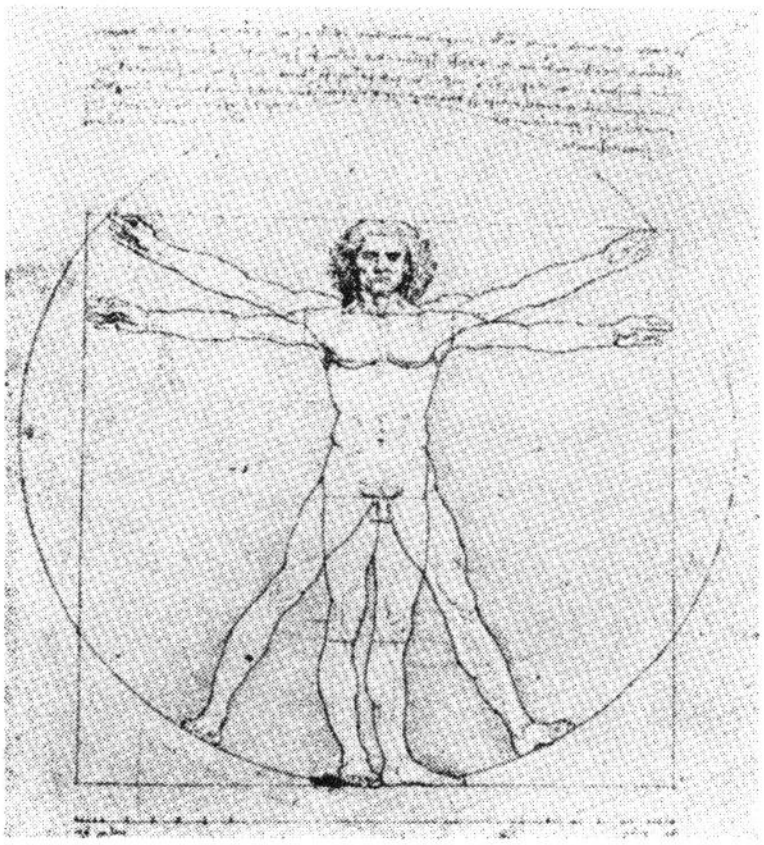

図20　ダ・ヴィンチ《人体の均斉》

図21 《アブラハムと天使たち》

を解き、その結果、画法の革命を見るにいたった。

絵画史上、壁やカンヴァス上に描く方法、つまり遠近法には、大別して概念的と視覚的の二種がある。概念的方法では、実際に目に映じる景観とは無関係なある原則に従って人や物体を配列する。たとえばエジプトの絵画や浮彫はひじょうに概念的である。人物の大きさは、政治、宗教的な位置の重要さの順になっている。王はふつう最重要人物なので一番大きい。王妃はその次で、召使はさらに小さくなる。同一人物でも、ある部分は正面、ある部分は側面が同時に描かれている。前後する人間や動物の群像を示すには、同じ形を少しずらして描いている。日本や中国の絵画と同じく、現代絵画も概念的である。

一方、視覚的遠近法は、眼で見るような印象を与える方法である。ギリシアやローマの絵画ははじめ視覚的であったが、キリスト教的神秘主義の影響によって概念的方法に帰り、中世を通じてそれが支配的であった。初期キリスト信者、中世の芸術家は抽象的に描こうとした。つまり背景や画題は、現実世界における現実の人間よりも、むしろ宗教的感情をおこすように選ばれたのである。人物も物体も、平板な二次元の真空の中に存在するかのように、高度に様式化されて描かれた。前後にならんだ人物は、横にまたは上にならべられた。威厳をしめす硬い着衣と、四角ばった態度がその特徴であった。絵の背景は常に硬い色で、ふつうは金色がつかわれ、画題が現実世界とは無関係であることを強調しているかのようである。

初期キリスト教モザイック《アブラハムと天使たち》（**図21**）はビザンチンの影響を受けた典型的な例で、古代の遠近法の崩壊をよくあらわしている。背景は全然はっきりしない。前景もなければ人物や物体のたつべき土地もない。人物はおたがいにバラバラで、尺度や大きさは重要ではないとされていたから、もちろん空間的関係も全く無視されている。絵の中でわずかに統一を保っているものは金色のバックと画題の色である。

中世絵画にも、ローマ人によって用いられた視覚法の名残が時々あらわれているが、全体としてビザンチン様式が支配的であった。中世絵画の華と見なされる優れた例は、シモーネ・マルチーニ（一二八五―一三四四）の《受胎告知》（**図22**）である。バックは金色である。視覚的な要素はしめされていない。図中の動きはただ天使から聖処女へと、聖処女から天使へ、だけである。色や外観、柔い曲線は生きているが、人物そのものは感情に欠けており、見る人に感情的反応を起こさせない。全体としての効果はモザイック調である。この絵が自然主義への歩みをしめす唯一の点は、おそらく、人物のたつ地面または床を用いて、金ピカの背景と区別したことであろう。

図22　シモーネ・マルチーニ《受胎告知》

芸術を自然主義と数学の方へむけようとするルネサンスの影響は、十三世紀の末ちかくに感じられはじめた。この十三世紀は、アリストテレスがアラビアやギリシアの翻訳を通して広まった世紀である。画家たちは、中世絵画の無生気と非現実性に気づくようになり、意識的にそれを修正しようとした。自然主義への努力はいろいろな方向にあらわれた。宗教的題材として実在の人物を用いることに、直線、多数の面、単純な幾何学形の意識的な使用に、人物を習慣からはずれた位置におく試みに、感情をあたえる試みに、慣習的な中世様式たるギゴチない折目よりも、むしろ実際に、身体に即して折れるように柔く衣服を描くことに、あらわれてきた。

中世芸術とルネサンス芸術の本質的差異は、三次元の導入、つまり空間、距離、量感、重み、視覚効果の達成である。三次元の導入

図23　ドウッチオ《マエスタのマドンナ》

図24　ドウッチオ《最後の晩餐》

は、ただ視覚画法によってのみえられるもので、この方向への意識的努力は、十四世紀はじめのドウッチオ（一二五五―一三一九）とジオット（一二七六―一三三六）によってなされた。かれらの創作にあらわれたいろいろの工夫は、少くとも数学体系の発展段階をしめすものとして、注目に価する。ドウッチオの《マエスタのマドンナ》（**図23**）はいくつかの興味ある特徴を持っている。まずその構成はきわめてかんたんで対称的である。玉座の線は対をなして収斂し、奥行きをしめすようにしている。玉座のまわりの人物はおそらく同一面にたっているのであろうが、数段になっているように描かれている。この方法は雛壇式遠近法といわれ、十四世紀にはよくつかわれたものである。マドンナの膝の上の褶にもみられるように、着衣はいくぶん自然になっている。またいくぶん立体感や顔の表情もある。全体としてこの絵は、まだビザンチンの伝統の多くを保っている。バックや細部にふんだんに金色をつかっている。しかしまだモザイック調である。玉座は正しい遠近法によって奥行をしめしたものではないから、マドンナがその上にすわっているように見えない。

さらに意味深いのはドウッチオの《最後の晩餐》（**図24**）である。場面は舞台式の部屋で、この背景は十四世紀に広くつかわれたもので、内部から外部へ開けている。うしろへ引く壁と天井の線はいくぶん遠近的で、奥行をしめしている。部屋の各部はうまく図の中にはまっている。天井の扱い方に注意しよう。中央部の線は、のちにあきらかにする理由によって、消点と呼ばれる部分に来る。この技術は奥行を描く工夫として、当時の多くの画家につかわれた。次に天井の両端の線は、中央に対し対称的で、どの対も垂直線上でまじわる。この方法も垂直または軸遠近法といわれ、奥行をしめすに広くつかわれる。どちらの方法もドゥッチオは系統的につかったわけではないが、両者とも十四世紀後期の画家によって発展させられ、応用された。絵の左側の茂みなどは実在界を暗示するものとして注意しなければならぬ。

残念なことにドゥッチオは「最後の晩餐」の全景を一視点からあつかわなかった。テーブルの両端は、ふつう眼に見えるのとは反対に手前の方が狭くなっている。テーブルのむこう側が手前より高く見え、テーブル上の物がその上に安定してのっているように見えない。じっさいにはもっと前にあるように見える。しかしこの絵はほぼ自然主義の方向にむいている。

ドゥッチオの作品には、たしかに三次元性が存在すると云える。形は量感を持ち、互に連関して全体として一つの構成をなしている。線は特別の方式にしたがって用いられ、平面は奥を小さく、遠近をほどこしてある。光と陰も量感をしめすためにつかわれている。

図25　ジオット《聖フランチェスコの死》

近代絵画の父はジオットである。彼は直接視覚にうつるままの空間的関係を描き、その結果は写真のようになっている。彼の人物は量感と活力を持っている。彼は手近かな題材を選び、人物をバランスのとれるように配置し、眼にこころよいようにまとめあげた。

ジオットの傑作の一つ《聖フランチェスコの死》（**図25**）は、ドゥッチ

図26　ジオット《サロメの踊り》

オの《最後の晩餐》と同じく、当時流行した舞台式の部屋をつかっている。部屋は平板な二次元の場面とは違って部分的に三次元場面を取り入れてある。構成人物や物体を注意深くバランスして、眼にはっきりとうったえるように工夫してある。背景との関連はないけれども、人物相互の関係はあきらかに読み取れる。これに限らずジオットの絵では、部屋や建物の部分はたしかに地上にたっているように見える。遠近法が奥行をしめすためにつかわれている。

ジオットは必ずしもこの観点に固執したのではない。彼の《サロメの踊り》（**図26**）では右側の凹室の二つの壁も、食堂のテーブルや天井も、全然遠近が保たれていない。ところがこの絵の三次元性は見逃せない。やや興味があり意味があるのは左側の建物の一片である。そこには現実世界が全体との関連性を犠牲にしてまでもとり入れてある。

ジオットは視覚法の発展上の重要人物である。彼の絵は見た所正確でなく、何もあたらしい原理を取り入れたわけではないのに、全体として彼の作品は、先人を越えて大きな改良を示している。自身のなした進歩をよく知っていた彼は、時には手腕を誇示するために不必要なものまでつけくわえた。これが《サロメの踊り》に塔をつけくわえた理由であろう。

技術と原理の進歩において、アンブロジオ・ロレンツェッティ（活動期一三二三―四八）の功績はだれしも認めるであろう。彼は現実社会、地方風俗から題材を求めたことをもって特筆される。彼の線は豪快で、その人物は逞しく人間的となった。《受胎告知》（**図27**）には進歩の跡があきらかである。人物のたつ床面は、ここでは後の壁とはっきり区別されている。床は人物の大きさを示す尺度ともなり、また後に延びる空間をしめしている。次の大きな進歩は、見物人がうしろへ退くと床の線が一点に会することである。床の四角が

図27　ロレンツェッティ《受胎告知》

うしろへ行くにつれてますます縮んでいることである。概して云うとロレンツェッティも、十四世紀人の空間と三次元性の取扱いをおこなっている。ドゥッチオやジオットと同じく、彼も絵のすべての要素を統一することには失敗している。けれども、たとえ数学的に空間や奥行をあつかったのではないにせよ、直観的にかなり良いものである。

数学的遠近法を取り入れる前の、ルネサンス芸術家のたっした最高水準はロレンツェッティである。満足な視覚法をうるための発展過程を見れば、如何に芸術家たちがこの問題に苦心したかがわかる。そしてこれらの改革者が有効な技術を模索した跡がしめされる。

十五世紀になって芸術家たちは、ついに遠近法が科学的に研究されねばならないこと、幾何学がその問題の鍵であることに気づいた。この認識はギリシア、ローマ芸術とともに、発掘されたばかりの古代の遠近法の記録によって促進された。もちろんこの新しい方法に対する動機は、絵画を本当らしく見せること以上のものである。すなわちその目標は、空間の構造と自然の神秘の解明にある。数学は究極の真理のつづられた自然と形式にさぐりを入れる最上の手段である。これがルネサンス哲学の表現なのである。芸術特有の技術を自然の中にさがし求める人は、数学と実験の方法で近代科学を基礎づけた自然の研究家たちと、正しく同じ精神と態度を持っていた。事実ルネサンス時代には、芸術は知識と科学の一形式と見なされていた。美術はプラトンの「四芸」、すなわち算術、幾何学、調和学（音楽）、天文学と同列に昇せられた。科学的遠近法は、幾何学に対すると同じ尊敬を受けるとともに、神の構図の統一という目標にむかうものとして期待をかけられた。

絵画の科学は、すでに一四二五年、遠近法を完成したブルネレスキによって基礎づけられていた。彼はドナテロ、マサッチオ、フラ・フィリッポなどを教えた。遠近法の最初の解説書、レオナ・バティスタ・アルベルティの『絵画論』は一四三五年出版された。アルベルティはこの中で、画家の第一の要素は幾何学を知ることである、と云っている。芸術は推論と方法によって学ばれる。そして練習によって習得される。アルベルティは、絵画については、自然は数学のたすけで改良されるものだとして、消点法といわれる数学的遠近法を主張した。

遠近法の巨匠であり、同時に十五世紀最大の数学者の一人であったのは、ピエロ・デラ・フランチェスカである。彼の解説書『透視図法』は、アルベルティと方法はすこし異なっているが、アルベルティの内容にかなり多くをつけ加えたものである。この書でピエロは完全な遠近画法に接近した。そして晩年の三十年間に三著をあらわし、眼に見える世界が、遠近法と立体幾何の原理によっていかに数学的秩序に帰せられるかをしめした。

透視画法に寄与した芸術家のうちで、もっとも有効なのはレオナルド・ダ・ヴィンチである。信じがたいほどの肉体的精力と、ならぶ者のない天性を授かったこのすばらしい人物は、解剖学、透視法、幾何学、物理学、化学の深く広い研究を絵の上に役だたせた。彼の透視法への態度は、彼の芸術哲学の一部であった。著書『絵画論』は「数学者にあらざる者、この書を読むなかれ」の言葉ではじまっている。絵画の目的は自然を再生することで、その価値は再生の精密さにある、と彼は主張している。純粋に想像の産物でも、自然に存在するかのように見えるものである。だから絵画は一つの科学であり、他の科学と同じく数学に基礎をおかねばならぬ。「いかなる研究も数学的説明、証明の道に沿って追究しない限り、科学とはよびえないからである」。また「数学の至上の確実性を信じない人は、いたずらに混乱をおこすばかりで、果てしなく実りなきソフィスト達の議論を沈黙させることができない」。レオナルドは、理論を無視して、芸術をただ練習によって生み出そうとする人を軽蔑していた。「練習は常に健全な理論の上に見いだされねばならない」のである。彼は透視法を絵画の「梯子であり、導きの綱」であるとしている。

透視法に関する著書で、芸術家にもっと強く影響をあたえたのは、アルブレヒト・デューラーである。デューラーはイタリアで透視法の原理を学び、ドイツに帰って研究を続けた。広汎な読者を持った彼の著書『コンパスと定規による測定の研究』（一五二八）は、遠近画法の基礎は、手だけで描かず数学原理によって作図することにある、としている。じっさいにはルネサンスの画家たちの透視図法の原理のあつかいは不完全であった。後世の数学者、とくにブルック・テイラーとJ・H・ランベルトの手によってはじめて決定版ができたのである。

十五世紀および十六世紀初期の大芸術家はほとんど皆、写実的な透視法をめざして、絵画に数学原理と数学の調和をとり入れようとした、と云えよう。なかでもシニョレルリ、ブラマンテ、ミケランジェロ、ラファエロは数学とその芸術への応用に深く関心を持っていた。彼らはむずかしいポーズを自由に処理し、驚異的な才能をもって遠近法を発展させ、同時に情感を犠牲にしてまでも、作品に科学的要素を発揮するに努めた。これらの巨匠たちは、芸術が個人的想像力を用いるとともに、法則に従うものであることを知っていた。

これらの芸術家が展開した数学の基本原理を、アルベルティ、レオナルド、デューラーが使った用語で説明しよう。画家のカンヴァスはガラスのスクリーンで、われわれが窓から外の景色を見るように、このスクリーンを通して被写体を見るのだ、と彼らは考えた。固定された一つの眼から、場面の各点に光線がいたると考えられる。この線を総称して「投影」という。これらの線がガラスのスクリーンを突き通る所に点ができる。この点のあつまりを「断面」といい、眼には被写体そのものと同じ印象を与える。そこでこれらの芸術家は、写実的な絵画は、眼と場面の間においたガラスのスクリーン上にあらわれる像のように、精密に対象の位置、大きさ、相互関係をカンヴァス上に産み出さねばならない、とした。アルベルティは、絵画は投影の断面なりと断言している。

図28　デューラー　坐せる男を描く図

図29　デューラー　臥せる女を描く図

この原理はデューラーの作った数個の木版画で説明しよう。はじめの二つ（**図28**、**図29**）は画家が眼を一点にすえて、ガラスのスクリーンの上に、およびガラスのスクリーンと同じ方眼を切った紙の上に、眼から対象にいたる光線がスクリーンを切る点をトレースしているところである。三番目の木版画（**図30**）は、画家が物体から遠い所に位置しているとしたときでも、ガラス・スクリーン上に正しい形をトレースできることを示している。四番目（**図31**）はスクリーン上にトレースされた図を示す。

カンヴァスは透明ではなく、画家は想像の中にある情景を描きたいのであるから、ただ点をトレースする方法だけでデューラーの「断面」を描けない。だから遠近をうるための規則が欲しい。ルネサンス以来、ほとんどあらゆる画家はこの規則を採用した。数学的透視法の主な原理や規則とは何か？　カンヴァスを垂直にたてたとする。眼からカンヴァスへ引いた垂線またはその延長は、主消点と

図30　デューラー　カップの図

図31　デューラー　琵琶の図

よぶ点でカンヴァスをつらぬく。（この消点という言葉の意味はすぐあとで明らかになる。）主消点から水平に引いた線は水平線とよぶ。なぜなればカンヴァスを通して広い空間を望むときこの水平線は実際の水平線に一致するからである。これらの概念は**図32**に説明されている。この図は、点Pを通り紙面に垂直な線上の一点O（図には示されてない）に目を置いた人が眺めた広間をしめしている。Pは主消点D_2PD_1は水平線である。

もっとも重要な定理を述べる。カンヴァス面に垂直な線は、みな主消点でまじわるようにカンヴァスに描かねばならない。だから**図32**のAA′、EE′、DD′のような線はみなPにあつまる。実際には平行線を一点にまじわるように描くなんておかしいと思われるかもしれない。しかし眼で平行線を見たときは、げんみつにこうなるのであって、卑近な例では、鉄道線路など一点に収斂するように見えることからあきらかであろう。そこで点Pをなぜ消点と呼んだかおわかりになると思う。もちろんじっさいには平

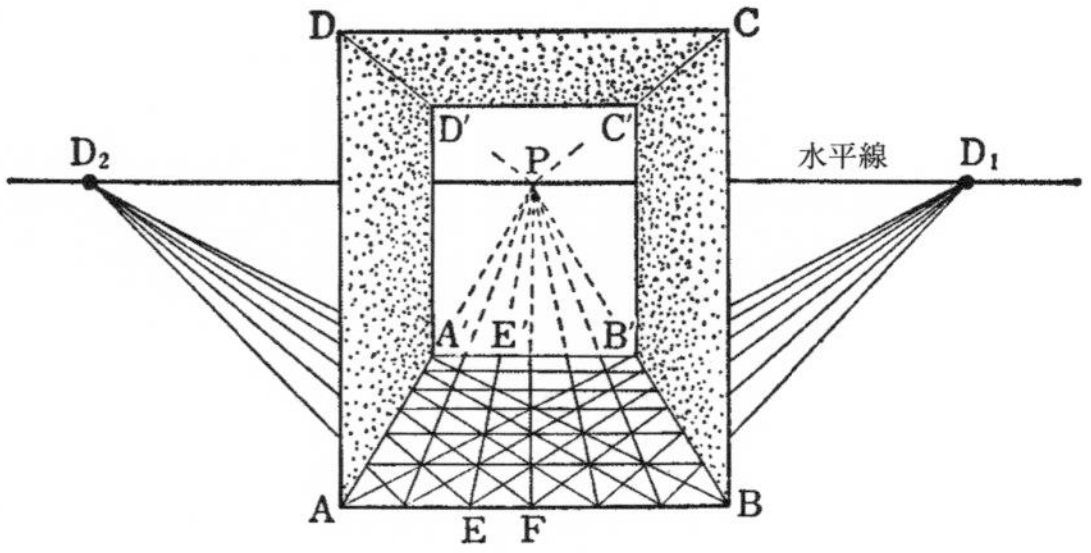

図32　透視法による広間の図

行線はまじわらないから、このような点はげんみつに云えば存在しない。

絵画は投影の断面であるという一般原理から、今一つの定理が導き出される。それによると、カンヴァス面に垂直でなく、ある角度をなす水平で平行な線は、カンヴァスと平行線のなす角に応じて水平線上の一点に収斂する。水平で平行な線にはきわめて重要な二組がある。じっさいにはカンヴァス面と四十五度の角度をなす**図32**のＡＢ′、ＥＫのような線は、点D_1に会する。この点は対角消点とよばれる。距離ＰD_1は距離ＯＰつまり眼から主消点への距離に等しい。同様に、じっさいにはカンヴァス面と百三十五度の角をなすＢＡ′やＦＬのような線は**図32**のD_2で会し、ＰD_2とＯＰは等しい。水平ではなく、上むきや下むきの平行線も一点に会し、その点は水平線の上または下にある。この点は、眼からその平行線に平行に引いた線が、カンヴァスを突き通る点である。

投影の一般原理による三番目の定理は、カンヴァス面に平行な被写体面上の水平平行線は、カンヴァス面でも水平平行に引かれ、垂直平行線は垂直平行に引かれることである。眼にはあらゆる平行線が一点に収斂するように見えるから、この三番目の定理は視覚と調和しないといえよう。この問題はのちに論ずることにする。

透視法があみ出されるよりもずっと前から、画家たちは遠方の物体を縮めて描くべきであることを知っていた。しかし、正しい縮め方を決めるのは非常にむずかしかった。ところがあたらしい方法では、絵画は投影の断面である、という一般原理から、必要な定理を生み出した。**図32**の床の四角の場合には、ＡＢ′、ＢＡ′、ＥＫ、ＦＬのような対角線の正しいあつかいで、正しい縮め方が決まるのである。

遠近法によって写実性をえようとする画家には、まだたくさんの定理がつかわれる。しかしこういう専門的な問題を追っていっては本論からはずれてしまう。ただ、今まで論じてきたことにははっきり出てこなかったが、素人が透視法によって描いた絵を見るときに、注意すべきことを一つ述べよう。画家の眼の位置は絵の構図から切り離せない。正しい効果をうるには、鑑賞者はこの画家の眼の高さから絵を見ねばならない。つまり主消点の前にたって、主消点と対角消点の距離だけ主消点から離れて見るのである。じっさいには鑑賞者の眼の高さに合うように絵を高くしたり低くしたりして吊りさげるとよいのである。

透視法に従った絵画の大作をしらべる前に、この方法が、眼に見える物の忠実な再生ではないことを指摘しておこう。絵画は投影の断面であらねばならぬ、とする原理からすれば、カンヴァス面に平行な被写体面内の平行線の束は、水平でも垂直でもカンヴァス上に平行に引かねばならない。しかし眼には、これらも他の平行線と同様に一点に会するようにうつる。だから少くともこの点に関しては、この透視法は視覚的に正しくない。眼はぜんぜん直線というものを見ていないという本質的な批判がそこにある。読者が飛行機にのって、下に完全に平行かつ水平に走っている鉄道線路を見おろすと想像してみたら、このことに納得がゆくであろう。どちらの方向にも線路は水平線上で一点に会するように見える。しかし二直線はただ一点に会すべきである。しかし線路が水平線上の二点で会することは眼にあきらかであるから、線路は曲線でなければならぬ。

ギリシア人やローマ人も直線は眼にはまがって見えることを認めている。ユークリッドもその事を『光学』の中に書いている。しかし透視法はこの感覚的事実を無視している。さらにこの方法は、われわれがじっさいには二つの眼で見ていることを計算に入れていない。右の眼と左の眼では少しちがった印象を受けているのである。さらにその上、この眼は固定しているのではなく、被写体を眺めるにつれて動くものである。そして最後に、光線が像を結ぶ眼の網膜は、写真乾板とちがって曲面であり、視覚は頭脳の反応という、純粋に生理的作用である。これらの事実を透視法は無視している。

このように欠点がある方法を、何故画家たちは採用したのだろうか？　もちろん十四世紀の稚拙な方法からすれば大改良であった。この方法が完全に数学的なものである、という点が十五、六世紀人には大切なのである。自然の理解に数学が大切であると印象づけられた人たちは、透視法の数学的成功に有頂点になって、その欠点にはまったく気づかなかった。画家たちはそれをユークリッド幾何学そのものと同様な真理である、と信じていたのである。

さて幾何学と絵画の間に生まれた子供の成長を見て行こう。ブルネレスキのはじめた透視法を、さいしょに絵画に応用したのはマサッチオ（一四〇一―二八）である。マサッチオよりも後の絵画の方がこのあたらしい科学の影響をはっきりとあらわしているが、マサッチオの《献金》（**図33**）はそれ以前の作品を写実性においてはるかにしのいでいる。ヴァサーリ（十六世紀の画家、伝記作家。訳注）は、マサッチオが物を実際にあるように模写した最初の芸術家だ、といっている。この絵は奥行、空間性、写実性をしっかりと示している。人物は一人一人量感を持っている。彼らはみな空間の中に位置を占め、ジオットの人物よりはるかに現実的である。人物はみな自分の足で立っている。マサッチオはまた幾何学をおぎなう技術、すなわち濃淡遠近法をつかったさいしょの人である。うしろに行くに従ってモデルの大きさだけでなく色もへらして距離感をしめしている。マサッチオは実に光と影をあつかう巨匠であった。

図33　マサッチオ《献金》

ウッチェルロ（一三九七―一四七五）も透視法への偉大な貢献者の一人であった。ウッチェルロの透視法への関心はきわめて強く、彼が「透視法の消点の研究で夜おそくまで書斎にとじこもり」、妻にベッドに入るように呼ばれたとき、「この透視法は何て甘美なんだろう」と答えたとヴァサーリは伝えている。ウッチェ

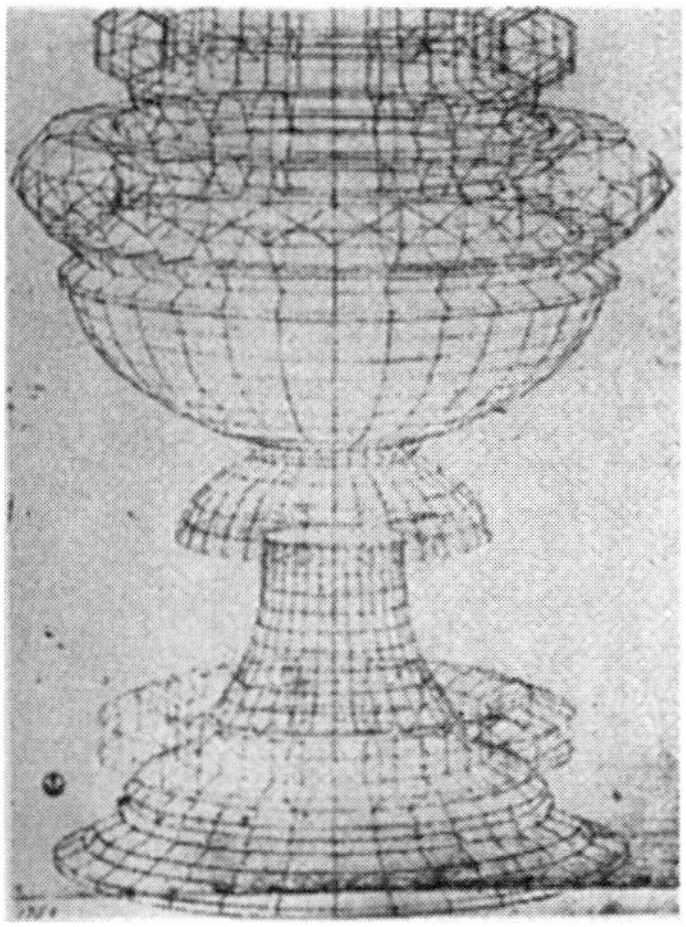

図34　ウッチェルロ《聖杯の透視法的研究》

ルロはむずかしい問題の研究を好み、精密な遠近を描くことに気を取られて、全力を絵に注げなかった。絵画は彼にとっては、ただの問題を解いて透視法の腕をしめすための例題にすぎなかった。じっさいに彼の成功は完全ではなかった。その人物は一般にゴチャゴチャしていて、奥行の理解が不完全であった。

残念ながらウッチェルロの透視法の一番良い例は、年経て破損してしまって再製できない。《聖餐パンの冒瀆》と題する続き物の一つは彼の作品の好例となっている。《聖杯の透視法的研究》は精密な透視図法にふくまれた面、直線、曲線の複合を示している。

透視法の科学を完成した芸術家は、ピエロ・デラ・フランチェスカ（一四一六―九二）である。この知性高い画家は幾何学への情熱をもち、すべての作品の細部にいたるまで数学的に計画した。各人物の配置は、人物相互や画面全体の構成と正しい関係にあるように計算された。彼は身体や衣服の部分にまで幾何学的な形を用い、滑らかな曲面と立体性を愛した。

ピエロの《キリスト鞭打ちの図》（**図35**）は透視法の傑作である。主消点の選択と透視法の原理の精密な使用によって、中庭の端にいる人物と正面の人物とが結びつけられ、すべてはっきり区切った空間に収められている。大理石の床の上の黒い嵌込み模様が、遠ざかるにつれてだんだん狭くなって行く様も、厳密に計算されている。ピエロの透視法に関する著書中にあるデッサンは、この絵に注がれたなみなみならぬ労苦をしめている。ここにも他の絵と同じく、ピエロは奥行の印象を強めるために濃淡遠近法をつかっている。絵全体は非常に注意深く計画されていて、構図の統一のために動きが犠牲にされている。

ピエロの《キリストの復活》（図36）は、ある批評家には世界最高の作品の一とされている。それはほとんど建築的な構図である。その透視法は普通のものではない。二つの視点があり、だから二つの主消点がある。眠っている兵士の二つの首を下から見ているということから、一つの主消点は聖棺の中にあることを知る。それから無意識的に眼は上にあがって、キリストの額にある第二の主消点に達する。二つの構図、つまり上部と下部とは、視点の変化で混乱をおこさないように、自然な境界、すなわち聖棺の上縁で境されている。丘をやや鋭くもりあげることによって、ピエロは上部に自然な背景を添えると同時に、二つの部分を統一している。ピエロの絵は透視法を愛するあまり、あまりに数学的にすぎ、それ故、冷たく非人間的だ、と

図35　フランチェスカ《キリスト鞭打ちの図》

図36　フランチェスカ《キリストの復活》

いわれることがある。しかし、キリストの、悲しみを秘め、寛大でしかも印象的な風貌を見れば、ピエロが感情の細かい陰影を表現する能力をもっていることが知られる。

レオナルド・ダ・ヴィンチ（一四五二―一五一九）は完全な透視法のすぐれた例を数多く生み出した。この真に科学的な心をもち、しかも美の霊感を備えた天才は、どの絵にもくわしい多くの研究を注ぎこんだ。彼の最高の傑作として知られるもっとも有名な絵は完全な透視法のすぐれた例である。《最後の晩餐》（**図38**）はじっさいに眼のあたりに見るような印象をあたえるべく設計されている。見る人は部屋の中にいるように感じる。壁、床、天井の後退する線は、明瞭に奥行をしめしているのみならず、キリストに注意の焦点がむくように、キリストの額に線があつまる点を選んでいる。同時に十二人の使徒が三人ずつの四つの組に配置され、キリストに対称的に置かれている点も注意すべきである。キリスト自身の姿は二等辺三角形になっている。この構図の要素は感覚、理性、肉体のバランスを表現する意図を持っている。レオナルドの絵とドゥッチオの《最後の晩餐》（**図24**）とを比較してみるとよい。

さらにすぐれた透視法を取り入れた二、三の例をあげて、この新しい科学が、広く受け入れられ応用されたことをしめそう。「春」や「ヴィナスの誕生」で広く知られているボッティチェルリは、型、直線、曲線の中に自己を表現しようとし、自然主義を目標としたわけではなかったが、それでもすぐれた透視法の能力を持っていた。彼の数多くの作品のうち傑作の一つ《誹謗》（**図39**）は、彼のこの科学の理解のほどをしめしている。どの部分も鋭敏な感覚で描かれている。玉座や建物の各部はたんねんに仕上げられ、どこを取っても遠近法は正しい。

透視法に偉大な手腕をしめした画家はマンテーニャ（一四三一―一五一六）である。解剖学と透視法は彼の理想とするところであった。彼はことさらにむずかしい問題をえらび、厳しい自然主義と大胆さをもって透視法を用いた。彼の《刑場にひかれる聖ジェコモ》（**図40**）では故意に異例な視点を選んでいる。主消点は絵の下端よりも下、中央よりも右にある。この異例な視点からの全景の取扱いは成功と云える。

図37　ダ・ヴィンチ
《三博士の礼拝の研究》

図38　ダ・ヴィンチ
《最後の晩餐》

図39　ボッティチェルリ《誹謗》

十六世紀は自然主義絵画におけるルネサンスの頂点を示した。巨匠たちは完全な透視法と形式を誇示し、空間と色に力点をおいた。形の上での理想が愛されるあまり、芸術家たちは内容には無関心であった。レオナルドとミケランジェロの卓抜した弟子ラファエロ（一四八三―一五二〇）は理想、標準となるすぐれた作品をしめし、後世人の努力の目標ともなった。彼の《アテネの学園》（**図41**）は気品ある建築的構成を示し、調和のとれた配置、透視法の完全さ、均斉の正確さはすばらしいものである。この絵は空間、奥行の見事なあつかいだけでなく、ギリシアの賢人に対するルネサンスの知識人の崇拝をしめすものとしても面白い。プラトンとアリストテレスが左と右にならんで中心人物になっている。プラトンの左にソクラテスがいる。前左にはピタゴラスが机上で何かを書いている。前右にはユークリッドかアルキメデスがかがんで何か定理を証明している。その右にはプトレマイオスが球を持って立っている。音楽家、算術家、文法家が一堂を満たしている。

十六世紀のヴェネツィアの巨匠たちは色と光と影に線を従属させた。しかし彼らも透視法はよく習得していた。空間の表現は完全に三次元的で、構成や遠近がはっきりと感じられる。ティントレット（一五一八―九四）はこの派の代表である。彼の《聖マルコの遺体の運搬》（**図42**）は奥行の完全な扱いをしめしている。前面の人物の前縮法は注意さるべきである。

さらにもう一例しめそう。透視法問題の著者としてのデューラー（一四七一―一五二八）は既に述べたが、彼の影響はアルプスの北側では非常に大きかった。彼の銅版画《書斎における聖ジェロミウス》（**図43**）は、デューラー自身が透視法で描いた例である。主消点は絵の右中央にある。この構図の効果は、見る人が部屋の中の聖ジェロミウスから二、三フィート離れた所にいるように感じさせる点にある。

最後に読者は、ウィリアム・ホガースの《遠近の誤り》（**図44**）と題する銅版画でどれくらい間違いを見つけられるかやってみて、自分の透視法の敏感さを試してみたまえ。

以上に述べた透視法を用いた絵画の例は、まだまだ何千倍とある。しかし、数学的視法が、いかに中世の

図41　ラファエル《アテネの学園》

図40　マンテーニャ《刑場にひかれる聖ジェコモ》

図43　デューラー《書斎における聖ジェロミウス》

図42　ティントレット《聖マルコの遺体の運搬》

金ピカのバックから人物を解放し、自然界にある街や丘を自由に濶歩させたか、を示すにはこれで十分である。これらの例はまた、透視法の二次的な価値、すなわち絵画の構成の統一の促進の説明ともなっている。また数学定理そのものや、数学が支配的である自然哲学が、いかに西洋絵画のコースを決定したかも、この透視法の勃興の説明でおわかりになったと思う。現代絵画は自然そのものの模写とはまったく離れてしまっているが、今なお透視法は美術学校で教えられ、リアルな効果を産む必要のあるときには応用されているのである。

図44　ホガース《遠近の誤り》

第11章

芸術から生まれた科学、射影幾何学

数学的発明の原動力は推論ではなく想像力である。

A・ド・モルガン

科学研究が数学活動の主な動機となった世紀、十七世紀の、もっともオリジナルな数学的創造は絵画芸術に刺戟されて生まれてきた。

透視法の発展途上で、画家たちはあたらしい幾何学の考え方を導入し、それによって、あたらしい研究方向へのヒントをいくつか投げかけた。この意味では、画家は数学への借りを返したことになる。

透視法の研究から、まず、人間の触覚による世界と眼で見る世界とはちがう、という考えがおこった。従って触覚的幾何学と視覚的幾何学と、二種の幾何学があるべきである。ユークリッド幾何学は触覚的である。なぜならばその理論は触覚と一致するが、視覚とは一致しないからである。たとえばユークリッドはくっついてしまう平行線を決して扱わない。こういう直線の存在は、手では確かめられないが眼には認められる。われわれは平行線というものを決して見ない。レールは遠方ではくっついてしまうように見えるのである。

ユークリッドを触覚的幾何学だとするには、まだ他に沢山の理由がある。たとえばそれは合同図形を扱う。合同は手によってなされることである。またユークリッド幾何学の定理では大きさを扱うことがあるが、これも手でなされることである。結局のところユークリッドの世界は、触覚で確かめうる有限の世界である。だからユークリッドは、無限遠における直線を考えたりせず、直線を、必要に応じてどの方向にも延長しうる線分と見なした。与えられた図形からはるかに離れた距離の所で起ることは考えようともしなかった。

ユークリッド幾何学は、触覚によって生まれた問題の処理と見なされるから、視覚の幾何学の研究がまだ残されている。透視法の研究はこの方向への道をひらいた。透視法の基本的な考え方は投影と切断である。投影とは、目から物体、対象の各点に向う光線の束である。切断とは、目と対象の間に置いたガラス板で、これらの線を切ったときにできる形である。ガラス板上の切断はガラスを置いた位置や角度によってその大きさや形が違うけれども、その切断はどれも、眼には対象と同じ印象を与える。

このことにはいくつかの数学上の大問題がふくまれている。同一投影による二つの切断面を考えてみよう(**図45**)。眼にはどちらも同じ印象を与えるから、いろいろ共通した幾何学的性質があるはずである。その共通な性質とは何か。また対象とその切断の間にはどんな共通性質があるか。同じ対象を二つの違った場所から見ると、二つの違った投影ができる(**図46**)。これらの投影は同一対象で決まるのだから、二つの断面は、共通の幾何学的性質を持っているはずである。それはどういう性質か?

透視法からさらにもう一つ研究方向がひらけた。画家は物をありのままに描きえないで、そのかわりカンヴァス上に平行線が収斂するように描かねばならない。眼に現実感を与えるために、前縮法などの工夫をしなければならない。そのために、線の位置や、線と線の交叉を示す定理を画家は必要としている。そこで数学者は、直線や曲線の切断の定理の研究に駆り立てられる。

透視法から起こる問題を探求した最初の大数学者は、独学の建築家、技術家、ジェラール・デザルグ(一五九三―一六六二)である。彼は工学、絵画、建築の同僚たちに役立つように研究に着手した。彼は書いている。「正直にいうと私は、物理学や幾何学を研究する趣味は持ち合せていない。ただそれらが生活の改善や便宜に、健康の維持に、ある種の芸術の完成に、などと、直接にある種の知識に達する手段として役立つなら別である。……芸術のかなりの部分は幾何学に基礎をおいている。なかんずく建築における石材の切断に、日時計に、さらに透視法において……。」彼は数多くの有益な定理を組織立て、その発見を講義やビラを通して撒き拡げた。のちに彼は透視法に関するパンフレットを書いたが、これはあまり人々の注意を引かなかった。

デザルグはこの最初の研究から、さらに、オリジナルな数学の創造に進んで行った。彼の主な業績たる射影幾何学の基礎は、一六三九年に世に出たが、芸術家たちにも世人にも、ほとんどかえりみられなかった。

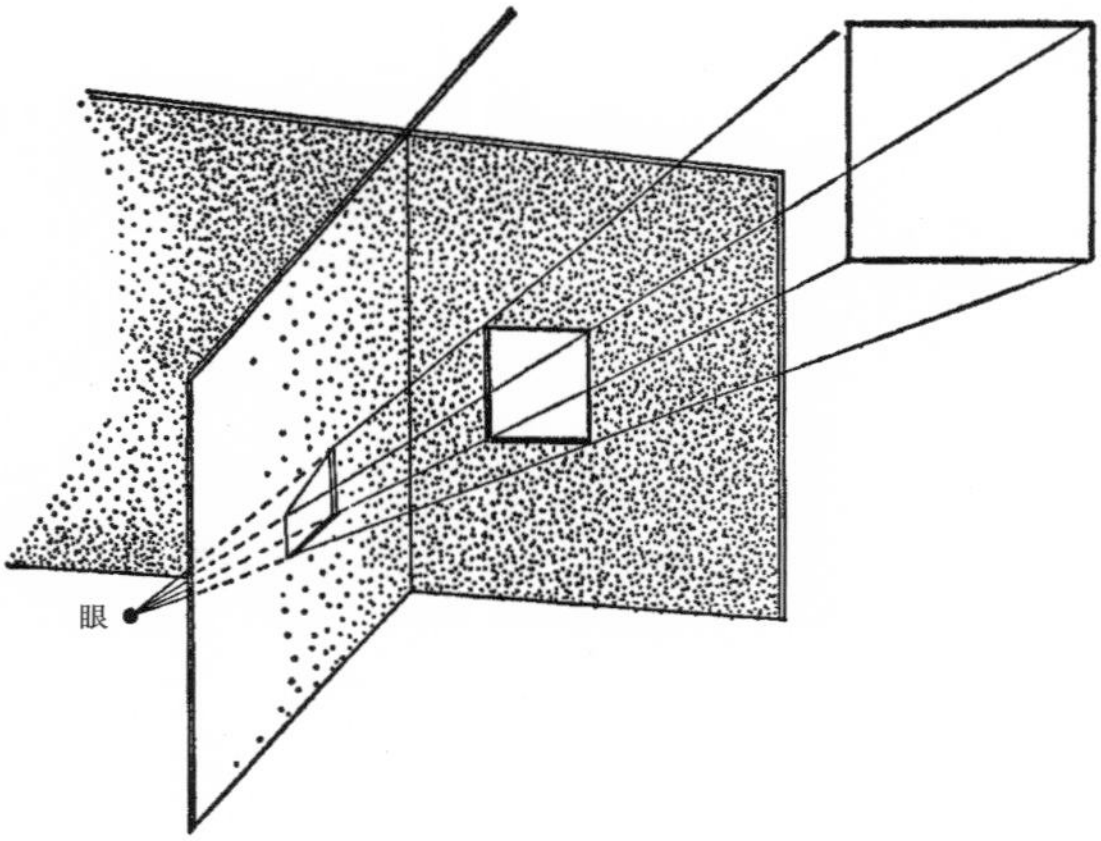

図45　同一投影による２つの切断

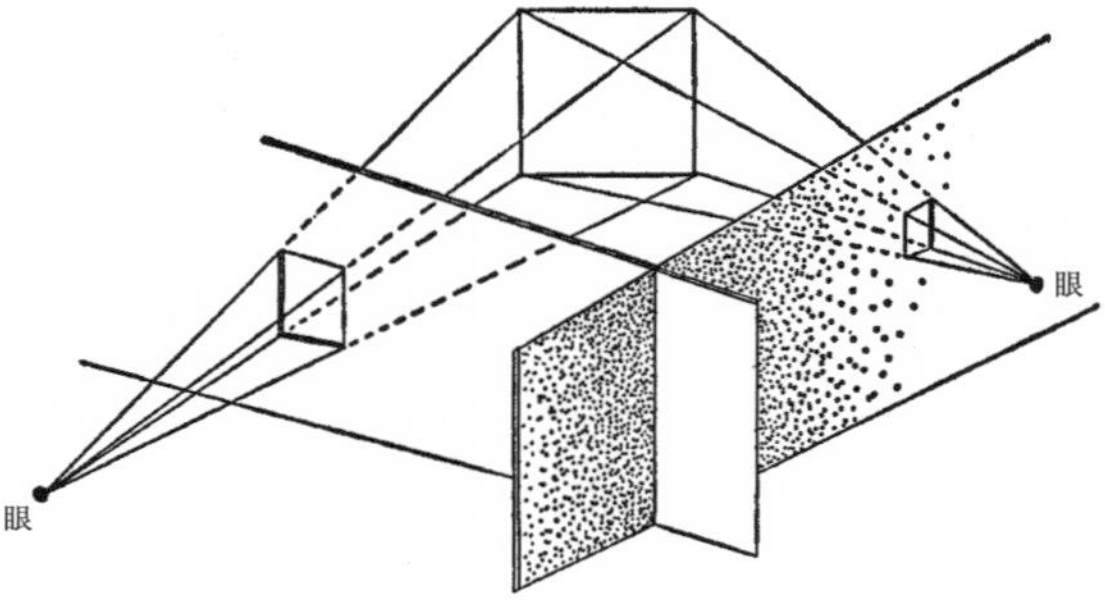

図46　同一対象による２つの異なる投影の切断

この書は出版されたけれども、現在一冊も残っていない。仲間の二、三は彼の研究を認めたけれども、大ていの人は無視するか嘲笑した。さらに数年、建築や技術の問題に没頭した後、デザルグは引退した。同時代の二人、フィリップ・ド・ラ・イールとブレーズ・パスカルとは、デザルグの頭の中に生まれた子供を育て、研究を進めたが、その後長い間埋もれてしまっていた。幸いにしてラ・イールは、デザルグの本を写した原稿を残していて、二百年前、ある機会にそれが発見され、おかげでデザルグの業績が現在判っているのである。

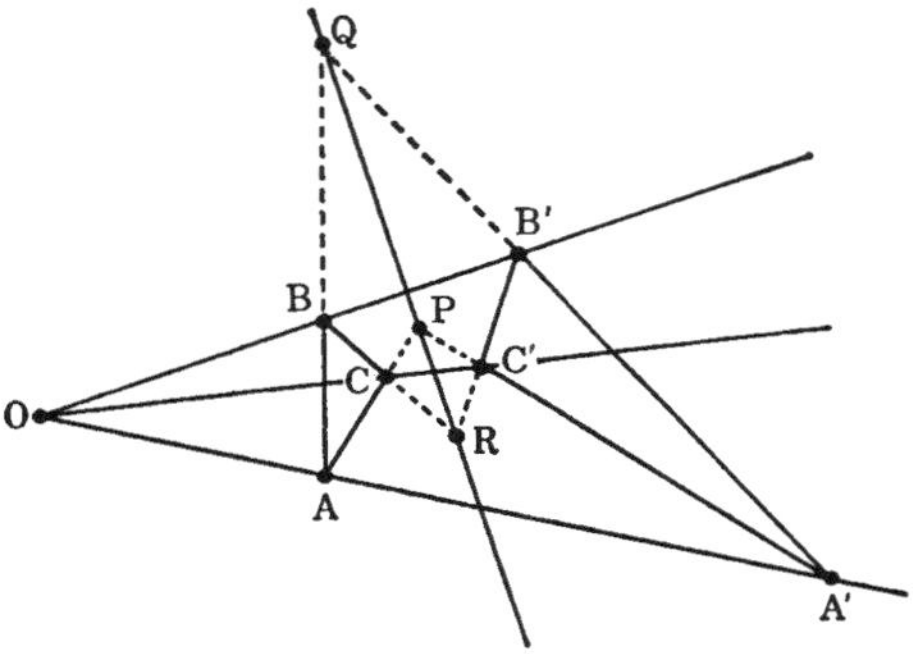

図47　デザルグの定理

　デザルグの新幾何学において、もっとも意義あるとはいわないまでも、もっとも驚くべきことは、それが平行線をふくまないということである。カンヴァス上で平行線をあらわすと一点（消点）で会するように、空間（ユークリッドの意味での）における平行線はデザルグによると無限遠にある一点に会すると考えてよい。この点は実在空間におけるカンヴァス上の消点に対応する点である。この「無限遠点」を加えてもユークリッド幾何学に矛盾はしないし、むしろ眼に見えるものに対応するように拡張したものである。

　射影幾何の基礎定理は、現在数学全体に対する基本的なものになっているが、これはデザルグから始まったもので、彼の名を冠して呼ばれている。そしてそれが、数学者の透視法から起った問題に対する答えである。

　点Oに目を置いて三角形ABCをのぞむとしよう（**図47**）。Oから三角形の辺上の各点に引いた線は投影といわれる。この投影の切断は三角形A′B′C′をふくむ。ここでA′はAに、B′はBに、C′

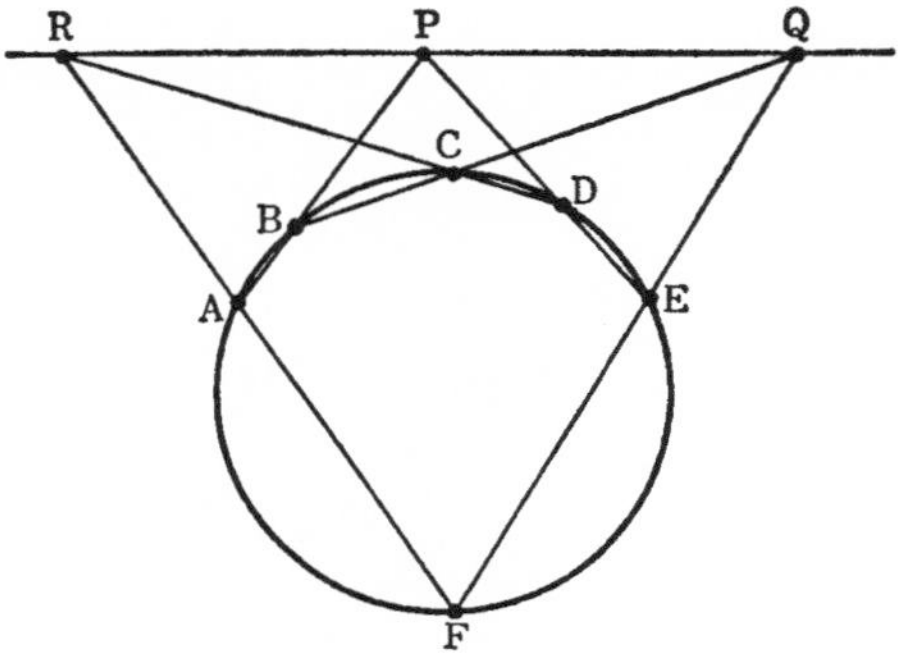

図48　パスカルの定理

はCに対応する。二つの三角形ＡＢＣとＡ′Ｂ′Ｃ′は点を中心として背景的という。デザルグはこの定理を次のように述べている。

一点について背景的である二つの三角形の、対応する対、ＡＢとＡ′Ｂ′、ＢＣとＢ′Ｃ′、ＡＣとＡ′Ｃ′はそれぞれ一直線上の三点に会する。

図47に関して云うと、この定理は次のようになる。辺ＡＣとＡ′Ｃ′を延長すると点Ｐで交わる。辺ＡＢとＡ′Ｂ′を延ばすと点Ｑで交わる。辺ＢＣとＢ′Ｃ′を延ばすと点Ｒで交わる。而してＰ、Ｑ、Ｒは一直線上に並ぶ。この定理は、二つの三角形が同一平面にあろうとなかろうと成り立つ。

もう一つ射影幾何学における典型的な定理が、当時十六歳であった早熟なフランスの思想家、パスカルによって証明された。これは後に詳しく扱う。この定理はパスカルの円錐曲線に関する論文にくり入れられているが、実にすばらしい論文だったので、デカルトはこんなに若い人の手になるものとは、信じなかった。パスカルの定理は、デザルグのものと同じく、図形のいかなる投影のあらゆる切断に対しても共通している性質を表現している。数学的に云うと、それは投影と切断の際に不変式をなす幾何学図形の性質である。

パスカルはこういう。円上に頂点Ａ、Ｂ、Ｃ、Ｄ、Ｅ、Ｆを有する六辺形を引け（**図48**）。向い合う対の辺、たとえばＡＢとＤＥを延長して、その交点をＰとする。さらに他の向い合うの延長の交点をＱ、Ｒとする。そうすればＰ、Ｑ、Ｒは常に一直線上に並ぶ。つまり、六辺形が円に内接するとき、向い合う辺の対は一直線上に並ぶ三点で交わる。

射影幾何学の概念から身近な数学の問題も説明できる。第4章で述べたごとく、ギリシア人は円、抛物線、楕円、双曲線が円錐の切断であることを知っていた（第4章図7）。円錐の頂点Oに眼を置き、円錐上のOAなどの線をOから円ABC上の各点に向う光線と考えれば、その線は投影となり、この投影をいろいろな面で切ると、円、抛物線、楕円、双曲線が切断としてあらわれる。点光を針金の輪にあて、紙の上にその輪の影を作ってみれば、これがたしかめられる。紙面をいろいろな向きにかえると、切断がいろいろな円錐曲線の形を描く。ここの四種の曲線は、みな円錐の切断からえられ、パスカルの定理で円について云えることは、投影と切断の際に不変であるから、パスカルの定理はあらゆる円錐曲線にあてはまる。

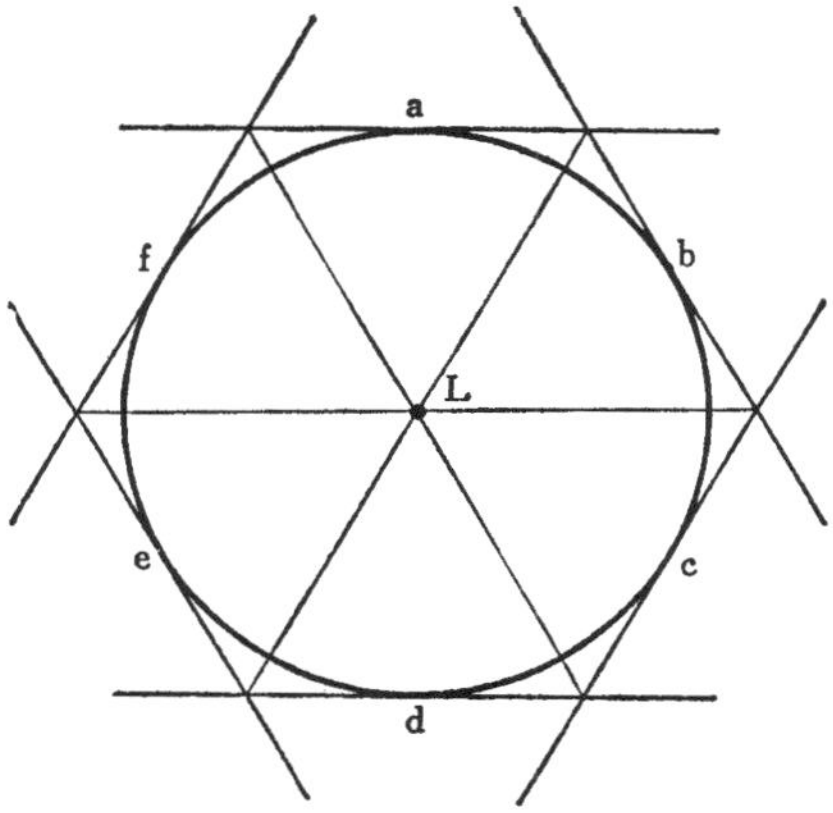

図49　ブリアンコンの定理

射影幾何学の定理をもう一つ考えてみよう。パスカルの定理は円に内接する六辺形に関するものである。十九世紀初に射影幾何学を復興させた、C・J・ブリアンコンは円に外接する六辺形の性質を述べる定理を生み出した。この定理（**図49**）は次の如くである。

六辺形が円に外接するとき、向い合う頂点を結ぶ線は一点に会する。

このブリアンコンの定理も、円だけでなく円錐曲線すべてに当てはまる。

デザルグ、パスカル、ブリアンコンの定理は、射影幾何学で証明された定理の典型的なものであって、例としてはこれで十分であろう。この分野の定理の特徴は、投影と切断に注目して、同一投影の諸切断に、同一対象の諸投影に、共通する幾何学図形の性質を述べることであると云ってよい。

封建領主や僧の保護の下に、絵画、さらにそれから導かれた射影幾何学が異常な発展を示している間に、一方では、当時急速に勃興しつつあった中産階級の必要から、地図製作への関心が高まることになった。十六世紀の貿易ルートの探索は、地理上の大探検、大発見を伴い、地図はこの探検を助け、発見の歩調を速めるために必要とされた。

だからといってそれより前の文明が、地図を作らなかったとしてはならない。ギリシア人、ローマ人、アラビア人はみな地図を作り、それが数世紀間受け入れられていた。しかし十五、六世紀の探検は、既存の地図の不正確、不適切をあきらかにし、最新改良地図を要求した。さらに地球は球形であるという考えが復活し、この上に立って描いた地図が必要となった。それから、球上の最短距離に対応して平面図上にどのようにコースを取るべきか、というような問題が生じてきた。地図の出版は十五世紀後半にはじまり、商業の大中心、アントワープとアムステルダムが地図製作技術の中心となった。

地図製作の実用的関心は、絵画における美的関心とははるかに隔たったものであるが、両者は数学を通じて密接な関連を持っている。数学的に云えば、地図製作は、球から平面の上へ投影図を作ることで、ただ投影の切断をその平面とすればよいだけだ。だからここにふくまれた原理は、透視法や射影幾何学と同じものである。十六世紀になって、地図製作家はこういう考え方を使って新方法を発展させた。なかでももっとも有名なのは、フランダースの製図家ジェラール・メルカトール（一五一二―九四）で、今日なおメルカトル投影図として知られている。次の世紀には、ラ・イールなどがデザルグの考えを地図製作の問題に応用している。

地図製作の主な難点は、表面を歪めずに球を切って平面に並べることができない点にある。オレンジの皮を丸ごと切って、それを伸ばしたりつぶしたりせずに平たくしようとしてみたまえ、そうすればこの難点が判るだろう。平面地図を作ろうとすれば、距離、方向、面積、どれもが歪められてしまう、どれ一つとして球上に存する関係を正確に再生できるものはない。たとえば距離を知るために地図を使うには、地図上で測った距離と、それに対応する球上の距離とが判ってなければならない。だから、平面地図から球の場合を引き出せるように、球と平面を系統的にとらえた方法を使わねばならない。

地図製作のかんたんな方法を二、三述べてみよう。以下、その方法にふくまれた幾何学の原理だけを説明するものと理解していただきたい。じっさいにある地図の上で測って、それから対応する球上になおすには、もっと数学の知識が必要なのである。

かんたんな地図製法に心射投影というものがある。眼を地球上の中心に置き、そこから西半球を見るとしよう。西半球のある適当な点で地球に接する面まで視線を延ばすとする（**図50**）。この点を赤道上に取れば**図51**のような地図がえられる。

これでは子午線が直線になってあらわれることに気づくだろう。この方法では、地球上の大円、すなわち子午線や赤道のように、その中心が地球の中心にある円は直線に投影される。この性質は非常に重要である。地球表面上の二点を結ぶ最短距離は、その点を結ぶ大円の弧である。この弧は二点の投影を結ぶ直線として投影される。船や飛行機は一般に大円航路を取るから、そのルートは地図上の直線でかんたんにあらわせる。さらに地図上のあらゆる点は、中心から見て、お互に正しい方向にある。この地図投影法の欠点は、半球の端の方が地図上でははるかに拡がり、距離、角度、面積が大いに歪められることである。だから**図51**の地図では全半球を示しえない。

平射投影といわれる地図製作法では、投影と切断を使う方法が異なる。眼を東半球の中央、赤道上に置いて、西半球の諸点を望むとしよう（**図52**）。そして平面で両半球を真二つに切るとする。その平面でできた視線の断面が西半球の平射図なのである（**図53**）。

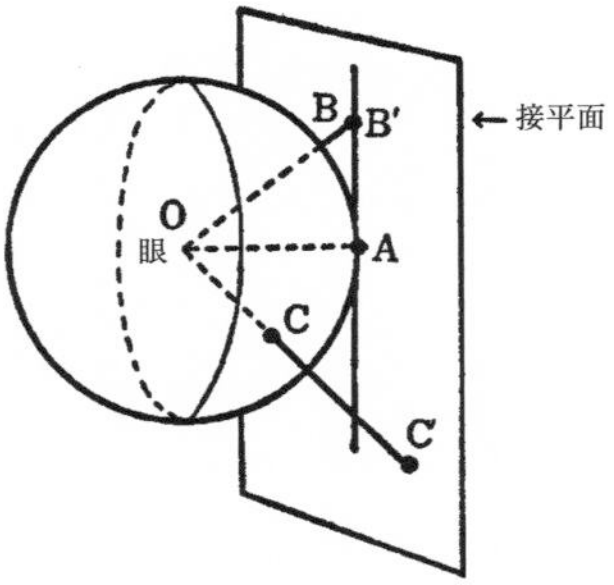

図50　心射投影の原理

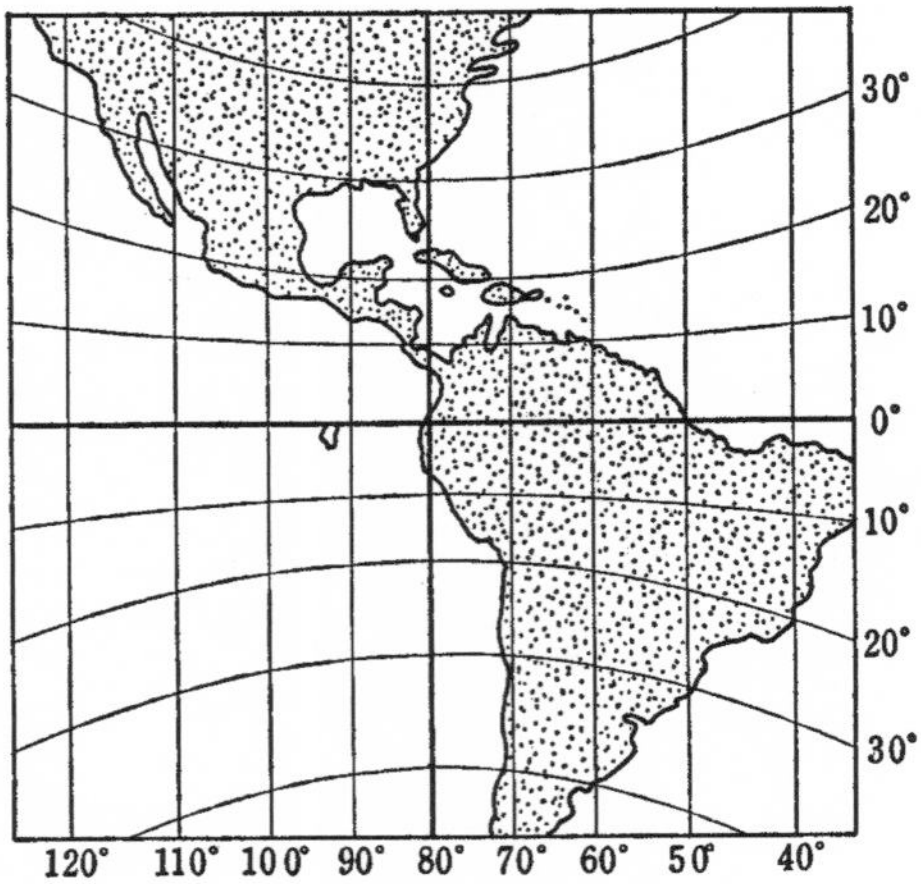

図51　西半球の心射式地図

平射投影法の長所は角度が変らないことである。つまり球上の二曲線が角Cで交わるなら、これらの曲線の地図上の投影も角Cに等しい角C′で交わる。たとえば球上で緯度円と子午線は直角に交わる。これらの曲線の地図上の投影も直角に交わる。しかし残念ながら平射図法では、面積をそのまま保つわけにはゆかない。地図の周辺部に比べて、中央部は実際の大きさの四分の一になっている。

地図製作で一番よく知られているものは、メルカトール投影である。この方法の原理は、投影と切断という言葉ではあらわせないが、透視円筒投影法とよばれるものに近い。その透視円筒図法では、ある大円に沿って地球に接し、そして地球を取り巻く円筒を用いる。**図54**の場合はこの大円は赤道である。投影は地球の中心、**図54**の点Oに発し、円筒に達する。だから地表上の点Pは円筒上の点P′に投影される。さて円筒を母線に沿って切り、平たく伸ばそう。平たく拡げた地図上では緯度平行線は水平線となり、子午線は垂直線となる。北極、南極に対応する点は地図上にはない。

透視円筒図法とメルカトール投影との本質的な違いは、緯度の平行線（とくに南北極地帯における）の間隔の取り方である。**図55**はメルカトール投影をあらわしている。この方法の意義は二つある。まず平射図法

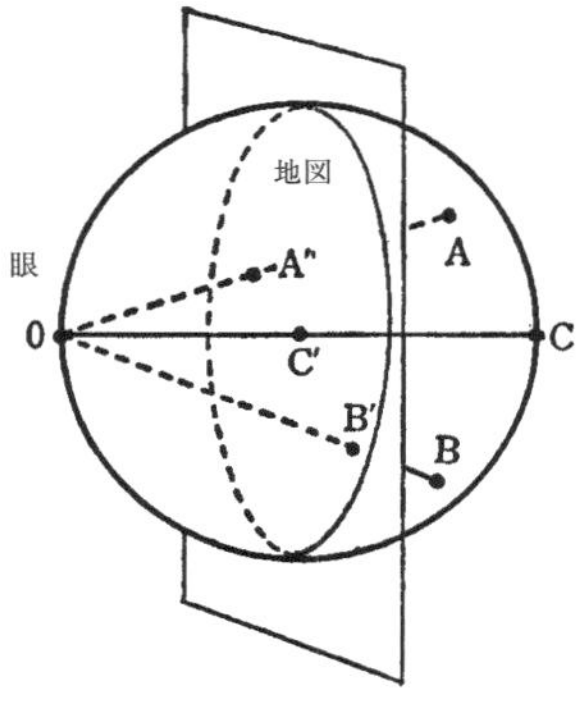

図52　平射投影の原理

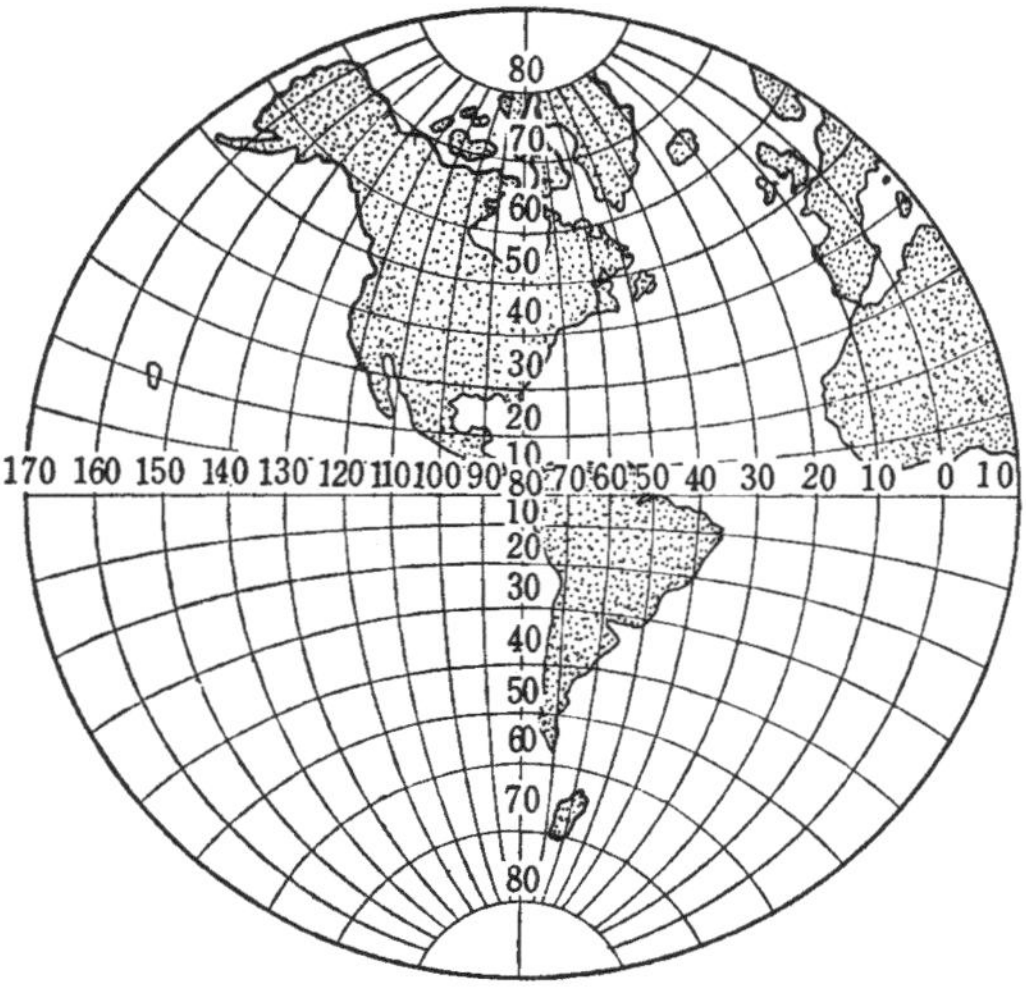

図53　西半球の平射図

のように角度が変わらない。さらに次のような便利な点がある。船の舵を取るときに、羅針盤の針を一定方向にしてコースを辿るのが便利である。これは球上の各子午線を同じ角度で横切るコースである。そのようなコースは、羅針方位線とか斜航曲線とかいわれる。このコースは、メルカトール投影による地図の上では直線になる。だから船のコースを考えたり、そのコースを取るときには、この地図を用いると非常に容易になる。

大円航路は、その大円が赤道か子午線でないかぎり、羅針盤の針を一定にして進む航路ではないことは注意せねばならない。だからメルカトール図上では大円航路は曲線となる。実際の航海では、この曲線をいくつかの羅針方位線になおし、その一区切の間は羅針を一定にして進み、同時に、大円航路の最短距離の長所もとるようにしている。

メルカトール図法は非常によく普及しているので、その欠点に気づかない人が多い。グリーンランドは南

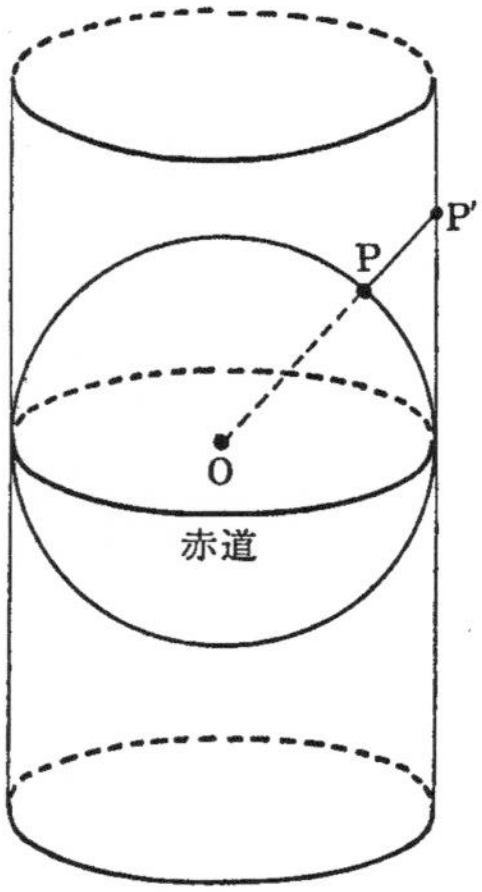

図54　透視円筒投影の原理

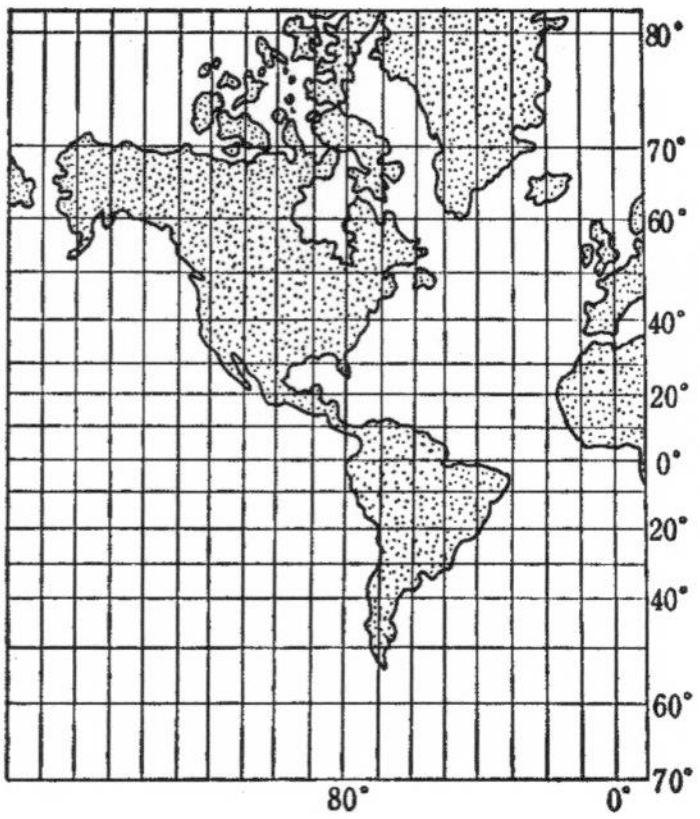

図55　西半球のメルカトール投影

アメリカとほぼ同じ大きさに見えるが、じっさいは九分の一の大きさなのである。カナダはアメリカ合衆国の二倍に見えるが、ほんとうは一倍と六分の一くらいである。このような欠点があるのに、メルカトール図は上述の理由から航海に非常に役に立つので、もっとも広く用いられているのである。

いくつかの地図製作法のもとになる幾何学原理をここで述べてきたが、これだけでは製作方法のすべてをつくしたわけでもないし、実際に地図から地球上になおすやり方も示していない。しかし、地図製作には数学が本質的な要素で、しかも投影と切断が透視法におとらず広くつかわれていることは、これであきらかである。透視法においては、投影と切断の方法が数学的問題を起したが、地図製作でも同様であったのである。地図に関しては実際的理由から、球上の区域と、それに対応する地図上の区域との間の、共通な性質を知ることが重要である。たとえば、ある種の地図投影法では角の大きさが共通だという長所がある。このようにして地図製作は、透視法と同様、多くの新しい数学問題の源となった。

この章で論じた考え方は、投影と切断の観念に集約されている。画家は、満足な視覚的透視法を建設する努力のさ中でこの観念に達した。数学者は、この観念から全く新しい研究分野、射影幾何学に到達した。そして地図製作家は、この観念を新しい地図投影法の設計に用いた。それ故、この三つの分野は一つの基礎的数学概念に密接に関連しているのである。

純粋数学としての射影幾何学が実用問題に応用された。しかしそれは、人間がその中に見いだした本能的興味、その美、その優雅、定理の発見における直観の駆使、証明に要する厳密な演繹的推論、これらによって本来つちかわれてきたものである。射影幾何学は、たまたま応用数学の隆盛によってしばらくなおざりにされたが、十九世紀になってその研究は再び活気を帯び、いろいろな新幾何学の母となった。おそらく絵画によってその思想が色づけられたが故に、デザルグが創造した、「芸術から生まれた科学」は今日でも数学の最も美しい分野といえるであろう。

第12章

方法叙説

代数と幾何が別々な道をとっていた間は、その進歩はのろく、その応用範囲は狭かった。
しかしこれらが手をつないだとき、おたがいに新鮮な活力を吹きこみ合い、完成への道を急速調で邁進し始めた。

ジョセフ・ルイ・ラグランジュ

現代的な意味での応用数学をつくりだしたのは、技術家でもなく、技術的関心の強い数学者でもなかった。この分野を基礎づけた二人の大思想家のうち、一人は深遠な哲学者であり、他は観念の領域に住む賭博師であった。前者は真理の本質、神の存在、宇宙の物質的構造への批判的かつ深遠な思索に没頭した。後者は、昼間は法律家、議員としてふつうの生活を送ったが、夜は百万ドルの定理を産んで世間に送り出すべく、憑かれたように研究に耽っていた。この二人の研究は不滅のものとなろう。

深遠な哲学者はルネ・デカルト（一五九六―一六五〇）である。彼は、フランスのラ・エイのかなり裕福な家庭に生まれた。八歳の時、ラ・フレーシュのイエズス会の学院に勉強にやられ、そこで数学に興味を持つようになった。十七歳になったデカルトは、学校のふつうの課程を卒えて、さらに体験を通して自己と世間について学ぼうと決心した。彼はこういう研究を、まずパリでの陽気な生活からはじめ、その後の反省期間に街の静かな一隅にとじこもった。さらにそれから軍隊に加わり、旅行、再びパリの生活、再び戦争、更にパリと送り、さいごには定着しようと決心した。

デカルトは、オランダに行けば完全に世間から隔離された生活ができると思い、アムステルダムに家を求めた。彼は女中と子供の相手以外は孤独の中に生活し、以後の二十年間は著作に主力を注いだ。そこで彼は畢生の作を書き下ろし、彼の処女作が公けにされるや否や名声がたちどころに拡まった。著作を続けているうちに、彼の読者も彼自身も、その仕事の偉大さをますます痛感するようになった。明快、正確に、フランス語の持つ効果を高度にあらわした彼の古典的文体にもりこまれた深い思想は、哲学とデカルトとを共に世に流行させることになった。

二十年の隠遁生活の後、彼はスウェーデンの女王クリスティナの請いで、その教師としてストックホルムに移った。女王は朝五時に起きて、氷のように冷たい図書室で勉強をはじめる事を好み、デカルトはその間彼女に侍らねばならなかった。しかしこの要求は、ひよわなルネには過大であった。彼の肉体は衰え、心は閉されがちであった。彼は風邪を引いて一六五〇年に死んだ。

デカルトがまだラ・フレーシュの学校にいた頃、人が非常に多くの真理を知っていると称しているのに疑いを持ちはじめた。デカルトが教師や教会各派の指導者たちの断言的な教説に満足できなかったのは、一つには彼が批判的な精神を持っていたこと、一つには一千年来ヨーロッパを支配していた世界観が、はげしく攻撃されている時代に彼が生きていたことによるものである。彼は自分がヨーロッパの最も著名な学校にいて、しかも決して出来の悪い学生ではないことをさとって、ますます自分の疑念が正当なものであることを感じるようになった。研究課程をおえるころには、彼は、確実な知識の体系はどこにも存在しない、という結論に達している。彼の受けた教育はすべて、人間が無知であることを発見するという点においてのみ、彼に役立った。

彼もふつうの型の学問にある価値を一応認めていたことは事実である。「雄弁は類いなき力と美を持ち、詩は恍惚たる優雅さと楽しさをもつ」ことに同意しているが、これらは研究の成果というよりも天賦の才によるものと判断している。神学は天国への道を示すから尊敬するし、彼も天国に憬れはするが、「その道は学問のある人とて無知な人より以上に開かれているものでないと思えるし、天国へ導く真理の啓示は理解を超えたものである」から、無力な理性でその真理に到りうるものとも考えられない。哲学は「万物の真理の相を説く手段であり、より本質的で簡素なものへの敬意を要求する」と彼は認めているが、すぐれた人たちに何代も通じて培われてきたものであるにもかかわらず、疑いや論議を超えたものは何物も産み出しはしない。そこで彼は、正統哲学を把握したところで大したことでもないと考えた。「法律、医学、その他の科学はその開拓者には名誉と富を与える」。しかしそれも原理を哲学から借りてきているかぎり、しっかりした基礎の上に立つものとも思えないし、有難いことにデカルトにとっては、財産を増やすために科学の商品を作るという必要もなかったのだ。「論理も、その三段論法や他の表象も、みな既に知っていることを人に伝えるに役立つが、未知の事の研究よりもむしろ知らないことを軽率に断言するのに役立つだけである」。数多くの「非常に有益な表象や徳へのお説教は道徳の研究に含まれている」が、古代の道徳家の探求は、砂や泥のよりもひどい基礎の上に壮大な塔や宮殿を建てるようなものである。これらのどの分野を取っても、実在として認めうる真理はないのである。

兵役や旅行やパリでの生活の間、彼は如何にして人は真理をうることができるかの問題に没頭した。やがて少しずつ彼にそれをうる方法があきらかになってきた。彼はそれまでにえたあらゆる意見、偏見、いわゆる知識を棄てた。さらに権威にもとづくすべての知識を排除し、あらゆる先入観を脱ぎ棄てた。

しかし誤りを除くことが、それ自身真理を産むことにはならない。まず彼が自らに課した問題は、新しい真理を打ち立てる方法をみつけることであった。その答は、兵役に従っているある夜、夢の中に彼を訪れた、と彼はいっている。

「幾何学者が、きわめてむずかしい証明の結論に達するために積み重ねてゆく、かんたんでやさしい推論の長い鎖」が「人間の求めうるすべての知識は、それと同じ方法で互に結びついている」と彼に確信させた。そこで彼は、「幾何学者のみが、明断に非難しようのない推論ができ、疑い得ない真理に達しうるから、健全な哲学体系は幾何学者の方法によってのみ演繹しうる」とした。数学は「人間に与えられた能力のなかで、知識をうる最も強力な道具である」という結論をえて、数学の研究から、あらゆる分野において正確な知識をうる方法を提供する一般原理を抽出しようとし、それを「普遍数学」とよんだ。つまり、数学者があらゆる研究に応用しうるような方法を、さらに一般化し拡張しようとしたのである。要するにその方法の本質はあらゆる思想の公理的、演繹的建設なのである。その結論は公理から得られた定理なのである。

幾何学者の方法を指針として、デカルトは、真理探求に導く規則を注意深く定式化した。彼はまず、まったく疑いの余地のない、彼の心に明確なもの以外は真理として受け入れまいと決心した。だから味や色のように、対象そのものの本質的特性というよりも、受け入れる人の個人的反応である感覚的データは、排除した。彼の方法の第二原則は、大きい問題を小さいものに分割して考えることである。三番目は、単純なものから複雑なものへと進むこと、四番目は、演繹的推論の諸段階を不注意のため省略されることがないように、徹底的に枚挙し検証することである。これらの原則は彼の方法の核心であった。

しかし彼は、数学そのものの中で公理が演じる役割を、哲学の中に用いて、簡単、明晰な真理を見つけねばならなかった。その研究、結果は有名なものとなっている。すなわち、疑ってもついに疑い得ない一つの確実な源――自我の意識――から彼は哲学の建築素材を抽き出した。(a)私は思う、故に私は存在する。(b)いかなる現象もそれぞれ原因を持つ。(c)結果は原因よりも大きくない。(d)完全、空間、時間、運動の観念は人間の心に生まれながらに備わっているものである。

人間は、多くを疑い僅かしか知らないから完全な存在ではない。しかし公理(d)によって人間の心は完全の観念、特に全知、全能、永遠の完全者の観念を持っている。これらの観念はいかにしてあらわれたものであろうか？　公理(c)からすれば、完全者の観念は人間の不完全な心から生じたものとはできない。だから完全者の観念は、完全者の存在からのみえられる。それは神である。故に神は存在する。

完全な神は我々を欺かないから、我々の直観はある真理をもたらすものと信じうる。だから、たとえば最も明確な直観たる数学の公理は真理であらねばならない。しかし、数学の定理は、公理のような単純性、自明性を持たない。ではいかにしてその定理が真理であることをたしかめうるのか？　人間は誤りのないと信じる方法で推論するが、その推論の方法が必ず真理に導くことは何によって保証されるのだろうか？　再び人間を欺かない神にたよってその結論も真理でなければならない、故に実在界に関して正しくなければならない、とデカルトは論じた。このような基礎に立ってデカルトは人間と宇宙の哲学の建設に向かったのである。

彼が方法を研究し、その方法を哲学の問題に応用するに至った過程は、有名な『方法叙説』に述べられている。人間理性の優位、自然の法則の不変性、物体と精神の区別、対象の中に実在、内在する性質と、ただ見かけ上では存在するがじっさいは感覚的データに対する人間の心の反応による性質との区別、これは彼の著作にあきらかにされ、近代思想形成に大きく影響する所となった。

デカルトの辿った哲学のコースは、それ自身研究価値のあるものであるが、ここではそれをつまびらかにするのが本旨ではない。本書では、この大思想家が十七世紀の知的混乱のさなかにあって、自己の道を模索する上に、導きの灯として役立てたのは数学の真理と数学の方法であった、という点に注目する。それは中世やルネサンスの先達よりも、神秘的、神学的要素がはるかに少なく、はるかに合理的であった。彼は注意深く、自己の論旨の諸段階に含まれた、意味と推論を検討した。彼は人々に、自己の中に真理を探し求めることを教えた。彼は古典や権威への帰依をふり棄てた。デカルトを以って、神学と哲学とは袂を別ったのである。

デカルトが数学から抽出し一般化した方法は、再び彼によって数学に応用された。そして新しい曲線の解析的表示の道の創始に成功したのである。この創始は、今日座標幾何学として知られ、あらゆる近代応用数学の基礎をなすものである。デカルトの哲学も、他の多くの哲学と同じく、その時代と結びついたものであるが、一方将来にも価値を持つであろう。デカルトの数学そのものへの思索に立ち入るまえに、彼の同国人で彼とは無関係に座標幾何学を発見したピエール・フェルマーの意義を認めておきたい。

デカルトの冒険的なロマンティックな目的的な生活と異なり、フェルマーの生活はごくありきたりの陳腐なものであった。彼は一六〇一年フランスの毛皮商の家庭に生まれた。トゥールーズで法律を学んだ後は生涯の大部分を議員生活に費した。フェルマーの家庭生活も全く平穏なものであった。彼は三十歳で結婚し、妻と五人の子供と共に住んだ。彼は神や人間や宇宙の本質の問題とははなれて静かに生き、夜は彼の一番の趣味たる数学に耽った。デカルトにとっては数学は哲学的、科学的問題を解決し、自然を把握する役をしていたが、一方フェルマーにとってはそれは美と調和と瞑想の快楽であった。彼は数学に多くの時間を費せず、研究態度も趣味的なものであったが、六十年の生涯の後には史上有数の真の数学者となっていたのである。

ニュートン、ライプニッツの出現で、いくぶん影が薄くなった感があるが、彼の計算術における業績は第一級のものである。彼はパスカルと共に確率論の、デカルトと共に座標幾何学の創始者の名誉をになっている。また独力で数学の一大分野、整数論を拓いた。すべてこれらの分野でこの「アマチュア」は華々しい業績を生み足跡を残した。哲学の普遍的方法には関心がなかったが、フェルマーも曲線研究の一般的方法を求めた。そしてここにおいて彼の思想はデカルトと一致を見るのである。

ここで本論からはずれて、何故当時の大数学者が曲線に関心を持ったかを考えよう。十七世紀初では、数学はまだ本質的には幾何学体系とそれに代数が付随していたにすぎず、この幾何学体系の核心はユークリッドの業績であった。ユークリッド幾何学は直線と円でできる図形に限られていたが、十七世紀までには、科学や技術の進歩で、もっといろいろな図形の研究の必要に迫られていた。楕円、抛物線、双曲線は、惑星、彗星の描く軌道であるから、重要なものとなった。また抛物線は、弾丸などの飛跡の描く道であった。月の運動は、海上における船の位置を決めるに役立つから、大いに研究された。レンズの曲率は眼鏡、望遠鏡、顕微鏡に使われ、人間の眼の機能の理解のために研究され、また大気を通る光線の曲線は、天文学や芸術家に関心を持たれた。デカルトもフェルマーも光学には非常に興味を持っていた。デカルトはレンズを通る光の通路に関する論文を刊行し、フェルマーはいくつかの基本的法則を立てた。その一つは後章で述べることにしよう。ユークリッドは以上のような実際問題に含まれた曲線に関しては何も示していなかったし、ギリシア人の円錐曲線に関する既存の研究では間に合わなかったのである。

ギリシア人の研究からはこの重要な曲線に関する知識は出てこなかったし、そういう知識をうるために広く応用できる方法も与えられなかった。ユークリッドの問題から新しい巧妙な証明方法が生まれてはきた。自由な時間をふんだんに持っていて直接の応用には関心のなかったギリシアの数学者たちは、一般的方法に少しでも欠点があれば、それを見逃しはしなかった。しかし十七世紀に起ってきた、さまざまな実際的、科学的必要は、困難な問題をただちに解いて見せることを数学者に要求した。

この転機にデカルトとフェルマーは登場したのだ。彼らはユークリッド幾何学に使われた狭い方法に全く不満であった。デカルトは、古代人が抽象的にすぎ、想像力をはなはだ疲労させる図形の練習問題ばかりにこだわっている、とはっきりと批判している。代数も規則や公式ずくめで頭を悩ませ、いたずらに混乱や不明確さを引き起こすばかりで、精神を培う科学とはなり得ない、と評している。一方、二人とも幾何学が現実世界の知識と真理をもたらすことを認めている。彼らも代数が抽象的な未知の値の推論に使われたこと、そしてそれが推論の過程を機械化し、問題を解くに要する努力を、できるだけ少なくしたことを高く評価している。それは普遍的な方法論の科学となりうる。それ故、デカルトとフェルマーは幾何と代数の長所をすべて取り、欠点を補い合おうと試みた。

以下の説明は、デカルトのものとは細かい点では少し違っているが、彼らの業績はデカルトの推論の跡を辿るとよく理解できる。彼は方法の研究において、単純なものから複雑なものへと進めてすべての問題を説くことに決心した、と前に述べた。さて、幾何学において最も単純な図形は直線である。だから彼は直線を通じて曲線を研究する道を探し求め、そしてそれを発見した。

デカルトは云った。**図56**に示したような図が与えられたとしよう。この曲線は垂線ＰＱ上にある点Ｐから発するものと考える。この直線（垂線）が水平に動くにつれて、P自身も曲線の形に従って垂線上を上下しながら動く。だから直線が水平に移動するにつれて、Pが直線上を上下に動く運動を研究すれば、曲線も研究される。そこまではそれで良い。しかしPの動きでどうして曲線の性格が決められるのだろうか？

　そのためにデカルトは代数を使った。代数の表現は記憶に便利で、短い言葉に多くの意味を含ませる工夫であることを彼は知っていたからである。垂線が右に動くにつれて（**図56**）固定した点、たとえばOからの距離がその位置を示すに使われる。この距離をxとしよう。動く直線上の点Pの位置は、固定した水平線OQから上の距離であらわされる。この距離をyとしよう。そうするとPがどんな位置にあってもxの値が一つ、yの値が一つあることになる。同一のxに対しても、別の曲線上ではyの値が異なる。だからその曲線の性質は、この曲線上の点Pに対するxとyの間の関係で示される。この関係は曲線が違えば違ったものになる。

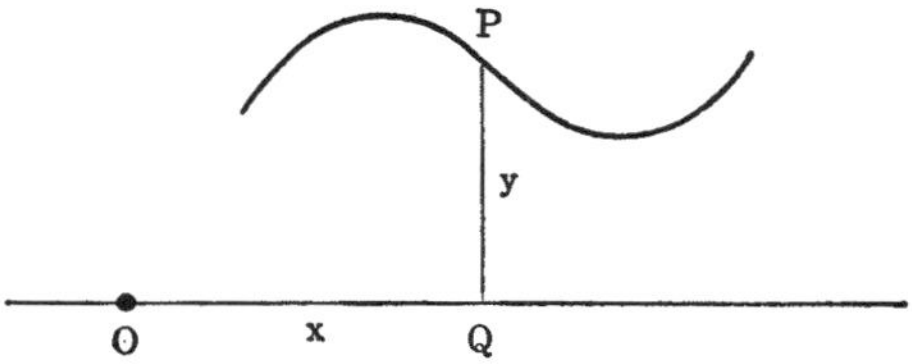

図56　長さが変わる線分の運動によって生じる曲線

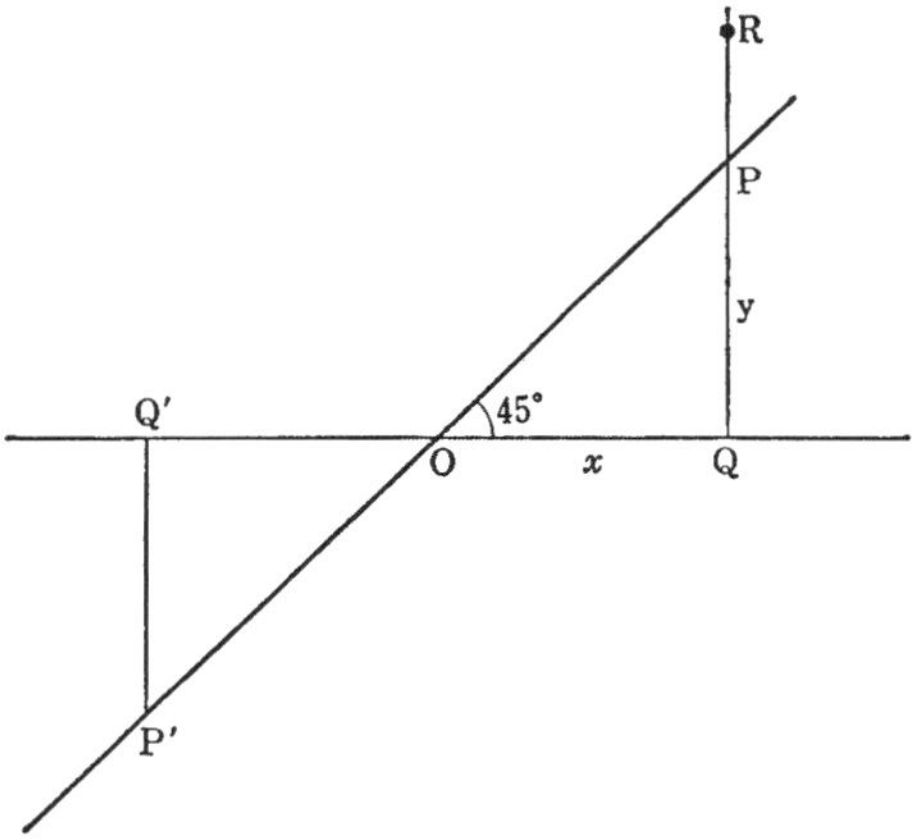

図57　水平線と45度の角をなす直線

　この考え方を、点Oを通って水平線と四十五度の角をなす直線にあてはめてみよう（**図57**）。動線QPが右にある距離xを動いたとすれば、点Pはこの直線に至るべくxに等しいyの高さに上らねばならない。なぜなればユークリッド幾何学によると、ＯＱＰは二等辺直角三角形で、故にＯＱはＰＱに等しくなければならないからである。だから

$$y = x \qquad (1)$$

は問題の直線上の点を示す関係である。距離ＯＱが3、距離ＰＱが3になる点Ｐはこの直線上になければならない。なぜなればその x の値3、y の値3は方程式 $y = x$ を満足するからである。

その直線上にあり、Ｐと異なるP′のような点を含ませるには、ＰＱをＯの左側に動かした距離、水平線ＯＱの下の距離をあらわすために負数を使う。だからＰの x、y の値は共に負でかつ等しく、$y = x$ はやはりなりたつ。一方、直線P′ＯＰ上にない点Ｒに対しては y の値、即ち距離ＱＲは x に等しくない。故に直線を外れた点に対しては $y = x$ はなりたたない。

以上論じた所を次のようにまとめてみよう。曲線の性質を論じるには、Ｘ軸とよぶ水平線（**図58**）、原点とよぶこの線上の点Ｏ、Ｙ軸とよぶＯを通る垂線を用いる。Ｐを曲線上の一点とすれば、その点を二つの数であらわせる。一つはＰからＸ軸へ引いた垂線の足、ＱへＯから測った距離である。この数を x、又はＰの横座標とよぶ。二番目の数は距離ＰＱで、これを y、又はＰの縦座標とよぶ。この二数はＰの座標とよばれ、ふつう (x, y) と書く。ＰがＹ軸の右にあれば x の価を正、左にあれば負とする。同様にＰがＸ軸上の上にあれば y の価を正、下にあれば負とする。そうすれば曲線はその上の点に対する x と y の値の間に成り立つ方程式によって代数的にあらわされる。

デカルトの考えを説明するために、もう一度それを**図59**の円にあてはめてみよう。Ｐを円上の任意の一点とし、x、y をその座標としよう。そうすればユークリッド幾何学のピタゴラスの定理により、直角三角形の腕の平方の和は斜辺の平方に等しいから、次のようになる。

$$x^2+y^2=25 \qquad (2)$$

この関係は球上のいかなる点においても成り立つ。たとえば座標（3, 4）なる点は、$3^2+4^2=25$なる故に、円上にある。しかし（3, 2）は円上の点の座標ではない。なぜなれば3^2+2^2は25に等しくないからである。ある点のx座標とy座標とを代入すれば、左辺と右辺が等しくなるとき、方程式(2)はその点の座標によって満足されるという。円上の点の座標は方程式を満足する。円上にない点の座標は方程式を満足しない。

これまでは曲線を如何に方程式であらわすかを述べてきたが、デカルトの考えでは上の過程を逆にすることもできる。

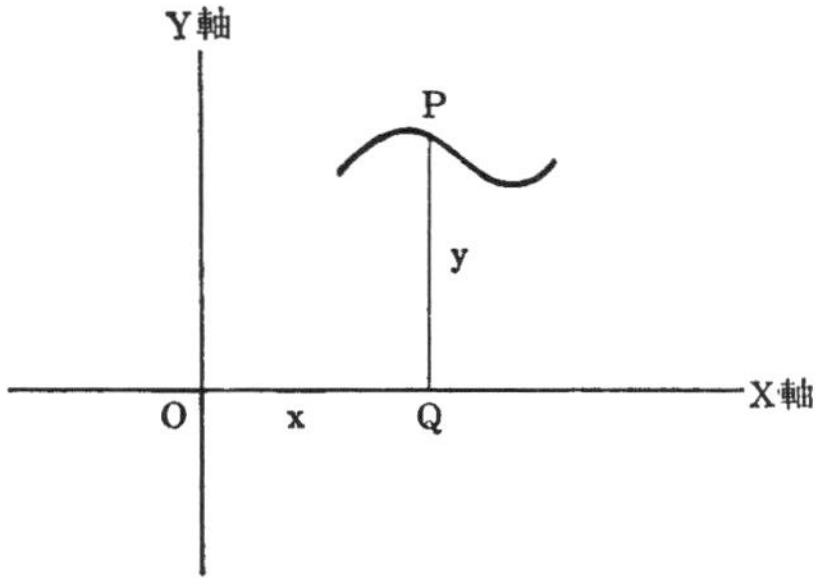

図58　直交座標系

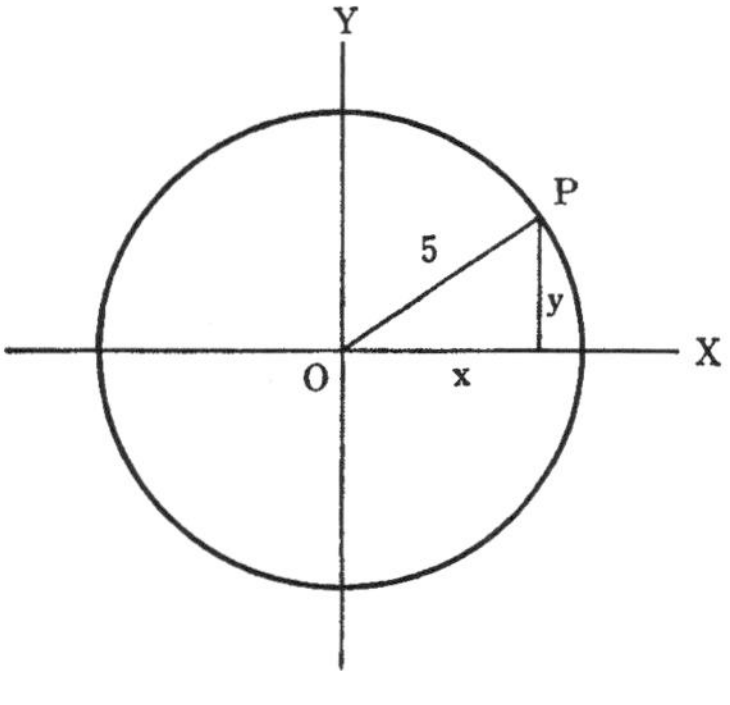

図59　直交座標系上の円

$$y=x^2 \qquad (3)$$

のような方程式から始めるとしよう。この方程式からどのような曲線ができるか、もう一度動く直線ＰＱ上の点Ｐについて考えよう。ＰＱがＯから右側へ動くとすれば、Ｐのxの価である距離ＯＱは正となる。さて方程式(3)によればＰのyの価、即ち距離ＰＱは常にx^2に等しくなければならない。xが正であればx^2も正である。だからPはX軸より上方になければならない。更に、xが小さければx^2も小さく、xが大きければx^2は急激に大きくなる。だからxが正の場合にはほぼ曲線の形も想像がつく（**図60**）。さてPQがOから左側に動くときはPのxの値は負である。しかし負数の自乗は正であるから、x^2はやはり正である。だからPはx軸上にある。さらにx^2の値はxの符号の正負に拘らず同じである。たとえば$x=+3$のときでも、$x=-3$のときでも、x^2は9である。だから点PはY軸の右側でも同じように動く。その曲線は**図60**に示される。曲線は右側でも左側でも上方へ無限に延びている。方程式$y=x^2$の解析から、曲線がY軸に関し対称であることを知る。この曲線が抛物線であることも証明できる。

もっと曲線を正確に描くには、xの値をいくつか選び、それを方程式$y=x^2$に代入し、対応するyの価を計算する。$x=1$なら$y=1$, $x=2$なら$y=4$, $x=2\frac{1}{2}$なら$y=\frac{25}{4}$というようになる。これらの座標の各対、たとえば（2, 4）などは、曲線上の一点をあらわすから、図に書き込み、それらを滑らかな曲線で結べばよい。できるだけ沢山の座標を計算し、できるだけたくさんの点を書きこむほど、正確な図が引かれる。

さてここでデカルトやフェルマーの考えの核心にぶつかることになった。各曲線にはその曲線上の点のみを表わす方程式が対応する。逆にxとyを含む方程式は、点の座標をxとyの座標を持つ点からなる曲線として描かれる。公式的に述べればある曲線の方程式は、その曲線上のあらゆる点の座標を満足し、その他のいかなる点も満足しない代数等式である。方程式と曲線の結合は当時としては全く新しい考え方であった。デカルトとフェルマーは代数と幾何の枠を取って、幾何学図形を研究するという、新しい測り知れない価値を持つ方法をえたのである。これが、方法叙説にのべたデカルト哲学を応用してえた成果である。そして二、三ヵ月後にはこの新方法を用いて多くの難問を解くことに成功した。

この方程式と曲線の結合は、個々の曲線の性質の解析にとどまらず、数学のいろいろな科学的応用を可能にした。ここでは曲線の方程式が威力を発揮した抛物線への応用を調べてみよう。抛物線は常に軸とよぶ直線に関して対称である。**図60**ではこの対称軸はY軸である。**図61**ではその軸は水平線として示されている。

この軸上には焦点とよぶ点Fがある。Pを抛物線上の任意の点とすれば、直線PFとPを通り軸に平行な直線、即ち**図61**のPDとに対してP点における接線PQとは、等しい角をなす。つまり角1は角2に等しい。

さて反射面の断面を抛物線とし、小光源をFにおいたとしよう。Fから出た光線は抛物線に当り、うまいぐあいに軸に平行な線に沿って反射される。Fから出た光線はたとえばFPDのような道を取るのである。そして光はすべて軸の方向に集まり、強い光束を生む。この原理を実際に応用する場合には、抛物線を軸のまわりに回転してえられた面を用いる。その卑近な例は自動車のヘッドライトである（**図64**も見よ）。

抛物線のこの性質が逆にも使える。抛物線の軸を遠い星に向けると、光は軸に平行に来り、抛物線に当って点Fに反射される。点Fに光がみんな集るので、科学者は遠い星をはっきり見ることができる。だから抛物線はある型の望遠鏡に使われる。星のかわりに太陽に向けると、Fに集まった光線は大きい熱を生じ、その点に可燃物を置くと火がつく。だからラテン語で「炉」という意味のフォーカス（焦点）という言葉を使うのである。

数学の実際的応用が本書の主目的ではないから、ここではただついでに、抛物線と同じよう

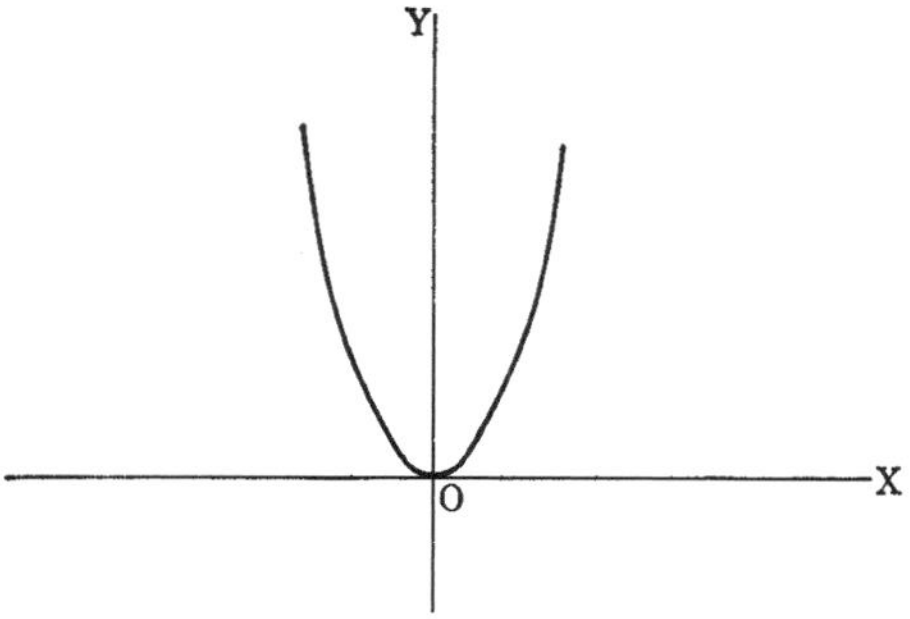

図60　$y=x^2$の曲線

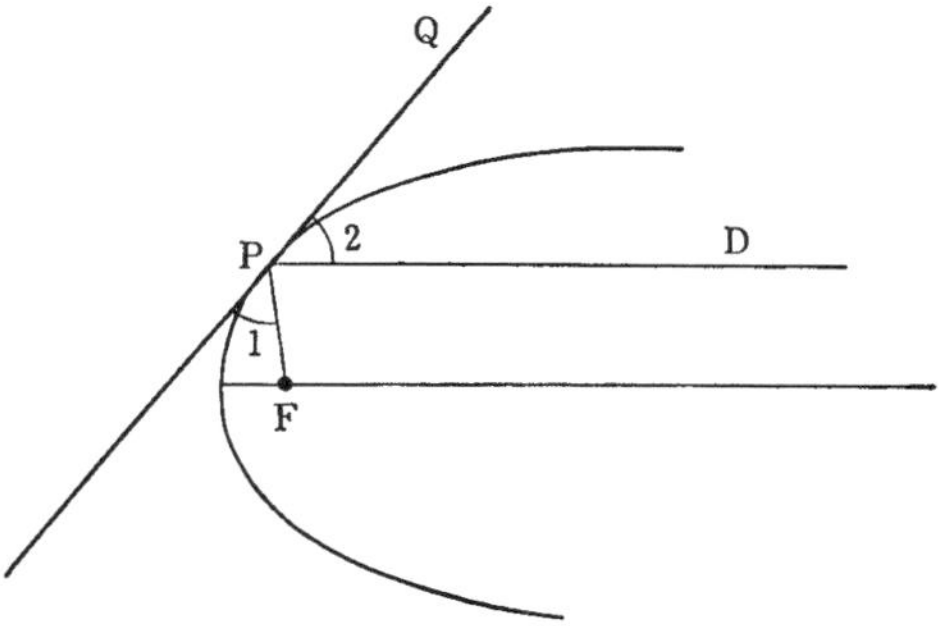

図61　抛物線の焦点の性質

な性質をすべての円錐曲線がもっていることを云い添えるにとどめよう。だからこれらの曲線は、レンズ、望遠鏡、顕微鏡、X線装置、拡声器、電波アンテナ、サーチライト、その他無数の装置に非常に役立った。ケプラーが円錐曲線を天文学に導入してからは、日食や月食や彗星軌道の計算など天文計算にそれがきわめて重要なものになった。円錐曲線はまた橋梁建設にも使われる。こういう応用に際しては、円錐曲線の方程式は計算を可能にし、ユークリッド幾何学の方法では念の入った複雑な構造になり、そのおおよその値しか測れないところが、デカルトの代数方程式ではそれがはるかに簡単になり、何桁も精度の高い答を出すことができた。座標幾何学の問題は、あらゆる幾何学の問題を解きうるというデカルトの期待には添わないかもしれないが、十七世紀に彼が夢想したことよりもはるかに多くの問題を解決したのである。

真に重要な着想は芽のようなもので、それから思いもよらぬ観念や関係が導き出されるものである。デカルトの方程式と曲線の結合は、自動的に新しい曲線の世界を開くことになった。xとyの方程式に対して、その方程式によって描かれる曲線がそれぞれ存在する。方程式の数と種類は書きならべれば無限にあるので、曲線の種類も無限である。そして方程式によってはじめて見いだされた無数の曲線が、さらにまた新しい数々の応用に役立つことになるのである。

方程式と曲線の結合は新しい曲線の世界を開いただけでなく、さらに新しい空間をも開拓した。その考えは直ちに三次元空間へ拡張できる。さらにそれ以上に高次元の空間へも拡張しうるのである。最近起って来たこれらの分野は注目に価する。これらの拡張は、相対論を含めて、きわめて複雑化し巧妙になった近代科学発展の、その基礎をなすものだからである。

まず座標幾何学の三次元空間への応用を考えよう。平面上の点の位置は一対の数又は座標であらわされることは、既に知っている。空間における点の位置は三つの数であらわされることも容易に想像がつく。Aをある平面、たとえばこのページの面として、それを水平に置く。この平面で、正のxの値の方向をOX（図62）、正のyの値の方向をOYとしよう。

さて空間におけるいかなる点Pも平面Aの上方か下方にあり、その距離をZとしよう。ZはAの上方の点に対しては正、下方の点に対しては負である。たとえばPがAの上方4にあるとすれば、その値は4である。空間におけるPの位置は、その点が水平面内の点Rの真上にあることを知れば、完全に表現できる。Rは平面A内にあるからx、y座標を持つ。その座標を（3, 2）としよう。そうすれば数3、2、4でPの位置は完全に決まり、これであらわされる点は空間には他にはない。だからPの座標を3、2、4とおよび（3, 2, 4）と書く。Rのように平面A内の点は三番目の座標がOであるから、三次元座標系ではRの座源は（3, 2, 0）と書かれる。**図62**の点P′は（3, 2, −4）とあらわされる。三軸OX、OY、OZの交点Oは三次元系の原点とよばれ、（0, 0, 0）の座標を持つ。

三次元座標系を用いると、空間における代数方程式と幾何学図形を関係づけることができる。その関係の説明として、球を例に取って考えてみよう。定義によって球は球の中心とよぶ固定した一点から、ある与えられた距離にある空間中のあらゆる点の集合である。いま球のあらゆる点が中心から5の距離にあり、その中心は三次元座標系の原点にあるとしよう（**図63**）。（x, y, z）を球上の任意の点Pの座標とする。そうすればxとyは直角三角形（水平面上にある）の腕であり、その斜辺はORである。

ピタゴラスの定理によって、

$$x^2 + y^2 = OR^2$$

しかしORとzも直角三角形のORPの腕であって、その斜辺はOP、即ち5である。だから、

$$OR^2 + z^2 = 25$$

OR^2は前の方程式からえられる。この価を代入すると、次の方程式をうる。

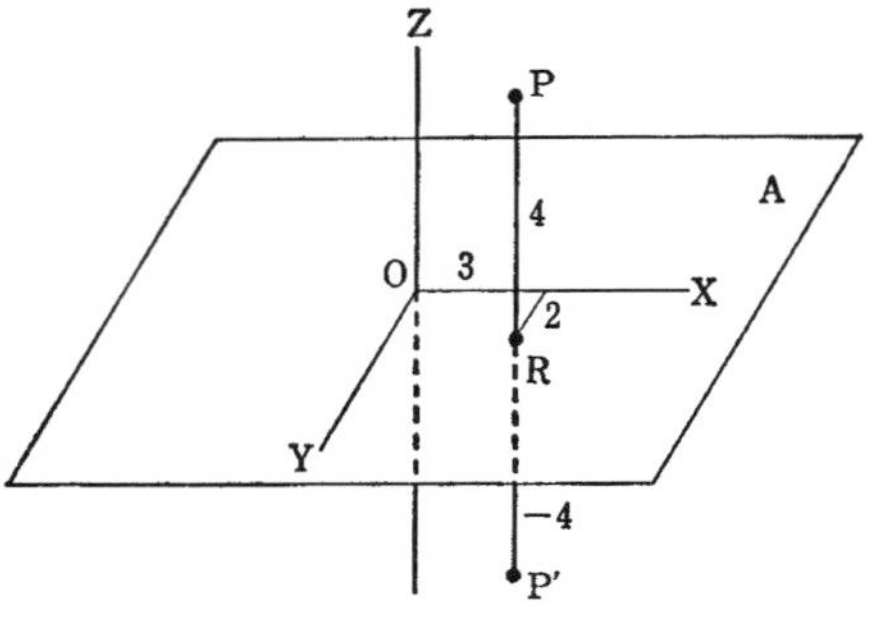

図62　三次元直交座標系

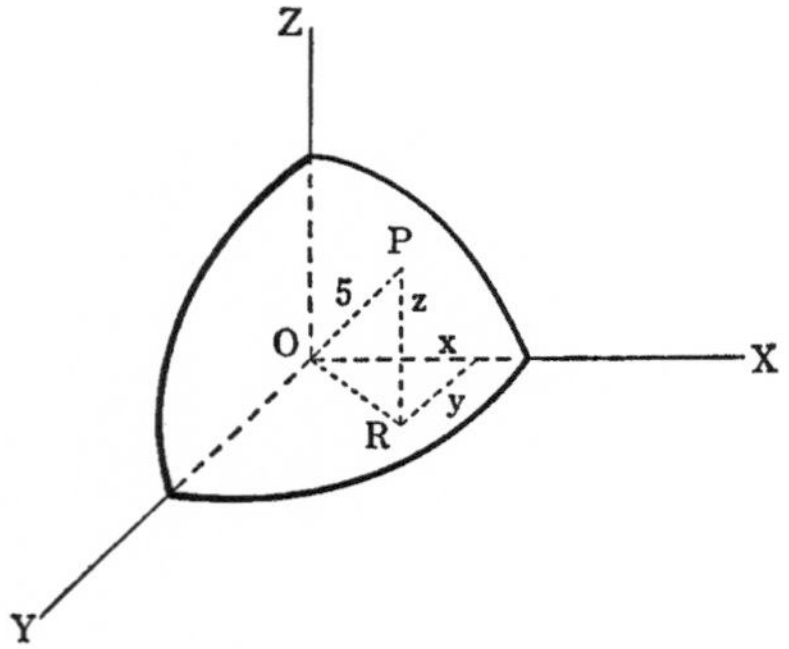

図63　三次元直交座標系上の球

$$x^2+y^2+z^2=25$$

この式では球上の点の座標をx、y、zに代入するときにのみ左辺と右辺が等しい。だからこれは、球の方程式である。たとえば点（0, 3, 4）は、

$$0^2+3^2+4^2=25$$

なるが故に方程式を満足し、故に球上に存在する。円の方程式$x^2+y^2=25$と球の方程式が似ている点は、またあとで考えることにする。

球の場合から大切な新事実を知る。x、y、zの方程式は面をあらわし、面は以上のような方程式であらわされる。ここでは詳しく述べはしないが、読者が四次元幾何学の議論について行けるように、ある方程式とその面の関係について若干ふれておこう。

$$3x+4y+5z=6$$

の形の方程式（数字は任意）は平面上の点の集合をあらわす（**図64**）。この方程式が二次元座標系における$3x+4y=6$というような直線の方程式と似ていることは一見してあきらかである。

$$x^2 + y^2 = z$$

の形の方程式は抛物体をあらわす（**図65**）。抛物体とは擂鉢か自動車のヘッドライトのような形をしたものである。この方程式は、抛物線をあらわす方程式 $y = x^2$ にひじょうによく似ている。円、直線、抛物線に対応するものとして、三次元空間には球、平面、抛物体があり、この間の対応関係は方程式を比べてみるとすぐ判ることである。もし他の面の方程式も調べてみる時間があったら、それらもやはり、類似の幾何学的性質をもった曲線の方程式の延長であることに気づくであろう。

言葉は考えを伝える。内容に富んだ言葉は新しい考えのヒントを与える。これは少くとも数学の場合は真理で、言葉はそれを発明した人よりも賢明であることさえある。座標幾何学の代数的言葉は、幾何学思考の必要を省略するという、予期せざる効力をあらわした。$x^2 + y^2 = 25$ という方程式を考えよう。これは円を示すものである。では円のあの円い形、循環して果てしのない道、あの形の美しさ、そうしたものはどこに行ったのだろうか。すべては公式の中に含まれているのである。代数学が幾何学にとってかわった。心が「眼」に取ってかわった。この方程式の代数的性格のなかに、円の幾何学的性格はすべて見いだされる。こ

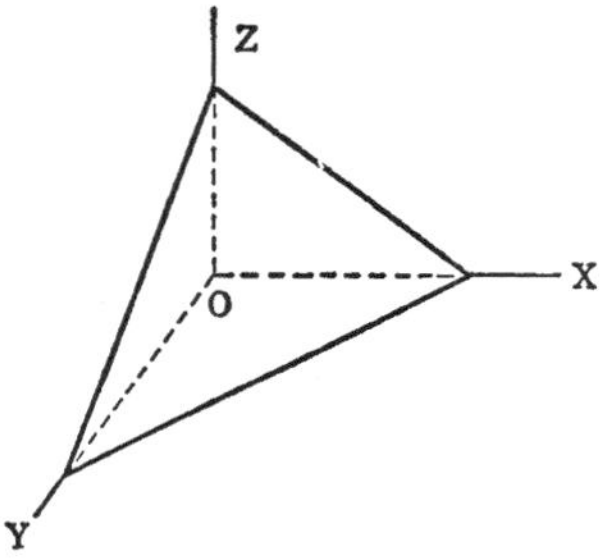

図64　$3x + 4y + 5z = 6$ に対応する平面

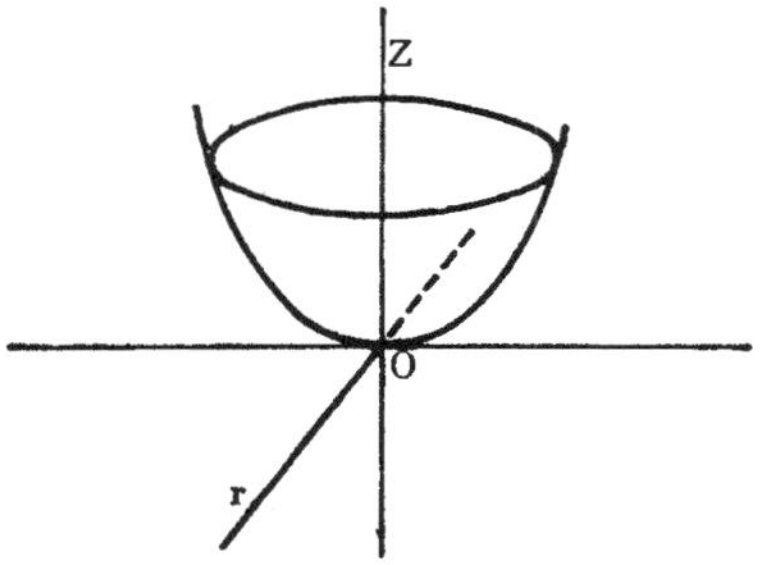

図65　$x^2 + y^2 = z$ に対応する抛物面

の事から数学者は更に、幾何学図形を代数的にあらわして、デカルトやフェルマーの時代までは思いもよらなかった概念——即ち四次元幾何学——を思いついた。

四次元幾何学とは何ぞや？　この概念は図示しようとしても無意味である。しかし四つの互に垂直な直線、つまり互に他の三つの直線に垂直な直線を考えうる。四次元空間における点は四つの数、又は座標で示され、その数は四つの軸に沿ってこの点に至る距離である。だから任意の点の座標は、（x, y, z, w）と書かれる。次に四次元空間における幾何学図形を考えよう。こういう図形を導入し研究する上で一番便利な方法は、座標幾何学の言葉の使用である。たとえば、

$$x+y+z-w=5$$

というような方程式を作るとする。この方程式はx、y、z、wの価のいろいろな組合せを満足する。$x=1, y=5, z=3, w=4$も$x=1, y=6, z=2, w=4$も同様にこの方程式を満足する。方程式を満足する値の組は一点をあらわし、方程式によってあらわされる幾何学図形はこれらの点の集まりである。この方程式は、直線や平面の方程式の四つの文字への拡張であるから、この図形を超表面とよぶ。同様にして、

$$x^2+y^2+z^2+w^2=25$$

のような方程式は、円や球の方程式の拡張であるから、その図形を超球とよぶ。四つの文字を使った方程式は、四次元空間における図形の代数的表現である。

四次元幾何の図形は、二次元や三次元の図形と同じ意味で存在する。超平面は直線や平面と同じくらい「リアル」であり、超球も円や球のように「リアル」である。更に高い次元の幾何学についても同様である。四次元空間やそれに対応する方程式にぶつかって大ていの人が感じる難点は、頭脳的構成と視覚化を混同していることによるものである。幾何学は、二次元三次元のユークリッド幾何学をふくめて、プラトンが強調

したように、思索においてのみ存在する観念を扱うものである。幸いに二次元三次元の観念は紙に描いて視覚化でき、この図が考えをまとめ組み立てる上に役立つ。しかし図が幾何学の本質的課題ではなく、図から推論してはならない。大ていの人は、数学者さえも、図を杖にして考え、杖をのければ一人歩きできない。しかし高次元幾何学への道には杖は役に立たない。誰も、たとえ天才的数学者でも、四次元的構造を目で見ることはできない。思索のみに頼らねばならぬ。そして、その構造は方程式を使って扱われる。

じっさいには四次元空間の図形の断面なら目で見ることができる。その意味を三次元の場合で説明しよう。楕円体（たとえばフットボールの面のような）をくわしく研究したいとする。全図形を見やすいようにするために（この場合は大して見にくくないが）、よく使う方法は楕円体を平面で切り、その断面を研究することである。こういう断面——図66のAやBのような楕円——から全楕円体の知識がえられるのである。こうして三次元空間の図形を研究する問題は二次元空間の研究になおされる。

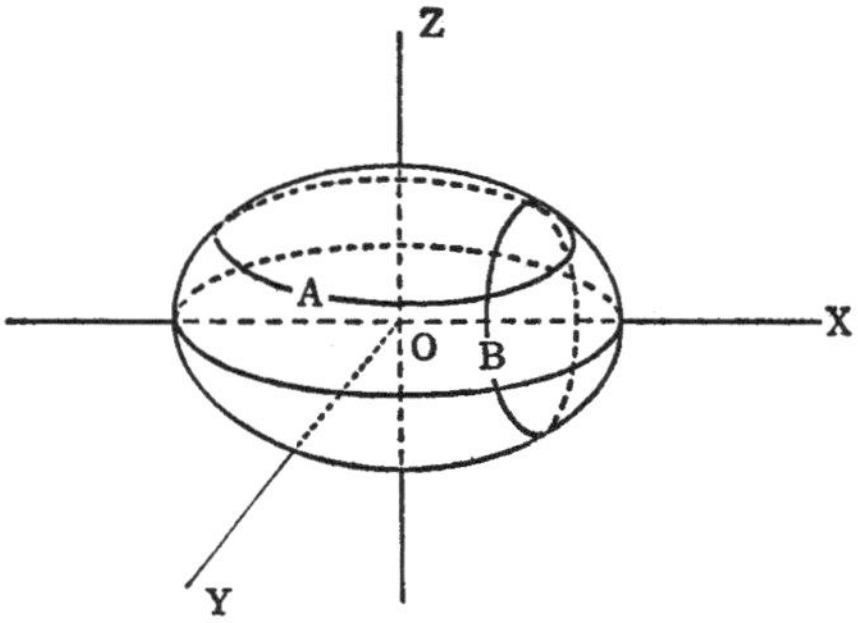

図66　楕円体の二次元切断面

同様にして、四次元幾何学図形の二次元三次元の断面をしらべ、断面からその図形の知識を出せる。「しかし」と読者は異議をはさむ、「物体は眼で見られるからその平面切断を研究できる。だが一体四次元世界の場合はどうしたらいいのか？」。その答は代数方程式の方法によってである。まず断面の方程式を作り、ふつうの二次元三次元の座標幾何学の知識からその形を知るのである。

四次元空間の図形を目で見る方法がまだ別にある。楕円体の楕円切断面を研究するには、その楕円の存在する平面のみに限ってよい。つまり二次元世界だけを考えればよい。さて四次元世界の曲線を考えてみよう。この曲線がたまたま平面内にあれば、それが四次元世界の部分であろうと、完全に眼で見ることができる。

四次元図形が二次元三次元の切断面で研究できるのなら、なぜ四次元世界なんてものを引っぱりだすのか？　以上のさまざまな切断の間の正しい関係は高次元世界においてのみ把握できるから、というのがその答である。**図66**の楕円体の切断面AとBとの正しい関係は、三次元空間においてのみ存在するのと同じわけである。

四次元空間の観念は、実際に物理現象を研究する上に非常に役立った。物質界は四次元的であり、またそうであらねばならぬ、という見解もある。いかなる事象も、ある場所にある時刻に起る。この事象を他の事象と区別して描くには、その起った場所と時刻を示さねばならぬ。空間におけるその位置は三つの数、すなわち三次元座標系におけるその座標で示され得る。そして起った時は四番目の数で示される。事象をあらわすにはこの四つの数x、y、z、tがなくてはならない。それより少なくてはいけない。その四つの数は四次元時空世界における点の座標である。だから現象界を四次元世界と考え、物象をその中で研究するのは当然である。

特殊な例として惑星の運行を考えよう。惑星の状態を正しくあらわすには、惑星の位置だけでなく、その位置を占める時も定めねばならない。だからじっさいには惑星を示すには四つの数がいるわけで、この四つの数は四次元幾何学の点と見なされる。惑星の刻々移動する位置も四次元世界の点としてあらわされ、時空における惑星の運動は超曲線となる。こういう曲線は眼にも見えないし描くこともできないが、それを四つの文字の一連の方程式、としてあらわすことはできる。方程式を正しく選びさえすれば、丁度$x^2+y^2=25$が円を完全にあらわすごとく、運動を完全にあらわしうる。そしてその円の方程式を研究すると、円についての色々な事を導き出せるように、惑星運動のいろいろな事を方程式から引き出しうるのである。

もし「四空間次元」（時間を含まず空間だけが四次元ある）に住んでいたらどうなるだろう、といろいろ多くのナンセンスな事が書かれていることを、この機会に指摘しておくべきであろう。四空間次元では殻を破らずに卵が食べられるし、壁、床、天井を通らずに部屋の外に出られる、と書いている人もある。こういう人たちは低次元の状態から類推しているのである。四角の中のA点から外のB点へ（図67）紙面から離れずに移るには境界Cを横切らねばならぬ。しかし三次元を使って紙面から離れることを許されれば、Cを避けることができる。同様に箱の内側の点Aから外側の点Bへ（図68）移るには――三次元を使うかぎり――箱の表面を横切らねばならない。しかしここで類推して考えて、四次元を使うことを許されれば、箱の表面をさけうるだろう。

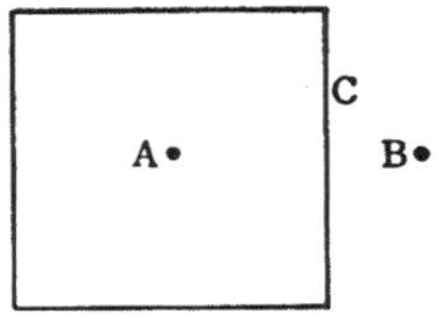

図67

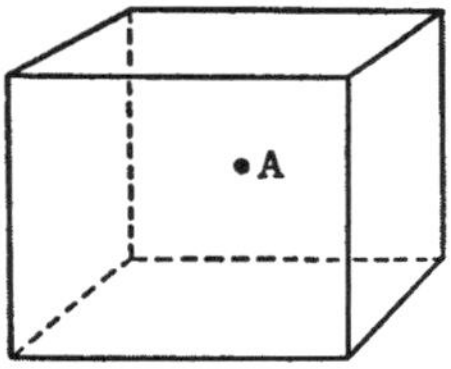

図68

　さて、このような空論も、数学者が実際に「四空間次元」の世界の実在を信じ、視覚の訓練を積んで将来この世界を見られるように努力している、というような間違った印象を与えない限り、罪のないものである。こういう世界の実在は信じられもしないし、未来の四次元世界への生活設計を夢見ている人もいない。

　「高次元幾何学」は魅力ある数学の分野である。しかしこういう問題はデカルトやフェルマーの時代や研究とはかけはなれている。この章で意図したものは、それから得られるべき研究と教訓である。ではどういう教訓が与えられるのか？　まずデカルトの哲学では数学が導きの灯であった。次に哲学における方法的関心と、数学研究における美的愉悦とが、現実に物質界へ数学を応用する際の基礎となる『座標幾何学』を生み出した。それからデカルトからニュートンを経てアインシュタインに至る発展のコースは、全く一本道の直線コースなのである。

　デカルトによって数学の重要性はかなり増した。それは彼が、人間の真理探求における数学的方法の本質と価値を、世界に向って証明した、最初の、影響力の強い思想家だったからである。彼は末期的な混乱の泥沼にあった世界に、問題を追求してゆくプランを提出したのである。デカルトが数学的方法を改革していかに世に益したかは、この後数章の中で明らかとなろう。

第13章

自然の量的研究

将来多くの人の注意を引くであろう数多くの驚くべき成果をはらんだ新方法への扉が、今はじめて開かれんとしているのである

ガリレオ

ある日、ピサの大学の学生である若い男が街の有名な伽藍を訪れた。彼は説教に耳を傾けるかわりに、大きな吊りランプのゆれ方をじっと見守っていた。やがて彼はランプが大きくゆれるときも小さくゆれるときも一ゆれの時間は同じであることに気づいた。これをたしかめてみるために、彼は自分の脈搏を使った。当時はまだ時計が発明されていなかったのである。測ってみたところやはり正しかった。このとき青年は振子の運動に対する科学的法則を発見したのである。振子が一ゆれするに要する時間はゆれ方の大小によらない、という法則である。その後まもなく、この青年が持っていなかった振子時計がこの原理から工夫された。さらに、この発見から近代科学を性格づける科学研究の新概念が示され、同時にその「魔法的な」力をさずかることになった。これが今から調べようとする概念である。

教会で物思いに耽っていたこの青年は、ガリレオ・ガリレイである。彼は音楽家の子として一五六四年フィレンツェに生まれた。その年はまたシェークスピアが生まれた年でもある。十七歳のときピサの大学に入って医学を修め、かたわら工学者から数学の個人的指導を受けた。ユークリッドやアルキメデスを読んでからは、彼の数学、科学に対する天賦の才はもえたち、父の許しをえて自分の好む方向に転じた。

ガリレオの興味と活動の範囲は、天才時代の大人物にしても、余りにも広い。彼はつねに機械の工夫に強い関心を持ち、自身機械いじりに器用であった。家庭の中に作業場をつくって、大ていそこで日を送った。そこから数々の新しい巧妙な工夫が生まれ出たので、彼は近代発明の父ともよばれている。望遠鏡、或いはペン・ジョンソンの云う「複雑な眼鏡」も、ガリレオの工夫によるもので、それで彼は木星、土星の衛星、天の河の星の構成、金星の位相、月の山や谷を発見した。同時にこういう観測から天体は地球と同じ性質をもつことが判り、太陽中心説に重要な根拠をつけ加えた。もう一つガリレオの発明に脈搏計がある。これは彼の振子運動の法則を使って、脈搏を機械で測る工夫である。

彼の科学研究のかげにかくれて、他の諸活動は目立たないが、ガリレオは文才の士で、十七世紀のイタリア語の散文家中屈指のものに数えられている。彼は文体上の実験を試み、詩を批評したり作ったり、またダンテを講じたこともある。彼の科学上の著述が有名なのは、天文や物理の研究からだけでなく、古典たるに値する文章であるからである。彼はその上、絵や楽器をよくし、これらが逆境にある彼をしばしば慰めた。

この多才なガリレオの、最も芸術的で最も実りの多い作品は、自然の書を読む大プランである。それは、科学の目的とその達成への数学の役割に、全く新しい概念を与えた。彼の先達の、狭い視野内での未完成の努力も認められるべきであるが、ガリレオは先輩をはるかに越えてそのプランを定式化し、無数の基本法則を立ててその効果を示したのである。ガリレオが一六四二年、名誉と長寿に恵まれて死んだ時には、近代科学は既に成功への途上にあった。その成功は彼の独力の努力に帰せらるべきである。本章では、自然を研究し把握しようとするガリレオのプランが語られる。

一六〇〇年頃、科学の分野に革命が起ったことは、二十世紀人は大てい知っている。では十七世紀に発するこの科学活動が、何故こんなに大成功を収めたのだろうか？　デカルト、ガリレオ、ニュートン、ホイヘンス、ライプニッツのような偉人たちは、果してそれ以前の文明の担い手たちよりも偉大であったか？　必ずしもそうではない。深い洞察を持った奇才アルキメデスは、十七世紀の偉人たちに劣らぬ精緻な知性を示していた。では十七世紀の成果は、ロージャー・ベーコンやフランシス・ベーコンの促した観察、実験、帰納法の採用によるものであろうか。そうでもないらしい。観察、実験はギリシアの科学者にはなじみ少なかったが、ルネサンスに既に革新的転回をとげていたのだ。科学的研究に数学を用いたことだけでは近代科学の驚くべき成果を説明し得ない。十七世紀の科学者は諸現象の背後にある数学的関係を追求したが、こういう方法も科学にとってとりわけ新しいことではないからだ。自然は数学的に創られているという信念は、ギリシア時代にすでにテストずみだったのである。

近代科学の成功の秘密は、科学活動の新しい目標の選択にあった。この新しい目標は、ガリレオが作り、後世に受け継がれたもので、自然学的説明とはなれて科学的現象の量的表現を得ることである。この科学の新概念の革命的性格は、前時代の科学活動と比較するとき明らかになろう。

ギリシアの科学者は現象が何故起るか、に注目した。たとえばアリストテレスは、空中に抛り上げた物体が、何故地上に落ちてくるか、の説明に時間を費した。ギリシアの数学者でまた技術家であったヘロンは、自然は真空を嫌う、という原理からいろいろな現象を説明しようとした。またギリシアの物理学は、天体が円運動を起す力が見つけられないのを強いて説明づけようとして、円運動は自然であり、だから運動を起し持続させる力は必要としない、と論じた。他にもいろいろ説明の仕方があったが、こういう説明では、彼らの扱った現象の内部に突き入ることはできなかったようである。たとえば、プラトンによると、「一様な物質のまんなかで平衡にある物はどちらへも傾かないから」、地球は宇宙の中心に確固たる位置を持つものである。

中世ヨーロッパも、何故物事が起るかに関心を持ったが、ただつねにその現象は目的的に説明された。雨は、それが人の作る作物をうるおすものとして説明される。作物は人間を養うために生長し、人間は神に仕え神を崇めるために生きるのである。アリストテレスに従って聖トマスは、何故運動が起るかという立場から運動を論じ、運動の中に潜勢力があってそれを動かそうとするからだ、とした。こういう説明が満足なものであろうとなかろうと、とにかくこれらが初期の科学活動における疑問に対する解答であったのである。ガリレオは、事象の原因、理由に関するこういう考え方は、科学的知識を向上させるに余り役立たず、自然現象を予言し制御する力を与ええないことを知った最初の人である。そうして彼はその代りに現象を定量的に表現することを提唱した。

彼の提唱を例にとって説明しよう。人の手から球を落すという簡単な場合でも、「何故」球が落ちるのだろうと、解決のあてもなく頭をひねる人もあろう。ガリレオは、そんな場合にはまったく違った考え方をしてみよう、と提案する。球が元の位置から落ちる距離は落ちはじめた時から経過した時間と共に増す。数学的に云えば球が落ちる距離とその間に経過した時間は、両者とも球が落ちてゆくにつれて変化するから、変数とよばれる。これらの変数の間の数学的関係を求める。ガリレオが求めた答は、今日では有名な公式で簡潔に表現される。上の場合ではこの公式は$d = 16t^2$である。この公式は七秒間に球が落ちるフィート数dは、その秒数の自乗の十六倍である。という意味である。たとえば三秒間に球が落下する距離は、三の自乗の十六倍、即ち百四十四フィートである。四秒間には四の自乗掛ける十六、二百五十六フィート、というようになる。

まずこの公式の簡潔さ、厳密さ、定量的な完全さに注意しなければならぬ。一つの変数、この場合には「時間」の各値に対して、他の値「距離」をそれぞれ正確に計算できる。この計算は時間変数をどんな値にとっても成り立ち、$d = 16t^2$という簡単な公式は無限の知識を含んでいるのである。

その公式は変数の関係をあらわす方法である。物質界に存在するこの関係は、今日関数または関数関係といわれている。こういう関係は、実際に如何なる場所でも成立する。大気の圧力は地表からの高度と共に変るから、圧力と高度の間には関数関係がある。同様に生産物の値段は、原料の値段と人件費、経常費の関数である。この最後の例では、四つの変数が含まれ、その一つ、たとえば生産物の値段は、他の三つによって定まる。

数式は現象の表現であり、因果関係の説明ではないことは、よく理解しなければならぬ。$d=16t^2$という公式は、何故球が落ちるか、または過去において球が落ちたか、将来も落ち続けるか、についてはまったくふれていない。ただ如何に球が落ちるかの量的知識を与えているにすぎない。そしてたとえこういう変数関係の公式で因果的関連がつくとしても、その状態をうまく扱うためには因果的関連を尋ね理解しようとしてはならない。ガリレオは、自然の定性的因果的研究はうまく成功しないから、それに反して数学的表現を強調しなければならないことを知っていた。

そこでガリレオは、自然現象を表現する数式を求めようと決心した。

こういう天才的思想も、一見しただけでは読者を印象づけないだろう。たんなる数式には実際上の価値はないように見える。ただそれは厳密な言葉で表現するだけだ。しかしこういう公式は、人間の自然探求における最も価値高き知識をもたらすことになったのだ。近代科学における理論的業績、ならびにその驚くべき実用的成果は、現象の原因に対する形而上的、神学的、さらには機械的説明よりもむしろ、定量的、叙述的知識の集積と駆使によるものである。近代科学史は神や悪魔を駆逐し、光、音、力、化学作用、その他のあいまいな観念を数と量的関係に変えて行く歴史である。

現象を表現する公式を求めようとすれば、さらに次の問題にぶつかる。どんな量を公式で関連づけるべきか？　公式によって圧力や温度のような色々な物理的性質に数値的関係をつけることができる。だからこういう性質をまず測定せねばならない。ガリレオの次の段階は測定できるものを測定し、まだ測定されていないものを測定できるようにすることであった。そうして彼の問題は、測定の可能な基礎的な諸相を分離してとりだすこととなった。

この目的を遂行するために、新しい土地を拓かねばならなかった。アリストテレスに追従する中世の先達は、自然を起源、本質、形相、性質、原因、目的というような概念によって研究した。こういうカテゴリーでは定量化への途は開けない。ガリレオはそのかわり彼とデカルトが基礎づけた自然哲学を更に開拓していったのだ。デカルトはすでに自然現象の基礎として、時間空間の中を動く物質に注目していた。すべての効果は、このような運動の力学的効果として説明される。物質自体は原子の集団であるが、その運動が物体の性状のみならず、さらに物体によって作り出される感覚をも決定するのである。

ガリレオはそれ故、測定と数式化の可能な運動する物質の諸性状を取り出そうとした。自然現象を分析し熟考したあげく、彼は空間、時間、重量、速度、加速度、慣性、力、運動量のような概念に注目した。後の科学者はさらに効率、エネルギーなどの概念をつけ加えている。こういう特殊な性質、概念を選ぶときに、ガリレオはここでもまた天才ぶりを発揮した。直接は重要と思えず、また簡単に測定できないものを故意に選んだのである。慣性などは物質がそなえているものではなく、その存在は観測してはじめて推測できるものである。さらに運動量などは全く新しく作られた概念である。しかし以上の概念は、自然の合理化、征服に重要な意義を示すことになったのである。

ガリレオの科学研究には、もう一つ結果において同じく重要な要素がある。科学は数学の型にはめられるべきである。ガリレオとその直弟子たちは、二点を通る直線はただ一本であるというようなユークリッドの公理と同じように、物質界にも確固たる法則が存在する、と信じていた。思索、実験、観察からこれらの物理学の公理が示されるだろう。そしてこれらが作られるならば、その真理性は直観的にあきらかであろう。ユークリッドが公理から定理を導いたと同じように、こういう基本的な直観をもって他の無数の真理を演繹できるだろうと彼らは期待した。

ガリレオのプランの意義を評価するには、とりわけ工夫することもなく、ただ漫然と実験して事実をよせ集めたものが科学ではないことを、よく理解せねばならぬ。科学の真の内容は、見かけ上ばらばらの多くの事実を一貫した方法で包括し、組織し、関連づけ、解明し、物質界の新しい結論を生み出すべき、理論の体系である。個々の事実や実験は、それだけでは価値が乏しい。それらを統一する理論に価値があるのである。太陽から惑星への距離は個々の事実である。太陽中心説こそ第一級の知識なのだ。ガリレオの今一つの革新とは、科学理論を事実の連結帯、一連の公理から演繹した数学的方法の体系としたことである。

だからガリレオのプランは次の三つの位相を含む。第一は、物質現象を定量的に表現し、それを数式であらわすことである。第二は、現象の最も基本的性質をとりだして測定することである。これらは数式では変数となる。第三は、科学を基本的物理原理の基礎から演繹的につくり上げることである。

このプランを遂行するために、ガリレオは基本法則を見つけねばならなかった。シャムにおける結婚の数とニューヨーク市における蹄鉄の値段は、年と共にその値が変るから、それらを結びつけて数式を作れもしよう。しかしこういう公式は科学的には意味がない。それは直接にも間接にも有用な知識を含まないからである。基本法則の探求はずいぶん大へんな仕事で、ガリレオはここでも先達の流儀を破らねばならなかった。彼は物質とその運動の研究によって、地球が空間を動き、しかも自軸のまわりを自転することを説明しなければならなかった。これはルネサンス時代の唯一の力学、すなわちアリストテレスの力学と非常に矛盾した。

地上の物体の性状の取扱いでは、すべて物体はその所をえ、物体の自然な状態は自然な位置における静止である、とこの古代の賢人は教えた。重い物体の自然な位置は大地の中心、すなわち宇宙の中心にある。ガスのような軽い物体の自然の位置は空にある。自然な位置になく、外力に妨げられることのない物体は、その本来の場所を求める。だから自然の運動が起る。たとえば手から物を離すと、物は地球の中心を求め、その方向へ動く。しかし物が投げられたり引っぱられたりするときは、その運動は不自然なものになる。

静止は自然な状態であるから、自然な運動も不自然な運動も絶えず力を受けている。そうでなければ運動は止むはずである。またすべての運動は常に抵抗を受けている。いかなる場合でも運動の速度は（現在式の記号をつかうと）、V=F/Rの公式であらわされる。言葉で云うと速度は力に比例し、抵抗に反比例する。自然な運動の場合は、力は物体の重さであり、抵抗は物体をとりまく媒体から生じる。だから同じ媒体の中では重い物ほど速く落ちる。V=F/Rの式でFが大きいからVも大きくなるのである。不自然な運動では力は人間の手か人工的な作用で生じ、抵抗は重さによる。だから軽いもの程抵抗Rは小さく、従って速度Vは大きくなる。だから同じ力が作用するときは軽い物ほど速く動く。

　ある種の現象を説明するには、特別な理論が必要である。たとえば落下する物体はだんだん速度を増す。さてこの自然な運動では力は重さによって生じ、この量は媒体の抵抗と同じく一定である。だから公式V＝F/Rによれば、速度は一定でなければならぬ。そこで加速度、つまり速度の増加は、物体の前から後への空気の奔出によって説明される。この空気は後側へ力を加えるらしく、だから速度を増すのである。科学的なセンスのない人は、物体が故郷（大地）に近づくにつれて喜びの余り速く動くのだと説明したりした。

　以上のようなアリストテレスの法則は、観察が二分で、残り八分は美的、哲学的原理である。しかしこれが、数世紀にもわたって書かれた宗教、哲学、科学の無数の著書の基礎をなすものであったのである。ガリレオの自然の基本法則を発掘する仕事は、コペルニクスの太陽中心説の擁護と同じく、二千年来確立していた思想を破らねばならないのだから、ずいぶん難しかったにちがいない。

　アリストテレスによると物体の運動には力が必要である。だから自動車を動かしたり球を転ばしたりするには、それがどんなに滑らかな面上を動くときでも、ある推進力が存在すべきである。しかしガリレオはこの現象に対してアリストテレスよりももっと偉大な洞察力を持っていた。実際に転がる球や走っている自動車は、空気の抵抗である程度妨碍され、それと転がる面との間の摩擦で遅らされることは事実である。もしこういう妨げる作用がなかったら、自動車を走らせる推進力は必要ないであろう。同じ速度で無限に直線コースを走るだろう。この運動の基本法則、「力の作用しない物体は一定速度で一直線上を無限に進む」は、ガリレオが発見したもので、今日ニュートンの運動の第一法則として知られている。これは同じ状態に対してアリストテレスが作ったものよりも、はるかに鋭く本質を突いた原理である。その法則によると、物体はそれに力がはたらかない限り速度を変えない。この物質の性質、即ち速度の変化に抵抗するものは、その慣性質量あるいは単に質量と呼ばれる。

　ガリレオの思想にさらに深入りするまえに、彼のこの第一原理が、アリストテレスと矛盾することを指摘しておかねばならない。これは、アリストテレスが明らかなミスをしたか、観察が未熟でかつ少ないために、正しい原理を生み出せなかったことを意味するのだろうか？　いや全然ちがう。ただ観察だけによっては、アリストテレスは自己の見解を曲げなかったろうし、他の人もアリストテレスを修正しようとしなかったろう。アリストテレスは現実派で、観察が示すことのみを教えた。ところがガリレオの方法はもっと洗練されていたから成功したのである。ガリレオは数学者として問題を追求した。ちょうど数学者が伸ばした絃や定規の端を直線として理想化し、他の属性を棄てて、この直線の特性のみに注意するように、彼も種々雑多な事実を棄てて現象を理想化した。摩擦や空気の抵抗を無視し、純粋にユークリッド的な真空空間における運動を想像して、彼は正しい基本原理を発見した。彼の秘法は、問題を幾何学化し、そして法則をうることであった。

しかし、じっさいには摩擦や空気抵抗がはたらくではないか、そしてそれらによって物体が速度を失い、遂に停止してしまうことになりはしないか、という疑問が起る。たしかにそうなるし、その時は摩擦や空気抵抗を勘定に入れねばならない、しかし、これらは、基本的法則、つまり運動中の物体はいつまでも一定速度を保つ、ということの上に、その効果をつけ加えればよいのである。時には、数百フィートの高さから地面に一ポンドの鉛片を落とすときのように、摩擦や空気抵抗が、じっさい上無視できることがある。またこういう余計な力が存在することをよく見極めれば、その効果を出来るだけ小さくすることもできる。油、ボール・ベアリング、滑らかな面は、機械が動くときの摩擦を減じる。その効果を減じえないときは、それを計算に入れて、運動を正しく予測できる。この点ではガリレオの態度は、数学者が理想化した図形を扱う場合と同じである。三角形をじっさいに測ってみると、角の和は百六十度から二百度の範囲にわたるかもしれない。しかし理想化した三角形の角の和が百八十度であることは基本的事実で、じっさいの三角形を理想三角形に近づけるほど、その角の和は百八十度に近くなるだろう。近代科学の成果の舞台裏には、科学者や数学者が理想化によって問題を歪め、常識を軽蔑し、そして正しい解を得ようとした、というパラドックスがある。ガリレオの方法がいかに成功したかは、これから説くところによってあきらかとなろう。

ある力が物体にはたらくと、その物体の運動はどうなるか？　ここでガリレオは二番目の基礎的発見をしている。力が連続的にはたらくと、物体は速度を増したり減じたりする。単位時間内でのその速度の増減を加速度とよぶ。だから物体が毎秒あたり三十フィートの割で速度を増すとすれば、その加速度は毎秒一秒あたり三十フィートである。これをつづめて30ft/sec²と書く。運動の第二法則によると力が物体に速度の増減を起すとき、ある適当な単位を取ると、力は物体の質量とその加速度の積となる。この法則を式であらわすと、次のようになる。

(1)　$F = ma$（Fは力, mは質量, aは加速度をあらわす）

この公式はひじょうに意味深い。Fとmとが一定ならばaも一定であるから、一定の力は一定質量に対して一定加速度を生むことになる。たとえば一定の空気抵抗は一定の速度の減少を生じ、このことから、滑らかな床上を転がり、あるいは滑る物体は、だんだん速度を減じてついには速度ゼロになる、という事実が説明される。

逆に、動く物体が加速度を持つなら、つまり公式(1)におけるaがゼロでないなら、力Fもゼロではない。さてある高さから地上に落ちる物体は加速度を持つ。だからある力が働いていなければならない。ガリレオの時代にすでに、この力が引力であるにちがいないという観念が、ある程度受け入れられていた。しかしこういう観念の思弁に時を費さずに、ガリレオは落体の量的事実を研究した。

空気抵抗を無視すれば、地上に落ちるあらゆる物体は同じ加速度、つまり毎秒あたり三十二フィートの割で速度を増すことを、彼は発見した。物体が落ちるとき、つまり手から物を離すときは、速度ゼロからはじまる。だから一秒後には速度は毎秒三十二フィートとなり、二秒後には三十二掛ける二の六十四フィートの速度、ということになる。t秒後にはその速度は毎秒$32t$フィートとなり、記号を使えば次のようになる。

(2)　$v = 32t$

この式から、落体が時間と共に如何に速度を増すか、が精密に知られる。落ちる時間が長い程速度は大きくなるとも云える。高い所から落ちる物体の方が、低い所からよりも高速度で土地にぶつかることは、誰でも気がつくことだろう。

ある時間に物体の落ちる距離を見いだすには、速度と時間を掛けて出すわけにはゆかない。速度が一定ならよいが一定ではないからだ。ガリレオは t 秒間に物体が落ちる距離の正しい公式が次のようになることを証明した。

(3)　$d = 16t^2$

d は t 秒間に物体が落ちるフィート数である。例えば3秒では $16 \cdot 3^2$ つまり百四十四フィート物体は落ちる。

公式(3)の両辺を16で割りさらに平方に開くと、物体がある距離 d を落ちるに要する時間 $t = \sqrt{d/16}$ の式を得る。落体の質量はこの式には出てこないことに注意しよう。だからいかなる物体も一定距離を落ちるには同じ時間かかるわけである。これはガリレオがピサの斜塔から物を落して学んだことだと想像されている。しかし鉛の塊と羽根を、真空中の一定の高さから同時に落すと、同時に地に着くことを信じられない人も多いだろう。

公式(2)と(3)を組み合わせてもう一つ役に立つ式が得られる。公式(2)の両辺を三十二で割ると、

$$t = v/32$$

となる。この t の価を公式(3)に代入すると、

$$d = 16(v/32)^2 = 16(v/32)(v/32)$$

または、

(4) $$d = v^2/64$$

を得る。自由落体の速度を知れば、公式(4)からその速度を得るまでに落ちた距離を計算できる。

この式の両辺に六十四を掛けると、

$$v^2 = 64d$$

または、

(5) $$v = \sqrt{64d}$$

をうる。公式(5)に距離dまで落ちた物体の得た速度を与える。

この運動の法則から大切な公式が得られる。それをもう一つ例を取って示そう。真上に空中に放り上げたボールを考えよう。もちろんボールの地上からの高さは時が経つにつれて変る。tを投げ上げた時から測った時間、hをボールがt秒間に地上から上った高さとしよう。こういう場合には変数hとtの関係をあらわす式を用いる。

手から離れた時に毎秒百フィートの速度でボールが上るような力を加えたとしよう。もし他の力がはたらかないとすれば、ニュートンの第一法則によってこの速度は一定のままである。t秒たてばボールが上った距離は速度と秒数を掛けた値、この場合では$100t$になるはずである。しかしボールを放り上げると同時に、ボールをただ離して落すときと同じく、地球に向って引力がはたらく。公式(3)によって、ボールがt秒間に地球に引かれる距離は$16t^2$フィートである。だからボールの運動は同時に行なわれる二つの別々な運動、t秒に$100t$フィート上昇するのと、同じt秒に$16t^2$フィート落下する運動を合わせたものとなる。だからt秒後のボールの地上からの高さは、

(6)　$h=100t-16t^2$

となる。

このようにして(4)、(5)、(6)と公式を導くことができるが、これはガリレオがごくわずかの基本原則から、重要な自然法則を導き出そうとした方法を示す一例である。物理的公理を基礎として数学的推論で法則を演繹的にえられることがこれで判るだろう。こういう例からして、数学者が安楽椅子に坐してたくさんの重要な自然法則をうることも判ったであろう。紙や鉛筆の他には彼の道具としては、数学の公理、定理、運動法則のような物理の公理があるだけである。彼の研究の精華である数学的演繹の力が、物質界の知識を生み出したのである。

こういう証明から、ガリレオは他の運動法則をつくる観測へと進んだ。飛行機中の旅客のように、一つの物体が他の物体によって運ばれるときには、前者は後者と運動を共にする。これは判りきったことだろう。しかし旅客が急に飛行機から抛り出されても、彼は相変らず飛行機と共に水平運動をするだろう。じっさいに空気抵抗や地球の引力がなかったとすれば飛行機に沿って進むのである。この法則から、地球が自転、公転をしても、地上の物体が取り残されることはない理由を説明できる。

この物体を抛り出したときの運動法則の奥にひそむ価値は非常に大きなもので、ガリレオはただちにそれを自分の資本の中にくりいれた。物体を抛り出したときの運動の研究をしているうちに、彼はそれが、二つの独立な、同時に起る運動の結果であることを見つけた。上述の法則からして、一つは飛行機が動くのと同じ方向へまっすぐ動くもので、飛行機と同じ速度である。もう一つはまっすぐ下へ向かう運動である。この

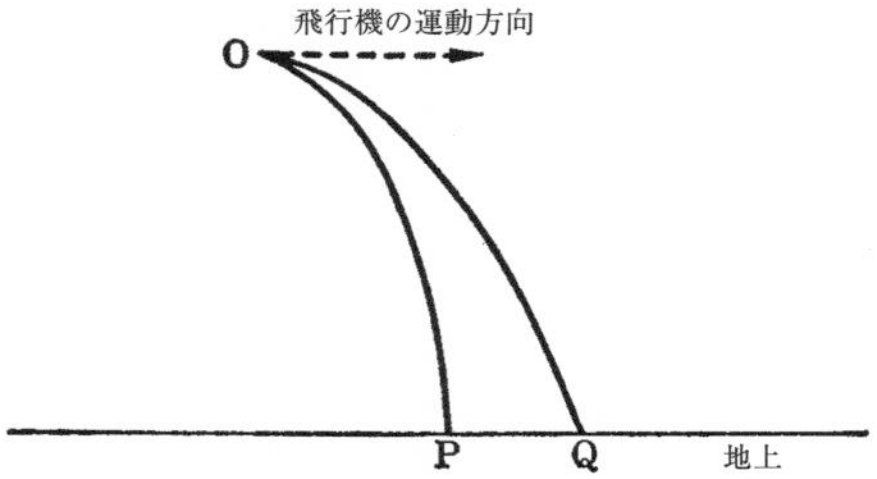

図69

二つの同時運動を組み合わせると、物体は曲線に沿って落下することになる。ガリレオはこの曲線が抛物線であることを指摘した。しかし物体の水平運動と垂直運動とは互に無関係である。飛行機が速く進めば進む程、物体の水平運動も速くなるが、垂直運動に影響はない。だから物体は水平方向にはより遠くまでとどかせることができるが、垂直には土地に達する時間は一定である。だから**図69**で物体が点Oで飛行機から離れるとすると、飛行機が遅いときはP、速い時はQに達するが、時間的にはPにもQにも同時に達するのである。

ガリレオは以上の三十年以上にもわたる労作をまとめて、主著『二つの新しい科学に関する対話と数学的証明』に詳述している。この著書においてガリレオは、近代物理学を数学の上にとらえ、力学を基礎づけ、近代科学思想の原理を作った。不幸にして原稿が出来あがったころは、ガリレオは教会の忌諱にふれていて、出版の自由を禁じられていた。そこで彼はひそかにオランダで出版を準備し、彼自身はその印刷に何の関係もないふりをし、彼の原稿がたまたまオランダの出版社の手に入り、彼の許しなく出版したのだ、と称した。一六三八年、この書が出版されてから数年のちにガリレオは死んだ。彼の死と共にイタリア思想の独立精神も死んだのである。

第14章 普遍法則の演繹

私は
昔コペルニクスがしたように
幻影を破壊し
天の心棒をはずし
宇宙の中心の堅固な位置をつきくずし
このケチな人間が、人間の精神が
法則にしばられていることを思い知らせ
そして、ゆっくり、しっかり、一歩一歩辿って
真理の国に入りたいのだ

アルフレッド・ノイズ

科学や数学にとって幸なことに、イタリアよりもっと思想的に自由な空気を持つ国に、ガリレオの後継者が生まれた。一六四二年ガリレオが死んだまさにその年に、辺鄙なイギリスの片田舎で、夫に死別したばかりの未亡人が、ひよわで早熟な子供を生み落とした。このように凡俗の出で、しかも生涯病弱になやまされながらも、アイザック・ニュートンは八十五歳の長寿を保ち、最高の栄誉を一身に受けた。

子供のころのニュートンは機械工作には強い興味を持っていたが、他には大して取り柄のない青年であった。百姓に興味をもたないという理由から、母は彼をケンブリッジに出した。そこでは、コペルニクス、ケ

プラー、ガリレオを研究できる機会があり、有名な数学者アイザック・パーロウの講義も聴けるといういろいろな利点があったが、ニュートンは余りそれを利用しなかったらしい。幾何が不得意で、一時は研究コースを自然哲学（物理学）から法律に変えようとしたこともある。四年間、始めから終わりまで余り印象に残るようなこともせず、ニュートンは帰郷した。そしてそこで研究を始めた。

この静かで謙虚な知性は、二十三歳と二十五歳の間にはなばなしく燃えあがり、ニュートンは三つの巨人的足跡を残して、名声をえ、近代科学を非常に前進させた。一番目は白色光を分解してえた色の神秘の発見である。二番目は後に論じる微積分の創始、そして三番目は重力法則の普遍性の証明である。

彼が科学研究の成果の一つでも発表したなら、ただちに名声をえたであろう。しかし彼は何も語らなかった。ロンドンに蔓延していたペストがおさまったとき、学位を取りにふたたびケンブリッジに帰って、フェロウ（給費研究者。訳注）になった。二十七歳の時、師のパーロウが引退したので、ただ熱心な数学の学徒であることが認められて、その跡を襲った。しかし講師としての成功は研究の成功には伴わなかった。ぜんぜん聴き手がなかったこともある。彼が提出した論文原稿は注目を受けず、もちろん喝采を博さなかった。

彼はついに、科学哲学の論文に添えて、白色光の合成的性質に関する研究を刊行した。哲学も光の研究も共に酷評され、ある科学者は両方ひっくるめて受けつけなかった。ニュートンは厭気がさして、もう出版するのは止めにしようと決心した。数年後、さらに進んだ発見を公表しようとしてこの決心を破ったとき、その発見が彼が初めてなしたのであるかどうかの問題でいろいろゴタゴタが起き、ために彼は発表を嫌って、ますます自分の研究に閉じこもるという性格になった。天文学者エドモンド・ハリーの激励と経済的援助がなかったなら、ニュートンの研究の結晶たる『自然哲学の数学的原理』（一六八七）も世に出なかったであろう。

この書の刊行によって、やっと彼は広く喝采を博するようになった。その『原理』は数版を重ね、解説書はあまねく行きわたるようになった。一七八九年までに英語では四十版、フランス語で十七版、ラテン語で十一版、ドイツ語で三版、またポルトガル語、イタリア語にも訳された。解説書のなかでも『婦人のためのニュートン説』は何版も重ねて、広く読まれた。じっさいには『原理』はきわめて難解で、素人にはまったく判らなかったので、他の学校教師が書いた解説が必要であった。大数学者たちがよってたかってこの書の内容をこなすのに一世紀かかった。

ニュートンの名は、今日のアインシュタインと同じくらいにまで拡まった。しかしニュートンはその功績を先輩達に帰している。「もし私が他の人よりも少しよく知っているとすれば、それは私が昔の巨人達の肩の上に乗って立っているからである。」彼は自分の研究が比類ない程重要なものであるとは感じていない。「私はどうして有名であるのか知らない。私はただ海辺に遊び、ここかしこにきれいな小石や貝殻を見つけて喜ぶ子供のようなものだったと思える。そして真理の大海は、私の前に果てしなく拡がっているのである。」

彼の若い時代の大きな業績のうちで、科学哲学と重力論がここで述べる論旨ともっとも関係が深い。哲学ではガリレオが創《はじ》めた科学の方法をさらに明確にしている。法則というものは、はっきり検証できる現象から、数学の厳密な用語によって自然の出来事を表現するように形づくられるべきである。これらの法則に数学的推論を応用して新しい法則を演繹すべきである。ガリレオと同じく、ニュートンも、神がいかに宇宙を形成するかを知ろうと欲したが、その目的を問おうとするほど僭越ではなく、諸現象の背景にあるメカニズムの底をつきとめようとも思わなかった。彼はいっている、「すべての物に、目に見える効果を産むかくれた特定の性質を与えられているといっても、何も説明したことにはならない。しかし現象から二、三の運動の一般原理をえ、その起る理由は判らなくても、これらの原理からあらゆる物体の性質や作用がいかにして生じるかを語ることは、哲学〔科学〕を大いに進歩させることであろう。だから私は上述の原理の理由が未発見のままでも、この一般原理を提唱することに躊躇を感じない。」（傍点はニュートンの言葉そのまま）

この自然を表現する仕事の中で、ニュートンのもっとも有名な業績は天と地を統一したことである。ガリレオは先人の誰もなしえなかった方法で天を観た（望遠鏡の発明）が、数学的に自然を表現して成功したのは、地表上またはその近くの運動に限られていた。ガリレオの生きている間に、彼の同時代人ケプラーは、有名な天体の運動の三つの数学法則をえ、太陽中心説を決定づけた。だから一人の科学者は地上の運動の科学を建設し、他は天体運動の理論を完成したのである。科学のこの二つの分野は互に無関係に見える、その間にある関係を見いだす問題が大科学者たちを刺戟し、そしてもっとも偉大な科学者にめぐり合うことになったのである。

天と地の統一原理が存在すると信じられるよい理由が見つかった。ガリレオの運動の第一法則の下では、物体は力を加えられなければ直線上を動き続けるはずである。だから惑星は直線上で動くはずだ。ところがケプラーによると太陽のまわりを楕円を描くことになる。だから、ちょうど糸の先におもりをつけてふりまわしても、手が引っぱっているから、直線的に飛んでいかないように、絶えず惑星を直線コースから曲げるようにある力がはたらいているにちがいない。おそらく太陽そのものが惑星上に引力としてはたらいているのだろう。ニュートン時代の科学者も、地球が物体をひきよせる事実を認めていた。この引力で手から離した時の物体の落下が説明される。そうでなければ物体は手から力を受けないから、運動の第一法則によって空中に宙ぶらりんになるだろう。そして地球も太陽もともに物体を引きつけるから、この二つの作用を一つの理論に統一しようという考えがおこって来て、デカルトの時代にすでに論じられていた。

ニュートンはこの考えを数学問題に変え、その力の物理的本質を問うことなしに、この問題を見事な数学をつかって解いた。彼は同一の数式が、太陽の惑星上への作用と地球の地上の物体への作用に、ともにあてはまることをしめした。そして同じ式がどちらの現象をも表現するから、同じ力がどちらの場合にもはたらくという結論をえた。地球の物体への引力と、太陽の地球への引力が同じものであることは、ニュートンが、木からリンゴが落ちるのを見て見いだしたのだ、という伝説がある。しかし数学者ガウスによると、ニュートンがどうして重力の法則を発見したかと問う愚かな人に対して、この話を持ち出して説明としたのだそうである。
ニュートンが、同じ式を天体にも地上の物体にもあてはめうると考えた筋道は、今では古典的になっている。ここではもっと大ざっぱな説明で、しかもその本質を理解できるようにしよう。地球のまわりの月の軌道はほぼ円である。**図70**のMはMPのような直線を取らず、ある力で地球に引かれることはあきらかである。MPを月が重力の作用なしで一秒間に動く距離とすれば、PM′は月が一秒間に地球に引かれる距離である。

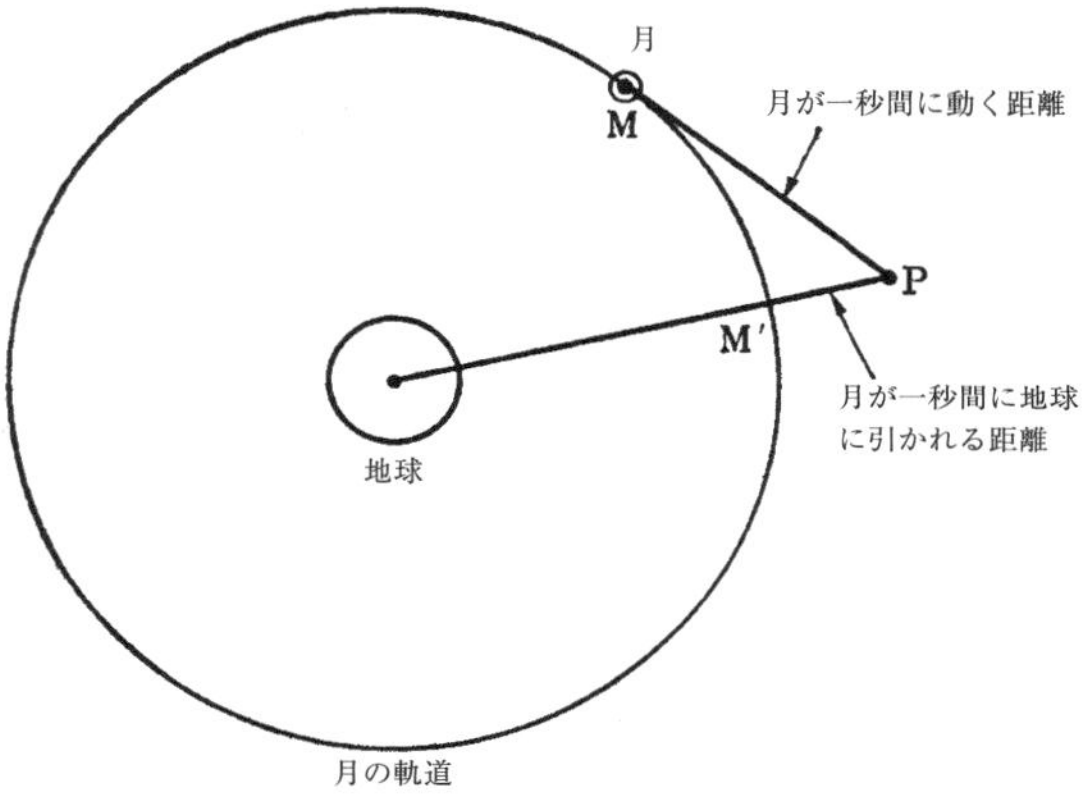

図70　地球の重力の月に対する影響

ニュートンはPM′を月に対する地球の引力の尺度としてつかった。地上の物体では、手から離すと一秒間に地球に十六フィート引かれるからこの値は十六フィートである。ニュートンはPM′の場合も十六フィートの場合も同じ力であることをしめそうとした。

大ざっぱな計算をしてみると、一つの物体が他におよぼす引力は、その二体の中心間の距離の自乗によってあらわされ、この距離が増すほど力が減じることが判った。月の中心と地球の中心の間の距離は、地球の半径の約六十倍である。だから月におよぼす地球の影響は、地表の物体におよぼすものの$1/(60)^2$、つまり月は地球にむかって十六の$1/(60)^2$、すなわち〇・〇〇四四フィート引かれるはずである。三角法による比をつかってえた数値を用いて、ニュートンは毎秒それだけ月が地球に引かれることを見いだした。こうして彼は、宇宙におけるあらゆる物体が、同一法則にしたがって引き合っているということに対する、きわめて重大な根拠をえたのである。

さらに広汎な研究によって、ニュートンはいかなる二体間にはたらく引力も次の公式に厳密に従うことをしめした。

$$F = kMm/r^2 \quad (1)$$

ここでFは引力、Mとmは二体の質量、rはその間の距離、kはあらゆる物体に対して共通な値である。たとえばMを地球の質量、mを地上の物体の質量としよう。この場合rは地球の中心とその物体の間の距離である。公式(1)が重力の法則であることはいうまでもない。

月の運動の研究によってこの法則の正しい形をえてから、ニュートンは次にその法則を地上の物体に応用した。この法則によると地球はいかなる物体も引きつける。物体をもっているときにわれわれはこの地球の引力を感じる。Mを地球の質量、mを物体の質量とすれば、公式(1)におけるFは物体に対する地球の引力、あるいは物体の重量となる。重量は力で、一方質量は運動の変化の際の抵抗に関する物体の性質であることは注意すべきである。

ニュートンはこの物質の二つの性質、すなわち質量と重量との区別に注目した。物体の質量は一定であっても、その重量はかわる。たとえば、地球の中心からの距離がかわれば、物体の重量はかわる。質量mの物体を地上四〇〇〇マイルにあげたとすれば、その地球の中心からの距離は二倍になる。さて公式(1)におけるrを地心から地表までの距離とすれば、その四〇〇〇マイルへの距離は$2r$である。この位置における重量を計算するには、rを$2r$でおきかえる。公式(1)における分母は$(2r)^2$または$4r^2$となる。だからFは地表の場合のわずか四分の一となる。つまり質量mの物体は地上四〇〇〇マイルのときには、地表上のばあいの四分の一の重量をしめすのである。要約すると、物体の質量は一定であるが、その重量は地球中心からの距離に応じてかわる。

公式(1)の今一つの帰結を考えよう。Mを地球の質量、mを地上の物体の質量とする。公式(1)を書きなおして、

$$F=\frac{kM}{r^2}m$$

とし、この方程式の両辺をmで割ると次のようになる。

$$(2)\quad \frac{F}{m}=\frac{kM}{r^2}$$

さて、地上の物体が何であろうと、rは約四〇〇〇マイルであり、Mは地球の質量であり、kはあらゆる物体に対して同じであるから、公式(2)の右辺の値は同じである。だから、地上のいかなる物体に対しても、その比F/m、つまり重量の質量に対する比は一定である。こうして物質のこの二つの性質は、量的にひじょうに簡単に関係づけられる。この驚くべき関係は、相対論が生まれるまでは説明されなかった。ふつうは常に地上の物体をあつかっているから、質量と重量の間のこの一定の関係に迷わされて、二つを混同しがちである。たとえば車を引っぱって動かそうとするときは、車の重量に抗する力が必要だと思いがちである。実際はそれは、運動を変化させるときにあらわれる抵抗をしめす質量なのである。

運動の第二法則と重力の法則から、さらにもう一つの帰結がえられる。運動の第二法則によると、質量mにはたらく力は物体に加速度を生じる。特に、地球が物体に重力をはたらかせる場合には、地球が物体に加速度をあたえる。ところが重力は、

$$(3)\quad F=\frac{kMm}{r^2}$$

であり、力の加速度に関する関係は、

(4)　$F=ma$

である。公式(4)の力が重力のばあいは、公式(3)と(4)の左辺が等しいから、右辺も等しいとおいて、

$$ma=\frac{kMm}{r^2}$$

となる。この両辺をmで割ると次式をうる。

(5)　$$a=\frac{kM}{r^2}$$

この結果から、地球の重力によって物体に与えられる力は、つねにkM/r^2となる。kは定数であり、Mは地球の質量であり、rは地球の中心から物体への距離であるから、kM/r^2の値は地球表面付近のあらゆる物体に対して同じである。だからあらゆる物体は同じ加速度で落下する。もちろんこれはガリレオがすでに実験からえた結果で、この結果から彼は、同じ高さから落ちるあらゆる物体は同時に大地にとどくことを数学的に証明したのである。aの値はかんたんに測られて、一秒あたり三十二フィートと出ている。

この運動と重力の法則から、まだまだ面白い結果がえられる。数学的推論の効力をしめすために、もう一つ帰結を導き出してみる。地球の質量を計算しよう。このためには公式(1)の万有引力定数kの価が必要だ。この値は公式(1)の中の質量いかんにかかわらずつねに一定だから、実験室中で既知の質量m、M、その間の距離rをつかって引力Fを測れば、公式の中でkが唯一の未知量となるから、kは計算によってえられる。この実験は多くの物理学者の手で試みられたが、なかでももっとも有名なのはヘンリー・キャヴェンディッシュ（一七三一—一八一〇）である。彼はkをセンチメートル、グラム、秒の単位で測ると、きわめて小さい値6.67×10^{-8}つまり六・六七を一億で割った値になるという結論に達した。

さて公式(5)でkに上述の値を用い、Mを地球の質量、rを地球の半径、aを地上の物体の加速度とすると、

M以外はすべて既知だから、Mを計算できる。その結果は$M = 6 \times 10^{27}$グラム、すなわち六にゼロを二十七つけた値、または66×10^{21}トンの質量となる。

この計算の興味ある副産物は、地球の組成に関する知識である。地球の半径は既知であるから、その形が正確に球であると仮定すると、その体積は球の体積の公式$V = \frac{4}{3}\pi r^3$からえられる。さて、水の一立方フィートの質量は測られるから、地球が完全に水から成るとした質量も計算できる。上の計算からえた地球の本当の質量は、完全に水から成るとした質量の五倍半である。だから地質学者は、地球の内部が重い鉱物から成っている、という結論をえた。

ニュートンの重力論の成果は次のように要約できよう。月の運動の研究で、彼は重力法則の正しい形を引き出した。それからこの法則と運動の二法則で、地上の物体の運動に関する大切な知識を作りあげた。だから彼は、ガリレオのプランの目的の一つを達したわけである。つまり運動と重力の法則が、根本的なものであることをしめしたのだ。これらの法則はユークリッドの公理のように、他のいろいろな法則の論理的基礎の役割をするのである。そしてさらにこれから天体の運動法則を導き出し、凱歌を挙げたのである。

この凱歌はニュートンのために用意されたものである。彼は演繹の力によって、二つの運動の基本法則と重力法則から、ケプラーの三つの法則が生じるという重大な結果をしめした。ここでふたたび物質界の知識を演繹的方法でうる数学の効力を例証するため、そのうちの一つをしめそう。ここでは惑星の軌道を楕円ではなく円と考えて、じっさいにニュートンのおこなった方法よりいくぶんかんたんにしてあつかう。ニュートン自身は楕円軌道をあつかったのであるが、この証明は円よりもさらにむずかしく、ここでは楕円をあつかう必要はあるまい。

ケプラーの第三法則によると、いかなる惑星も、公転周期の自乗は太陽からの平均距離の三乗に比例する。この法則を公式にすると$T^2 = KD^3$となる。ここでTは惑星の公転周期、つまり惑星の一年、Dは太陽からの惑星の平均距離、Kはあらゆる惑星に対して同一の定数である。ケプラーの第三法則を導くには、もう一つ運動に関する次の事実がいる。この証明は簡単だが、本筋から外れるので省略する。

円運動をする物体には、直線運動から外させるある力がはたらく。もしそれがはたらかなければニュートンの第一法則に従ってまっすぐに進んで円にならない。

この力はふつう求心力とよばれ、その大きさは次の式で与えられる。

(6) $$F=\frac{mv^2}{r}$$

ここではmは物体の質量、vはその速度、rは円軌道の半径である。こういう力は太陽の引力によって各惑星にはたらく。しかし公式(6)は、一般に引力から生じるものであろうとなかろうと、この求心力の正しい表現なのである。

ケプラーの法則を導き出すためには、惑星の速度が円軌道に沿って一定速度で動くと仮定すれば、その速度が円周を公転周期で割ったもので与えられる、ということにまず注意する。つまり、

(7) $$v=\frac{2\pi r}{T}$$

である。公式(6)にこのvの値を代入すると、惑星にはたらく求心力の式が出る。すなわち、

(8) $$F=\frac{m}{r}\left(\frac{2\pi r}{T}\right)^2=\frac{m}{r}\,\frac{4\pi^2r^2}{T^2}=\frac{m4\pi^2r}{T^2}$$

となる。さてこの求心力は太陽による重力によって生じる。この太陽の質量をMとすれば、

(9) $$F=\frac{kmM}{r^2}$$

となる。公式(8)と(9)の二つの力を等しいとおけば、

(10)　$\frac{kmM}{r^2}=\frac{m4\pi^2 r}{T^2}$

となる。この方程式の両辺をmで割れば、このmは両辺から消える。そしてさらに両辺にT^2r^2を掛けkmで割ると、次の式をうる。

(11)　$T^2=\frac{4\pi^2}{kM}r^3$

さて、Mは太陽の質量、kは重力常数であるから、惑星のmが何であろうと、この値にはかわりはない。だから$4\pi^2/kM$の値は定数でそれをKであらわす。rをDと書くと、

(12)　$T^2=KD^3$

となり、これはケプラーの第三法則である。かくして、ケプラーが多年の観測で、修正をくりかえしながらやっとえた有名な惑星法則が、ニュートンの法則を使うとまたたくまに証明されてしまう。

これらの法則の中には、数学の効力の説明を求める一般読者に非常に有益な鍵がふくまれている。これまで述べてきたように、ニュートンの法則の大きな価値は、天地を問わずさまざまな場合にみなあてはまることである。同じ一つの量的関係がすべてに共通な特質をあらわしている。だから公式の知識は、公式の包含するあらゆる場合の知識を代表しているのである。数式を見て、それが抽象的で無味乾燥で役に立たないとけなす人は、よくその真価を摑んでいないのである。ガリレオやニュートンの研究は、科学のプログラムの最終結果ではなくまさにそのはじめなのである。ニュートン自身も、はなばなしい青年時代の研究をまとめた古典となっている『自然哲学の数学的原理』の序文で、このプログラムを明示している。

この書を哲学〔科学〕の数学的原理として世に送る。この中には哲学のあらゆる難問―運動現象から

自然の諸力を研究し、さらにこれらの力から他の現象を証明する、という難問がふくまれているからである。そして第一部、第二部における一般的定理は、この目的にむけられたものである。第三部においてはこの例として宇宙体系を解明する。第一部で数学的に証明した定理によって、第二部で、天体現象から物体が太陽や諸惑星に引かれる重力を導き出す。そしてこのような力からやはり数学的な他の定理によって、惑星、彗星、月、海の運動を演繹する。私は力学原理から同一種類の推論によって他の自然現象も導きたいと思う。それは、原因は判らないが、物体の粒子が互に引き合い、規則正しい形に結合し、あるいは互に反撥しあうある力があって、自然現象はすべてその力によるものだ、と色々な理由から私に思えるからである。

嶮しい山からころがり落ちる岩のように、基礎的数学法則から帰結を演繹しようとする運動は、ますます勢をまし、ついになだれをなして流れ降った。ここで論じたような方法で、太陽や惑星、その衛星の質量も計算された。上述の求心力と反対の遠心力の考えが地球の運動に応用され、地球の赤道方向の膨らみの大きさ、及びその結果として、緯度による物体の重量の違いが、判ってきた。惑星の球形からのずれを測って、その自転周期が計算された。潮汐は月と太陽の引力で起ることがわかった。彗星の軌道が計算され、その再現が正確に予測された。また彗星が急に現われ消えるのは、その楕円軌道の偏心率が大きいことによる、と説明された。それまでは人心を恐怖にさらし、地球を破壊しようとする神の意志をうけた使者と考えられた彗星も、この数学的研究によって、やはり宇宙の法則に従った一成員であることを人々に納得させた。同時にそれは自然が数学的性状を持ち、量的研究が非常に有効であることの疑いえない根拠ともなった。

法則の探求は天文学の範囲をはるかに越えて拡がり、大成果を収めた。空気中の分子の運動として研究された音の現象は、有名な数学的法則を生んだ。フックは固体の弾性を測った。ボイル、マリオット、ガリレオ、トリチェリ、パスカルは、液体、気体の密度や圧力を測った。ファン・ヘルモントは物質の重さを測る天秤を用い、近代化学の方向へ重要な一歩を印し、ヘールズは体温や血圧などの生理学の定量的研究を始めた。ハーヴェーは心臓から出た血液が体内を一巡して心臓に帰ることを定量的に証明した。定量的研究は植物学にも及び、植物による水分の吸収、発散の比率が決められた。レーメルは光の速度を測った。冬の寒さ、夏の暑さは、重力の法則に従って互いに引き合う空気の分子の刺戟された運動によるものであることが判った。やがて科学の個々の分野をつなぎ合わす法則が発見された。化学、電気学、力学、熱現象などはすべてエネルギー保存の法則によって結び合わされたのである。

これらはすべて、近代社会を風靡した巨大かつ異例の科学的風潮のほんの序の口にすぎない。この風潮は、すべての自然現象を運動と重力の法則から導き出せるというニュートン主義の波に乗って行った。十八世紀における異常なまでの成果から、一、二例を引いて、ニュートン説からどのような発展を見たかをみよう（第19、20章をも見よ）。

一七二七年、ニュートンが死ぬ頃までは、天体の不変の数学的秩序を根拠づけるデータが圧倒的だったが、その後、説明できない天体運行の不規則性が多数観測されるようになった。たとえば、月はいつも地球に同じ面を向けているが、その端の方は周期的に見えたり見えなかったりする。さらに観測精度が増してくると、月の満ち欠けの周期が、一世紀について約一秒の三十分の一減ってゆくことがわかった（このような僅かのちがいが観測と理論の精度が進むにつれて認められるようになってきたのである）。また惑星軌道の離心率の僅かな変化も観測された。

完全な法則、秩序からのずれが発見されるにつれて一つの大きな問題が生じてきた。太陽系は安定か？　つまりこういう不規則性はたとえ今は小さくとも、だんだん大きくなり、天体相互間の複雑な作用によって、太陽系が平衡を失うことになりはせぬか？　こういう不規則性が積り積って、やがては惑星が空間の中にさまよい出るのではなかろうか？　地球は、将来のある日、太陽にぶつかってこわれるのではないか？

ニュートンはこういう不規則性を十分承知の上で、自分の研究に月の運動を撰んだ。この月は、酔っぱらいが直線上を行くときのように、急いだり、ためらったり、フラフラ千鳥足で、楕円軌道に沿ってゆく。ニュートンは、月が地球だけでなく太陽からも引かれ、だから真の楕円軌道をふみ外すのである、と信じていた。しかし彼は、月や惑星の運動の観測にあらわれた不規則性は、みな引力によるものであるという証明を持たなかったし、その不規則性が累積しても、結局太陽系をこわすにいたらないことを示せなかったから、神が干渉して宇宙を維持しているのだと、神に感謝を捧げている。しかし十八世紀のニュートンの後継者たちは、神の意志に頼らず、自身の演繹の力に頼ろうとした。

天に一つの惑星と太陽しかなければ、惑星の太陽をめぐる道は楕円となろう。しかし太陽系は八つの惑星とさらに多くの衛星とをふくみ、これらが太陽のまわりをまわるだけでなく、お互にニュートンの重力法則によって引き合っているのである。だからその運動は本当の楕円ではない。重力の作用で引き合っている任意の数の物体の運動を決定する一般問題が解かれれば、その精密な軌道が判るだろう。しかしこれは数学者の能力を越えた問題である。それでも、十八世紀の二人の大数学者がこの方向に沿って現象論的研究段階に入った。

イタリア生れのジョセフ・ルイ・ラグランジュは、青年時代から異常な天才を発揮して、太陽と地球の引力下の月の運動の問題に取り組み、二十八歳にしてそれを解いた。彼は、月面の位相の変化は、地球と月の赤道方向の膨らみによるとした。さらに太陽と月の地球への引力が、地球の自転軸にかなりの摂動を起すこともしめした。そして少くともギリシア時代には知られていた春分点の歳差運動、地軸のぐらつきは、重力法則からの数学的帰結であることになった。ラグランジュはまた、木星の衛星の運動の数学的解析にも顕著な足跡を残した。その解析から木星の不規則性も重力の影響であることが判った。これらの結果はすべて、彼の『解析力学』に収められている。これはニュートンの力学の研究をさらに拡張し、形式を整え、仕上げをしたものである。ラグランジュはかつてこんな不平をこぼしたことがある。ニュートンは幸運な男だ。宇宙はたった一つしかないのに、ニュートンが既にその数学法則を見つけちまっている、と。しかしラグランジュも、ニュートン理論を完成して世にしめしたという栄誉をになっている。

フランス人ピエール・シモン・ラプラースも、ラグランジュと同じく若い頃から天才をしめし、ニュートンの重力法則を太陽系に応用する問題に生涯を捧げた。ラプラースのすばらしい業績は、惑星の楕円軌道の離心率の変化が周期的である、と証明したことにある。つまりこういう変化は、ある値のまわりを前後に振動するだけで、どんどん大きくなって天の秩序ある運動を破壊することにはならないのである。要約すれば、宇宙は安定である。この結果をラプラースは歴史的な大著『天体力学』の中で証明した。これは二十六年にわたって五巻として刊行された。

宇宙の数学的秩序の完全さは、ラプラースの死（ちょうどニュートンの死の百年後にあたる）の頃までには、確実なものとなった。これはラプラースのナポレオンに対する有名な返答を思いおこさせる。ナポレオンは『天体力学』を贈られて、宇宙の体系の著述において神に触れていないとラプラースを叱ったが、これに対するラプラースの答は「私はこの仮説を必要としない」であった。宇宙は安定である。だからニュートンのように、その不規則性をただし、誤った行動を防ぐための神を必要としない。

ラグランジュとラプラースの一般天文理論から、特に注目に価する一つのいちじるしい帰結が出た。それは海王星の存在と位置の、純理論的な予測である。天王星の運動にあらわれる説明できないくい違いは、未知の惑星が天王星に引力をおよぼしているからである、と信じられていた。そこで二人の天文学者、イギリスのジョン・コウチュ・アダムズとフランスのU・J・ルヴェリエは不規則性の観測値と一般天文理論をつかって、未知の惑星の軌道を計算した。それからアダムズとルヴェリエが、数学的に決定した時と位置に惑星を捜そうと、観測家たちが望遠鏡をむけた。果して惑星が位置していた。これは当時の望遠鏡では、ほとんど観測できるかできないか位のものであって、天文学者が予測した位置をさがすのでなかったら気づかれなかったであろう。アダムズとルヴェリエが解いた問題は非常にむずかしいものである。それは、いわゆる逆向きの計算だからである。質量と軌道の判っている惑星の影響を計算するかわりに、天王星の運動に対する影響から、未知惑星の質量と軌道を出さねばならなかったのである。だから彼らの成功は理論の凱歌を奏でるもので、ニュートンの重力法則が普遍的にあてはまることの、決定的な証明として広く世に認められた。

十八世紀中頃までには、ガリレオ、ニュートンの開いた、自然の量的研究の無限の宝庫は探求しつくされた。彼らが物質や力の本性を分析しようとして、解けない問題に拘泥していたら、中世人以上に科学を進歩させることはできなかったであろう。物質の構造の問題はきわめて複雑である。現代の原子論の研究はまだ緒についたばかりだが、既にいかに複雑なものかを思い知らされている。ガリレオやニュートンは物質の構造の議論は避けたが、その慣性や重力の性質を、加速度、即ち距離と時間によって、いかに測るべきかをしめした。重力もその本性の分析をこばむ。ニュートンもこの重力が、彼には不可思議なものであることを認めている。いかにしてそれが九三〇〇マイルの遠方から地球を太陽に引きつけるかは、彼には説明できそうには思えなかったし、この点に関する仮説は作らなかった。彼は、誰か他の人がこの力の本性を研究することを希望した。それを中間にある媒体の圧力などで説明しようと試みた人もあったが、みな満足な説明をえられなかった。あらゆるこうした試みが放棄された後にも、重力は誰にも判らぬ物として受け入れられた。しかし重力の物理的本質がまったく判らなくても、ニュートンはそれがいかにはたらくかの量的公式化を行ない、これのみが有意義でもあり、有用なものとして残った。それがあまり納得のゆくものではなかったのに、莫大な成功をもたらしたことは、近代科学の皮肉である。

ガリレオやニュートンの研究には、まだ他に重大な内容がある（第16、17、18、19章を見よ）。コペルニクスの説は、天を蔽った神秘主義、迷信、神学を一掃し、もっと合理的な光の中に天を仰ぐことを可能にした。ニュートンの重力法則はすみずみからくもの巣を払いのけ、身近な地上の物体と惑星が、同じ行動の型に従うことをしめした。この事実から、さらに惑星も普通の物質から成ることがあきらかになった。天体と地殻の構成物質の一致は、天体の本性に関する山なす教説を一掃した。とくに、ギリシアや中世の大思想家たちがくだした、安定、不変、不壊の天体と、壊れる不安定な大地との区別は、今や人間の空想の所産に過ぎないことがはっきりと示されるにいたった。

ガリレオとニュートンは天体と地球を同じものとしたに止まらず、万物にあてはまる普遍的数学法則を確立した。こういう法則は、塵にも、遠い星にもあてはまる。宇宙のすみずみまで行きわたる。だから宇宙が、数学的構造を持つことはますます確実になった。さらに、自然現象がこれらの法則に常にあてはまることから、宇宙の一様性、不変性が証明され、宇宙がたえず摂理のはたらきに従っているという中世の信仰は反証された。

十七世紀は神の意志に従う定性的宇宙を持ち、造物主の行為と目的においてのみそれを理解した。ところがその十七世紀がまた、不変、普遍の数学法則に従って正確に作用する力学的宇宙を人類に贈ったのだ。この期間にはじまった変化が文化革命とよぶに値するものであることは、この書を読むにつれてだんだん了解がつくだろう。

この知的変動をみちびいた主要な段階をふりかえってみると、そこに一つの教訓がえられる。天体の研究は、エウドクソスの天文理論の形で最初の科学体系をみちびいた。その次にはヒッパルコスやプトレマイオスの定量的、実際的で、強力な体系が生じた。天体をさらに研究して、コペルニクスやケプラーの革命的天文学が生まれた。太陽中心説を基礎として普遍的重力法則が合理的な仮説となった。この法則の正しさは、ケプラーの法則をそれから演繹することによってさらに確実となった。さいごに、ラグランジュとラプラースの天文研究は、自然における普遍的数学法則の支配に関するあらゆる疑念を取り払った。この歴史のしめす教訓は、星を眺める物好きが、「実利家」よりも以上にこの現実世界をよく知らせてくれることである。直接眼にふれるまわりの自然現象の知識は、天体への瞑想から来たのであり、実際問題の追求から来たものではない。あらゆる現象を自然の規則正しい性状に帰そうとする法則的な感覚、超自然的なものの介在を許さず、法則をもってこれに変えようとする習慣、これらは人間の直接的な問題から離れて立ち、はるかに遠い星の研究から発展したのである。

コペルニクス、ケプラー、ガリレオ、ニュートンの研究はさまざまな夢の実現を可能にした。古代、中世の占星術師には自然の運行を予想しようという夢と希望があった。またベーコンやデカルトには、自然の把握を進めて人類社会の改善に尽そうとする計画があった。人類は二つのゴール、科学のゴールと技術のゴールへむかって前進した。普遍法則は自然現象の予測を可能にし確実にした。そして予測より一歩進めて、自然の狂いのない運行を把握することは、自然の技術的利用を可能にするのである。

自然を探求し理解しようとする上での、今一つのプログラムも、ガリレオやニュートンの研究で達成されている。数の関係は宇宙の鍵であり、万物は数によって知られるというピタゴラス、プラトンの哲学は公式によって現象の量的な面を関係づけようとする、ガリレオのプランにあっては、本質的な要素である。宇宙創造の神秘的理論の一部をなし、数を万物の形式であり原因であるとする哲学が、ピタゴラス学派における と同様、中世を通じて生き続けた。ガリレオやニュートンはピタゴラス学派の教義からあらゆる神秘的関係をはぎ取り、近代科学のための流行スタイルに衣がえさせた。

第15章

束の間の時を捉える微積分

ニュートン、リンゴの落ちるを見
　がくぜんとして瞑想より覚めたり――
（いかなる聖賢の教えにもよらずして己が答をえんとしたれば）――
「重力」なる自然の道なして
　地球のめぐれるを証明したり、
アダム以来、真にリンゴを嗜みしは
　この人なり

バイロン卿

普遍法則の達成は、近代科学活動の目標と方法を設定したデカルト、ガリレオ、ニュートンのような指導者の登場を待たねばならなかったが、それも、貴重な道具――微積分演算――の創案なくしては不可能であったのである。十七世紀の天才たちが求めた思想のなかで、これこそもっとも豊かな産物を盛る容器だった。上述の普遍法則をうるだけに止まらず、この微積分演算はさまざまの科学の仕事の基礎となったのである。

天才は時代とかけはなれているという俗説に反して、ピエール・フェルマー、アイザック・ニュートン、ゴットフリード・ヴィルヘルム・ライプニッツの三人の十七世紀最大の知性は、めいめい互いに無関係に時代の問題たる微積分演算に没頭していた。フェルマーはフランスで、ニュートンはイギリスで、ライプニッツはドイツにあって。この三巨頭の三番目は、本書では新しく登場する人物で、一六四六年ライプチッヒに生まれた。十五歳でライプチッヒの大学に入った彼は公には法律を研究する目的で、事実はあらゆる事を研究する意図を持っていた。彼がライプチッヒを離れた直後書いた法律の論文は、マインツの選挙侯の注意を引き、侯はライプニッツを外交官として召し抱えた。不幸にしてこの期間には自分の研究の時間が限られていた。生活のために、ドイツ諸侯のつかい走りの役目をよぎなくされたからである。一六七六年、彼はハンノーフラー選挙侯によって顧問官、図書館長に任命され、この仕事も外交使節として旅行を必要としたが、それでも若干の余暇が与えられた。この余暇に彼は論文、著書、手紙を書きまくり、これらは法律、宗教、政治、歴史、哲学、言語学、論理学、経済学、それに勿論科学と数学に関する大きな寄与をもたらし、二十五巻以上の大冊を満たしている。この普遍的な才能と興味に恵まれた男は「生きた大学」とよばれている。

数多くの有能な数学者たちが、既にこの微積分の方向にかなりの進展を示していた。だからフェルマー、ニュートン、ライプニッツの研究も、先輩たちの長い努力の続きであり、その絶頂である。たとえ個々の天才の業績がどんなに偉大であっても、その思想の精神、内容共にその時代の制約を受けている。天才の仕事とは、その時代におこった問題を方向づけ結実させることである。それは社会に思想の資本を作り、その後数世紀にわたって配当を受けさせるのである。

天才と時代の関係がどうであれ、十七世紀の空気には微積分の観念が、大量に含まれていたことは疑いえない事実である。イギリスからの風が、果してニュートンの考えをライプニッツに運んだかについて、ニュートン派とライプニッツ派に争いがおこった。この争いからますます感情がこじれ、この最も合理的なはずの問題に関する一流思想家の間に党派が生じ、ためにイギリスとヨーロッパ大陸の数学者の間には、ニュートンやライプニッツの死後百年間も、思想の交換も文通も行なわれなかった。言語の違いも手伝って、お互いの研究の批評を真剣に、理性的に、礼儀正しく取りあげる、ということはなかった。ただこの事件で一つの例外はライプニッツの非常に度量の広い見解である。すなわち世界の始めからニュートンが生きていた頃までの数学では、イギリス人の業績が全体の半ばをこえている、と彼は述べたのである。フェルマー、ニュートン、ライプニッツが活躍した頃のヨーロッパの数学は、非常に特殊な難問——変数の瞬間的変化——に注がれていた。この三人の業績を語る前に、まず彼らの当面した問題の本質をあきらかにしよう。

変数、つまり連続的に変る数を扱う場合には、変化と変化の割合を区別する必要がある。空を飛ぶ弾丸の距離と時間は絶えず増して行く。しかし、それが人にあたったときに重要なのは、その速度、即ち時間に対して距離の変る割合であって、弾丸が通った距離や、費した時間が問題なのではない。もしその速度が一時間に一マイルなら、弾丸は人を傷つけず、その足もとの地面にころがり落ちるだろう。ところがそれが一時間に一〇〇〇マイルなら、今度は人が地面にころがり、お陀仏にしてしまう。たしかにこの変る数の変化の割合というものは、少くとも変るという事実と同じく重要である。変数の変化の割合については、平均と瞬間との二種あることに注意しなければならない。ニューヨークからフィラデルフィアへの九十マイルを三時間でドライブするとすれば、その平均速度、つまり時間に対して距離の変る割合は、一時間について三十マイルである。しかしこの数字は、必ずしもその間のある特定時刻の速度を意味しない。たとえばちょうど三時に自動車の速度計を見たら、毎秒三十三マイルであったとする。この値は瞬間速度、つまり三時という時刻における距離の変化の割合であり、必ずしもその時刻の前や後の速度と一致するとは限らない。瞬間では時間が経たないし、運動はないから、ある瞬間における速度というようなものはない、と論じる人もあるかもしれない。が、ここではただ実際の経験に従って、自動車に乗っている人は、各瞬間に定まった速度で動いている、と確認していただきたい。それでも疑いを持つ人は、木に車をぶっつけて始めてさとることであろう。

瞬間速度を扱う必要は、まず物体が変化する速度で動いているときに、おこってくる。そうでなければ平均速度だけで十分だ。さて、この変化する速度が、十七世紀の科学者の直面した問題である。たとえば、ケプラーの第二法則では、惑星は、ギリシアやルネサンス以前の科学者が信じたように、一定速度ではなくて、たえずかわっている速度で動いているのである。また、ガリレオによると、地表上で物体があがったりさがったりするときは、その速度は絶えずかわるのである。当時熱心に研究された振子や抛物運動も、この変化する速度を持つ。当時の科学者は、こういう運動を扱うために必要な瞬間速度をはっきり理解していなかったし、それを計算する方法も知らなかった。

瞬間速度は、平均速度のようにしてはえられないことは、注意しなければならぬ。瞬間では、通過距離がゼロ、経過時間もゼロで、ゼロで割るゼロは無意味だからである。瞬間速度を定め、計算するには、特別な解法が必要であることは、読者もすでに気づくであろう。この問題に対して、フェルマー、ニュートン、ライプニッツは、その天才ぶりをふるったのである。

まずその数学的方法を簡単化して考えよう。自動車がニューヨークを午後二時に出発し、フィラデルフィアに午後五時についたとすれば、そのドライブの平均速度は、その距離九十マイルを走るに要した時間、三時間で割った値、つまり毎時三十マイルになる、ということは既に意見一致をみた。では三時における速度はどういうことになるだろう、平均速度は毎時三十マイルであっても、三時における速度は四十マイルになることもあるし、それ以外の値であってもかまわないことは、あきらかである。三時前後の、短い時間内の平均速度を考えて、この問題の答を探してみよう。正三時から一分の間に自動車が〇・六マイル進んだとすれば、この一分間の平均速度は〇・六マイル割る一分、即ち毎時三十六マイルとなる。これが三時における平均速度なのだろうか?

一分はかなり短い時間であるけれども、自動車の速度はこの間にも増減しうるから、この一分の平均速度が、正三時の速度とかなりちがうこともありうる。だから三時の平均速度を計算する時間をもっと短縮してみよう。一秒の平均速度を十分の一秒、さらに百分の一秒と短縮して計算できる。平均速度を計算する時間を短縮すればするほど、三時における平均速度に近くなるのである。

時間間隔をますます狭めると、だんだん三時に近づくにつれて、平均速度が36、$35\frac{1}{2}$、$35\frac{1}{4}$、$35\frac{1}{8}$ というようになっていくとする。三時を中心とした時間間隔を短くすればするほど、正三時の速度に近くなるから、三時における平均速度を、時間間隔を0にだんだん近づけるときに近づくその平均速度の数として定義する。平均速度が36、$35\frac{1}{2}$、$35\frac{1}{4}$、$35\frac{1}{8}$……というようになるときは、おそらくこれらの数は三十五に近づくから、三時における平均速度を三十五としてよいだろう。瞬間速度は、距離を時間で割った商と定義してはならないことは注意すべきだ。平均速度は接近する数という考え方を取り入れねばならない。

さて、もっと厳密に瞬間速度をうる方法を考えよう。物体の落ちた距離と経過した時間の関係を示す公式から、落下三秒後の瞬間速度を計算してみる。ガリレオによると、距離をフィート、時間を秒であらわすこの関係は次のようになる。

$$(1) \qquad d = 16t^2$$

三秒目の終りまでに落ちた距離を d_3 であらわすと、その距離はこの式の t に3を代入すればえられる。すなわち、

$$d_3 = 16 \cdot 3^2 = 144$$

である。さて、三時における自動車の速度でやったような、三時の近くの時間間隔をいろいろ取って平均速度を計算する方法はやめて、次のようにもっと有効な方法で計算できる。

h をある時間間隔としよう。そうすれば、$3+h$ は三秒より h だけ大きい時間をしめすことになる。ボールが $3+h$ 秒でどれだけ落ちたかを知るには、この価を公式(1)に代入する。このあたらしい距離は百四十四とはならず、少しちがった値になる。k を h 秒間に落ちた距離として、それを d_3+k としよう。すると、

$$d_3 + k = 16(3+h)^2$$

となる。$3+h$を自乗して、

$$d_3 + k = 16(9+6h+h^2)$$

かっこを開くと、

$$d_3 + k = 144 + 96h + 16h^2 \qquad (2)$$

となる。

三秒後に落ちた距離は、

$$d_3 = 144 \qquad (3)$$

である。h秒間の距離の変化kをうるために、方程式(2)から方程式(3)を引くと、

$$k = 96h + 16h^2 \qquad (4)$$

となる。さて、九十マイルを三時間で割って自動車の平均速度をえたように、距離を経過時間で割って、そのh秒間の平均速度を求めよう。公式(4)の両辺をhで割ると、次式をうる。

$$\frac{k}{h} = 96 + 16h \qquad (5)$$

公式(5)から三秒たった後のh秒間の平均速度k/hはhの関数であり、その関数は$96+16h$であることを知る。hを小さくするにつれて、k/hは、三秒たった後の時間間隔をだんだん狭めた時の、平均速度となる。

だからhを0に近づけたときのk/hの値が知りたい。hを0に近づけると、$16h$も0に近づく。そして公式(5)の右辺から、k/hは九十六という価に近づくことを知る。だから三秒後の瞬間速度は$96^{ft}/_{sec}$である。これはいかなる物体でも真空中で落とした時の三秒後の速度である。

ここで瞬間速度として九十六という数を決めるために、hが0に近づくにつれて公式(5)の右辺がどうなるかを調べたことに、読者は注意して欲しい。hが小さくなるにつれて、$96+16h$が96に近づく、というのがここでの推論の方法である。こういう簡単な関数の場合はhを0とおいても結果はかわらないが、考える過程はhに0を代入した場合と同じではない。

何故考える過程が同じでないかを説明しよう。kは時間hの間にボールが落ちる距離であるから、hが0のときは、kは0である。だからhが0のときは、$\frac{k}{h}=\frac{0}{0}$となり、これは無意味な表現である。だから、三秒目の速度は、k/hにおいてhに0を代入してえられる、というのは正しくない。平均速度を計算する時間間隔が0に近づくにつれて、平均速度が近づく数を見いだす、といった方が論理的に正しく、これこそ瞬間速度の概念の難点を克服すべく取り入れた考え方なのである。もちろん、平均速度の方は時間間隔が0ではないのだから、その計算に難点はない。

さて、瞬間速度の概念をえた。それは平均速度を計算する時間間隔がゼロに近づくにつれて、平均速度が接近する数である。ここで距離と時間を関係づける公式をじっさいにえたことも大切だが、その公式から瞬間速度を計算する一般的な方法をえたことはさらに重要である。3秒のかわりにt秒後の瞬間速度を計算してみると、速度vは$32t$になる。だから、いかなる時tに対しても速度がえられる公式がえられたのである。

以上述べてきた方法は数学の特長を示すものでもある。瞬間速度の概念をあつかうために、数学は空間と時間を理想化し、空間のある点、時間の一瞬間に存在するものを論じた。こうして瞬間における速度をえたのである。一般読者は、瞬間、点、瞬間速度の概念を想像し直観するのに困難を感じて、ある非常に短い時間の速度を考えようとしたがるだろう。しかし数学はその理想化によって瞬間速度の概念のみならず公式も生み出し、この公式はある短時間の平均速度の観念よりも正確で、応用もやさしいのである。想像には限界があるが、知性で補われる。みかけは難かしいが、それによって難問を簡単化し容易にするのである。これも数学のパラドックスである。

瞬間速度を定義し計算する方法は、じっさいにはまだまだ広い応用を持っている。数学ではいつもdが距離、tが時間をあらわすものときめなくてもよい。これらの変数はどのような物理的意味も持ちうるし、瞬間における時間に対する距離の変化を計算したのと同じ方法で、他の値に対する他の変数の変化の割合も計算できる。たとえばdを速度、tを時間とすれば、瞬間における、時間に対する速度の変化の割合を計算できる。この瞬間の速度変化の割合は、瞬間加速度である。他の例として、大気の圧力は地上の高さと共にかわるが、この関数関係からある与えられた高さで、高さに対して圧力の変化する割合を計算できる。さらにまた、変数dを商品の価格水準、tを時間とすれば、ある瞬間における時間に対する値段の変化率を計算できる。だからこの方法では、一つの変数のある値においてそれに対する他の変数の変化の割合を定め、計算でき、さまざまな有意義な結果が得られるのである。これまでの速度や加速度の問題には時をふくんでいたからといって、必ずしも一方の変数を時に限る必要はない。要するに一変数に関する他変数の瞬間的な変化を計算するのがこの方法であって、この概念は実に色々な問題に応用できるのである。

一変数の他変数に関する変化の瞬間的割合は、特別な記号であらわされる。二変数をyとxとすると、ふつう$D_x y$という記号が使われ、xに関するyの導関数と読む。(dy/dxもよく使われる記号であるが、誤解を招くことがある)。この記号は数学的表現の簡潔さの好例である。この記号は、ある変数yの他の変数xに対する変化の瞬間的割合を見いだす演算の結果、という、言葉にすれば長い意味をふくんでいるのである。さて、この表現にどれだけ多くの内容がふくまれているかは判った。こういう記号の使用は、未知数をあらわすのにxという文字をつかった段階より、さらに一段階の飛躍である。高等数学が初等数学と異なる点は、複雑な概念に対して非常に有効な記号を使用することにある、ともいえる。

二変数に関する公式から出発し、上述の瞬間的変化率の概念を応用して、変化率を見いだした。今度は逆に一変数の他変数に関する変化の割合を与えられて、それから二変数に関する元の公式を見いだせるだろうか？　もちろん、変化率を見いだす方法を逆にさかのぼるには、はじめに変化率を知っていることが肝要だ。幸いに、これは多くの自然現象、人工現象で容易にえられるものである。ここからはじめていろいろな問題の公式や解にいたるのである。じっさいの例にあたって考えよう。

二つの変数、たとえば物体が落下する距離と物体がこの距離を落下するに要する時間、とを関係づける公式を見つけたいとする。落体の加速度が一定であることは、前章で述べたごとく、ニュートンの法則の論理的帰結である。つまり、時間に対する速度の変化の割合はいかなる瞬間でも同じである。ガリレオのしたような簡単な実験からでも、この定数の値は $32 ft/sec^2$ であることが判る。記号でしめせば、aを加速度とすると、

(6)　$$a = 32$$

となる。地上の大気中のあらゆる物体は、ロッキー山脈を越えて飛ぶ飛行機も、鉄砲から飛び出す弾丸も、空中に抛り上げたボールも、この下向きの加速度を受ける。

さて a は時間に対する速度の瞬間的変化率である。だからそれは、速度と時間に関する公式から来るものと考えうる。この公式を見いだせれば、時間に対する速度の表現をうるだろう。それは変化率を見いだす方法を逆にしてえられる。読者は速度と時間に関する公式が、

(7)　$$v = 32t$$

となることを認めるだろう。または t に関する v の変化率を出して見て、公式(6)をうるだろう。しかしこれが問題の答ではない。なぜなれば、これは落体の各瞬間速度をしめすが、今求めているのは距離と時間の間

の関係だからである。しかし速度は時間に対する距離の変化率である。だから、t秒間に物体が落ちる距離をうるには、公式(7)が瞬間変化率をあらわすような新しい公式を求めねばならない。ふたたび変化率を求める方法を逆にすると、物体の落ちる距離dとその秒数tを関係づける公式を得る。その結果は、

$$d = 16t^2 \qquad (8)$$

である。読者は、tに対するdの変化率を見て、その結果が公式(7)になることから、これを確かめることができる。だから、瞬間の割合を見いだす過程を二度逆に辿ることによって、落体の距離と時間に関する公式がえられるのである。

変化率が容易にえられるような種類の問題の中から、もう一つ例をあげて、この変化率から元の公式をうる方法が重要であることをしめそう。物理学の基礎的研究のその基礎としてつかわれるニュートンの運動の第二法則は、変化率に関するものである。物体にはたらく力は、物体の質量にその運動の加速度を掛けたものに等しい、というのがその第二法則である。力が既知の場合は、加速度、すなわち時に対する速度の変化率が知られる。だから、上述の公式(6)から公式(8)へ行くような方法で、ある力がはたらいている状態の距離と時間に関する公式を見いだしうる。他の方法ではえられないような公式が、この変化率を逆に辿る方法でえられることが多い。

変化率をふくむ方程式はふつう(6)と(7)のような方程式の形に書かれ、微分方程式とよばれる。微分方程式は一変数の他変数に対する瞬間変化率をふくむある事情を表現する。微分方程式からこれらの変数の間の関係式を見いだす過程を、その方程式を解く、という。ニュートンが、ケプラーの法則を容易に導きえたのは、有名な微分方程式を解いたからである。微分方程式は、科学の全分野の、公式化、展開に威力をしめすものなので、自然や神は微分方程式の言葉で語るともいわれたりした。

この演算の実用性に関心を持つ人があれば、瞬間変化率を見つける方法を逆にすると、いかに曲線の長さ、

曲線で囲んだ面積、面で囲んだ体積、その他ふつうでは容易にはえられないさまざまな値がえられるか、を見ればよい。少なくともこの演算がこれらの応用にいかにふくまれているかは判るだろう。

かんたんな例として、**図71**の面積を考えよう。線分ＡＢをＰ（ここでは長さゼロ）から右に動かし、この線分の撫でる面積を考える。ＡＢがある位置にあるときの線分が撫でた面積は、図の影をつけた部分でしめされている。さてＡＢを右に動かすにつれて、撫でられた面積はＡＢの長さに等しい割合で増加する。ＡＢは位置によって長さが違うから、撫でられた面積も位置によって違い、ここに瞬間的変化率の概念があらわれる。こういう図形の面積を実際に求める方法を詳述すると、あまりに計算の技術的側面に深入りすることになるから、割愛する。一方では変化率の一般的概念、一方では長さ、面積、体積の決定、その間の関係の認識は、ニュートン、ライプニッツの微積分における業績の最大のものである。

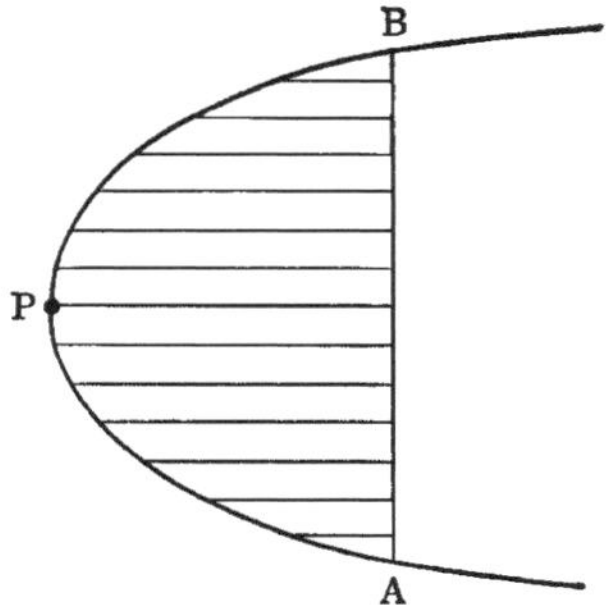

図71

罐詰の能率的な生産も現代文明の要因であるには違いないが、数学の研究においてこの微積分は近代文明、文化の形成にさらに大きな役割を持っている。科学的法則をうるために計算技術を使用することは、すでに述べて来た。その上、運動を支配する普遍法則発見におけるニュートンの成功は、科学者たちを刺戟し、物理学の他の分野でも同様の法則を求めるようになった。その結果広汎な現象を包括する基礎法則が、電気、光、熱、音などの各分野で見いだされた。しかし今まではまだ、微積分から生まれたもっとも重要な発展には触れていなかった。

科学者も他の人間なみになかなか欲が深い。ある成功をえれば、すぐにそれより大きいものをと望む。十八世紀の科学者たちは、強力な微積分の武器を持つことによって勇気をえ、先輩たちの成功によって旺盛な食欲を高め、経験によって科学的進歩への嗜好をつちかった。そして、さらに物理学の諸分野における法則はすべて、全宇宙の底によこたわる唯一の法則から演繹される、とまで考えるようになった。少なくとも彼らは、一つの一般的数学法則のもとに科学のいくつかの分野が統一され、この一般法則から諸分野の個々の法則が演繹されることを希望した。勇敢と能力がその日をかちえた。数学者、科学者はまったくあたらしい原理を発見し、それは科学の大発展をみちびいたのみならず、宇宙の構造の基本的原則として承認されたのである。この微積分と宇宙のプランの間の結びつきについては若干説明を要する。

空中にボールを抛り上げ、それが達する一番高い点を見つけよう。計算からその答は容易に出る。たとえば、ボールの地上の高さをhとして、次の式をえたとする。

$$h = 128t - 16t^2 \tag{9}$$

ここでtはボールを抛りあげた時から測った秒数である。ボールを抛りあげれば始めのうちは上昇するから、hはtとともに増す。しかし、重力が上向きの速度を減じるから、ボールの速度はだんだん落ちてくる。ボールはその速度がゼロになるまで上昇をつづける。ボールの最高点で速度がゼロになる。そうでなければどんどん上昇をつづけて落ちてこない。このことから、速度がゼロの瞬間を見つければ、少なくともボールが最高点に達する瞬間がわかる。hのtに関する瞬間変化率を見つける方法を公式(9)に応用すると、速度は次の式で与えられる。

$$v = 128 - 32t \tag{10}$$

ボールが最高点にある時は、速度vはゼロであると論じた。だから公式(10)の$v=0$とすると、ボールが最高点に達した時tは次の方程式を満足する。

$$0 = 128 - 32t$$

$t=4$がこの方程式を満たすことはあきらかで、だからボールは地上を離れてから四秒後に最高点に達する。その時のボールの高さはどうだろう？　公式(9)はある瞬間におけるボールの高さをあらわす。この公式tに四を代入すれば、次のようになる。

$$h = 128 \cdot 4 - 16 \cdot 4^2 = 256$$

だからボールの達する最高の高さは地上二百五十六フィートである。この説明の要点は、瞬間変化率の概念から変数の極大値、上例ではh、を計算できる、ということにある。同じ方法を極小値をもつ変数に応用すると、極小値がきまる。

十八世紀までには、科学者は、ある値が極大、極小になるような、いろいろな自然現象を認めていた。たとえば、A点から鏡に反射してB点にいたる（**図16**を見よ）にはいろいろな道が考えられる。しかしギリシア人が発明した如く、光線は最短コースを取る。光は一様な空気の中では一定の速度で通るから、最短コースは最短時間のコースでもある。だから、この現象では、距離も時間も最小になるように自然は振舞うわけである。

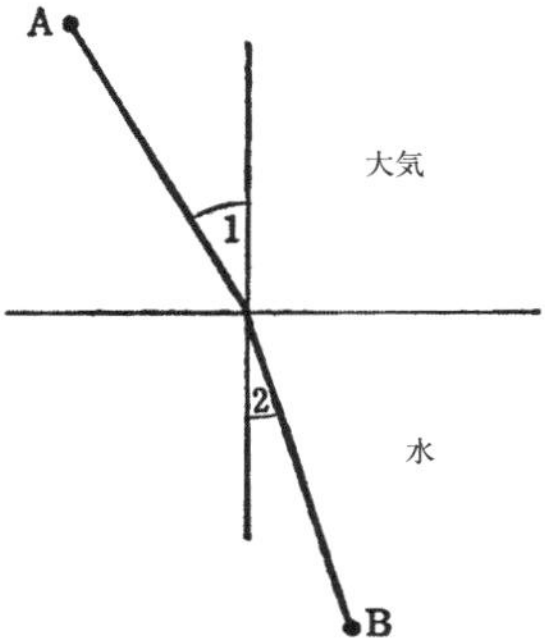

図72　最短時間の道を取る屈折法

大気から水へのように、光が一つの媒質から他の媒質へ入って行くときには、その速度が、たとえばC_1という値からC_2に変るだけでなく、光線の方向も変る（**図72**）。ここでもまた第一の媒質Aから、第二の媒質Bに光線が入るにはいろいろな道が考えられる。しかし、ライデン大学教授ヴィルレブロルド・スネルとデカルトは、光線が通る道はC_1割るC_2がサイン1割るサイン2に等しくなる道であることをしめした。それからさらにフェルマーは、この道が最短時間で行ける道でもあることをしめした。

地上の大気のように、性質がだんだん変るような媒質を通るときも、光は最短時間のコースを取る。この光の性状は、毎日認められることである。地表近くの大気は、地表から離れた所よりも濃い。ところが光線は、薄い大気よりも濃いものの中での方が速度が遅い。だから太陽から来る光は薄い大気の中では速度が速いという点から、できるだけ長くその中にとどまろうとする。その結果、光線の通路は曲り、日没後、つまり太陽がじっさいには地平線下にあるときでも、太陽が見えるのである（**図73**）。

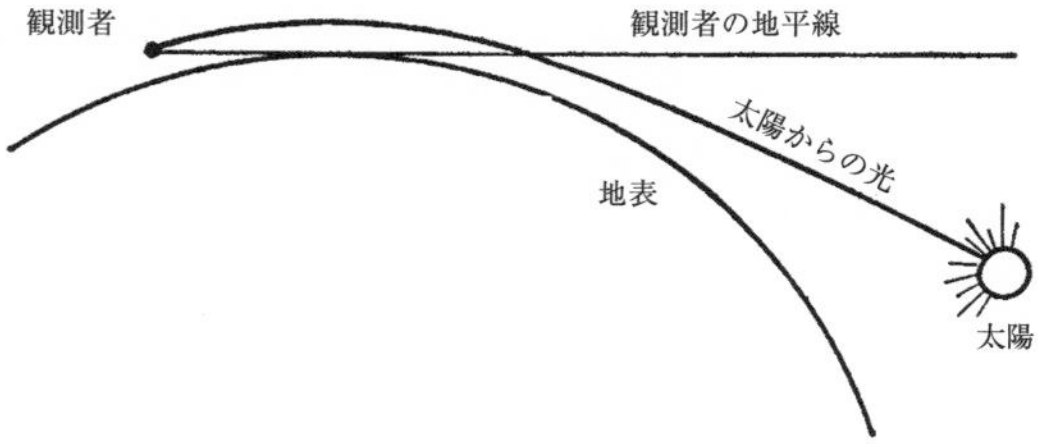

図73

こういう根拠をもとにして、フェルマーは、一点から他に行く光線はつねに最短時間のコースを取る、という最短時間の原理を確立した。真のコースは時間が最小のものである。上述の計算は、一変数を極大又は極小にするような他変数の値を決定するにつかわれるから、フェルマーの原理によって、光線の通路の決定にこの微積分を有効につかえる。しかしフェルマーの原理は光線だけに応用されるものだろうか？　他の現象はどうだろうか？

自然が最小原理に従うという例は、ほかにも容易にみつけられる。均質のゴムで出来た気球をふくらませると、球形になる。シャボン球もそうである。一定体積をふくむ面のなかでは、球が面積最小である、という数学の定理がある（古典時代のギリシア人なら、貴ぶべき球にはこんな事実があると証明できれば、欣喜雀躍したであろう）。だから気球もシャボン球も、その中にふくまれた空気の体積に対して面積最小となるような形をとる。何故この数学定理に従う形を選ぶのだろうか？　ゴムも石鹼膜も、球形を取れば、面積最小に止まり、だから伸び方も一番少なくてすむ。自然も人間のようにできるだけ無理しないように、小さくなろうとするかのようである。

こういう例すべてを広い応用を持つ一つの原理の中にふくみうるであろうか？　十八世紀中頃の有名な物理学者ピエール・L・M・ド・モーペルテュイは最小作用の原理を発表した。この原理は、モーペルテュイが光の理論を研究している間に発見したもので、自然は、専門語で作用とよぶ質量と速度と動いた距離の積になる、ある複雑な数量を最小にするようにはたらく、というのである。作用の公式に上述の微積分を応用すると、ニュートンの運動のはじめの二法則や、その他力学や光に関する法則がそれから導かれる。だからニュートンの法則に従って動く物体、たとえば惑星は、最小原理に従う、といわれる。さらにモーペルテュイは、力学と光の法則を一つの最小原理の下に統一することに成功した。

モーペルテュイは、神学的理由から自説を弁護しようとした。彼は、物質現象の法則は、神の創造にふさわしい完全性をあらわすものと信じた。最小作用の原理は、自然が経済的であることをしめすものだから、この基準を満足する。だから彼は、それが自然の普遍法則であるのみならず、神の存在の最良の科学的根拠であると主張した。それは「至上の存在にのみふさわしいきわめて賢明な原理」だからである。

十八世紀のスイスの大数学者レオンハルト・オイラーも、モーペルテュイと同じく、最小作用のような最小原理の存在は偶然のものではないと信じ、モーペルテュイの主張をあらゆる点で擁護した。その原理は神の意図、構想の根拠であった。ギリシアやルネサンスの科学者にとっては、単に幾何学者であった神が、今やさらに教育を受け、そして幾何学者たるに止まらず、あらゆる分野に有能な万能数学者になった。

もちろん、フェルマー、モーペルテュイ、オイラーのいうように自然はつねにある関数を最小にするようにはたらく、と想像するのは間違いである。たとえば、光線がいろいろの道のなかで、最長の時間をとるような道を取る場合がある。だから彼らの求めた原理の正しいいい方は、自然はある関数を最大か最小にするようにはたらく、である。モーペルテュイは、自然が経済的である、というべきではなかった。そのかわりに、自然は極端に走る、というべきだった。

しかし、モーペルテュイたちはこまかい問題については誤りも冒したが、十九世紀二十世紀の後継者たちは、彼らが正しいコースに沿って歩んでいたことを確認している。神学的解釈をのぞいて、最大最小原理は現在の物理科学を支配している。前世紀の大物理学者の一人ウィリアム・ハミルトン卿は、重力、光学、力学、電気学の法則のほとんどあらゆるものが、専門語で運動ポテンシァルの時間積分といわれる彼が作った関数を、最大または最小にすることによってえられるとした。ハミルトンの関数の価値は、非常に多くの物理法則がそれによって橋渡しされること、これらの法則が最大最小原理を応用してえられることにある。さらに、今世紀の大数理物理学者アルバート・アインシュタインは、相対論を作り出して成功を収めたが、その中の時空における物体の自然な道は、間隔 interval と呼ぶ関数を最大にすることによってえられるものである。これは惑星軌道の観測を説明できるという点で重要である（水星の近日点移動はニュートンの法則では説明できなかったが、一般相対論によって説明された。訳注）あらゆる現象を一つの原理に包含させるという目標、すなわち自然現象は、ある非常に一般的な関数を最大最小にするものだという目標にむかって、今日も熱心に研究がつづけられている。アインシュタイン自身も、あらゆる電気的、力学的現象を一つの数学的命題に圧縮し、それから自然法則を最大最小法で演繹しよう、という仕事を今なお追求している。

さて、科学者が強調した最大最小原理は、消滅したのではないことはわかった。ただ、こういう原理が以前は神の摂理に帰せられていたのが、今では美的な魅力と科学的な効力によって承認されている、という点に変化はある。今日でもエディントンやジーンズのような有名な二十世紀科学者で、第一原理、究極のレーゾン・デートル（存在意義）として神に敬意をはらう人もある。

大数学者、大科学者たちは、宇宙の建築への微積分の応用に忙殺されていたが、その正しい論理的基礎を作る試みは何代かかっても失敗の連続であった。馬車から馬をはずし現代の自動車にいたるまでの間には、大小さまざまの発明で埋められているように、ニュートンやライプニッツの微積分と、その満足な説明の間のギャップは、何百という数学者の研究で橋わたしされた、その演算法の論理の証明を生み出すには実に約百五十年の歳月がかかったのである。

瞬間速度を出す段階にその主な難点がある$d=16t^2$という公式からh秒の時間間隔の平均速度として、

$$\frac{k}{h}=96+16h$$

をえたことを思いおこそう。そして瞬間速度は、hがゼロに近づくにつれてこの式の近づく値、現在微積分で極限とよぶもの、であると考えられた。その数が九十六に近づくことはあきらかであろう。このかんたんな例ではあきらかだけれども、極限の概念は微妙で捉えがたいものである。その難点のいくつかを考えてみよう。0、$\frac{1}{4}$、$\frac{3}{8}$、$\frac{7}{16}$、$\frac{15}{32}$という系列の数は、だんだん1の方へゆくが、決してそれらは$\frac{1}{2}$をこえることはないから、1に接近はしない。hがゼロに近づくにつれて$\frac{k}{h}$がこういう系列をなすなら、$\frac{k}{h}$が近づく極限または数値はどうなるだろうか？　その接近の仕方が問題である。その数値の系列が極限に非常に接近する、とはいえる。しかし接近という言葉はあいまいである。火星は五〇〇〇万マイル離れていても地球に接近したことになる。一方、弾丸は数フィートの近くを通らねば、人体に接近したとはいえない。

微積分の創始者たちが直面した難問は、まさにこの瞬間速度というもの、または$\frac{k}{h}$という量が近づく値の満足な定義をあたえることにあったのである。十七世紀初期の演算の研究家たちの一部が、自分の断片的な業績を弁護しようとした試みは、現在の基準からすれば滑稽なものである。数学における厳密な証明という長い光輝ある伝統にもかかわらず、ある数学者たちは、証明はできなくてもその考え方が価値あるものだから、こういう厳密さの基準は拋棄してもよいとした。ガリレオの弟子、ボロニア大学の教授、ボナヴェンテュラ・カヴァリエリは、厳密性は、哲学者の問題にするものであって、幾何学者には関係のないことだ、といい放った。パスカルは、ある数学の段階の確証には、心性が介入する、と論じた。ちょうど宗教的美質が理性に勝るように、論理よりもむしろ、ほどよい「微妙な感覚」が物事を正しく判断するには必要なのだというのである。

ニュートンやライプニッツは演算技術にすばらしい進歩をしめしたけれども、その厳密な確立に寄与するところはなかった。微積分に関する彼らの著書を読めば、極限概念の核心を突かずに無茶苦茶なつかい方をしているのにおどろかされるだろう。何度も方法をかえ、前に述べたこといたる所で矛盾している。彼ら自身も、当時の人も、その後継者たちさえも、ただ混乱しているだけで、正しい極限概念をあたえるのに成功した人はいない。ニュートンは『原理（プリンキピア）』のある個所では、瞬間変化の割合の観念を正しく述べている所もあるが、必ずしもそれをよく認識していたものではないらしく、すぐ後の個所ではその方法の論理に下手くそな説明をくだしている。ライプニッツは、k/hの比の中の、hやkの量がゼロに近づくにつれて示す本性を哲学的に論じて、自己の研究を正当化しようとしている。しかし、形而上的考慮はともかくとして、微積分は大よそ正しいというものに過ぎないが、その過ちがじっさいには影響しないほど小さいから役にたつのである、と彼は信じていた。微積分の数学的説明では、ライプニッツは規則を出してはいるが、証明はあたえていない。hがゼロに近づくにつれてk/hの近づく数値を求めるときのkとhの値の説明で、彼は、hは時間tの二つの値が無限に近づくときのその間の差である、としている。同様にkも距離dのそのような二つの値の差である。彼の著書のある点では、kとhの極限値は、無限に小さい量、消えて行く量、じっさいに存在する量とちがってこれから芽が出る量としている。ニュートンもk/hの極限値に「根元的、究極的比率」という言葉をつかっている。しかしこういう用語はみな難点を単に言葉のあやで切り抜けようとする以上のものではない。

　微積分の初期の研究には厳密性が欠けていたから、確実性についての論議はのちにまで持ちこされた。ニュートン時代の数学者マイケル・ロールは、この微積分を巧妙な誤りの寄せ集めである、と教えた。ニュートンの死後まもなくあらわれた大数学者コリン・マクローリンは微積分を厳密化しようと決心した。一七四二年公表された彼の著書は、確かに深い考慮の注ぎこまれたものである。が、それでも読むに耐えない。十八世紀には微積分の論理を厳密化しようという目的で多くの書物が書かれた。しかしその成果は次のヴォルテールの言葉に要約される。「微積分演算は、存在を信じられないような物を正確に数え測る技術である。」あらゆる時代を通じて最大の数学者のうちに列する、ジョセフ・ルイ・ラグランジュとレオンハルト・オイラーは、ともにニュートンやライプニッツの百年後の人であるが、それでもなお、微積分は不確実ではあるが、その誤りは打消しあう性質のものだから、正しい結果をあたえる、と信じていた。十八世紀の末近く、ダランベールは学生にこの問題を教える際に、信頼こそ習得にいたる道だ、と勧告した。幸運にも、ニュートン時代は、数学と科学が密接に結びついていたから、物理的な推論が数学者を導いて正しい発展のコースに乗せたのである。彼らがえた結果は、応用する上では役にたち確実であったからこそ、その方法に信頼をおいてさらに研究を進めることができたのである。事実、微積分は大きな長所を持っていたから、当時の数学者は厳密性の問題に眼を閉じて、よろこんで研究をつづけえたのである。

さて、ニュートンやライプニッツを正しい道にみちびいたのは、論理よりもむしろ物理的論議であったことを知った。偉大な思想の創始者における不完全さはむしろ当然の事である。知的冒険の先駆者たちは、才気の閃光に照らし出された道を大胆に進むのである。もし彼らが、時間をくうこまごました問題にかかずらわっていたなら、その進歩も、近視眼的なアカデミシャンのチャチできざな段階に止まったであろう。しかし微積分は、数学の中で一番進歩のめざましいものであることは歴史のしめす所である。もちろん、数学の証明にも無意識的に誤りが入っていて、修正する必要のあったものは多い。ユークリッドでさえも誤りをおかしていて、十九世紀後半までそれが発見されなかった。だから誤った個所より先に進みえなかったはずなのに、専門家さえもそれに気付かなかった。しかし微積分の場合は、数学者も科学者もその他の知識人もみなその基礎に不満であり、確実性を疑っていたにもかかわらず、この広い数学体系は科学のもっとも大きな問題に応用されて、十八世紀最大の法則をぞくぞくと産み出したのである。十七、十八の二世紀の最高の数学者たちが、ほとんどみなこの演算法を厳密化する問題に没頭して、無惨にも失敗したことをふりかえって、現代人は彼らをわらい、自らの自尊心を満足させるであろう。

数学にとっても世界にとっても幸なことに、この失敗の喜劇はハッピー・エンドにおわった。優れたフランスの数学者オーギュスタン・ルイ・コーシーは極限概念の正しい公式化に成功し、微積分を正当化するに必要な極限に関する定理を修正した。コーシーは一八二一年『解析講義』を刊行した。それ以来数学者たちは、百五十年間書きためられたナンセンスを拋棄し、コーシーの考えを採用した、と早合点するのは間違いである。最近五十年間アメリカ合衆国でもっとも広くつかわれた微積分のテキスト、さらに現在もっともゆきわたっているものでさえも、一七〇〇年に書かれたものと同じものがある。

世間での通念に反して、微積分がいわゆる「高等数学」の頂点ではない。それはまだ序の口である。それが生まれるとただちに解析学の礎石となった。この「解析学」は代数、幾何よりもはるかに広い数学の一分科で、科学を導くめざましい威力をふるったものである。微分方程式、偏微分方程式、無限系列、変分法演算、微分幾何学、複素変数関数論、ポテンシァル論などの問題は解析学の一領域にすぎない。こういう道具を用いて、科学者たちは自然の数学的法則の探求をつづけ、その把握を確実にした。これらの業績の一部は先に行って述べることにする。

これらの数学の諸分野が形成されている間に、十六、十七世紀の数学者の業績を基礎として、新しい文化が普及して行った。かつては文化に養分を与えた中世の知識の乾きあがった茎をすて、科学、哲学、宗教、文学、芸術、美学は実りゆたかな数学の成果から宇宙の新解釈へと大自然にむかってはたらきかけた、西洋文化においてこれら蘇った分野の発展を以下数章に辿ろう。

第16章

ニュートン主義の影響——科学と哲学

この人類の前に拓けた世界を自由に闊歩しよう。
大いなる驚き！　ただしそこにも秩序はあるのだ

アレクサンダー・ポープ

十七世紀にもっとも権力ある人物を投票したら、きっと悪魔が当選しただろう。神学者がひろめた悪魔学によると、悪魔やその助手の小悪魔どもが、戦争、飢饉、疫病、嵐を引きおこす。悪魔どもは子供を脅かしたり、かきまぜたクリームをバターにするのを邪魔したり、いろいろ悪戯をして喜ぶ。また悪魔の仕業を助ける者に、人間のくせに油をそそがれて魔力を授かった魔女がある。魔女は人々に病気をうつし、狼に化けて近隣の飼牛をくい、悪魔自身と肉体関係を結ぶ者もある。暇な時には、彼女らは箒の柄にまたがって空を飛び、煙突から入り込む。

悪魔やその協力者による悪事の数々は、全能の神をもってしても防ぎえず、猖獗を極めたので、神の政治的、精神的代弁者たちは、これら人類の敵を抹殺することこそ、もっとも重要かつ神聖な使命と感じた。こういう社会の指導者をもって任ずる人の間には、英国の王ジェームズ一世、ルーテル、カルヴァン、数人の法王、ジョン・ウエズリー（メソディスト派の祖。訳注）、アメリカのニュー・イングランドのカトン・メイザーなど、魔術をかたく信ずる人たちがいた。取るにたりない理由から、老いも若きも、女も子供も魔法使いだという責めを受けた。いかなる疑惑も見のがさないために、教会の礼拝の際にも密告を求められ、名前を書いて入れる箱が礼拝者の間にまわされた。被告は投獄され、拷問を受け、自白を強いられた。被告が自白をしようとしまいと、拷問は死にいたるまでつづけられた。自白しそこなうと怪しいと見なされ、自白してももちろん罰せられた。判事の心に残るごく僅かの良心を慰めるために、自白しなかった者の中には無罪の証明を受けた者もある。ただしそれも死後に。

今ではほとんど信じがたいほどに教義に固執していた。当時の裁判官や僧侶たちは、冷酷に魔女たちを死刑に処した。十七世紀ヨーロッパにひろがった魔女の脅威は宗教改革の一因とも考えられる。そこで宥和策を取ったカトリックの法王グレゴリー十五世は、魔法の力で夫婦不和、病気、無気力を生じさせ、動物や作物を荒した魔女たちに、死一等を減じて投獄にした。

魔女狩りは、十七世紀の何千という無辜の人々を死にいたらしめたが、決してこれだけがあの凄まじい時代の生活の暗黒面ではない。人々は、死後に彼らを待つと教えられているものの恐怖に、たえず曝されて生きていた。僧侶たちは、ほとんどの人が死後は地獄に落ちると宣し、地獄で無限の責苦に苦しむ、恐るべき拷問の様を事細かに述べたてた。湧き立つ硫黄と猛火に身を焼かれ、しかもその身は消耗せず、絶えずくりかえし責苦に悩まされる。神は救いではなく天罰を与え、地獄と拷問道具を作ってそこに人々を送り込み、ただごく僅かの小羊どもにのみ恵みを垂れる。キリスト教徒は死後に待ちかまえている永遠の断罪に想いを致した。宗教を唯一の排け口とする単純無知な民衆は、この運命の説明を文字通り真実として受け入れた。「神の道を正す」ことを義務とした人がでて来たのも不思議ではない。

信仰の自由は十七世紀にあっては稀であった。そのうえ、国の内外を問わず異教的見解の追放のために戦がおこった。スペイン、ローマ、メキシコの異端審問、フランスにおける聖バルテルミー祭日の虐殺、イタリアにおけるピエモンテの虐殺、ドイツにおける三十年戦争は、人類を教育する「啓蒙的」努力の数例にすぎない。各国で勢力ある教会の不興を買う行動、カトリック教国にあっては法王に反対する些細な言葉も、異教とみなされ、ただちに撲滅された。宗教の自由はほとんどないのみならず、宗教は人々を恐怖に曝した。

刑罰の恐怖、地獄の恐怖、悪魔の恐怖、神の恐怖、死後の責苦の恐怖である。

こういう反動的な空気の中では、出版の自由は、信仰の自由と同じくほとんどなかったものと考えられる。一五四三年以来カトリック教国では、審問所の公けの許しのない文献を出版し、売り、後援し、伝播し、輸入することは犯罪であった。禁書目録には信者に禁ぜられた書物がのせられた。文献を葬り去るこんなに鋭い刃物はかつてない。プロシアのフリードリッヒ大王は、「人はすべて自身で天国に行かねばならぬ」ことに同意したが、地上の生活を支配する政府については何も文句をいわせなかった。だから、書物、論文の検閲は厳重に課せられた。政府は表向きは市民に真理探究をすすめながら、真理を見いだした人には罰を課した。知識の伝播を制限した結果、大衆の無知は広くかつ深刻となり、一方、因襲的な学者階級は相変らず神学的問題を解き、アリストテレスをいじくっていた。

デモクラシーは思弁哲学のアリストテレス解釈に止まり、現実世界において達すべき目標とは考えられなかった。領主の奴隷であり所有物にすぎなかった一般民衆は、領主の神聖な権力を攻撃すべきであることを知らなかった。さらに、大衆には公民の権利が与えられていなかった。人人はとるにたりない罪で牢に入れられ、何年も裁判を待たされた。羊一匹とか、僅かの金を盗んだというような軽微な罪も死をもって罰せられ、負債は投獄が常であった。イギリスなどの名門の「紳士淑女たち」の道楽は、罪人をきわめて残酷な方法で拷問にかけるのを見物することだった。刑場に曳かれ八ツ裂にされたのは、当時の言論人だけではない。

幸にして、これらの知的、社会的、道徳的頽廃は過ぎ去り行く文化の断末魔の苦しみにすぎなかった。十七世紀をもって中世文明は完全に崩壊した。西洋世界においては現在行なわれているようなもっとひらけた文明がそれに取ってかわったのである。そして、数学や科学がこの新文明に寄与した過程は、それらがラジオやテレヴィジョンのような現代の奇跡をもたらした過程と同じく、注目に値するものである。

ルネサンスの宗教的、社会的変動、地理探検や数学、科学の研究からの知識の集積は、はじめのうちはただ知的混乱を招くのみだった。しかしこの間にも、コペルニクスをはじめとして、ケプラー、ガリレオ、デカルト、フェルマー、ホイヘンス、ニュートン、ライプニッツなどの科学者、数学者の小さいグループは着実に研究を積みあげていた。彼らの研究の結果は究極において中世のデカダンスを新文化の秩序に置きかえることになったが、彼らが夢みた目標はわりあいつつましいものであった。ガリレオの科学研究への新しい概念によると、また『自然哲学の数学的原理』の中のニュートンの言葉によると、物質宇宙に成立する数学的関係を発見することだけがその目的であった。

この目的に対するニュートンの最大の業績は運動と重力の法則である。これらの法則自体の中には驚くほどさまざまの現象が包含されている。観測にもとづいて発見されたケプラーの法則は、ニュートンの数学的法則からの直接の演繹的結果として認められた。ニュートンやその弟子たちが、光を粒子の運動、音も気体分子の運動として研究し成果をあげるにつれて、ニュートンの法則はこれらの研究にも有効であることが判った。科学の他のいろいろの分野においても数式化がはじまった。電気や熱の分野に、液体や気体に働く力に、多くの化学現象に、定量的法則が見いだされた。その勝利は主として天文学、物理学の分野であったけれども、化学の意義も未来を約するものとなってきた。

光の数学的、物理的研究によって、望遠鏡、顕微鏡が改良され、それによって文字通り生物学者に新しい世界を開いた。力や運動の分析による定量的研究の成果は、生理学者や心理学者に対して、星占いの前兆や、魂、心、精神、気質などのあいまいな観念のかわりに、問題を力学的に説明する方法を授けた。管の中の水の流れの量的研究は、血管を流れる血液の場合にもあてはまる、と信じられるようになった。血液が身体中をめぐって心臓に帰るというハーヴェーの証明は力学観を強化した。心臓をポンプと考えて、身体をポンプ装置と結びつけたからである。光の研究は視力の機能をよく説明し、音の研究は聴覚の問題をあきらかにした。フランスの有名な医者ジュリアン・O・ド・ラ・メトリーの『人間機械論』、フランスの急進論者パウル・ハインリッヒ・ドルバック男爵の『自然の体系』の二著は、意識、肉体的作用、あらゆる人間の思想と行動を、物質と運動によって「説明」するところまで行った。ニュートンが天体を研究してからいくらも経たないうちに、ラ・メトリーは人間の心の演算を発見したと称し、フランスの経済学者フランソワ・ケネーは経済的、社会的生活に対する方程式を発表した。自然現象、社会現象、精神現象たるとを問わず、あらゆる現象が数学法則に帰されるのは時間の問題だとも思えた。

すでに達しえた成功、未来に待っている成功の秘訣は、十八世紀の思想家にとっては手にとるようにあきらかなものであった。フランスの代表的博物学者コント・ド・ビュッフォン、有名な形而上学者マルキ・ド・コンドルセーたちは、定量的方法の導入が自然を合理化し把握する力を与えることを認めていた。カントは、科学における進歩はその中に数学的内容と方法をふくむ程度によって決定されると論じた。かくして数学は知識の鍵、「万学の女王」となった。

数学と科学の連合軍の偉力がどしどし応用されていって、この成果は知識人たちに次のような方向に沿ってあらゆる知識を再組織しようという熱情を吹きこんだ。まず彼らは、人間理性を真理に達するためのもっとも有効な機械という地位に高めた。次に、彼らは数学的推論を、あらゆる思想のもっとも純粋、深遠、有効な形式のあらわれであり、人間の精神能力の完全な形であると信じたから、数学的方法や数学そのものを知識の獲得に利用しようとはかった。三番目に、各分野の研究者はそれぞれ自分の領域に関する自然法則、数学法則を求めようとした。とくに、哲学、宗教、政治、経済、倫理、美学の概念と結論は、それぞれその分野の自然法則に従って再吟味された。

この新しい方法の特徴は、理性への信頼、物質科学、形式科学にとどまらず、あらゆる知識の領域に対する数学的方法の拡張の正しさへの無限の信頼にある。この大胆なプログラムは、のちに述べるごとく、完全な成功ではなかった。優れた人々の努力と期待とに反して、数学的方法ですべての問題は解決しなかった。しかし当時の合理的気質は知識のあらゆる分野における思想のコースを永久にかえてしまった。そして理性に酔った十八世紀啓蒙時代の指導者たちの期待通りに、数学は既存の世界秩序をひっくりかえす梃子の支点として、新しい秩序を鍛える道具としての役目を演じたのである。

十八世紀思想家のまず第一に目指したことは、あらゆる問題に対する数学的方法の樹立と考えられる。前に述べたようにデカルトは、疑いえない基礎の上にあらゆる知識の再建をはかり、信頼できる唯一のものとして数学的方法を選び出した。しかし彼は普遍数学を夢みていたけれども、曲線研究への代数の導入に比して、他の非数学的問題の研究に数学の記号や技術をつかいえなかった。

デカルトと同じ目標を追求した数学者、哲学者ライプニッツは、さらに野心的な計画に着手した。彼はあらゆる問題を包括し有効に処理する普遍的技術的な言語と計画を工夫した。これによってこそ人類の直面する「あらゆる問題」の解決がえられるだろう、と彼は期待した。数学はライプニッツのプランへの単なるヒントに止まらず、それを断行する上の出発点なのである。数学は目的に適した理想的言語と操作方法を持っているのである。数学用語と数学的機構の応用範囲を拡めると、あらゆる研究を包含できるに違いない、とライプニッツは考えた。そこで彼は普遍的演繹科学への第一歩として、ちょうど二十四が素数二と三に分解できるように、思想につかわれるあらゆる観念を基本的で明確かつ重複することのない観念に分解することを提案した。まず彼は素数を基本的観念の記号としてつかったが、後には中国の表意文字（漢字）に似た記号を用いた特別な言語を造りあげようとした。ちょうど$a(b+c)$のような量が複雑な代数量をあらわすように、複雑な観念は基礎的記号を結合して表現されるはずである。彼は推論法則を編み出して、誰でもそれを記号や記号の組合わせに応用して、代数のように機械的に有効に結論を出せるようにしよう、と企てた。

見たところライプニッツのプランは途方もないものに思える。あらゆる分野のあらゆる問題を処理しようという期待は、現代人にも手のとどかないものだ。ライプニッツの時代ではなおさらのことである。数学史のしめすところによれば、記号や操作がだんだん改良されていって、未熟な技術では解決不能であった問題が今では平凡陳腐なものになっている。かんたんな例をとると、数や位置をあらわすインド・アラビア記号は、今日の小学校の子供でも、ギリシア、ローマ、中世の数学者たち以上に完全にあつかいうる。しかしライプニッツはあまりにも野心的であった。彼の努力はもちろん完成されなかったし、さらにあらゆる観念をわずかな基本的観念に分解できるという彼の信念も実証されなかった。

しかし、彼の計画は十九世紀においてある効果をしめし、成果を生んだ。論理学そのものが彼の方法を採用し、推量におすいおこる基本的な観念や操作に記号を用い、この純粋な記号言語で、正しい推論の本質と形式を研究するところまで来た。ライプニッツは、二十世紀に入ってバートランド・ラッセルやアルフレッド・ノース・ホワイトヘッドなどによってさかんに研究されている記号論理学という科学の創始者である。

演算法であらゆる問題を解決する試みが流産したからといって、ニュートン時代に行われたすべての知識の改訂も同じ運命にあったとはいえない。科学時代のなかで大変化が起り、そのすみずみまで行きわたった。デカルト、ガリレオ、ニュートンが自然の数学法則を見いだすことを目標として以来、この二つの分野、数学と科学は力を合わせるようになった。その協力による成功が大きくなる程、その結合も密接になった。科学を進めるために新しい数学の分野がひらけ、科学が音頭を取って新しい数学の問題を供給した。実際にも最良の数学的成果と最良の科学的業績は同一人物によって実現されている。ニュートン、ライプニッツ、ベルヌーイ一族、ダランベール、ルジャンドル、ラグランジュ、ラプラースは数学者か科学者か、どちらの方にすぐれているか判断することは不可能である。しかしだんだんこの相棒の一方が他を支配し始め、十八世紀には数学が科学を吸収してこの関係に新局面をひらくにいたった。科学は自然を研究し測定する目標を堅持するようになったが、その内容非、表現、方法ともますます数学的になった。

科学の諸分野はますます数学的になり、十八世紀人の心にはそれが自然の表現説明として完成の域に達したかに思えたが、なかでももっともいちじるしく発展した分野は力学である。ガリレオとデカルトは、自然は運動する物質から成り、科学はただこれらの運動の数学的法則を発見することにある、という方針と哲学を提示した。百年後にはこの方針は堅固で強力な実在とかわった。これらの先駆者やさらに十指にあまる光をかかげた指導者たちの研究によって、地上の物体やとくに天体の研究は完全なものとなり、ついに啓蒙時代の人をしてこの科学哲学の真理と真価を確信せしめるにいたった。力学上の二つの記念碑的大著、ラグランジュの『解析力学』とラプラースの『天体力学』が十八世紀にあらわれ、科学者の観察したあらゆる運動現象をふくむ厳密かつ不変の数学法則の下に、自然が統治されていることを「証明した」。

同時にこれらの科学的古典は力学を純然たる方程式にかえた。力学は数学者が自由に楽しくはねまわる楽園となった。この楽園では心を悩ます大きな難問はなく、自然現象は手当り次第取るにまかせた果実であった。十七世紀は才気に富んだ数学的独創性をほこるが、一方十八世紀の誇りは力学的自然の成功であり、数学的力学の時代と名づけられる。

科学の内容の変化に伴って、表現と仕事する仕方にも変化があった。表現はますます厳密で、あいまいさのない、便利で、どこにも通用する記号を使った数学的表現になった。また科学は抽象的理想的概念をますます広凡につかいはじめた、じっさいにも我々はみな常に観念を経験から抽象化してつかっている。一生涯散文ばかり喋っていたのに気づかなかったモリエール喜劇の登場人物のように、ただ我々も抽象化に気づかないことが多いのである。重力は十七世紀のすばらしい抽象化の一つである。空間に瀰漫するエーテルは十七世紀以来広くつかわれた抽象概念だし、科学的概念としての質量も重要な抽象化である。一六〇〇年以来導入された抽象の有名なものとして、そのほかに力やエネルギーの概念をあげることができる。

科学の方法は、演繹を広く用いることによってますます数学的となった。つまり科学は、ギリシア時代の数学のように、公理を援用し、その科学の公理を数学の公理定理に結びつけて使って、科学自身の定理を演繹したのである。たとえば物理学の推論の基礎には、純数学的な公理のほかに、どんな公理があるか、を考えてみよう。ニュートンの運動や重力の法則がこういう公理であり、これの使用についてはすでに前章で述べた。他にも物理的公理と名づけられる例として、エネルギー保存法則がある。この原理は、エネルギーがある形で消費されるとそれが他の形であらわれる、という観察から導かれたものである。木を挽くのに筋肉のエネルギーを使うと、そのエネルギーは熱の形で鋸や木にあらわれる。こういう観察や様々の精密な測定を基礎として、物理学者は物理作用、化学作用においてエネルギーは決して失われず、ただ形を変えるにすぎない、という事実を公理として承認したのである。

科学は抽象、演繹のような数学の表現、結論、方法をどしどし取り入れたが、それと共に科学の全分野の本質は数学的原則にかわって行き、これらが科学の数学化という特徴を作り上げたのである。十八世紀には、すべての科学が数学化されるのは時間の問題で、科学の進歩のテンポは数学に吸収されるにつれてますます速くなる、と思われた。

ルネサンスの科学者は自然の探求の中で数学的真理を求め、かつ見いだした。もちろん数学はギリシア時代以来真理の源として認められていた。しかしルネサンス以後になってはじめて、数学は、真理の領域を支配する因襲的な哲学宗教の虚名を突きくずし、宇宙の包括的な大系を作りはじめたのである。数学はかつてえられなかった壮大な宇宙の新秩序を顕示したのである。そしてこの人間の思想を越えて天にむかって破竹の成果をしめしつつある数学とともに、哲学も宗教も長く権威を保った思想体系を棄て、新しい数学と科学の知識の光の下に再建しなければならなくなった。

哲学者たちは、いかにして人の真理に達するか、の問題をむしかえして再建にとりかかった。新しい数学と科学は既存の知識をようしゃなく破壊し、当時の知識人の間に神に対する正統的な信仰が急速に消えさりつつあったので、神学者もこの問題には関心を持つこととなった。神の存在の証明は数学の定理や科学の実験からは出てきそうになかったので、新しい認識論の上に信仰を基礎づける必要が感じられた。神の概念は、人間に本来備っているもので、だから疑う余地がないのだ、という説明の仕方になった。

いかにして人間は真理に達しうるか？　いかにして信頼できる知識がえられるか？　いかにしてその知識に伴う信仰を説明できるか？　哲学者はこれらの問題に没頭したが、その答もやはり新しい時代というものを反映していて、神学者を失望させた。

数学や科学からえられた知識に答えて、トーマス・ホッブスはまず『リヴァイアサン』（一六五一）のなかで、外界には運動する物質があるのみ、と断言した。外界は人間の感官に印象され、純粋に力学的な作用で頭脳の中に感覚を生じる。知識はすべてこの感覚からえられるものである。

感覚はあらゆる物体と同じく慣性を持つから、頭脳のなかに止まる。そのとき感覚は映像とよばれる。一連の映像がいたると、すでに持っている映像を呼びおこす。たとえばリンゴの映像は木の映像を呼びおこす。思想はこの映像の鎖を組織したものである。特に、名前は、映像にあらわれる物体や物体の性質につけられ、思想はこれらの名前を結びつけ、それらの間に必然的に成り立つ関係を求めるものである。頭脳は以上のものを組織し、関連づけ、規則性を見いだす。知識はこの規則性からなるものである。さて、数学によって頭脳は直接に物質界にあらわれない必然的関係を抽出するから、数学活動はこの規則性を生み出す。だから頭脳の数学活動は物質界の知識を生み出し、だから数学は真理である。実在は数学の形においてのみ受け入れられるのである。

ホッブスは数学こそ真理にいたるものとして、数学の権利をあまりにも強く主張したので、数学者の中にも反対するものがあった。当時の第一級の物理学者クリスチャン・ホイヘンスにあてた手紙で、数学者ジョン・ウオリスは次のようにホッブスを批評している。

このリヴァイアサンはわれわれの大学（のみならずあらゆる大学）を烈しく攻撃し破壊している。キリスト教世界には確実な知識はない、哲学や宗教はばかげたものばかりだ、数学を知らねば哲学は判らないし哲学が判らねば宗教なんか理解できない、などといって、とくに聖職者に対して非難をむけている。

ホッブスは推論における感覚や頭脳の作用が純物理的な性質を持つものであることを強張したが、これは、精神が機械的に働く物質以上のものだとして神や魂のような宗教的概念を指示しようとした多くの哲学者に衝撃を与えた。一六九〇年に公けにされた『人間悟性論』では、ジョン・ロックはホッブスとはいくぶん似ていたが、デカルトには反して、人間に本来具わる観念のようなものはない、という主張から出発した。人間は白紙の心をもって生まれる。経験が感覚のなかだちによってこの白紙の上に描き、かんたんな観念を生む。ある種のかんたんな観念は、物体に備っている性質に精密に類似している。これらの第一次とよばれる性質は、延長、形態、運動と静止、数というようなものである。このような性質は、人がそれを受け入れようと受け入れまいと、存在する。もう一つの感覚から起る観念は、物体の実質が心に及ぼす反応であるが、これは実質には対応しない。こういう第二次性質には、色、味、臭、音がある。

心はどんなかんたんな観念も造りえないが、かんたんな観念を反映し、比較し、統一する力を持ち、それから複雑な観念を形作る。ここにロックのホッブスとの相違点がある。さらに、心は、実在そのものを知りえず、ただ実在の観念のみを知り、この観念を扱うものなのである。知識は一致、無矛盾性というような観念の結合にあずかるものである。真理は事物の実在性に従う知識にある。

証明は、観念を結びつけて真理を樹立する。証明によって達せられた確実性のなかで、数学的なものがもっとも完全である。ロックは、数学が扱う観念が最も明晰でかつ最も信頼できるものであるとして、数学的知識を第一に置いた。さらに、数学は諸観念間の必然的結合を示す観念を扱うもので、心が理解できるのはせいぜいこの種の結合なのである。

ロックは科学によって生み出された物質界の数学的知識を重視したうえに、直接的な物理的知識を排除した。物質の構造に関する事実は、物体間に働く引力のようには明晰ではない、と論じた。さらにわれわれが知りうるのは外界の実体ではなく、感覚によって生じた観念に過ぎないのであるから、物理的知識で満足なものはほとんどない。にもかかわらず彼は、数学によって表現される性質を持つ物質界は、神や人間自身と同じく実在する、と確信していた。

ロックの哲学はニュートン科学の内容のほとんど完全な反映である。したがって彼の一般思想への影響は強大なものであった。彼の哲学は、十七世紀におけるデカルトのように、十八世紀を風靡した。

認識論においてはホッブスはロックとともに人間に無関係な外界の存在を強調した。あらゆる知識はこの外界の源から流れ入るが、心や頭脳によってえられるこの世界の究極的真理は数学の法則であった。哲学者として、聖職者として有名であったジョージ・バークリー僧正は、この物質および数学の重視が、宗教そのものや、神や魂のような概念を脅かしていることを認めた（次章をみよ）。そして巧妙で痛烈な論議をもって彼はホッブス、ロックをともに攻撃し、自らの認識論を提出した。

彼の哲学的主著『人間知識の原理に関する論文、諸科学における誤りと難点の主な原因を、懐疑論、無神論、無宗教の本質と共に追求する』でバークリーは正面攻撃を加えている。ホッブスもロックとともに、知識はすべて観念であるが、これらの観念は外界の物が心に作用することから生じる、と主張した。バークリーも感覚や感覚的印象およびそれらからえた観念は認めるが、これらが受け入れる心とは無関係の物質対象から生じるという見解には反対した。われわれが知覚するのは感覚と観念のみであるから、われわれと無関係な存在を信じる理由はない。物的対象の第一次性質の観念は精密な模写であるというロックの議論に答えて、バークリーは観念は観念以外の何物でもないと反駁した。

バークリーは、ロックがあまり深くも考えず持ち出した議論を逆用して、自説を固めた。ロックは第一次性質の観念と第二次性質の観念とを区別した。第二次性質は心にしか存在しないが、第一次性質は実在の性質に対応する。そこでバークリーは問うた、色などの感覚的性質をふくまない純粋の物体の延長や運動をじっさいに認めうる人がいるだろうか？　延長、形態、運動はそれのみでは認められない。だからもし第二次性質が心にのみ存在するのなら、第一次性質も同じはずである。

バークリーの論じたところを要約すれば、われわれは感覚と、感覚とによって作られた観念のみを知り、外界の物体そのものを知らないから、外界を仮定する必要はぜんぜんない。外なる物質界などは無意味で理解し難い抽象物である。外的物体が存在したとしても、それを知ることはできないだろう。存在しないとすれば、もちろん知りえない。だから心と感覚が唯一の実在である。このようにバークリーは物質を処理した。

読者はこの結論に抗議し、サミエル・ジョンソンが非常に硬い石を蹴ったときのようにして反駁しようとするだろう（ジョンソンは大きい石を余りに強く蹴ったので足が勢よく跳ね返った。そこで彼は「バークリーを論駁しようとすれば、この通りさ」と言った、といわれる。つまり、石という「物」は存在しない、というバークリーの説に対する、常識から出た批判。訳注）。しかしバークリーの論理はそんなものではビクともしない。チェスターフィルド伯（十八世紀イギリスの政治家。訳注）が子供にあてた手紙にのべたような理由で反駁されるのが関の山だ。

クロインの監督のバークリー博士は、非常に学識にも才知にもたけた人で、物質というようなものはなく、観念のほかは何も存在しないことを証明する本を書いたんだ。お前も私も食べたり、飲んだり、眠ったりしていると思っているだろう。……げんみつにいうと彼の議論ではそれがあやしいというんだ。それでも私はそんなことは信用できないから、食べたり、飲んだり、散歩したり、遠乗りに行ったり、をつづけようと思う。間違いかも知れないが今のところ私の身体は物質から成っているとしか考えられないし、この物質を維持する必要があるからだ。常識（逆にもっとも非常識ともいえるかもしれないが）は私の知っている一番よい知識だよ。

バークリー自身も、彼がその存在をこばんだ物質界に時折何くわぬ顔で出むいていたにちがいない。彼の最後の著書『シリス、タール水の効果に関する哲学的考案』では、タールをふくんだ水が天然痘、結核、痛風、肋膜炎、喘息、消化不良などの病気に利くからといって飲用をすすめている。こういうようなばあいには彼は道をふみはずしているからといってバークリーを見そこなってはならない。彼の愉快な著『ハイラスとフィロナスの対話』では彼の哲学のすばらしくたくみな面白い弁明が見られる。とにかくバークリーは唯物論をやっつけようとして、物質界やニュートン科学もいっしょに片付けてしまったのだ。

しかしバークリーも数学だけは計算に入れねばならなかった。いかにして外界の出来事を表現し予測できるか？　数学によって贈られた外界の真理に対する十八世紀の固い信頼にどうして反抗できたか？

彼は数学をくつがえそうとたくらみ、抜目なくその最弱点をみつけて鋭くついた。微積分の基本概念は関数の瞬間変化率の概念である。しかし、前述のごとく、この概念ははっきり理解されず、ニュートンもライプニッツもうまくしめせなかった。だから当時はバークリーが正当な理由と確信をもって攻撃できたのである。一七三四年、無信仰の数学者にあてた『解析家』の中で、彼は歯に衣を着せずボロクソにやっつけている。瞬間変化率を彼は「有限量でもなく無限に小さい値でもなく、何物でもない」と断じた。こういう変化率はたんに「死んだ量の幽霊にすぎない。たしかに……第二、第三流量（瞬間変化率にニュートンのつけた名）を咀嚼できる人は……思うに、神について無神経で平気な人だ」。微積分が有効であることがわかっても、バークリーはその基礎のどこかで間違いが埋め合わせになっているからだ、と解釈した。バークリーは当時の微積分を批判したけれども、数学が生んだ物質界の知識すべてを片付けてしまったのではない。しかし彼は論敵に再考をうながすために、この弱点からして数学に反対する態度を持し、問題をまきおこした。

バークリーの哲学は、人間と物質界との関係に関する思想でもっとも極端なものに見えるだろう。しかし懐疑派のスコットランド人ダヴィッド・ヒュームによればバークリーさえもまだ徹底していないのである。バークリーは考える精神なるものを求め、その中に感覚や観念が存在するとした。ところがヒュームは精神をも拒否した。『人性論』（一七三九―四〇）で、われわれは神も物質も知らないと彼は主張している。ともに仮構なのである。そのどちらも知覚できない。われわれは印象（感覚）と、印象の弱い効果にすぎない心象、記録思想のような観念を知覚する。印象や観念には簡単なものと複雑なものがあることは事実であるが、複雑なものは簡単なもののたんなる結合にすぎない。だから精神は印象や感覚の寄せ集めと同義である。精神とはこの寄せ集めにつけた便宜的な名にすぎない。

物質に関しては、ヒュームはバークリーに一致していた。実体的物質から成り永久に存在する世界を誰が保証できようか？　われわれの知るすべては、かかる世界の個人的印象のみである。重力が物質界を秩序づけるように、順序、位置の相似や継続によって観念を組みたて、記憶が精神界に秩序をあたえる。空間や時間は観念が生起する方式にすぎない。同様に因果律は観念の習慣的結合にすぎない。空間も時間も因果律も客観的実在ではない。われわれは観念によって欺かれてこういうものが実在するかのように信じているのだ。

はっきりした性質を持つ外界の存在はじっさいには保証できない。何物にも属さず何物もあらわさない印象や観念以外に何が存在するというのか。だから客観的物質界に関する永遠の科学的法則はありえない。こういう法則はただ印象を便宜的にまとめたものを意味するだけだ。その上、因果律の観念は、科学的証明によるものでなく、ただ日常の「出来事」を何度も観察しておこって来た心の習慣によるものだから、すでに観察したことがふたたびおこるかどうか知る由もない。

人間自身も、バラバラの知覚すなわち印象と観念の寄せ集めに過ぎない。人間はこのようにしてのみ存在する。自己を知ろうとこころみても、ただ知覚に達するにすぎない。人間も外界も、自分個人に取っては知覚にすぎず、それらが存在するという確証はない。

ただ一つ、ヒュームの徹底的な懐疑論の行手に障壁がたちふさがっていた。それは純粋数学そのものの普遍的真理の存在である。彼はこれらを破壊はできなかったから、せめてその価値を減じようとした。純粋数学の定理は、同じ事実をいろいろな方法で冗漫にのべ、無用な反覆をしているにすぎない、と彼は論じた。2×2は4に等しいことは何らあたらしい事実ではない。2×2をべつないい方書き方でしめせば4なのである。だから算術におけるいろいろな定理は同義反復にすぎない。幾何学の定理も公理をもっと技巧をこらして反復しているにすぎず、2×2は4と同じような意味しかない。

だから、人はいかにして真理をうるかという一般的疑問へのヒュームの解答は、人は真理をうることは出来ない、になる。数学の定理も、神の存在も、外界、因果律、自然、奇跡の存在も真理とはなりえない。こうしてヒュームは、理性の造ったものを理性によって壊し、同時に理性の限界をあきらかにした。

ヒュームの研究は科学や数学の努力とその結果を損じたのみならず、理性そのものの価値をも攻撃した。

ルソーのような哲学者もはっきりと同じような結論をくだしている。彼らは理性をすてて、想像と直感によって世に処するようにと主張した。彼らにとっては理性は自己欺瞞にすぎない。考える人は結局病める動物以外の何物でもない。

しかし、こういう結論、人間の最高の能力の否定は、多くの十八世紀思想家の反対をこうむった。数学やその他人間理性の表現は、非常に多くの成果を生み出しているので、錯覚だとしてかんたんにすてさるわけにはゆかない。そこで最大の哲学者イマヌエル・カントは、ロック認識論のヒュームの懐疑的拡張から大飛躍をとげた。理性にはふたたび王冠がささげられた。カントにとっては、人間が、感覚経験のたんなる合成物以上の観念と真理をもつことは疑いえないのである。

そこでカントは、人はいかにして真理をうるか、の問題にまったくあたらしい道をひらいた。そのさいしょの段階は、知識をあたえる二種類の命題または判断を区別することであった。第一種は分析的とよばれ、たとえばあらゆる物体は拡がりを持つというようなもので、これはじっさいには知識に何ら寄与しない。物体が拡がりを持つという命題は、物体が物体であるための性質をあきらかにのべたにすぎず、何もあたらしいことをつけくわえていっているのではない。だから物体が拡がりを持つということから何もまなべない。その命題はただ強調をしめすにすぎない。一方、あらゆる物体は色を持つ、という命題は知識にあたらしいものをつけくわえる。なぜなれば、物体についての知識に、物体の本性に内在しないあるものをつけくわえるからである。この型の判断をカントは綜合的とよんだ。カントはまた、直接経験によってえられる知識と、経験に関係なく心によってえられる知識とを区別した。後者の型を彼は先天的と呼んだ。

カントに従えば、真理は経験のみからはえられない。経験は概念化組織化のできていない感覚の混合物だからである。だから単なる観察からは真理は生じない。真理が存在するものならば、それは先天的判断で、さらに真の知識であるためには綜合判断でなければならない。ヒュームやルソーを克服するために、カントはまず、人間は真理を持つ、つまり人は先天的綜合判断を持つことをしめした。

真理の明白な根拠は数学的知識の体系の中にある。数学の公理、定理のほとんどすべては、カントによると、先天的綜合判断である。直線は二点間の最短距離であるという命題は、それがお互いに無関係な直線と最短距離の二つの観念を結びつけるものだから、たしかに綜合的である。また直線の経験や測定からでは、この命題がカントの信じた不変の普遍真理であると保証されないから、それは先天的である。こうしてカントにとっては人が先天的綜合判断、すなわち真の真理を持つことは疑いえない。

カントはさらに追求していった。直線が二点間の最短距離である、という命題をなぜ真理として受け入れようとするのか、と彼は問うた。いかにして心はこういう真理を知ることができるのだろうか？ いかにして数学が可能かという問いに答えられれば、この疑問の答えられるだろう。われわれの心は経験から独立に空間時間の形式を持つというのが、カントの与えた答である。カントはこれらの形式を直観とよんだ。だから空間は直観であって、それによって、心が物質を見て、感覚を構成し理解するのである。空間の直観はその起源が心にあるから、空間に関するある公理はただちに心に受け入れられるものである。そして幾何学はこれらの公理の論理的内容をあきらかにしてゆくものである。

では、なぜ心の産物である幾何学の定理が心の外なる物質界にあてはまるのであろうか？ 心に本来そなわっている空間の形式が空間関係を理解できる唯一の道だ、というのがカントの答である。われわれはこの空間形式に従って経験を知覚し、構成し、理解する。つまり、練り粉が枠にはまるように、経験がこの形式に適応する。この故にこそユークリッド幾何学とじっさいの経験的図形とが一致を見るのである。

さらに一般におしひろげて、カントは科学の世界は感覚印象の世界であり、その感覚印象を心がその内なる原理、カテゴリー（範疇）に照らして整理する、と論じた。これらの感覚印象は実在界に源を発するが、残念ながらこの実在界は知りえない。心そのものが経験を構成し理解するはたらきをする。実在はただ知覚する心による主観的カテゴリーによってのみ認識しうる。

以上のカントの認識論のあらすじからして、数学的真理が彼の哲学の大黒柱になっていることはあきらかである。とくに彼はユークリッド幾何学の真理に依拠した。彼はその他の幾何学を知らなかったから、他には幾何学はないと確信したのである。かくしてユークリッド幾何学の真理と先天的綜合命題の存在が保証された。

はたせるかな、十九世紀に非ユークリッド幾何学が生みだされて、カントの説を打ち破った。そしてその後の哲学思想の成果をもってしても、いかにして人は真理をうるか、の問いには決定的な答えがあたえられなかった。後で述べるように、かえって非ユークリッド幾何学の出現でますます混乱してしまった。それでも、十八世紀の大哲学者たちはいかにして真理にいたるかの問いに答えるには成功しなかったけれども、しかし彼らは思想のダムを切り開いて、人間精神にあたらしい観念を流入させた。

十八世紀の哲学者はいかにして真理に達するかの問題では烈しく論争したが、何が真理であるかについてはほとんど一致していた。運動や重力の法則はますます広汎な現象に拡張され、惑星、彗星、恒星が数学に厳密に従う軌道を取ることがわかるにつれて、宇宙は物質、運動、力により説明される、というデカルトやガリレオの仮定は、ほとんどあらゆるヨーロッパ・インテリの心に烙印されることになった。

運動する物質は落体や惑星運動の数学的表現であるから、科学者たちの、現象の本性はまったくわからなくても、それに唯物論的解釈をあてはめようと試みた。熱、光、電気、磁気は測りえない物質と見なされた。測りえないとはこの種の物質の密度が小さ過ぎるという意味である。たとえば熱の物質は熱素とよばれた。熱せられた物質は、ちょうどスポンジが水を吸い込むように、この熱素という物質を吸い込むというのである。電気も同じく流動状態の物質で、線を通って流れるのが電流なのである。

物質、力、運動の三概念中、力は物質にはたらき、運動は物質の性質である。だから物質が根本的なものである。そこで哲学者たちは確固たる数学法則に従う物質を唯一の実在だと主張した。これが唯物論の原則である。ホッブスによると、唯物論の核心は以下のようなものである。

宇宙万物は物質的、すなわち物体であり、長さ、幅、深さの次元を持つ。また物体のいかなる部分も同じく物体で、同じ次元を持ち、従って宇宙のあらゆる部分は物体であり、物体でないものは宇宙の部分ではない。宇宙は全体であるから、宇宙の部分でないものはぜんぜん何処にも存在しない。

従って物体は空間を占めるもので、分割でき、可動で、数学的に作用する、と彼はつづけている。唯物論によれば、実在は単に複雑な機械、空間時間の中を動く物体のメカニズムにすぎない、といえよう。人間自身も物質界の一部であるから、人もすべて物質、運動、数学で説明されるはずである。ホッブスの言葉によると、存在するものはすべて物質である。生起するものはすべて運動である。意識は単に頭脳中の物質粒子の飛跡にすぎない。『人間機械論』を書いて、人間は機械だとそっけなく語ったラ・メトリーや、唯物論のバイブルといわれる『自然の体系』を書いたドルバック男爵などもこの新哲学の代表的人物で、ホッブスよりもさらに急進的である。思想も意識と同じく、分子運動だと考えられた。心は頭脳と区別がつかず、頭脳とともに死滅するものである。魂のような非物質的物質の概念は完全に締め出された。人間の道徳的状態は、肉体状態の特別な位相、有機体と物質的環境から生じた行動の特殊な様式にすぎない。人間に対する諸影響を調べればその道徳行為を決定できる。そのさまたげとなるのは偏見のみである。要約すれば、物質はあらゆる現象の原因、説明であり、神のすばらしい代用品である。

唯物論で荒らされた結果を見る前に、その源をもう少しはっきりさせておこう。観察や実験の科学的活動は、物質、力、運動の科学的概念とともに、純粋数学と結びついて、唯物論原則の根拠を生み出した。しかし、物質が根本的実在であることを確信する原則は、数学的基礎よりもむしろ科学的基礎にもとづくものであろう。ところがニュートンもはっきり認めているように、唯物論運動の強みは具体的な物質にもとづくものではなく、むしろ幽玄な数学の非物理的抽象をもとにしていたのである。ガリレオ、デカルトによって創始され、ニュートンによって樹立された自然科学の全体系は、万有引力に基礎をおいている。ニュートンは、この万有引力が大切なものではあるが、その本質はわからないことを認めた。ニュートンはその物理的本質やそのはたらき方を研究する問題を重要なものと考えてはいるが、それに対する自身の臆説は未熟であいまいなものとして排除している。予言者の洞察力をもって賢明にも彼は、取りくむべき問題を重力作用の数式化とその数式の数学的帰結にのみ限った。数学においてニュートンが征服した成果は実にすばらしいものである。

　もちろんニュートンやその後継者たちも、重力作用の物理的説明がいつの日にか見いだされるであろうと期待していた。少なくともホイヘンス、ライプニッツ、ヨハネス・ベルヌーイのような有名な科学者は、物理的説明がないのだから、重力作用を全く数学的に取りあつかわざるをえないことを知っていた。一方、もっと程度の低い科学者たちは、重力を「遠隔作用」とし、この言葉で幾分物理的説明らしいものができる、と思っていた。「遠隔作用」という言葉は問題を早合点したものにすぎないのに、何度も繰りかえされているうちに、批判的な感覚が鈍って、その言葉が物理的説明の代用として承認されたのである。物理的意味は数学の豊年祭の犠牲になってしまった。実は重力の本質やはたらき方は決して説明できなかったのである。

　この故に、ニュートン以来数世紀間唯物論者たちは、眼に見、手で触れうる自然現象に対する確信をまくしたてていたが、実は化体説（パンとぶどうをキリストの血と肉に変えるという説。訳注）以上に神秘であいまいな観念を力説していたのである。科学における唯物論的見解の進歩を誇っているつもりで、実はしらずしらずに数学の重要性の尻押しをしていた。つまり本来物質の化学的処理を支柱とするはずの唯物論哲学が、実は科学的抽象のなかでもっとも抽象的な数学によって支持されていたのである。数関係を究極の実在とするピタゴラス主義が、唯物論の粧いのもとに擁護されていたのである。

　唯物論のいう物質的根拠は、妥当なものではないにかかわらず、宇宙が力、物質、運動の力学的概念とその数学的関係から完全に説明されるという信仰は、人の心に固くはりついていて、当然の事になった。現在でも意識的にあるいは無意識的にニュートンの直弟子たちのこういう見解を持ちつづけている人は多い。今日では自然は十八世紀の力学的科学者たちが考えたよりもはるかに複雑であることがわかっているのに、なおこういう信念がしばしば表明されることがある。たとえば癌の治療や科学的方法による生命の創造など、すべての問題が究極的に解け、科学的に完全であるという信仰が十九世紀にはあったが、これも以上の確信を基礎としたものである。

十八世紀唯物論の必然的帰結は決定論である。数式は非常に多くの現象を正しく表現し応用においてもひじょうに役にたつので、世界は注意深い設計の下に作られ数式に従ってはたらくと結論せざるをえない。万物すべて必然的に数式によって規定され、世界は調和ある数式によって安全に決定されているように思える。この見解の指導者は十八世紀の大数学者ラグランジュとラプラースであった。ラプラースにとっては、将来は過去と同じく歴然と読み取られるのである。

宇宙の現在の状態は、その過去の結果として、また将来の原因として考えられる。ある人が、ある瞬間において、自然におけるあらゆる力と、自然を構成するものの相互の位置とを知っていて、この人がそのデータを解析する能力のある人なら、巨大な天体から微小な原子にいたるまで、すべての運動を一つ公式にしてしまうとができるだろう。このような偉人の前には不明確なものは何物もない。彼の目の前には未来は過去と同じく歴然と見えるのである。

理性の時代はすでに過去のものである。哲学上でも十八世紀以来非常な進歩をしめしている。しかし結定論は今なお広く一般に受け入れられている見解である。世界は数学法則に従って動き、その将来も数学で決められる、というのが支配的見解になっている。十八世紀思想の反映であるこの信条は人々の日常行動にもよくあらわれている。たとえば、日食に対する現代人の反応を考えてみよう。原始人は表に飛び出し、膝をふるわせてひれ伏し、神に災難を取り除きたまえと祈ったものだ。しかしわれわれはその代りストップ・ウオッチを手にして外に出、科学者の日食の予測を一秒の何分の一まで正しいかと確かめてみる。そしてこういう現象によってわれわれは自然の規則性、合法則性にますます確信を深めるのだ。

決定論的見解はきわめて強固なもので、唯物論者はそれをただちに自然の一部としての人間の行動にあてはめた。人間に応用された決定論では、自由意志なるものは存在しない、とすげなくいう。人間の意志は外部の物理的生理的原因によって決定される。これに関してホッブスは、自由意志は無意味な言葉のあや、ナンセンスにすぎない、といい放っている。またヴォルテールは『愚かな哲学者』の中で語っている。

万物ものなべて、あらゆる惑星も不滅の法則に従っているのに、五尺の小動物が、こういう法則はいやだといって勝手気ままに振舞うなんて、実に妙なことだ。

この結論は非常な混乱を巻き起したので、唯物論者さえもその厳しさを宥和しようとした。物体の作用は決定されるが、その思想は決定されない、といった人もある。この結論は行動を起すための思想の力を損なうものであるから、あまり歓迎されなかった。この見解によると人間はロボットにすぎない。自由の形を保つためにその意味を解釈し直した人もある。ヴォルテールは、自由であることは好むことをなしうることであって、好むことを望みうるということではない、というしきりを作っている。だから自由であるためには、望まれることを好まねばならない。ライプニッツもこの悲しい立場を取っていた。

意志の作用をもって、この問題の議論はここで打ち切ることにしよう。哲学者による自由意志の議論は、さらに後の数学の発展を見たのちにはじめて理解されるだろう。ここでは有名な十九世紀の物理学者ケルヴィン卿の言葉を引用して、哲学の領域における数学の成果をしめしておこう。「数学は唯一のすぐれた形而上学である。」

第17章 ニュートン主義の影響——宗教

シナイの山の昔より
　神は一なりといわれたり
今や神は科学によりて
　厳かに叫ぶ、一切無なり。
地球は化学の作用により
天は天体力学により
人の心は魂は
　時計細工で動くなり

アーサー・クラフ

ジョルダノ・ブルーノは「人間は無限の前の蟻にすぎない」と宣言した。人間は万物の頂点にあり、神の恩寵を一身に受けるものであるとする、キリスト教教義に対するこの挑戦への報いは、十六世紀においては唯一つの方法——火焚りの刑——しかなかった。ブルーノを支持する科学の世界は、それより一世紀後に訪れたのである。

時とともに法則がどんどん発掘されてゆくにつれて、自然はますます輝きをおび、反対に人間は卑しめられるようになった。拡がりと運動の数学的力学的領域が実在界としてたちはだかり、その中の人間は偶然に派生したわき役、単なる傍観者となりはてた。そして人間の精神こそが、現象の核心に貫入し、自然を表現し合理化する数学法則を生み出したものである。という事実は忘れ去られていた。法則の存在が確固として聳えたち、人間はただ少しづつそれを読み取りうるようになるにすぎない。自然が少しずつ読み取られつつあることは事実だが、人間そのものも自然から読み取られるべき存在にすぎない。宇宙からは人間の目標、欲求、必要は説明されない、人間を神の計画に導こうという神の善意は、根のない観念で、神話にすぎない、とされた。

人間と同じく神も又しかり、ニュートン時代は天体力学を生み出したが、神の座、祝福された人の魂の住いとしての天を打ち壊した。

コペルニクス、ケプラー、ガリレオの太陽中心説の研究は、天がプトレマイオス説よりもかんたんな数学法則に従うことをしめしたが、さらにアリストテレス、トマス哲学の中心となってキリスト教によって支持されていたナイーブな宇宙観をも棄てさせることになった。さらに、ニュートンは天体が地上の物体と同じ法則に従うことをしめした。そこで、天体は地球と同じような物質で出来ている、と考えられるようになった。この発見によって、惑星に結びついた恐怖、迷信のような神秘説も崩れてしまった。

神はその宿るべき家もその意義も失ってしまった。すでにデカルトに取っても、全能の神も運動の法則を壊しえないことはあきらかであった。ニュートンもデカルトにならって、創造をつかさどる神も日常の機能を制限されねばならない、と信じた。それでも神は、星がぶつかるのを防ぎ、惑星や彗星の運動の不規則性を修正する役目を持っていたのである。ホイヘンスやライプニッツはさらに神の役割をきりつめた。しかし彼らも宇宙創造のはじめにあたって宇宙に数学的秩序を与えたのは神だと信じていた。そしてその後は神の自然への働きかけは止んだというのである。まだ当時は、神の創造に干渉するということは、神の冒瀆であったのである。

ホイヘンスもライプニッツも、当時説明されなかった天文観測のある変則性を無視していた。こういう数学法則からのずれと見なされるものは宇宙を破壊するものであり、故にそれを救う神の介在を必要とする、とニュートンは考えていたのであるが、後にラグランジュとラプラースによってこれらは周期的なものであり、自然の秩序の一部にすぎないことがしめされた。宇宙は安定である。気紛れや偶然の存在する余地はない。この数学上の大成果によって、かつての神による修正は不必要となり、神はさらにまた一つの役目を剥奪された。自然現象における摂理の介在は不可能となり神に祈ることは無効となった。

ヒュームが因果律、そして宇宙の創造者、原動力の必要を攻撃してからは、神そのものは完全に無用物になってしまった。世界は永遠不滅の自動装置となり、取るにたりない人類よりもずっと前から存在し、人類が死滅した後もずっとつづくだろう。人類は何ら役にたつ存在ではなく、ただ数学者だけが遅々と、しかし着実に世界を支配する法則を発見して喜んでいる。神の配慮によって現象がおこるのではなく、それらはあらかじめ定まった数学的法則に従ってあらわれるだけである。だから、中世においては宇宙の工匠であり、あらゆる思想、行動の究極であった神が、せいぜいその究極への一手段へと格下げされた。その究極自体も宇宙におけるあらゆる作用の規則的で精密なはたらきとなったのである。

十七、十八世紀における数学や科学の研究の内容、およびそこにみなぎる精神は、宗教的思考をおびやかした。理性の価値が高められたので、信仰は真理の保証としてはナンセンスで、軽信妄信のレッテルをはられた。さらに、合理主義の検証にかかっては、正統宗教の神秘的感情的働きかけ御利益を失ってしまった。感情自体は軽蔑され、信用されなくなった。唯物論は精神主義を沈没させ、魂や来世をぶちこわし、キリスト教の強調する来世への準備は方向を失った。決定論は自由意志を攻撃し、人間を原罪から解放し、救済の必要を取り除いた。戦線のいたるところで宗教とニュートン主義は衝突した。

この思潮は十七世紀の大科学者の意志や予期に反したものである。彼らも神を恐れる人々であったのだ。彼らの科学研究そのものは、神の法則や秩序を知るために自然を研究しようという宗教的感情のあらわれであった。ジェームス・トムソン（十八世紀のスコットランド詩人）の言葉を利用すると、彼らは運動のかんたんな法則からこの宇宙にみなぎる神の摂理の見えない手を探ろうとしたのだ。彼らは数学的科学的才能と正統宗教とを結合させていた。これは今日では不可能なことと思えるが、過渡期にあってはありえたのである。彼らは自分の研究が宗教的信仰をおびやかすと気がつくと、それらを妥協させようと試みた。近代化学の父ロバート・ボイルは実験室以外の時間はほとんど宗教に捧げた。自己の実験的研究も神への奉仕と考えたのである。彼は無神論や懐疑論と闘うための基金を残すことを遺言した。ニュートンの師アイザック・バーロウは神学の研究に入るために教授職を辞した。ニュートンも神学に没頭し、数学や科学の成果よりも宗教の基礎を固める方がはるかに重要であり、数学科学の研究は自然界における神の意図を発見することにのみ限られるべきである、と考えた。そのため、彼はダニエル書の予言や黙示文学の詩が事実であることを証明し、旧約書の時日を歴史と符合させようという研究をした。時には宇宙における神の秩序の根拠をあたえて宗教を支持せんがために、およそ科学で解決出来ないような研究にもその価値を認めた、それは聖書の研究と同じく敬虔なものであった。

神の存在に関するニュートンの議論は、以下にきわめて雄弁に語られている。

自然哲学の主要任務は現象から仮定を設けずに論じはじめ、結果から原因をみちびき、もはや機械的といえない第一原理に達することにある。……物質がほとんど存在しない場所には何があるか？　太陽と惑星はその間に密度の高い物質がないにもかかわらず相引くのは何故か？　何故に自然は空虚であるか？　世界に見られる秩序と美は何処より生じるか？　何処へ彗星は行くか？　彗星はきわめて異常な軌道をとるのに、惑星は常に同一の共心軌道を描くのは何故か？　如何にして動物の身体の様々なる相が案出されたか？　その個々の部分は如何なる目的を持つか？　目は視覚の機能なしに案出されたものか？　耳は音の知識なしにか？　物体の運動は如何にして意志から生じるか？　何故に動物は本能があるか？……そしてこれらのことを接ぎ合わせると無限の空間において、あたかも感覚あるがごとく万物を見通し、すべてを知り包含する、賢明で非物質的なあまねく存在する生きたあるものが、現象の中からあらわれてくるではないか。
この自らへの問いに対してニュートンは『原理』の第二版で答えている。

太陽、惑星、彗星のこの美しい方式はただ賢明強力な存在の計画と支配によって生じるものである。この存在は世界の霊としてではなく、万物の主としてすべてを統治する。

ジョセフ・アディソンの「讃美歌」はニュートンの議論を詩の形で表現している。

渺茫たる蒼穹
光り輝く天空よ
汝はかの大いなる天地の
開闢を宣する
日毎飽まざる太陽は
創造の主の力を示す。
万能の手になる大地は
くまなく拓ける。
無限のしじまに
暗き球をめぐらせるは何か。
声なく音なき世界にありて
光まばゆき軌道を見いだすは何か。

理性の耳を澄まして開け
歓喜栄光の声を
永遠の歌を。
「我を作り給いし神の手に栄光あれ」

ニュートンも神が有能な数学者であり物理学者であると信じていた。彼の手紙の一つには次の言葉が見られる。

だからこの「太陽」系をつくるためには、原因を必要とする。それは、太陽や惑星の諸数値とそれから得られる重力を比較することによって理解される。諸数値とは太陽から諸惑星への距離、土星、木星、地球から二次的惑星〔すなわち衛星〕への距離、更に中心体のまわりを回転する惑星の速度である。これらを比較し整理してみると、この原因が盲目、偶然のものでなく、力学、幾何学の意味で非常に精巧なものであることを知る。

ライプニッツも拡まりゆく背信思想に抗して多数の論文著書を書いた。『無神論に反対する自然の証言』では、神の存在を仮定する方が物質、力、運動の科学的方法よりも自然現象のある面をよりよく説明できることを証明しようと試み、『弁神論に関する論考』では、神はこのよく配慮のゆきとどいた世界を創造した賢人である、という有名な議論を再び強調している。

ボイル、ニュートン、ライプニッツなどによる宗教の擁護は若干の効果がなくもなかった。宗教的な人々はそれによってまたとない憂さ晴らしをえた。神、創造主は人がかつて夢みたことのないような壮大な天と地を建設し、宇宙は数学的法則に驚くほど厳密に一致して正確にはたらくのである。さらに、これらの法則によって神の本質の新しい面が発見された。このような神の偉大さの表明によってのみ信仰を更新でき、その信仰を高揚するために理性をつけ加える必要があるのである。

にもかかわらず、これらの人の努力は失敗に帰する運命にあった。数学者、科学者は神や魂の存在を確認し弁護しようとしたけれども、神や魂の概念は深い確信よりもむしろ知的な抽象の姿を呈した。かかるものの実在性を受け入れるためには、数学的結論と同じく明確に知られねばならない。そして神はこういう明確性をもって知りうべきものではないから、神は存在しないという結論に到る。少くとも、歴史的に見て、ボイル、ニュートン、ライプニッツの神学的著作よりも、神は存在しないと断じる方が優勢になった。

彼らの努力も既存の神殿を侵蝕しつつあった潮流を阻止できなかった。力学的自然観はデカルト、ガリレオによって提案され、ボイル、ニュートン、ライプニッツによって発展させられたが、これが聖なる創造性の存在の永久の証明とキリスト教に支軸をあたえる、という甘い希望は、彼らの後継者によってつぶされてしまった。後継者の時代の数学や科学の研究は、正統宗教に反抗する知的十字軍の源泉となり、信仰に反対する一切の傾向を支持助長した。とくにニュートンの名は反宗教的精神のシンボルとなった。

宗教の隊列からの脱走は漸増した。たとえば十七世紀フランスのあらゆる知識人はカトリックに好意を持ったが、次の世紀ではそれに反対した。かれら知識人の位置は次第に正統宗教の擁護からその合理化へ、キリスト教的理神論への信仰から「科学的理神論」へ、懐疑論へ、ついには無神論へと移った。

ニュートン主義の宗教への影響を見るべく、十八世紀の主な思潮を追ってゆこう。信仰は宗教の基礎であるが、新しい科学や数学は理性好みの時代を作り出した。そこで宗教も少しは理性とかかわりを持たねばならなくなった。この方向に沿って、ある人たちは、神学の目的は啓示より理性の上にキリスト教を基礎づけることにある、と主張した。かかる基礎は真理の保証となり、しかも理性や自然が時代のはやりだったから、自然宗教を生むに至った。

キリスト教を合理的原理の上に再建しようという運動は、ときには合理的超自然主義の形を取った。その最も有名な代表者はジョン・ロックである、彼の『キリスト教の合理性』や『奇跡論』には、宗教は本質的に一つの科学である、と論じている。つまり一連の合理的公理から合理的かつ有益な諸定理が演繹される。合理的公理として彼は三つ提案した。一、全能の神の存在、われわれの存在の知識や自然にあらわれた叡知から支持される公理。二、神の意志に従う徳高き生活。三、来世の存在、ここで神が徳に報い不徳を罰する。これらの公理から、人間が天国において善き報いを受けるように生活すべきである、という定理が生じる。

キリスト教全体を合理化するためには、囲いをもう少し拡げねばならなかった。理性と一致し或いは合理的公理から演繹できる真理のほかに、ロックは理性を超えて啓示によってえられる真理をも容認した。死者の復活はかかる真理である。しかし啓示が本当に神から来たものであることを確かめねばならない。またいかなる啓示も明晰な直感的知識に反するものであってはならない。理性は審判しなければならぬ。理性は啓示であり、これによって神が人間の本来の能力の範囲にあるかぎりの真理を我々に与えるのである。いかなる場合でも、理性は最後の審判者であり最良の手引きである。ただ残念ながら僧侶たちの不徳と狡猾によって理性が宗教問題から閉め出されているのである。

ロックはさらに垣を拡げた。宗教はもともと超自然力と人間との交渉を含まねばならぬ。だから宗教は奇跡のようなある超自然的要素を持たねばならぬ。もし超自然的なもの自体が合理化されなかったら、超自然的要素の容認も合理化されないであろうことはあきらかである。

ロックの正統宗教の擁護には二つの難点があらわれている。すなわち啓示と奇跡の正当化である。ロックの説に満足せず、理性に反しないという基盤の上で啓示を守ろうとした人もある。また自然及び理性では説明されない現象があるから、啓示のような不可解なものもあるのだ、と消極的な擁護を採用した人もある。しかしそのどちらも、たとえば悪を説明しはしない。そのほかに、神は啓示作用によってわれわれの理解能力をテストしようとしているのだから、故意にその作用には明確さを欠けさせているのだ、という議論もあった。

かつては神の存在の最良の証明であった奇跡は、今や自然の秩序と矛盾するが故に合理化を受けねばならなくなった。ある思想家たちはこの理性の「範囲内に」ある奇跡、少くとも理性に反しない奇跡だけを受け入れるという態度を取った。たとえば、死者は復活しうるが、女が塩の柱に変ずるのは合理的ではない。丁度雪の現象が熱帯地方の原始人には合理的に見えないように、多くの奇跡は見かけ上は合理的ではないが、じっさいは自然現象なのである、という。

正統宗教を合理化によって擁護しようという試みは、当然万人を満足させはしなかった。啓蒙期の人たちは、キリスト教であろうとなかろうとかまわないから、完全な宗教を欲した。キリスト教は彼らには完全に合理的とは見えないから、彼らはあたらしい宗教を定め、作りあげようとした。それは理神論である。

理神論の特長をあげると、理性は神であり、ニュートンの『原理』はバイブル、ヴォルテールは予言者である。理神論者は、天や地に自然の数学法則があるごとく、自然宗教も存在する、と信じた。しかしこの宗教の教義では啓示やバイブルを奉じる必要はなかった。その教義は海、空、花、土地、人間などの研究から見いだされるのである。創造物の研究は創造主の研究の最善の方法である。バイブルよりもむしろこういう自然の源から直接にある基本的原理が把握され、それから先は合理的証明にまつのである。物質科学において成功した人間理性はこの問題にも成功するであろう。

ここでは論議の細部に立ち入らないが、理神論者はある実証的な原理に達した。神は宇宙の設計者としての位置を保つ。神はニュートンが発見した普遍法則の根元である。各人が神の恩寵を受ける来世というものがある。神の崇拝や、懺悔は、地上におけるよりよき生活をうながす故に、奨励されるべきものである。これらの教義から判るごとく、理神論者は宗教の本質を道徳に見た。

かかる教義はキリスト教からそれほどはずれたものではなかった。しかし理神論者はキリスト教の教義のうち、理性によって認められるものだけを正しいとした。迷信、非合理、神話などの汚点を持つものはいかなるものも排除された。処女懐胎、キリストの神性、原罪の概念は合理的に説明されないから、まず第一にす去られるべきであった。奇跡、特殊の摂理、超自然的啓示を誤りとして排斥された。このような信仰の排除の結果、当然理神論とキリスト教の正面衝突となった。理神論者は、神をニュートン宇宙の支配者にあてはめたとはいえ、とにかく神を認めたのであるが、彼らは正統キリスト教徒には無神論者とよばれた。

啓蒙時代の指導的天才思想家であり、ニュートンの数学、物理学の熱心な代弁者であったヴォルテールは、理神論運動の代表者としても主役を演じた。彼の活気にみちた多産の著作を先頭として、理神論は教育ある人たちの間に拡まり、十八世紀の宗教運動の最強のものとなった。アメリカでも、トマス・ジェファーソンやベンジャミン・フランクリンはその信徒であった。アメリカではこの合理的宗教の影響が非常に大きかったために、初期の七人の大統領のうち誰一人としてキリスト教を奉じると公言せず、ただ政治的教書にキリスト教の神を引用したに過ぎなかった。理神論は十八世紀をすぎると形式的となり枯渇したが、それでも二十世紀における教育ある人々一般の宗教的態度の核心となっている。

自然宗教を基礎づけようとし、したがって本来理神論者であった多くの思想家は、神を無用の長物とみなした。自然神学は科学の一分野にすぎない、と彼らは論じた。宇宙の作用の代用物としての神の存在は、実験の範囲外の事として排斥された。その上、宇宙は常に現在あるままの姿を保っているのだから、創造主を仮定する必要はなかった。神を第一原理として論じることは、「考えられない物質に考えられない作用をする考えられない存在の効果を論じる」ことと見なされた。またいかなる現象の説明にも神の存在を必要としなかった。

神を持とうと持つまいと、理神論は完全に合理的であろうとした。しかし事実は、それは人間の信仰や神秘への欲求をいくぶん満たすもので、理神論者は宗教への郷愁を持った合理主義だともいえる。それ故に理神論は徹底的に懐疑的であった若干の大思想家には満足がゆかなかった。哲学者ホッブス、ヒューム、モンテーニュ、ディドロー、『百科全書』の執筆においてディドローの片腕であった数学者ダランベール、歴史家エドワード・ギボンはこのたぐいの人であった。彼らは宗教を、不可欠のものではないが人々の間に自然に発生した歴史的現象以上のものではない、と見た。ホッブスは形式宗教の存在を単なる公認の迷信として説明した。「心によって仮構され、物語から想像された。目に見えない権力への恐怖感が公認されたものが宗教であり、公認されなかったものが迷信である。」「不信心なヒューム」にとっては、宗教は人間の行為の一形態にすぎない。信仰における超自然的要素は一顧だに価しないナンセンスである。信仰から形成されてゆく巨大な神学体系などは、ヒュームにとっては吐気を催すものである。

神学や学校式形而上学の本を手に取って、たとえば、それが量や数に関する抽象的推論を含むや否やをたずねるとしよう。答は否。事実や存在に関する実験推論を含むや否や。否。ではそんなものは火にくべてしまえ。そんなものには詭弁と幻影以外の何物もないのだ。

懐疑論は通例過渡的状態をしめすものである。人間はバランスを破ってどんどん進んでゆく。十八世紀フランス懐疑論はたんに無神論への序曲であった。十八世紀の始めにはまだ宗教の拒否はきわめてまれで、不信心家が心安らかに死ぬものかどうかの問題が大いに論ぜられ、神への揶揄を口にして死んでいった無神論者が懺悔しなかったといって大問題となった。しかし後には無神論は多くの支持者を獲得した。宇宙のニュートン的構造から、合理的超自然論者や理神論者として出発したフランス唯物論者は、直接に宗教の完全な拒否にいたったのである。

創造主を否認して、ニュートンの宇宙論から究極的帰結をひき出したのは、フランスの代表的数学者ラプラースである。彼が天体に関する著書『天体力学』で、神を用いなかったのは何故か、とナポレオンがたずねたとき、ラプラースはそのような仮定を必要としないと答えたことは、前に述べた。彼は天体の運動を数学とニュートンの法則のみを頼りにして描きしめしたのである。不必要な仮定を取り入れないようにと科学者に戒めたのはニュートンであったが、ラプラースは仮定の倹約において、ニュートンよりもさらに上まっていたのである。

宇宙の数学的構造をニュートンよりも巧みに確証し、自家薬籠中のものにしたラプラースが神を必要としなかったのに、ニュートンが数学的発見を基礎として神の存在を証明できたのは、逆説的にも見える。しかしこのパラドックスは、自然は神を既に信じている人にのみ神の存在を証明する、というパスカルの言葉で容易に説明がつくであろう。

ラプラースの宗教上の立場は多くのフランス思想の指導者たちを共鳴させた。ドルバック男爵によると、神観念は如何なる実在的なものにも対応しない。そもそも始めは天災や恐怖心の中に芽生え、目に見えぬ恐ろしい力を緩和させようという、祈りや願望から生まれたものである。教会の教義や制度はこの無知の上に基礎づけられたものである。宗教は人心を為政者の悪政から外らし、現世の不幸をかこつ人に、来世の幸福を約束して悲惨な状態にあまんじさせるにつかわれる。ドルバックはいった、「無知は神を生み、啓蒙はそれを破壊する。神というのは実は自然にすぎない、魂は物体にすぎない。」

無神論のバイブルといわれ、広い読者を持ったドルバックの『自然の体系』は、その内容のほとんどが神の存在の否定を論じたものである。この見解と完全に一致したのが医学者ジュリアン・O・ド・ラ・メトリーで、彼はさらに、宗教は僧侶と政治家のみに役だつものだ、と言い放った。人間は自然をすでに理解したのだから、既成宗教による原始的、迷信的な根拠を必要としない。ラ・メトリーは神の存在を容認しはしたが、この存在も全く仮定的で無用のものと見なした。さらにそれは危険で悪ともいえる。道徳を支持するどころか、宗教上の指導者たちは神の名において戦争をおこすのである。かくしてフランス唯物論は頂点に達し、あらゆる宗教の精神的圧制に抗する革命となった。

無神論の勃興とともに、宗教というものへの考え方は多くの人には手の届かない高みにおかれた。知性によってこの高みに昇ろうとした人は、神観念のはげしい論争に目まいを感じ、その冷たく稀薄な空気に気分が悪くなった。登山者は登る道を見失って、現在ある場所にさし込んで来る柔い導きの光を好んだ。この導きの光への渇望をテニソンは強く歌っている。

力強き神の子、不滅の愛
　汝が姿は見えねども
信仰、ただ信仰のみによりて
証明し得ずとも信を致す。
知識は眼に見ゆるもののみなれば、
知りえざるとも、信仰は存す。
　暗黒にさし込む光、
　これこそ神より来るを信ず、
　神の光を輝かしめよ。

混乱した一部の人はただ絶望の声をあげるに過ぎなかったが、実際活動の拳に出る者もあった。ウェズレー兄弟、ニューマン牧師、オクスフォード運動の指導者たちは正統的信仰への復帰を唯一の文明の救済手段と見た。彼らの活動の動機も、十八、十九世紀の他の宗教運動の動機も、数学や科学の影響への反動と解されるべきである。

十八世紀の無神論的傾向を悪い傾向だと見なす人も多い。しかし、この傾向の一つの随伴現象たる宗教的寛容と自由思想の興隆はきわめて善い結果を生んだ。中世や近代初期の歴史をひもとく者は誰しも宗教が揮った権力におどろかざるをえない。神の名において人々は貧困、醜悪、無教育のまま放置された。人権を蹂躙され、拷問され、焼かれ、殺された。思想や行動の独立は抑制され、弾圧された。ルネサンス時代のキリスト教徒に限らず、異教弾圧の歴史は、人類史上実に恐るべく恥ずべき汚点を残している。自己の信仰のみを正しいと信じた人たちは、反対者を巧妙かつ凶悪な拷問の責め具、足枷、拷問台、笞刑、火あぶり、烙印、身体に釘を打ち込むなどでいびり殺した。このように「巧妙な」拷問方法を発見するのはずいぶんむずかしく、かつ永くかかったことだろうから、現在では博物館に陳列する価値の十分あるものである。人は自分の個人的判断を真理だと確信し、火と剣によって一般に承認させた。モンテーニュはこの有様をうまい警句で描いている。「一人の見解は、反対者を火あぶりにする数が多い程、値打が出てくる」。

宗教的寛容は数学からの直接の所産ではない。むしろ十七、十八世紀の合理的精神の賜である。しかし普遍的数学法則を形成した人間性の凱歌は、合理主義の血管になっている。人間の最も厳密な推論能力にもとづく数学は、権威、盲目的信仰、奇跡、不合理な「真理」の受諾に真向から反対した。そして、自然の観察、その結論の確証、太陽中心説や相対論のように一見荒唐無稽でも本当に事実に適合する理論の承認、これらを教える科学は数学に負うところが大きいのである。それ故に、この数学体系は、ある点では間接的であっても、寛容な精神を拡める上に大いに貢献したのである。

自由思想と宗教との間の宣戦布告はコペルニクス時代に発せられた。戦塵が完全におさまらないうちに、人々は信仰、言論、出版、研究の自由の重要性を認識するにいたった。幸いに、現在「熱愛されているのは自由であって神学ではない」。

もう一つの自由はニュートン時代の数学的成果からえられた。それは迷信からの解放である。現在の西洋文明を呼吸している人は、自然の運行が不可思議な悪魔、悪霊、幽霊や呪術などによって影響されるものでないことを知っている。自然法則の権威への確信は、呪文や祈禱などのつまらない行為が幸運を保証し災厄を防ぐという信仰を消滅させた。

ふつう宗教は進化するものとは考えられていない。しかし合理主義の興隆が、宗教そのものに有益な効果を及ぼしたことは疑いえない。宗教はもはや科学の領域を侵害しようとはしなくなった。その結果、数学者や科学者の研究に対する束縛は減り、科学における発見は自然の知識の最良の源と認められるようになった。今では宗教家は、神学と科学は両立するもので、互いに助け合うものと見なし、科学の成果は合理神学思想の根拠として受け入れられている。今日の神学者は、ニュートンやライプニッツの神の存在の証明の議論をくりかえし、この証明において科学の演じた役割を大っぴらに認めている。自然の数学的法則は、神を創造者、立法者とする宇宙の調和ある構図の根拠として示されている。法則が発見されるにつれて、科学はますます神を顕示するものとして歓迎されている。

十八世紀までは道徳の基礎は宗教にあった。宗教が弱まり拒否されるにいたって、これらの道徳律は宙ブラリンになってしまった。さらに、唯物論者による世俗的快楽の重視はキリスト教倫理の本質に反対し、決定論は、意志も物質現象で決定されると論じて、原罪の救済の教義を無効にした。この見解によると、人間は自由な行為者ではないから、その行動には責任はない。さらに原罪の拒否から、この地球上に何故に悪が存在するかが、神学者にとっても合理主義者にとっても再び重要な問題となった。キリスト教は悪を人間の原罪と堕落で説明したが、この「説明」も原罪の崩壊とともに崩壊してしまった。

合理的な吟味のもとでは、多くの倫理的原則は無根拠と見えた。神の本性を精密に調べて、何故神は不徳よりも徳を好むか、を問題にした。学識ある第三代シャフツベリー伯爵は、徳とは善悪をもって報いる超自然力と人間との間の契約から生まれたものである、と嘲笑していた。さらにもっと急進的なラ・メトリーは、快楽は罪ではなく芸術である、と確信していた。とくに、感覚的快楽が是認された。

道徳律は宗教の命を救いえたか？　十八世紀の思想家はそれへの解答の提出を試みた。理性そのものは行為への手引きとして認められた。たとえばロックは、道徳の原理は数学的に証明できるものである、と信じた。内なる神、理性に従って、正しい行為を定めよ。合理的であろうとしても困難な場合に、理性は正しく導いてくれるのである。理性の使用を促すために理性と調和してはたらく人の道徳感覚を原理につけくわえている人もある。この本来具わった正、不正の感覚は宗教とは無関係なものである。神を恐れたり天国における報いを求めたりする必要はない。以上のような説はたしかに非キリスト教的である。美的感覚が美の素因であるごとく、道徳的感覚が人をして悪を避け善を選ばしめる。

また、十八世紀においては理性と自然が同義語であったから、自然の状態における人間を研究し、それを模倣すべきだ、という人もあらわれた。だから大探検によってヨーロッパ人に知られた原始人の様式こそ理想的だ、という。ブラジル人には文明が欠けているから百四十歳まで生きる、とマゼランが書いたのでブラジル人の生活様式が賞揚された。中国人の生活様式はヨーロッパ人のよりも原始的だから、中国人の方が道徳的であり、彼らの社会の方が理想に近いのである。そして探検家ブーゲルヴィルがタヒチ島人のすばらしさを書いて出版したとき、一部のヨーロッパ人は、彼らの世界にこそエデンの園が保たれている、と信じた。ジェスイット会の宣教師さえも、文明に毒されない自然人を、気高い野蛮人と賞讃している。

哲学者の多くは、宗教に対する倫理の位置を、歴史上の発生順序と逆にしようとした。理性が発見した道徳的法則をバイブルが正当化する、とロックはいった。なかでもカントは、道徳こそ宗教の基礎である、と信じた。バイブルは道徳律に一致しそれを補うからこそ価値があり、宗教は、人が社会の一員として生きるために呑みこまねばならない道徳の丸薬を砂糖でくるむ限りにおいてのみ有益なのである。彼の見解によれば、キリスト教は「政治力に対する有効な補助作用」以上のものではない。マシュー・アーノルドも同様な考えを持っていて、宗教を「感情の色づけをした道徳」と評価している。

道徳律は宗教が弱まるにつれてはなはだしく荒廃したので、まったく作りかえられねばならなくなった。数学が一策案じて、その繕いをした。社会のすべてにあてはまる道徳法則を書いたあたらしいユークリッドが生まれた。しかしこの物語は後章にゆずることにしよう。

第18章 ニュートン主義の影響——文学と美学

自然はなべて神の知らざる芸術なり
偶然はすべて神に見えざる方向を示す
不調和に見ゆるものすべてに神の理解し得ざる調和あり

アレクサンダー・ポープ

ラピュタの旅行中に、ガリヴァーは、その国の言語を改良する計画にたずさわっている数人の教授に出会った。その計画の一つは、多音節語を一音節に削り、動詞や分詞を省略して、会話を短くすることである。理由は事実上考えられるあらゆる事物は、ことごとく名詞に過ぎないからだというのである。もう一つのプランは、これはまた言葉をいっさい全廃してしまおうという案で、このあとの方のプランは簡潔性についてもさらに健康上にも非常に好ましいものであるが、ラピュタの女たちは得意の舌がつかえないといって反対した。

このくだりでもジョナサン・スウィフトは彼の最強の武器、諷刺をつかって当時の文学に及ぼした数学の強い影響を揶揄している。二十世紀のアメリカでは成功した実業家が時代の権勢家になるように、自然の秩序を見いだし表現するに成功した数学者は、十七、八世紀文学の言語、文体、精神、内容の裁決者となった。当時最高の文学者たちは、彼らの著作があらゆる点で数学的科学的研究に劣り、散文や詩は数学、科学にならって改良さるべきだと断じた。

著述家たちは言語を標準化して作り直しにかかった。数学者が未知量をあらわすにxというきまった記号をつかうように、いつの時代でも同じ意味を保つように、いろいろな観念にあてて適当な記号が採用された。英語の標準化に際しては、特別な言葉がうんざりするほど加えられたが、一方ではnymph（妖精）はgirl（少女）に、swains（求婚者という言葉）はlovers（恋人）に、dewy（露けきという形容詞）はlawns（芝）に、morsy（苔むしたという形容詞）はfountains（泉）やstreams（流れ）に、limpid（清いという形容詞）はwater（水）にというように言葉の間の関連がはっきり定められた。

さらに数学を模倣して、日常会話にも抽象的概念を用いるようになった。gun（鉄砲）はleveled tube（目盛管）となり、bird（鳥）はplumy band（羽毛飾りの帯）、fish（魚）はscaly breed（鱗を持つ種属）又はfinny race（鰭を持つ種族）、ocean（大洋）はwaterly plane（水平線）sky（空）はvault of azure（青い円天井）という意味になった。特に詩人たちは徳、愚昧、歓喜、繁栄、憂鬱、恐怖、貧困というような抽象的な言葉を擬人化し大文字で書いてふんだんにつかった。しかしこの標準化と抽象化の愛好は言葉から具体的、絵画的な滋味ある色どりを剥奪した。

標準化運動は英語発達の一里塚たるサミュエル・ジョンソンの『辞典』で頂点に達した。ジョンソンは、「必要に応じて生み出され、偶然によって拡張された」言語を規則づけようとした。ジョンソンは、辞典を言葉の意味の単なる説明から、正しい使用への権威ある基準かつ裁決者の地位に高めた。彼は豊富な引用文献を用い、注意深く明確な区分をあたえて、言葉の正確な意味と正しい使用法を確立した。三角形という言葉が数千年来同じ物を意味しているように、すべて言葉の意味や使用法はあらゆる時代を通じて不変であるべきである、というのが彼の主張であった。

この辞典の概念の変化は、辞典の歴史上では革命的なものとも見なされるが、これはまた十八世紀には当然おこるべきものとも考えられる。すなわちもっとも合理的で有効で永久不変の基準を、決定確立しようという運動が既に活発にはじまっていたのを、ジョンソンは英語に対して着手したのである。ジョンソン時代以後の言語学者は、言語が規則や定義をほどこしても流動進化する現象であることを覚った。言葉は年により場所によりその意味がかわる。現代の辞典を引いて見れば、そこには古典的な意味も新しい意味も含まれているから、言葉が変化することはあきらかに見てとれる。

言語の基準化には日常言語の批判的吟味がともなう。倫理学や政治哲学で有名なジェレミー・ベンサムもこの問題に関心を持っていた。彼は、名詞は動詞よりも良い、といった。名詞であらわされる観念は「岩の上にどっしりと乗っている」。動詞であらわされるものは「鰻のように指からすり抜ける」。理想的な言語は代数に似ており、代数では数を文字であらわすように、観念を記号であらわす。そうすれば、あいまいで不適切な言葉や間違いを生じ易い比喩は避けられる。代数では数が加減乗除などの僅かな演算で関連づけられるように、観念は出来るだけ少くした文章論の関係で結びつけられる。二つの命題は二つの方程式と同じようにして比較される。たとえば、一つの方程式に定数を掛けて他の式をうるような方法が言語の命題にも応用される。名詞や接続詞に記号をつかおうという運動は、言語の記号化というライプニッツのプランとも関連する。しかしライプニッツはそれによって推論を容易にしようとしたのだが、ベンサムなどは厳密性をうるために記号をつかおうとしたのである。

文学に対する数学の影響としては、言語そのものの改革は小さい方で、文体はもっと急激に変化した。数学の議論や証明における命題は、簡潔、明快、正確であることは、ニュートン時代には広く世に認められるところとなった。著述家たちは、数学者のこの成果はその純粋、単純な文体によるものと信じ、それをまねようと試みた。

十七世紀に王立協会の会員は、英語の散文を気品を保つ範囲内で改革することに決定した。スプラット(『王位協会史』を書いた数学者。訳注)、ウォラー、ドライデン、イーヴリンなどをふくむ委員会がその言語の研究に任ぜられた。アカデミー・フランセーズのやり方を盗み見しながら、委員会は「読み書きの改良」を目的とする英語のアカデミー創立を計画した。協会の会員は彼らの試みを述べるにあたって表現の冗漫を避けるようにという注意を受けていた。彼らはあらゆる「余談、脱線、文体の装飾」を避け「同じ数の言葉にできるだけ多くの事を盛り込んで、素朴な純粋性と簡潔にたち帰ろう」とした。「明快端的で自然な語り方、実証的な表現、明確な意味、飾りのない易しさを用い、できるだけ数学的平明さに万事を近づけようとし（傍点は筆者）、そして機知や学識に富んだ言葉よりも職人、農夫、商人の言葉を重視した。」

当時最大の思想家の一人で、かつ有名な科学啓蒙家であるル・ボヴィエ・ド・フォントネル（一六五七—一七五七）は「数学と物理学の実用性について」の論文で次のように書いている。

> 幾何学的精神は、幾何学と切りはなしては他の知識領域に持ちこめない程、ゆうづうが利かないものではない。倫理学、政治学、批評、さらに修辞法などの研究までも、幾何学者の手になればもっと立派なものになろう。最近の良書にあらわれた秩序、純粋性、正確、厳密さは、現在かつてない程ひろまっている幾何学的精神の賜である。

前章で述べた大数学者たちは十八世紀における文体の模範となった。デカルトの文体はその明快、簡潔、容易、明断によって激賞され、デカルト主義は哲学であると同時に一つの文体を指すことにもなった。パスカルの手法、とくにその『田舎の友にあてた手紙』の気品と合理性はすばらしい特質を持った文体として注意をひいた。あらゆる分野の著述家たちは、デカルト、パスカル、ホイヘンス、ガリレオ、ニュートンの文体をできるだけまねようとしはじめた。

こういう影響のもとに散文体に大改造がおこった。客観的実在を述べる正確な言葉が好まれたため、比喩は影をひそめた。これに関してロックは、比喩や象徴は好ましいものだが、合理的ではないといっている。複雑なラテン化した構成をもつ衒学的でケバケバしく学者くさい文体は、かんたんでもっと直接的な散文に取ってかわられた。また空想の飛躍、感情のこもった熱っぽい表現、詩的な華麗さ、調子の高い意味シンな

文句は消えて行った。著作家の仕事は、

美の女神の馬に拍車をかけるよりも
　巧みに導け
速さを増すよりも
　狂暴さを抑えよ

である、とポープはいった。著作家の関心は高度に論理的な思想を持つ文体で事実を伝えることに集中した。明快、均斉、建築的形式への傾向、リズム、調和的構造、韻律規範の固持が、新しい散文体の特質であった。散文は穏健、簡明、正確、警句的となった。判り易さ、明快さが要求され、言葉はすぐ理解できることが必要となった。だから短文が好まれた。倒置法は嫌われた。文章の中の言葉の秩序はその思想によって保たれた。また、文は、思想がどこからどこへつながっているかすぐはっきりとわかるように組織された。散文体の目的と法則は、「心を容易にかよわせうること」となった。

文体において感情的要素よりも理性的要素を重んじるようになって、厳密な修辞法、推論、説話体が盛んになり、大時代的な強い感情や情緒をあらわす詩はすたれた。だから理性の時代は抒情詩や劇詩よりも散文、小説、日記、手紙、論文、随筆によく特長があらわれている。空想の排け口としての詩に小説がとってかわり、また抒情詩は詩趣のない「詩的散文」と変じた。

散文の中でも諷刺はとくに愛好された。理性への尊敬が不合理なものを摘発するにいたり、ここに作家たちはあたらしいテーマを見つけた。十八世紀では自然と理性が一致していたから、自然の状態から離れた人間の行為、たとえば権力、富、地位を摑もうとしてあくせくするさまなどは、たちまち諷刺の餌食となった。当時最高の諷刺家ジョナサン・スウィフトは今日なお広く愛読され、彼の書いたことは今日でもなかなか急所を衝いている。ガリヴァーが異郷で発見したことはすべて、十八世紀ヨーロッパ文明のある位相の諷刺になっている。まず矮小なリリパット人が登場して、傑作な愚行を演じて読者を笑わせるが、やがてそれが読者自身であることに気づかされる。ガリヴァーはヨーロッパ人の慣習を馬の社会の代表者フウイヌムに説明しようとして、かえってヨーロッパ人を嘲笑する結果におわっている。

以上のように、理性の時代は詩よりも散文を愛した。さらにニュートン主義の精神は散文と詩をはっきりと区別した。すなわち、人間が常識と判断を持つ人として考えることと彼が詩人として感じること、一方では自然の知識、他方では言葉のあや、想像の産物、嘘っぱちな夢物語との間の区別である。散文は事実を、詩は歓喜と空想を扱う。感じるのは詩の形でも、考えるのは散文でなければならぬ。こうして推論の重視は詩の概念、幻影、価値を減じてしまった。その上ニュートン時代の真理は諸対象の明確な数学的知識にあり、詩には真実はないから、詩は架空的なものとして排斥された。真実をうるためには想像の幻影を追い出さねばならぬ、詩はせいぜい数学や科学の抽象的真理を飾り、味をつける役目しかできなかった。

指導的人物たちは詩を難じ、なかには実際に詩に対して戦を宣したものもある。ロックはいった。詩は単に歓喜悦楽の幻影をあたえるだけで、真理や理性とは相容れないものである。詩は理性の光を仰ぐ人にはまったく必要でない。だから詩の中に真実を探そうと骨折って時を浪費すべきでない。さらに彼は、子供が詩的傾向を持つなら、その両親はこれを抹殺するように努めるべきだ、ともいっている。ニュートンは、彼の師バーロウの言を引用して、詩は一種の巧妙なナンセンスである、という見解をしめしている。ヒュームはもっと残酷だ。彼によれば、詩は作り事で人を面白がらせようとする職業的詐欺漢の仕事である。ベンサムは、散文は最後の行を除いて各行が端まで伸びるに反し、詩は行が途中で尻切れになるものである、という基準を設けて散文と詩を区別した。彼はつづけて、詩は何物をもしめしていないで、ただ感傷とあいまいな一般化に満ちている。馬鹿げた騒音も野蛮人を満足せしめても、一人前の人間の心には何の印象も残さない、といっている。

詩人たち自身さえも、この低い位置をあまんじて受けなければならなかった。ドライデンは『英雄詩と詩的放縦に対する弁明』で、詩のイメージを楽しんでも、その仮構に欺かれてはならない、と書いている。アディソンも次のようにつつましく詩を弁護している。物質界に物質そのものの性質しかなければ、詩の形も面白くないものだろう。ところが幸いにして恵深き神の摂理は人間の中に楽しい幻想を生む力を授け給うて、そのおかげで人間は楽しく気持ちのよい感動を心に持てるのである、と。十八世紀文学の大御所サミュエル・ジョンソンは詩に消極的な讃辞をあたえている。詩は理性の助けによって空想を呼び起して、真理に快楽をつけ加える技術である、と。

詩が逆境にたったのは勿論である。芸術には狭い見識、少しばかりの想像力、僅かな法則で十分だ、という見解が支配的であった。詩人たちも彼らの創作が真実ではなく、ただ快適な仮構にすぎないという考えを認めた。彼らはただ人々の楽しみに迎合するにすぎなかった。彼らは空想に訴えて潤色したが、詩人にとってもそれが実際には無意味であることがわかっていた。

芸術はつまらない楽しみにすぎないと考えられるまでに身を落した。それから、もっと哲学的、実用的になって、存在意義をたて直そうとしはじめた。そしてある詩人は、詩の役割が韻をふむ教訓、理屈、議論であるとした。そんな詩は感動を起させることはできなかったが、激情を馴らし、恐怖を宥め、偉大な聖賢の例を持ち出して教訓的な役を果した。

詩の位置を低めることを不満とした当時の批評家は、詩と数学の間の媒介物などをふりすてて、直接数学的客観性をえようと務めた。彼らはまず詩人も若干数学者でなければならない、と規定した。ドライデンは主張した、「優れた完全な詩人たろうとする人は、いくつかの科学を学び、合理的、哲学的さらには数学的頭脳を持たねばならない」と。新興アメリカもこの新しい影響のもとにあった。エマーソンの言葉に次のようなものがある。

詩人にしかすぎない人の詩句も、代数学者にすぎない人の問題も、耳を傾けるには価しない。物事の幾何学的基礎もお祭の華やかさも同時に知る人なら、彼の詩は正確であり、彼の代数学は音楽的なのである。

数学者ならおそらく、芸術にも科学と同じく自然研究から得られる自然法則がある、と考えるだろう。ドライデンも、いかなる時代にも喜びをもって迎えられるものは自然の模倣である、といった。ポープも詩における自然法則への信頼を表現している。『批評論』で次のようにいっている。

まず自然に則れ
汝の判断も自然より出ずるものなれば
誤りなき自然
不滅に輝き、あまねく及ぶその光
生命、力、美はすべてその中にふくまれ
同時に芸術の源とも目的ともなるものなり

奇妙にも「自然に学ぶ」ことは物理科学を意味するものではなくて、自然の数学法則に従うことであった。ギリシア人と自然の間の歴史的な関係から、自然に学ぶとはギリシアの古典を模倣することを意味した。だからポープはいった。

かの古き掟は作り出されしものにあらず
見出だされしものなり

自然は静穏なれどそこに法則あり
自然は自由に似て
自ら定めし法則に則るなり
偉大なる若きマロー（ヴェルギリウス）の作品は
不滅のローマよりも命永からんその批評家どもの規範をこえて
自然の泉より導き出されしものなればなり
彼の歩みし道を検すれば
自然とホーマーは彼の中に合致するを見る

しかしポープがホーマーの『イリアッド』を訳したときは、ホーマーでなくポープを表現していたのである。レスリー・スティーヴン卿が『十八世紀におけるイギリス文学と社会』において指摘しているように、アガメムノンがギリシア人に戦をやめるよう勧告する言葉

愛、義務、やすらぎよ、我に来れ
従うべきは自然の声のみ

を読むとき、ホーマーのアガメムノンの声ではなく、かつらをつけた（十八世紀の慣習。訳注）。アガメムノンの声を聞いている、といわざるをえない。つまり合理主義の正しさと自然法則の効力という基本的仮定に調節した十八世紀の声を聞いているのである。だから詩の法則は自然、古典、理性の一致から生じたもので、これらのうち一つを学べばすべてを学ぶことになる。芸術の規則は「方法化された自然」であった。

ポープ、アディソン、ジョンソンは上述の哲学に従って詩のスタイルを導き出した。げんみつな規則が古

典の研究から引き出され、ドライデンのラテン古典の翻訳は、英語への韻文翻訳の法則をうちたてた。詩句は規則に従って書かれるべきだ、抒情詩、叙事詩、短詩、書翰体詩、教訓詩、頌歌は形式を定めた法則に注意して作らるべきである、というように考えられた。秩序、明晰、均斉は詩作の目標である、というように考えられた。文法的規則や文体構造への注意が喚起された。詩における形式の原理は数学の公理にあたるものと考えられた。公理は定理の内容とともに形式をも決定するものであるからである。英雄詩的カプレット（同韻で各五脚よりなる対句。訳注）は対句の形式を取り、均衡調和を持つ故に、特に愛好された。英雄詩的カプレットは韻律の規則の典型的なものと見なされた。当時の文芸批評家にとっては、美というものは詩作のげんみつな規則を守ることにあったのである。

詩人たちは数学的命題のような規準を採用し、批評家の課した規則に小心翼々として従った。この規準を守った立派な詩は、文章の模範とされた。詩は穏かで節度正しい知的なものとなった。詩人たちはポープの厳格な形式を重んじる詩作法を採用し、明晰、節度、気品、均斉、普遍性のような新古典主義の理想を重んじた。題材や形式の調和を意味する端正さも遵奉された。

形式と形式重視の精神に従って、詩人たちは、感情というものを抑制した。情熱は嫌われ、情緒はすてられ、歓喜や神秘的瞑想は排斥された。空想は「きわめて狂暴で無軌道な力だから、スパニエル犬のように足に錘りをつけて、判断のはめをはずさないように、しなければならない」というドライデンの指示に従って、想像力は理性と平静、思慮分別の枠内に限られた。かくして大時代的な悲劇は、常識的なあたらしい文学的空気の悲劇的犠牲となった。心と頭の統一、思想と感情の総合は崩壊した。

詩は畏敬すべき、唯心的な、神聖なものだという観念は、十八世紀中はほとんど忘れ去られていた。作品に詩的情熱をたもとうとした人も、ごく僅かあるにはあったが、彼らもそういう努力をテレくさそうに自嘲するようなふりをして、こっそり文壇に持ち込んでいるという風であった。ただコリンズ、スマート、クウパー、ブレイクなどは、規則を打ち破って自らの命ずるがままに詩作した。

十八世紀では詩の精神は貧弱になったが、かえってその内容は豊かになった。ニュートンの若い時代の十七世紀の詩人たちは情熱的な詩、恋愛抒情詩をつくっていた。彼らはほとんど数学や科学に無知であった。たまたま数学、科学に触れた人でも、それらの偉大な発展の意義には気づかなかった。なかには数学を嘲笑したものもいる。一六六三年サミュエル・バトラーは『ヒュウディブラス』で書いている。

数学にかけては、あいつは
ティコ・ブラーエやエラ・ペーターよりも偉大だ。
あいつは、幾何学の物差で
ビール罐の大きさを測れるんだ。
パンやバターの重さがいるなら
サインやタンゼントで解けるんだ。
代数をつかって、掛時計の打つ時間を
うまくいいあてられるんだ。

ニュートンの研究だ出てからは、嘲笑は崇拝とかわった。詩にはあたらしい数学や科学への讃辞が満ちるようになった。作家たちは理性、数学的秩序、自然の巨大なメカニズムに題材を見つけ、取るに足りない人間の誕生、恋、死などへの関心を忘れるようになった。世界のこの新しい驚きにドライデンほど熱情を捧げた人はいないだろう。

ハーモニーから、天空のハーモニーから
この宇宙の創造ははじまった

ハーモニーからハーモニーへと
鍵盤上をかけめぐる
人の心を満たす全協和音よ
聖なる歌の力もて
この地球は動きはじめた
大創造主の讃嘆の言葉は
地上の祝福されたものへと高鳴るのだ

アレクサンダー・ポープがウエストミンスター寺院にあるニュートンの墓の墓誌銘として捧げた詩も有名である。

自然と自然の法則は
　暗闇にかくされいたり
神はいえり、「ニュートンよ出でよ」
　たちまちにして万物は光を帯びぬ

残念ながらここではニュートン時代の偉大な詩作の内容をつまびらかにすることはできない。この書の所々にあらわれた引用句や各章の題辞から、このあたらしい様相の若干を知りえよう。
十八世紀の批評家たちがいかに冷たい、機械的な、人間味のない文学を擁護しようと、感受性の強い人々の心を抹消することはできなかった。十九世紀には詩の規律というものがぜんぜん不当なもので、詩のイメージをすりへらすものだ、ということに気づき出した。幾何の法則は製図工の略図を作れるが、それが建築作品ではない。ロバート・バーンズが古典の模倣に言及して述べたように、詩人は「ギリシア語の力によってパルナサス山に昇ろう」とは望み得ないことであった。
詩的精神の抑圧があまりに激しかったので、十九世紀初期の詩人たちは、美はすべて消滅した、とさえ感じた。キーツは、デカルトやニュートンを詩の咽喉をかき切った奴として嫌い、ブレイクも彼らを呪った。一八一七年のある会合で、ワーズワース、ラム、キーツたちは「ニュートンの健康と数学の混乱」を祈って杯をあげた。ブレイク、コレリッジ、ワーズワース、キーツ、シェリーは、数学や科学の成果とその成果を尊重することは知っていたが、詩の本質におよぼしたその作用には反対した。シェリーは想像力の抑制に言及して「科学の原理を奴隷たらしめた人は、自らその奴隷となっている」といった。コレリッジは機械的宇宙を死んだ世界だとして排斥した。ウィリアム・ブレイクは、理性は邪神で、その高僧はニュートンとロックだ、と叫んだ。「芸術は生命の樹であり……科学は死の樹である」。彼は自然の機械的説明が自然を無茶苦茶にこわすものだと感じていた。

虎よ！　虎よ！
夜の森にらんらんと燃えるものよ
いかなる不滅の手や眼がはたらいて
汝の畏るべき均斉を作りあげたのか

ワーズワースは、理性だけでは人は不道徳な化物になると考え、科学者は人を向上させるよりも堕落させるだけで、自然と魂の間をさき、荘厳さや神秘をうしなわせる、といって攻撃した。

かつてかよわくうちふるえた人間が

今や巨大な力を支配し
科学は巨人の歩みもて前進する
しかし人は恋や謙譲の徳にも
富んでいるのではないだろうか

十八世紀に自然という名でよばれた唯物的で色合のない物質機構に対して、十九世紀にはその反動、反抗が、意識的にも無意識的にもおこってきた。一世紀間抑圧されていた感情がきずなを断ち切り、科学や数学による思想感情の圧制に対して反乱をおこした。十八世紀に主張された宇宙の完全な秩序は幻影にすぎないと宣せられた。その証拠に理性で解決できない神秘や矛盾がまだ残っている。詩人たちは感覚、感情、人間の自意識の重要性を主張した。自然は、科学者の数学的説明を通じて理解されるものよりも、もっといきいきしたものだ、と彼らはいった。ワーズワースは、合理主義の狂宴にうつつをぬかすよりも、自然そのものを直接に享受しよう、といった。

大いなる神よ!
我は着古されし教義をまとえる異教徒なりき
今やわれは大いなる力をえ
この歓喜の野にたちて見はるかし、
もはや孤独をおぼえず

詩は機械観的伝統の足枷から解き放たれた。情緒は活発に表現され、神話や象徴が復活した。想像は理性以上のものとなり、またある人には想像が直観的真理をもたらすが故に理性の最高形式であった。詩人は注釈者以上のものであることが認められ、自身の天分を発揮し胸の中の神性を表現することを使命とした。自然と人間の魂の間の結合によって、死せる世界に生命が吹き込まれた。

天国、極楽、幸の土地
そはすぎ去りし歴史にすぎぬか
ありえざるつくりごとか、
人間の知性が
このことよなき宇宙に結びつくとき
恋に、聖なる熱情に
まのあたり、天国はひらけるなり

宇宙は冷淡なものではなく、活気に満ちており、人間の内なる力によって形作られるものである。詩は気高い活動の記録であり、詩人の魂は不活発な世界に生気をあたえる。ワーズワースはいう、しかるがゆえに私は、

牧場や森や山々の恋人だ
この緑の大地から見えるものみなの恋人だ
眼に見え耳に聞える広大な世界の恋人だ
大自然の中に、意味ある言葉に
わが清き思いの錨を、乳母を
手引きを、わが魂の保護者を

あらゆる徳高きものの魂を
認めて私は喜ぶのだ
自然は欺かないことを知ってるから
自然を愛する心を持つのだ

かくして自然は詩人たちの主なテーマとなったが、それはかつての抽象的法則の鎖にしばられた自然ではなくして、感情に富み、生きてふるえ、色彩の豊かな、感覚に訴える、神秘的な自然であった。十九世紀の詩人たちは自然の具体的な体験、「血や心もて感じとられる感動」をえらんだ。彼らは昔、光、香り、生活そのものの光景を楽しんだ。日の出、日の入りの光景は光の数学的解析を眩惑した。太陽の燃えさかる火は他の天体におよぼす重力より強かった。そして荒れ狂う西風——いたるところにさえぎるものなく動きまわり、青い地中海を目覚ましめる「秋の呼吸」は、空気の分子の規則正しい力学的運動をふきとばしてしまった。

浪漫派の詩人は反逆したけれども、彼らの精神を縛するきずなから完全に自由ではなかった。数学思想、科学思想における進歩によって、十八世紀合理主義者が熱心にはげんだ宇宙の概念化は十九世紀を通じてさらに強化され、世人たちもこの事実は敏感に知っていた。感情の爆発が収まると、またもや宇宙の問題に直面した。十九世紀のあいだ中、詩人たちは科学者、数学者による自然の説明と、感覚による説明とのギャップに苦しみ悩んだ。マシュー・アーノルドは同時代人たちに語りかけている。

眼のあたり夢の国のごとくよこたわる
色とりどりの新鮮な世界には
事実は、喜びも恋も光も

安定も、平和も、苦しみの救いもないのだ
そしてわれわれはこの暗がりゆく地平に
無謀な軍勢が夜通し争いひしめく
闘争と潰滅への錯乱せる警鐘におののいているのだ

心と頭の争いはなお詩の大きなテーマであった。理性の成果が大きくなるほど、詩人たちは苦しんでゆくのだ。

ニュートン時代に花咲き、権威を揮った数学的精神に、強く影響された芸術は、文学だけではない。十八世紀絵画、建築、造園、さらには家具のデザインまで確固たる方式に従い、はっきりした基準を設けるようになった。ジョシュア・レイノルズ卿の感覚は当時の芸術家気質をよくあらわしている。彼は画題への忠実さを強調し、色彩を観念に従属させ、一般的、永久的な要素をたもつために細部を犠牲にした。そして、眼ではなく心にうったえて画くことが必要であった。建築、工芸においても、秩序、均斉、調和、単純な幾何学的形式の固執が当時を支配していた。科学アカデミーの成果をまねて作った芸術アカデミーでは、芸術の基準を発表し、様式の遵守に大きな作用をおよぼした。しかしここではニュートン時代の短い概観をするだけで、芸術史に深入りすることができないのは残念である。

文学、絵画その他の芸術の変化に従って、このあたらしい態度を合理化、正当化しようとして美学にも変化がおこった。美学のあたらしいテーマは、科学のように芸術も自然の研究と模倣から生じ、従って自然と同じく数式化ができる、というにある。ジョシュア・レイノルズ卿によると、

絵と原題材との相似を喜び、音楽のハーモニーに触れることは、幾何学の証明と同じ味わいがある。すべてこれらは自然の中に不変の基礎を持っている。

さらにジョシュア卿は、美の本質は普遍法則の表現にあるともいった。ちょうど観測がケプラーの法則を生んだように、自然の研究が芸術の法則を顕示するだろう、というのである。しかしなかには、観察とはかかわりなく理性のみで先験的幾何学的方法によって美学の法則を演繹できる、美も真理と同じく理性能力によって把握されたものだからだ、と信じた人もある。

そして芸術を法則の体系に、美を一連の公式にかえようとして、人々は自然を研究し、理性能力を応用した。美をうるための感覚はなおざりにされ、分析が至上の本質だと考えられた。自然における美の探究は、美の抽象的理想だけでなく、美の特性をも産み出すものと予想された。芸術の法則に注意すると、この知識を発見でき、それによって美術作品は思いのままに創り出されるとされた。しかし残念ながら偉大な芸術は大量生産的基礎の上に作られたことはかつてない。おそらくこれは、十八世紀のこの芸術上の発見に投資する近代産業資本家がいないからであろう。

以上三章では、ニュートン数学によっておこされた文化革命をしめしてきた（人間本性の科学と呼ぶ章をも見よ）。ニュートンの死んだ頃にはすでにその変化はいちじるしくあらわれていたが、まだ緒についたばかりだともいえる。ニュートン数学の浸透と拡大は今なおわれわれの生活様式や思想の形式に影響しつつある。十八世紀の理性の時代こそ、教権的封建的文化に抗して真の近代化を開く除幕式であったのである。

一般にいって、ニュートンたちの業績は、世界、人間、社会や人類の制度慣習の本質への大いなる知的探求心をふるいおこしたのである。ニュートン時代は後継者たちに一般的なすべてを包括する法則をつたえた。またそれは、数学的形式の上にたてられた体系として思想を組織しようという欲求を刺激し、数学や科学の力への信頼を注ぎこんで、わが文明を万有科学の探究へと船出せしめたのである。十七、十八世紀の数学活動の最大の歴史的意義は、あらゆる文化領域に浸潤する合理精神を活発ならしめたことにある。

天文学、力学の分野におけるニュートンの数学や科学のおどろくべき成功をもとにして、十八世紀の知識人たちは、人間があらゆる問題を解決するのは時間の問題だろう、という確信をえた。科学や数学はやがてさらにすばらしい成果を示したが、それをもし彼らが知っていたなら、もっと明瞭にその期待を表明したであろう。また一方これら思想家は根拠のない楽天主義に酔っていたともいえる。しかし、数学や科学は、あらゆる問題を解くとはいえないまでも、世界の再建を押し進めたのだから、少なくとも彼らの確信は予言者的であり、半分の真理を持っていたのである。基礎的な問題に進歩がなかった領域においても、理性の時代は、目標を設定し、推進力をあたえたのである。

第19章

G線上のサイン

音楽は、それが計算であることをつゆ知らずに、計算から人間の魂が経験した快楽である。

ゴットフリード・ライプニッツ

ピタゴラスがオリーヴの木陰で竪琴を引いて時を過ごしたという即興曲が歴史の上であったであろう。このようにして彼は、張った弦から出る音の高さは弦の長さにより、和音はその長さがかんたんな整数比をなす弦から出ることを発見した。ピタゴラス時代以来、音楽の研究の本質は数学的であり、数学と同じ部類に入るものと見なされていた。この関係は中世の教育制度の科目にもあらわれていて、算術、幾何、球面法(天文学)、音楽は有名な四科とよばれていた。この四科目はそれぞれ純粋な数、静止した数、動く数、応用された数をあらわすものとして、数を中心として関連づけられていた。

ピタゴラスの時代から十九世紀にいたるまで、ギリシア、ローマ、アラビア、ヨーロッパの数学者、音楽家は音楽の本質を把握し、数学と音楽を関係づけようとした。音楽の様式や、和音、対位法の理論が分析され、再構成された。この長い研究の頂点は、数学的観点からすれば、数学者ジョセフ・フーリエの研究にある。彼は、あらゆる音が、肉声であろうと器楽であろうと、複雑なものも単純なものも、完全に数学的にあらわせることをしめした。フーリエの研究によって、音楽のこよなき美しさはすべて数式に従うことになった。ピタゴラスは竪琴の弦を弾くことに満足していたが、フーリエは全オーケストラを指揮したのである。

一七六八年、フランスのオーセールに生まれたジョセフ・フーリエは、数学の学生としてなみなみならぬ才能をしめしていたが、砲術士官になろうとこころざした。しかし彼がまずしい洋服屋の息子だからといって任官を拒否されたので、しかたなく彼は僧職となるべく方向をかえた。その後彼の数学的才能によって彼の学んだ軍学校の数学の教授職をえて、僧職を辞した。教授職のような低い地位には社会的階級を必要としなかったのである。

多年ナポレオンに従って政治、科学の仕事をした後、一八〇七年フランス・アカデミーに、物理学に前例なき進歩をあたえた貴重な定理を提出した。ニュートンの業績が天体の運行の研究に画期的な進歩をあたえたとするならば、この定理は空気の波の運動に数学的完成を付与したものである。十九世紀は十八世紀人の夢みた期待に添って着々成果をあげたのである。

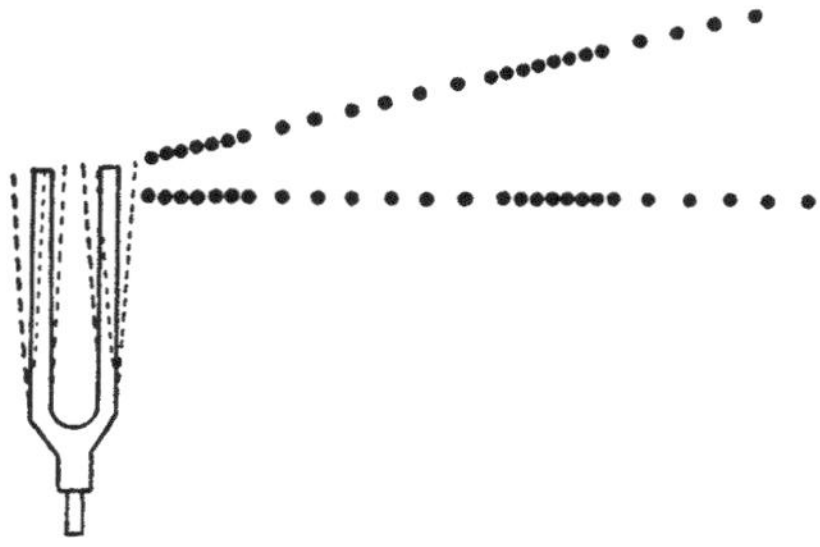

図74　音叉の振動により生じる空気分子の運動

フーリエの研究によっていかに音楽の完全な数学的分析ができたかを考えよう。大劇場のステージにヴァイオリニストがたって、弓を弦で引くとしよう。彼のかなでる音譜のあるものは一秒の数分の一、あるものはもっと長く響く。ある音は大きくある音は柔く、高い音も低い音もある。百フィート離れたところに坐っている聴衆は彼の演ずる音をそのまま捉える。ヴァイオリニストが演奏するときにどういう物理現象がおこり、彼の音楽はいかにして聴衆に達するのだろうか?

説明の方法として、音叉から出る単純な音を考えよう。音叉の叉を叩くと、音叉はきわめて速く振動する。尖がまず右に動くと、その側の空気分子が密になる（**図74**）これを密部とよぶ。空気圧は均一になろうとする傾向があるから、密な空気粒子は、さらに右の密でない方に移動する。こういう過程がくりかえされ、密部がどんどん右側に移ってゆく、ところがすぐに音叉はそのはじめの位置から左へとぶり返す。これによって音叉が前にあった位置にはわりあい稀薄な部分ができる。この部分の右側の空気の分子は密度の薄くなった部分になだれ込み、そしてそのあとにべつの稀薄な部分ができる。さらにその右の分子がこの薄い部分へと入り込む、というようにしてつづく。この稀薄な部分を疎部とよぶなら、疎部は音叉から右の方へ遠ざかってゆくことになる。音叉の右左の振動は密部と疎部を右の方へ送る。

以上では音叉の右側におこる運動を考えた。じっさいには密部と疎部はあらゆる方向へと動く。これらの密部と疎部が鼓膜に達するとき、そこにおこる振動が音感を生むのである。

空気の分子が音叉から鼓膜へと動くのではないことは注意すべきだ。各原子は、攪乱を受ける前の位置のまわりの限られた範囲を前後に動くにすぎない。伝達されるものは分子ではなく一連の密部と疎部であり、これらが音波を生じるのだ。

げんみつにいうと、ある特定範囲内の個々の気体分子がすべて精密に同じように動くのではない。しかし問題となるのは分子の集団としての効果である。この集団の運動を一つの典型的な分子をえらんでのべてみよう。この分子ははじめO（**図75**）にあったとする。密化によってそれは右に移ってAに達する。ついでおこる疎化で元の点を通りこしてBにぶりかえす。次の密化でそれはOに帰る、これで一振動が完成されたわけだ。しかしOで止まらずに、分子は音叉からつづいておこる刺激でくりかえし振動をつづける。こうして分子の原点からの偏移は時間とともにたえずかわる。

気体分子の運動はオッシログラフとよぶ非常に敏感な器械ではっきりととらえられる。この器械のそばで音が発生すると、器械は空気分子の偏移をグラフの形で記録する。分子は直線上を前後に動く。グラフははじめの静止点からの偏移を垂直距離でしめし、グラフ上の水平軸は運動の始めからの経過時間をあらわす。OからQへの曲線部分（**図76**）は音叉の一振動の間の分子の運動をあらわし、QからRの部分もやはり一振動をしめす。音叉を気体分子の極大偏移が〇・〇〇一インチになるようにたたくと、オッシログラフには極大偏移〇・〇〇一インチの振幅を持つグラフがあらわれる。
音叉を一秒に二〇〇回振動するようにすると、オッシログラフには0からQのような振動が一秒に二〇〇回あらわれる。

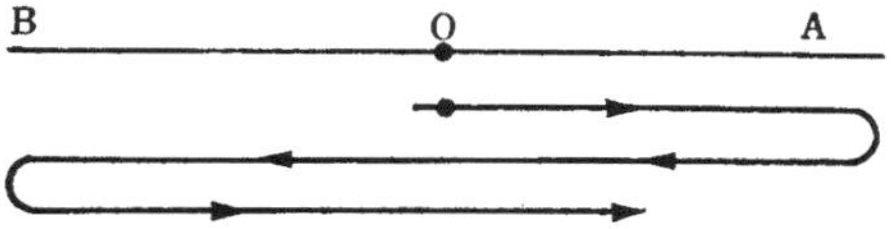

図75 典型的な気体分子の運動

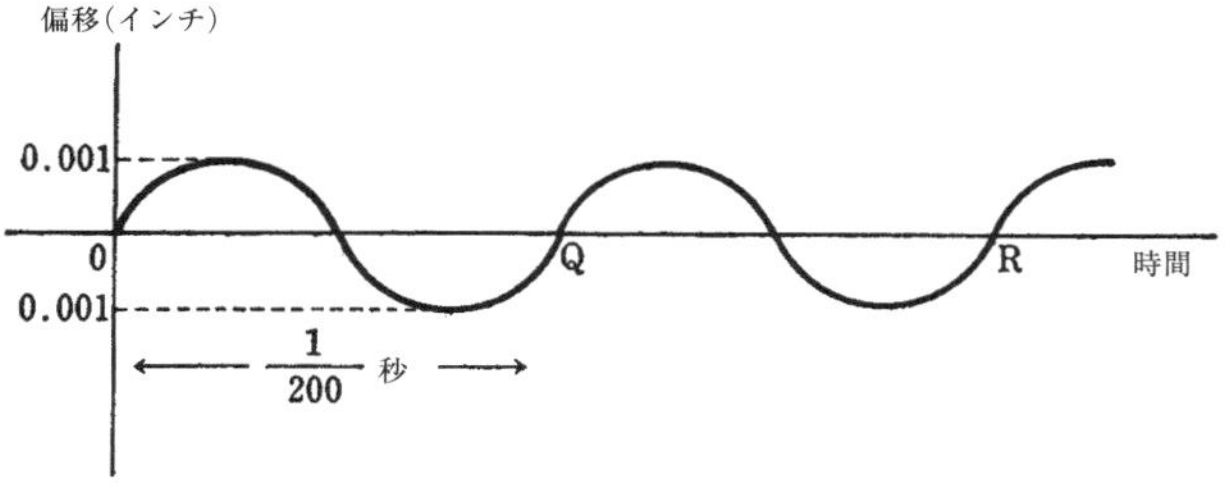

図76 気体分子の時間に対する偏移を示すグラフ

さて、音叉の音がいかに空間をつたわるかの物理的解釈をつけよう。この音を公式であらわせるだろうか？またあらわせたるとしたらそれから何がえられるだろうか？

音叉の音は肉声や器楽の音に比べると単純だが、まずこの単純な音を数学的にあらわす仕事にとりかかろう。さて求めるものは、落体の距離と時間のように、この場合分子の偏移と経過時間を関係づける公式である。

数学者は既成の公式を持っていた。$y = \text{sine}\ x$という公式である。この公式はグラフをつくってみるとその性質がよくわかる。**図77**にしめすように、この関数yの価は、xの価が0から90に増すにつれて、0から1に増す。xがさらに増すと、yの価は減じて0になり、さらに負になってマイナス1に達し、それからまた増してxが360になると、0になる。$x=360$と$x=720$の間でも、yの価は$x=0$と$x=360$の間と同じ事をくりかえす。xの価の単位360毎にyの価ははじめの360単位間の性状をくりかえす。いいかえれば関数は規則正しい、つまり周期的で、

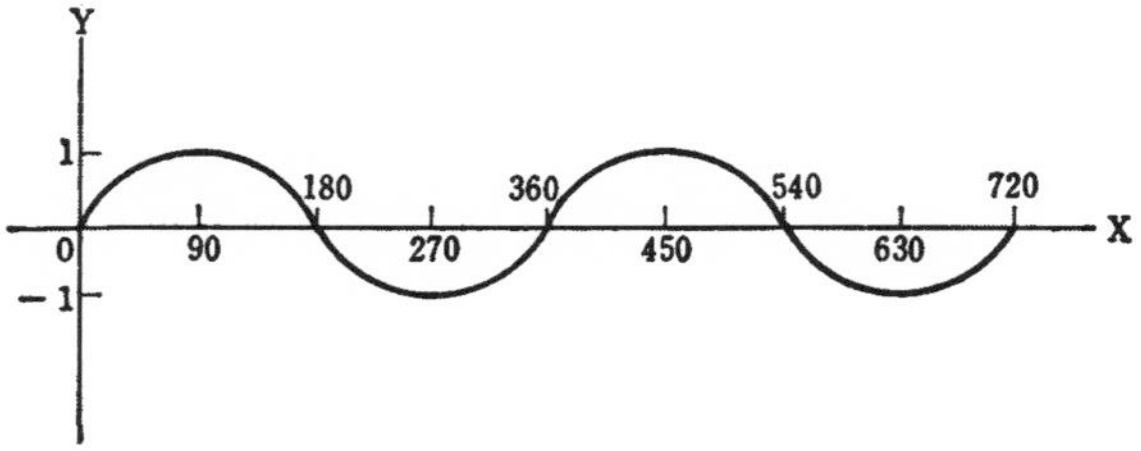

図77　$y=\text{sine }x$ のグラフ

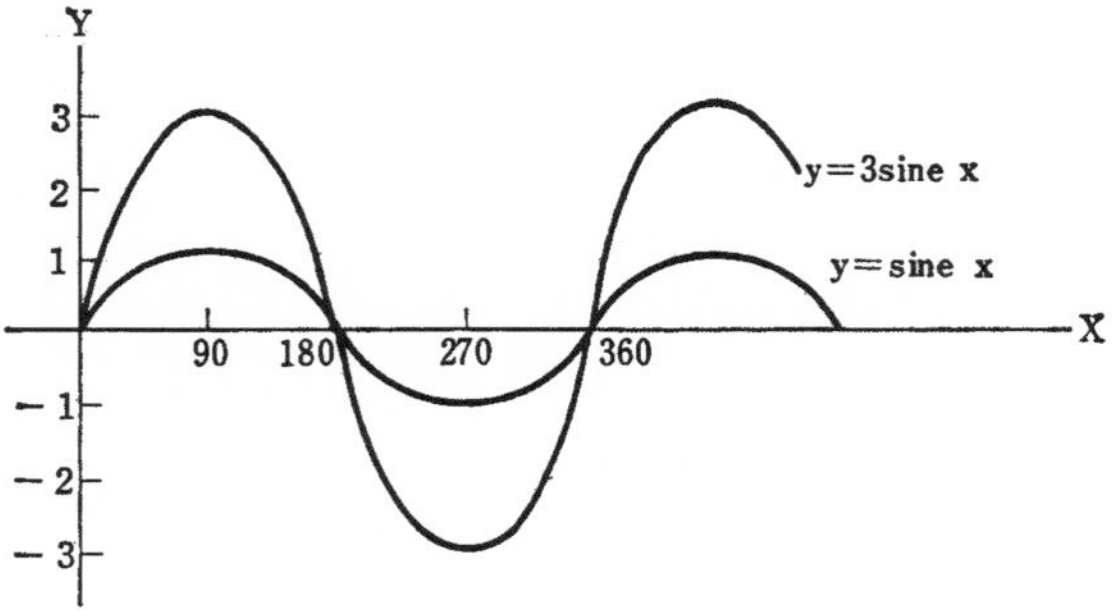

図78　$y=\text{sine }x$ と $y=3\text{ sine }x$ のグラフ

yの価の周期はxの価の360単位間隔ごとにくりかえす。

ここでつかったサインという言葉に、すでにアレクサンドリア・ギリシア時代の数学にそれがつかわれていたことを思い出す読者もあるだろう。関数$y=\text{sine }x$でxが0から90にかわるにつれてyの取る値は、xが0度から90度にかわるにつれて三角比sine xの取る値に正しく等しい。ヒッパルコスからスイスの数学者オイラーの時代にいたるあいだに、はじめは直角三角形の角から定義された三角比が、角から離れて、単に変数間の関係と見なされるようになった。かくして$y=\text{sine }x$は二変数yとxの間の関係となった。そしてこの間に、xの価がどんなに大きくても、yの価は、**図77**にしめした解釈のように、この関係は拡張された。そのおこりは三角測量につかわれた比にあるという理由から、今日でも$y=\text{sine }x$は三角関数とよばれている。

この関数は音叉の音そのものをしめすものではないが、ごく簡単な修正をすればよい。$y=3\text{ sine }x$を考えよ。この式ではyの値が$y=\text{sine }x$のときよりも同じxに対して三倍大きい。**図78**で$y=3\text{ sine }x$と$y=\text{sine }x$とを比較してしめす。$y=3$ sine xはふつうのサイン曲線に似ている。ただ振幅、つまりyの価の極大値が$y=a$ sine xでは一であるのに、この場合は三単位である。同様にしてaを任意の正数とする$y=a$ sine xのグラフもただ振幅がaであるだけで、やはりサイン曲線の一般形を保っている。

もう一つの別のサイン関数の変形を$y=$ sine $2x$を例にとって説明しよう。この関数は$y=2$ sine xと同じもので、だから先に述べた型に属すると考える読者もあろう。しかし少し考えてみると、そうではないことがわかる。$y=$ sine $2x$の公式の中の2の役割はグラフでしめすとわかりやすい。図79で見ると、sine xが0から360の間で取るyの値の一循環をsine $2x$は0から180で取る。xが360に達するまでに、$y=$ sine xでは一サイクルであるyの値が、$y=$ sine $2x$の場合は二サイクルとなる。だからこの関数はxの三百六十単位において振動数2であるといわれる。サインの如何なる値を取ってもその最大値は1であるから、$y=$ sine $2x$の振幅は1である。

関数$y=$ sine bxの場合にbを任意の正数とすると、上の結果を一般化できる。$y=$ sine $2x$の振動数は2である。同様に$y=$ sine bxはxの三百六十単位の間では振動数bで、つまりxが0から360にかわる間にyの価はb回循環をくりかえす。$y=$ sine $2x$の場合と同じく$y=$ sine bxの振幅は1である。

振幅も振動数も$y=$ sine xと異なるサイン曲線の例として、$y=3$ sine $2x$を取ろう。この関数のyの価は、xの同じ値にして$y=$ sine $2x$からえられる価の三倍である。だから3 sine $2x$の振幅は3であり、そのxの価の三百六十単位間における振動数は2である(図80)。

かくしてえた結果を総括すると、aとbを任意の正数とする関数$y=a$ sine bxでは、振幅はa、xの三百六十単位に対する振動数はbである。

さて、音叉の音を数学的にあらわす用意はできた。これまで論じたグラフと、音叉の音のじっさいのグラフとを比べると、理論的推測の正しさを確かめうる。振動する空気分子の偏移と時間をあらわす式は$y=a$ sine bxという形になる。音叉の性質によってaとbを決めればよいだけだ。

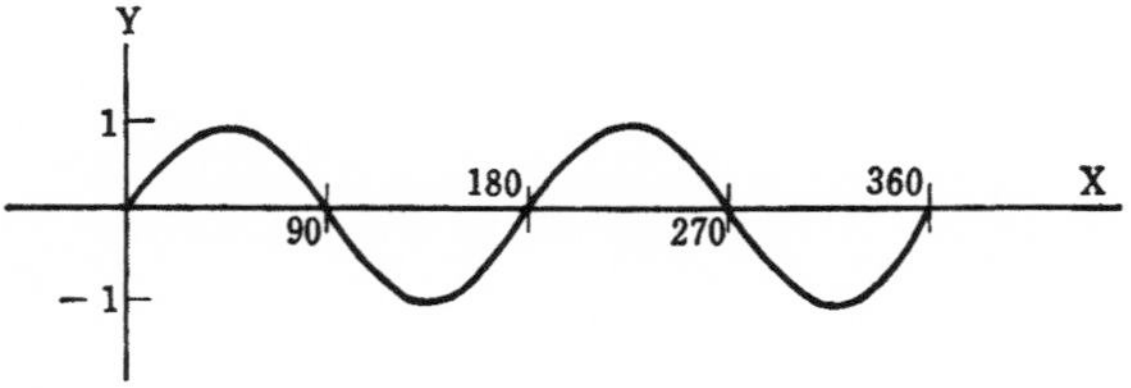

図79　$y=\text{sine}\ 2x$ のグラフ

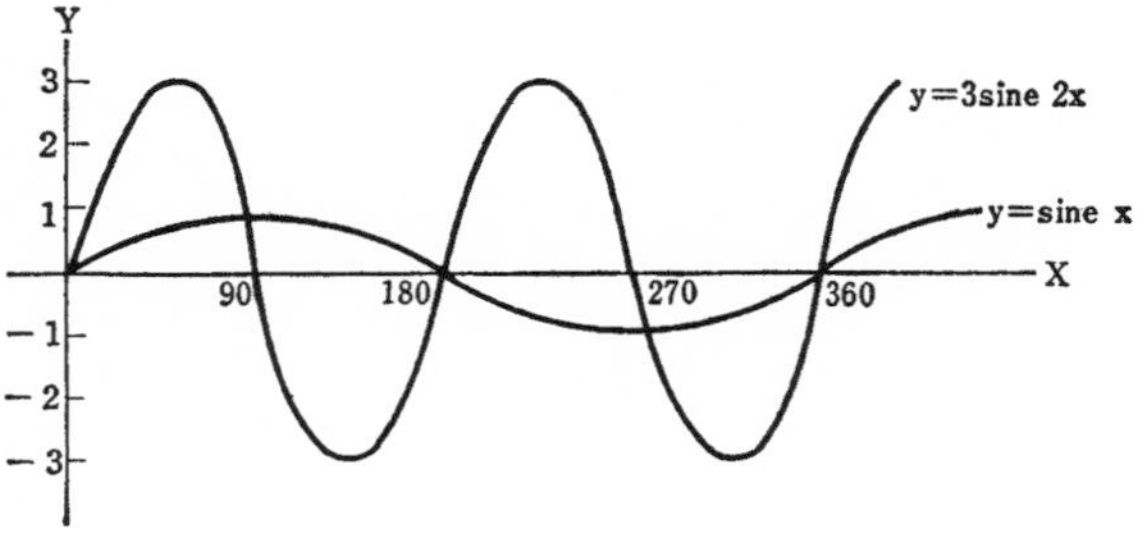

図80　$y=3\ \text{sine}\ 2x$ のグラフ

音叉によって生じた空気分子の運動の振幅が〇・〇〇一なら、この数は公式 $y=a\ \text{sine}\ bx$ における a 値である。そして音叉がつまりは空気分子が毎秒二〇〇振動するとすれば、この分子運動のグラフは毎秒二〇〇の振動数を持つ。$y=a\ \text{sine}\ bx$ の振動数は三百六十単位では b であり、一単位では $b/360$ となる。実際の音の振動数は、ふつう一秒間の振動数で示す。三百六十単位の振動数はサイクル振動数とよばれる。だから $b/360$ は二百に等しい。そこで $b=360\cdot200=72{,}000$ となる。だから音叉の公式は、

$$y=0.001\ \text{sine}\ 72{,}000t$$

となる、ここでは時間値をあらわすために x を t と書いた。

もちろん音叉のように単純な楽音は少ない。フルートは音叉に近い単純な音を出すが、これは例外的である。数学者がもっと複雑な音とよぶのは何であろうか？　甘い調べや耳ざわりな音はどうして説明がつくのか？　ヴァイオリンとピアノで同じ音を弾いても、耳には違って聞こえるのは何故か？

こういう疑問は、いろいろな音のグラフを調べれば、ある程度解ける。音楽のグラフは――ふつうの肉声

も含まれる――規則性を示す。つまりは瞬間と偏移をしめすグラフは一秒に数回規則正しく反復する。この周期性の例として、ヴァイオリンやクラリネット、さらには「ファーザー」という言葉のアの音のグラフをしめした。

このように図に規則正しくあらわれる音は概して耳に心地よい。路上をころがる罐詰の空罐の出す騒音などはきわめて不規則なグラフになる。

規則正しい周期性を持つ音はすべて、たとえそれがじっさいに作れないものであっても専門的には楽音とよぶ。

さてグラフであらわすと、愉快な音と不愉快な音、広い意味での楽音と騒音との間にはっきりした違いがあって、その法則性をあきらかにするにはさらに進んだ分析が必要であった。だから十九世紀まではこれは不可能と見なされていたのである。そこへフーリエが登場し、困難を除去した。

純粋数学の定理としては、フーリエの成果はきわめて単純なものである。彼の定理は、周期的な音をしめす公式は a sine bx というサイン項であらわされるものの和である、といっているにすぎない。さらにこれらのサイン項の振動数はすべてそのうち一番振動数の少ないものの二倍、三倍、というような整数倍である。

フーリエの定理の意味を説明するために、ヴァイオリニストの出す音、たとえば**図81**のグラフでしめした例を分析してみよう。このグラフをあらわす公式は、

$$y = 0.06 \text{ sine } 180{,}000t + 0.02 \text{ sine } 360{,}000t + 0.01 \text{ sine } 540{,}000t$$

となる（かんたんに示すために、あまり重要でない項は省略した）。まず、フーリエの定理にしたがって、この公式はかんたんなサイン項の和であることに気づく。次に、第一項の振動数は、tの三百六十単位、つまり三六十秒において一八万であり、一秒では180,000/360すなわち五〇〇である。同様に次の項の振動数は一〇〇〇、第三項は一五〇〇である。だから第二、第三項の振動数は最低振動数の整数倍となる。これらの単純な

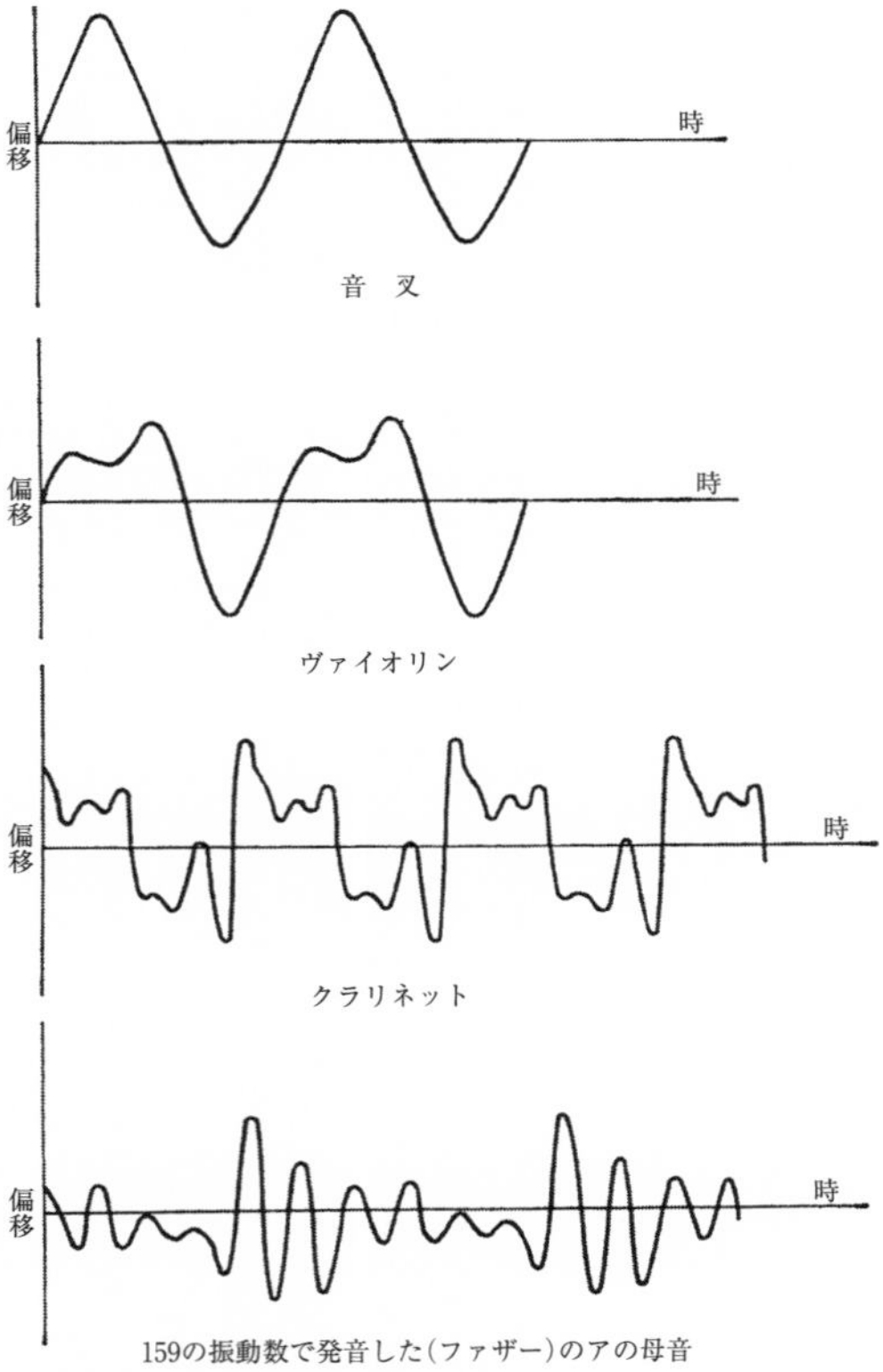

図81　器楽や肉声の周期性（デイトン・C・ミラー氏の好意による）

サイン項のグラフを**図82**でしめした。

さて、フーリエの定理の物理的意義はどこにあるか？　数学的にいえば、音楽の式は *a* sine *bx* 形の項での和である、ということになる。各項は適当な振動数と振幅を持つ音叉の音のような音をしめすから、フーリエの定理からすれば、いかなる音楽も、どんなに複雑なものでも、音叉によって生じる単純な音の和にすぎない。

複雑な楽音を単純な音から作りあげる数学的方法は、物理的にも実証できる。ピアノやヴァイオリンなどの振動弦の音は、同時に多くの単純な音を発して実験的に作りうる。各楽器の出す音の中に含まれた単純音を、すべてじっさいに検出できる。

いかなる楽音も音叉の単純音を適当に組み合わせて作れるということから、楽音の構成的性質をじっさいに証明しうる。たとえば、五〇〇、一〇〇〇、一五〇〇の振動数を持つ音叉の音の大きさを適当に鳴らすと、上述のヴァイオリンの音色と見わけのつかない音色ができる。これらの三つの音叉はそれぞれ空気分子に固有の振動数を与え、それが一つのグラフとしてオッシログラフに記録される。三つの音を同時に鳴らすと、オシログラフにはヴァイオリンの複雑な音と同じグラフが記録されるだろう。だからベートーヴェンの第九交響曲は、合唱もふくめても理論的には音叉だけで完全に演奏できるのである。これがフーリエの定理の持つすばらしい内容の一つである。

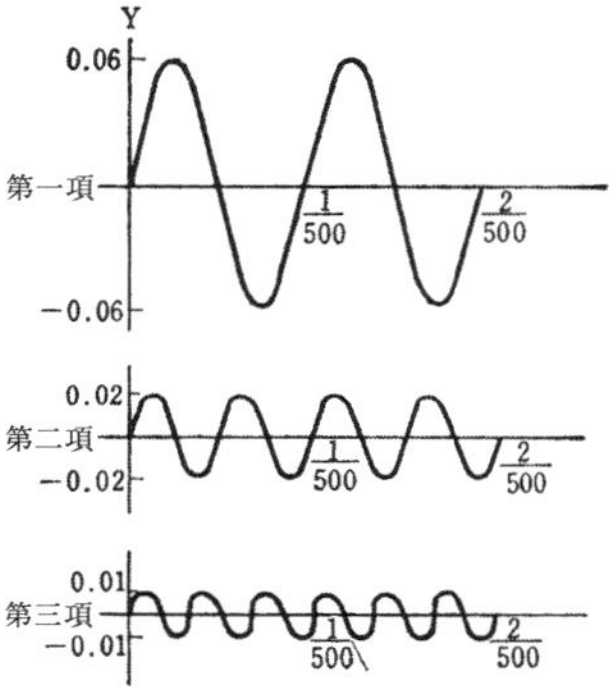

図82　ヴァイオリンの音を構成するサイン項のグラフ

いかなる複合音も単純音を適当に結合させて作れる。単純音は倍音または和音とよばれる。倍音のうちで振動数最低のものは第一倍音または基音とよばれる。次に振動数の低いものは第二倍音とよばれ、その振動数はフーリエの定理によれば基音の二倍である。さらに次のものは第三倍音とよばれ基音の三倍、というようにつづく。

この複合音を単純音に分解することによって、あらゆる楽音の主要特性を数学的に表現できる。単純なものも複雑なものも、すべて音は三つの特性を持つ。すなわち音程、音量、音色である。音が高いとか低いとかいう時は、音程のことをいっているのである。たとえばピアノの音は鍵盤の左から右へ移るにつれて低音から高音へ移る。二番目の特性の音の大きさはすぐわかるだろう。非常に弱くて聞きとれない音もあるが、耳を聾するばかりのものもある。音程、音量が同じでも音を聞きわけできるものが最後の音質である。ヴァイオリンとフルートが同じ高さ同じ強さの音をしても、その音色の差を聞きわけられるのは、この二つの楽器の差によるものである。

　これらの強さ、高さ、音色の特性は数学的に説明できる。大きい音は大きい振幅のグラフになってあらわれる。グラフ上の振幅は音を伝える空気分子の最大偏移であるから、音の大きさは振動する空気分子の最大偏移による。偏移が大きい程音も大きい。ギターの大きい音を出すためには、弦を大きくふるわせねばならないことは誰しも知っているだろうから、この結論は容易に納得がゆくだろう。

　同じ高さの音はグラフ上に同じ振動数となってあらわれるが、高い音は低い音よりも振動数が多い。ピアノの鍵盤のまんなかの、C音は毎秒二六一・六の振動数を持ち、一オクターヴ高いし音は五二三・二の振動数となる。

　複合音の高さ、つまりそのグラフの振動数とは常にその基音の振動数のことである。たとえばヴァイオリンの音の式を考えよう。そこでは倍音はそれぞれ五〇〇、一〇〇〇、一五〇〇の振動数を持つ。すなわち、基音のグラフの一サイクルの間に第二倍音は二サイクル、第三倍音は三サイクルをしめす。しかしその合成グラフは基音のサイクルに従ってのみ、すなわち一秒の五〇〇分の一で反復する。これは空気分子が五〇〇分の一秒で反復的にはたらくことを意味する。音の高さを決めるのはこの振動数であるから、複合音の高さが基音によって決定される理由はわかるだろう。

　楽音の音色はグラフの形によって決る。音叉、ヴァイオリンによって同じ高さ同じ大きさの音を出すと、それらのグラフは同じ周期をもつが形は違っている（**図81**参照）。一方、同じ楽器のことなった音程は一般に同じ形をもつ（**図83**）。これは各楽器が固有の音色を持っていることを意味する。

　グラフの形は音の中に含まれる倍音とその相対的な強さによる。基音の振動数の二倍である第二倍音は非常に弱くて、ほとんど影響しない。数学的にいうと、第二倍音のグラフは振幅が非常に小さくて、ほとんど音全体のグラフの形には影響しない。たとえば、フルートの高音部では、基音以外のすべての倍音は非常に弱く、その複合音は純音に近い。この点で、フルートの音色は同じ高さのソプラノと似ている。だからフルートはしばしばオペラのアリアにつかわれて、良い効果を生み出す。バリトンの音では倍音が第六、第七、第五、第三、第八という強さの順序である。こういう音を**図81**で、毎秒一五九サイクルのバリトンでアを発音したときのグラフとしてしめす。オーエボのある音では（**図84**）第四、第五、第六倍音が始の三倍音よりも強い。**図81**にしめしたクラリネットの音では第八、第九、第十倍音が優勢で、その次に第七、第五、第三音がつづく。

　楽音の一般的本質のみならず、その構造、主要性質のすべてが数学的に表現されることは、これであきらかになった。フーリエのペンの一行で音の複雑な様相——肉声も、ヴァイオリンの音色も、猫の鳴声も——は純音の組合せに帰せられ、しかもそれらは数学的にはかんたんな三角関数以上のもので

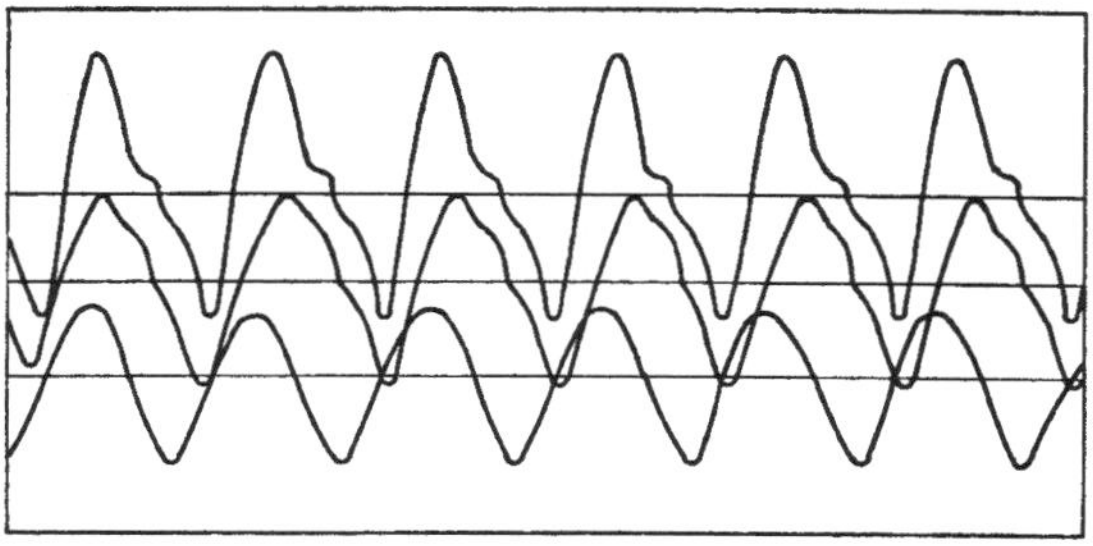

図83　フルートの音色の差（デイトン・C・ミラー氏の好意による）

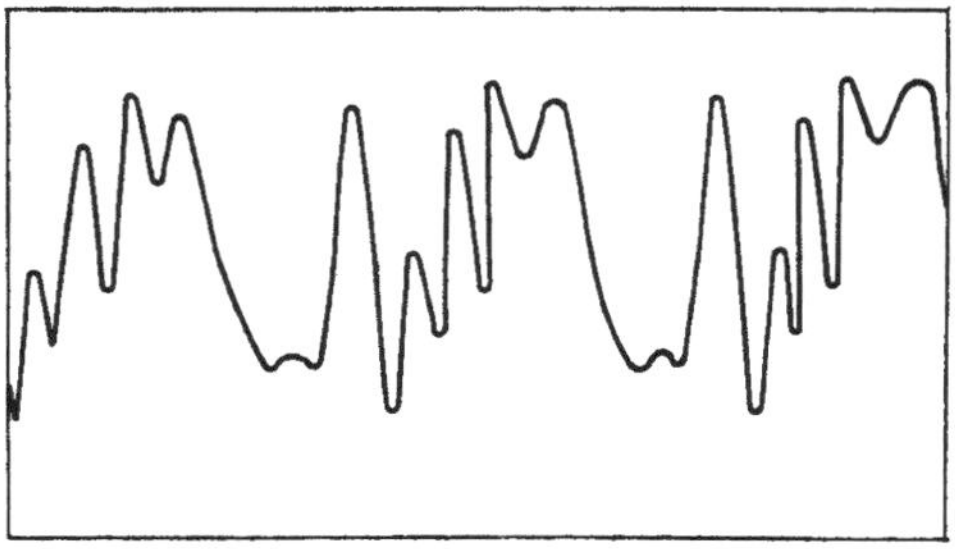

図84　オーボエの音色（デイトン・C・ミラー氏の好意による）

ないことがあきらかにされた。高等学校や大学の学生をいつも悩ませている無味乾燥な抽象的公式は、常に我々の前に実在しているのだ。口を開けば三角関数を発し、耳をそばだてれば三角関数を聞いているのだ。

フーリエのおかげで、一つ一つの楽音の本質は今やあきらかになった。しかし音の調和結合について、美しい曲の作曲の本質について、音楽の魂について、数学者が語らねばならぬことは何か？　その答を書けば大部なものになる。ここで出来ることはその始めの一頁を読むことである。

もっとも快い協和音は、ピタゴラスが発見したように、振動数がかんたんな整数比をなすものである。たとえば長三度は振動数の比が4対5になるような間隔を持つ音の対である。四度は3対4、五度は2対3である。こういう協和音がこころよく聞こえることの説明は数の関係ではできない。感覚的なものである。

耳に協和音として聞こえるものは、あるかぎられた音の組合せなだけなので、満足な音階をつくることはなかなか厄介な問題である。協和音をかなでるには、音階は適当な振動数の比を持つ音から作らねばならぬ。さらに対位法を導入し、いろいろな鍵盤をつかってさまざまにことなる感覚的効果を生じるには、そのほかにもいろいろ音階の上に注文がつけられる。多くの音楽家や数学者がすべてのこれらの要求を満たすようにいろいろと工夫した。

ピアノのような楽器では各鍵盤の振動数は定まっており、振動数を自由に取ることはできないから、等間隔に調整した音階を作ってこの難点を解決しなければならぬ。T・S・バッハや彼の息子カール・フィリップ・エマヌエルの努力でこの等間隔音階が西欧文明において永久に採用されることになった。

等間隔には十二音階ある。だからたとえばCからそれより一オクターヴ高いC′までには十二間隔ある。一オクターヴの中の十一の音の振動数は定まっていて、それぞれの前のものと一定の比をなす。CからC′までは十二間隔あり、この二音の振動数の比は2であるから、$(1.0594)^{12}=2$で、となりあう音の振動数の比は一・〇五九四である。だから等間隔音階の各間隔は一定で、半音とよばれる。これらの音が鍵盤につかわれる。しかしこの音階の音で出来る間隔は、かならずしも耳に快い間隔と正確には一致しない。二音の振動数比が3対2である五度を作るには、この等間隔音階では振動比が一・四九八となる二音を選べば一番五度に近いものができる。振動数比が4対3である四度には一・三三五の比でそれに変える。こういう差はほとんど聞きわけられないほど僅かなものだが、それでもよい耳には判別できる。もちろん弦の長さや張りで調節するヴァイオリニストや、歌手は、等間隔音階の振動数に束縛される必要はない。けれどもピアノが基本楽器であるから、過去二百年間の西洋音楽にはこの等間隔音階が支配している。

音楽における数学の役割は、作曲そのものにも及んだ。バッハやシェーンベルクのような巨匠は、作曲において巨大な数学理論を建設、唱導した。こういう理論では口にいえない精神的感動よりもむしろ冷たい理性が創造の原型となっているのである。

しかし和音、音階、作曲理論というような問題は今ここであつかうことの目標からずれている。数学の文化的業績を概観するには、この方向にあまり深入りすべきではない。ただ以上に述べた論旨は、天球の音楽が数学に帰せられることをはじめて認識して以来、数学が音楽の世界にいかにくいいったかをあきらかにするものである。

もちろん楽音の数学的分析はじっさい上ではきわめて重要な問題である。一例をあげれば、このことが確信できよう。それは電話である。電話は音の忠実な再現に努める。音の複雑さからして、一時はかんたんな物理的装置ではこの目標は達しえないものと思われていた。しかしフーリエの定理からすれば、あらゆる肉声はいろいろな振動数の純音の単なる組合せにすぎない。だから問題は、少なくとも純音を再現する方法という程度にまで簡単化された。フーリエの定理をつかってじっさいの肉声のグラフをさらに分析してゆくと、じっさいに聞きとれる音としては、ただ毎秒四〇〇から三〇〇〇の振動数の純音だけが必要なことがわかった。それ故に電話の設計には、この範囲内の振動数の再現に焦点がしぼられた。

音色の再生にかなりの改良が成功した。楽器の音も数学の応用によってかなり改良された。振動弦の分析はピアノの設計に役だつ知識を生んだ。振動膜の分析はドラムの設計に応用された。同様に空気の振動管の研究を使って、オルガンの設計の改良に成功した。楽音の調和分析もピアノの製造者に用いられ、ピアノの琴鎚を適当な位置において、不協和音を押えた。数学はこういう楽器の設計に役だつだけでなく、設計を完全にするために耳のかわりに数学がつかわれた。楽器製造者たちは楽器の音をオッシログラフに似た装置でグラフにかえた。そして彼らは、楽器の理想的なグラフに製品のグラフを出来るだけ近づけることによって製品の品質を判断した。

けれども楽器の設計に関するかぎりは、経験が数学以上に物を言うことはうたがいえない。しかしラジオ、蓄音器、トーキー、拡声装置の場合はたしかに逆である。こういう複雑な機械の技術のあらゆる要素は、フーリエの楽音の分析によるところが大きい。ラジオ・マニアの素人もフーリエに学んでいるのである。楽想の再現への数学の貢献を考えるとき、現代の音楽愛好家はベートーヴェンに劣らない恩恵をフーリエから受けているのである。

フーリエの研究には哲学的倍音がある。たえなる調べの本質は数学的分析以上のものであることは疑いない。しかしフーリエの定理によってこの大芸術も完全に数学的に表現できるのである。だからもっとも抽象的な芸術は、もっとも抽象的な科学に通じ、もっとも理性的な芸術は、理性の音楽に深い関連をもっていることが認められる。

第20章

エーテル波の支配

神秘は空中にあり

無名氏

十九世紀には海王星が発見され、わが物質宇宙にあたらしいメンバーが参加した。この惑星は、数学者のアダムスとルヴェリエがその存在と位置を予言したのちに観測されたことはすでに述べた。しかし、地球より数倍も大きいこの付加物も、日常生活にはさざなみもおこさなかった。コペルニクス、ケプラー、ニュートンたちの霊は天上にあって微笑して「だから私は前からそんなに大騒ぎすることはないといったじゃないか」とつぶやいていた。

十九世紀が物質宇宙にさらにもう一つの付加物をあたえたのは、それから間もなくであった。海王星の発見のように、これも数学の助力なしにはできなかったことだ。しかし海王星と違って、この付加物はなんら実体を有しない。重さもなければ、眼にも見えず、感触も味もない。感覚的には知られないものだ。そしてまた海王星と違って、この影のような「実体」が、男にも女にも子供にも、西洋文明における日毎の生活に革命的な影響をおよぼしたのだ。それはまたたく間に通信を世界中にまき散らした。それは政治社会を街角から全地球に拡張した。それは生活のテンポを進め、教育の普及を促進し、新しい芸術や産業を産み出し、戦争に革命的変化をあたえた。人間生活の諸相でその影響を受けないものはほとんどなかった。

この発見の第二話の中心中物は、一八三一年エディンバラに生まれ、ケンブリッジの学生であり教授であった、ジェームズ・クラーク・マクスウェルである。マクスウエルは若い時代には抽象的な傾向をしめしたけれども、――彼の学生時代の数学的研究はすばらしいもので、十五歳にしてすでに処女論文を発刊している、――彼は自然現象や機械装置の物理的作用を学ぼうとつねに心がけていた。少年時代の彼はたえず「それはどうなるか」に疑問を持った。彼の初期の労作たる土星の輪の理論的分析では、ただ自分の心に得心がゆくようにという理由からモデルを作って補ったのである。物理的説明にこんなにまで固執した人が、きわめて不可思議な、物理的に説明できない現象の純数学的推論にすぐれた才能をしめしえたのは、ちょっと考えられないことである。

マクスウェルが直面した問題を完全に把握するために、しばらく歴史をさかのぼって考えよう。数千年前クレタ島のマグネスという名の羊飼いが、サンダルの鉄釘や杖の鉄片が、地中のある種の磁石に引きつけられることに気づいた。羊飼いは磁石鉱又は天然磁石を発見し、それが鉄を引きつけるという事実を観察したのである。十二世紀にはヨーロッパは天然磁石がコンパスとしてはたらくことを中国人から学んだが、エリザベス女王のお抱え医師ウィリアム・ギルバートがその性質を究めるまでは磁気はあまり研究されていなかった。ギルバートが地球そのものを磁石と考え、それによってコンパスの針のはたらきを説明したことは、特筆されるべきである。ギルバートの努力にもかかわらず、磁石のおこす引力の性質の理解にはまったく進歩がみられず、彼の研究もこの問題に対する世の迷信的態度を打ち破る力はなかった。彼の時代以前はもとより、彼以後でも、人々は磁石のはたらきを魔法であると信じていた。彼らは磁石の力であらゆる病気を癒し、さらに不和の夫婦を和解させうる、と考えた。磁力現象は今日、磁石がそのまわりに磁場をおこし、磁場の範囲内に入った鉄片は磁場の作用を受ける、として「説明」されている。この磁石に似たような発見がギリシアの科学者ターレスによってなされた。ターレスは、磨いた琥珀片をこすると、藁くずや枯葉のような軽い物を引きつけることに気づいた。ちょうど磁石のように、こすった琥珀のまわりに場を作り、その中に入ってくる物を引きつける。永い間琥珀と天然磁石の現象は同じものと考えられていた。その差異をあきらかにしたのはずっと後のギルバートである。彼はこすった琥珀の引力をギリシア語で琥珀という意味のエレクトリック（電気）とよんで、磁気と区別した。

十八世紀後期に、イタリアのルイジ・カルヴァーニ教授は、異種の二本の針金をつないで作った二叉の端を蛙の神経の端にふれると、蛙の脚がけいれんすることに気づいた。この発見の意義を認めて、利用したのは、イタリア人のアレクサンドロ・ヴォルタである。ヴォルタは二種の針金の端が今日動電力とよぶ力を生むことを知り、もっと有効な金属をつなぎ合わせてバッテリー（電池）を作った。蛙の神経を針金に変え、針金の端を電池のターミナル（端子）に付けて、ヴォルタは、金属線中に物質粒子を瞬間的に流す力ができることをしめした。この粒子は後に電子とよばれ、その流れは電流とよばれた。ガルヴァーニもヴォルタも電子を知らなかったが、こすった琥珀にあらわれるのも、物を引きつけるのもこの電子である。ヴォルタの電池は、こすった琥珀の上にたまった電子を流れさせたものである。

電気と磁気の間の非常に重要な関係を、コンペンハーゲン大学で研究中のデンマークの物理学者ハンス・クリスチャン・エールステッドが一八二〇年に発見した。針金に電流を流すヴォルタの新しい電池をつかって、エールステッドは、針金を通る流れ、つまり電流によって針金のまわりに磁場が生じ、金属線は磁石としてはたらくことを発見した。こういう場は磁鉄鉱と同じく他の磁石を引きつけたり反発したりする。この発見はほんの偶然によるものだが、パスツールが書いているように「偶然は準備された心に訪れる」。エールステッドは幸運に報いられるに値し、彼の発見を完全に究めつくす才能を持っていた。フランスの物理学者アンドレ・マリー・アンペールはまもなく電流を通す二本の平行線が二つの磁石のようにはたらくことをしめした。電流が同じ方向なら、針金は引き合い、反対なら反発し合う。

もう一つ重要な電気と磁気の間の関係の発見が、イギリスの製本屋の小僧であった独学のマイケル・ファラデー、ニューヨークのオルバニー学院のジョセフ・ヘンリーがあらわれるまで残されていた。そして彼らがマクスウェルの劇的登場の舞台をこしらえたのである。電流を運ぶ針金が磁場をつくるなら、逆に磁場が

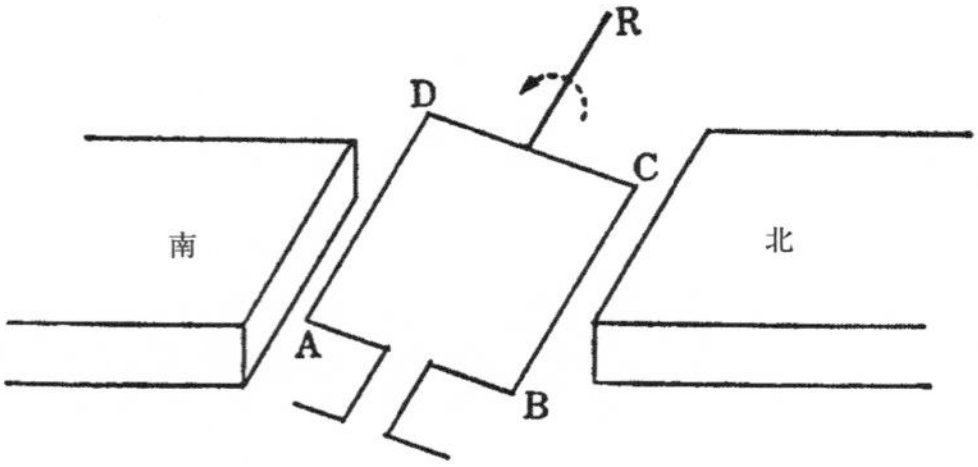

図85　発動機の原理

針金の中に電流を起すのではなかろうか？　約百年前、彼らは、針金のまわりの磁場を変化させるように、針金を磁場の中で動かせて、その答がイエスであることをしめした。

ファラデーやヘンリーの発見の本質をもっとくわしくしらべてみよう。金属棒に固定した針金の矩形枠（**図85**）を考え、枠と棒を磁場の中においたとする。水力や蒸気エンジンなどで棒を回転させれば、針金の枠も回転する。さらに棒が時計と反対向きに一定速度で回転し、その回転はＢＣ線が最低の位置にあるときからスタートするとしよう。ＢＣがこの位置から右へ廻って水平位置に近づくにつれて、電流がＣからＢへの針金の中を流れる。この流れはＢＣが水平位置に達すると最大になる。ＢＣがさらに上に回転すると、流れの量は減り、ＢＣの最高位置では流れは消える。ＢＣがさらに回転すると、ふたたび針金の中に電流があらわれるが、今度はＢからＣへの方向になる。そしてまたＢＣが回転するにつれてこの反対方向の電流の量が増し、水平位置で最高となる。ＢＣが最低の方へ帰って行くと、電流は減じ、ついに消滅する。この変化のサイクルは棒の一回転ごとにくりかえす。磁場中を動く針金の中に流れる電流は電磁誘導現象といわれる。

このようにして発電された電流は、電池から流れる電流と同じく、一分の数億分の一という短時間の、電子と呼ばれる目に見えない物質粒子の流れである。

この電子流は電流と同時に針金中にあらわれる力によっておこされ、電流と同じ変化をする。つまり、強くなったり減じたり、それから逆むきになってまた強くなったり減じたりする。この力はパイプ中を流れる水による圧力と比較される。電流自体も水の流れになぞらえられる。

この電磁誘導によっておこされた流れの量も、力も、時とともにわかるが、その値は測れるから、その中にふくまれた関数関係が見いだせる。針金枠の一回転ごとに電流の変化はくりかえすから、電流と時間の間の関係は周期的にちがいない。

音楽の研究のところで出会った周期現象はsine xであらわせたから、この周期現象でも関数sine xが腕を揮う、と類推するのはこじつけかもしれない。しかし自然は常に人間の作った数学に自らを適合させるものなのだ。電流Ｉと時間は次の関係であらわせる。

$$I = a \sin bt$$

ここで振幅ａは磁場の強さによる項で、振動数ｂは枠の回転速度による値である。もし一秒に枠が六〇回転するものとすれば、前章の振動数の議論から、ｂの価は六〇×三六〇、すなわち二万一六〇〇となる。一般家庭に供給されている電流は、一秒に六〇サイクルのサイン関数変化をする。だから六〇サイクル交流とよばれている。

さて、電流は電子の流れと考えられ、数式であらわせる。しかしどうして電磁誘導の作用が電流を生むのだろうか？　この現象は神秘に満ちている。ともかく磁場中にある針金が動くだけで針金に動電力を生じ、この力が電流をおこす。しかしどうして磁場がそういう効果を生じるのか、さらにまたどうして磁石が鉄を引きつけるかは誰も知らない。物質的な因果関係はこのどちらかの現象にも見いだせない。場の物質的本質に対する無知のために、電磁誘導の説明は遠い星よりも手にとどきにくいかなたにある。

ところが幸いなことに、物理的に達しえないものも数学的にとらえられる範囲内にある。マクスウェルの頃までには、十九世紀の物理学者たちは前世紀に研究されたさまざまな電磁気現象の定量的側面の数式化に成功していた。こすった琥珀のような固定した電荷による電場の作用や磁石のまわりの磁場の作用は、今日静電磁気学の法則という二つの法則であらわされた。ファラデー、ヘンリーがはじめて見つけた電磁誘導現象は、今日ファラデーの法則とよばれる三番目の法則であらわされた。エールステッドやアンペールが研究した電流のまわりの磁場の作用は、アンペールの名をつけた四番目の法則であらわされる。このうちあとの二法則は動く電流や磁端の作用をあつかうから、電気力学の法則ともよばれる。この四つはすべて微分方程式の形をとるが、残念ながらそれは複雑なのでここでは論じない。しかしマクスウェルの研究したやり方は考えることができる。

これらの電磁気の法則を研究しているうちに、マクスウェルは、この法則が連続の方程式といわれる数理物理学の法則と矛盾することを見いだした。数学者にとっては矛盾はなおざりにできないもので、マクスウェルはこの難点を解決しようと努めた。そして彼は、アンペールの法則に新しい項を付加すると電磁気法則の矛盾が取り除かれることに注目し、それを付加することに決めた。

誰しも数学だけで満足できるものではない。マクスウェルはさらに彼のしたことの物理的意味を求めた。そしてすぐに、電場の変化をしめす新しい項は、針金中の電流の流れをしめすアンペールの法則に似た数学的性質を持つことを知った。マクスウェルは彼の付加した量の大胆な解釈に入った。その性質は電波の持つ性質にひとしい。ところが電流が針金中を流れるのに対し、電場の変化は空間中にあらわれる。かくしてマクスウェルはこの新しい項が空間を通る電流の波である、とした。針金を通る電流とちがって、この空間波は物質的内容を持たず、眼に見えてわかるようなものではない。しかし数学的根拠からマクスウェルはその存在を確信し、それを変位電流と名づけた。さらに研究をつづけてゆくと、こういう電場の変化は、針金中の電流と同じく、必ず磁場を伴うことがわかった。この電場と磁場を結びつけた場は今日電磁場といわれているものである。

マクスウェルが修正した電磁場の微分方程式の解として、彼は、電場も磁場も音のように空間を伝わることをしめした。空間中のいかなる一点でも電場や磁場の強さは時の経過と共にサイン・カーヴをなして変化する。伝播する電場、磁場は、水平に張った縄の一端を上下に動かしたときにできる波にあたる。このようにしてマクスウェルは電磁波の存在という彼の最初の大発見をなしとげたのだ。

次の発見は実に痛快なものだ。空間中の電磁波をあつかうように修正した方程式が、以前に他の科学者が光の運動に対してえた方程式と同じであることに彼は注目した。その上に電磁波は光波と同じ速度を持っている。そこでマクスウェルはためらうことなくその本質をつかみ出した。電磁波の本性は光と同じである。この一致から二つのことがいえる。光波は電磁波である。だから電磁波に関する既得の、数学的、物理学的知識は光にもあてはまるはずである。逆に光に関する知識は電磁気現象に応用される。換言すれば、かつて無関係だとされた物理学の二分野が一致し、両方の知識が併合されて二倍になったのである。

彼の方程式の物理的説明を完成するためには、マクスウェルは新しく発見した波を運ぶ媒体が何であるかを説明しなければならぬ。当時の科学者たちは、エーテルと呼ぶ実験的には検出されないが、あらゆる空間、あらゆる物体に瀰漫する物質によって光波が運ばれる、ということを承認していた。マクスウェルは、自身が作りあげた電磁波と光の間の関連に立脚して、彼の空間波もエーテルの運動によって伝播する、と考えた。このエーテルという誤った考え方にもとづいて多くの研究がすでになされていたので、これをとりわけ問題にする人は誰もいなかった。

マクスウェルのあたらしい物理現象の存在は、かつて語られたこともなく、当時の科学者たちにとっては実験で検証するすべもなく、実に大胆な飛躍であった。当時有数の物理学者ヘルマン・フォン・ヘルムホルツやケルヴィン卿でさえも変位電流の存在を信じなかった。しかし天才というものはかんたんに屈しないものである。空間電磁波の物理的実在を確信していたマクスウェルは、さらに歩を進めて、それを作り出す設備を考えだした。マクスウェルが空間波の存在を発表してから二十三年後、彼の死後十年たって、ドイツの物理学者ハインリッヒ・ヘルツは、マクスウェルが考えたのとまさに同じ方法で、電磁波をじっさいに作り出し、検証して、その存在を証明した。

ヘルツはマクスウェルの変位電流又は変化する電場は固定した電荷、すなわち電子のまわりの場と本質は同じである、と考えた。そこで彼は電線上を前後に流動する電荷をつくり、それからできる電場も振動するようにする装置を作った。振動する電荷の振動数を非常に大きくすると、ちょうど縄の一端を非常に速く上下に動かしたときに縄に沿ってできる波のように、電場が空間中に放出される。そしてこの電場からある距離にある今一つの電線中の静止電子にはたらきかけ、それを前後に振動させる。こうしてヘルツが検出した電流は二次線に誘導される。ヘルツが用いた電線は現在のアンテナ——放送局の塔上高くそびえる発信アンテナと屋根の上に取りつけられる(今ではラジオ・セットの後にとりつけられてある)受信アンテナ——の原型である。そして単に長短の断続電磁波を送る無線電信は今日では既に影がうすくなりつつある。

さて、肉声や音楽の通信からもう一つ問題がおこってきた。前章で論じた楽音の数学的解析から、十九世紀の科学者は、音が一秒に数回から数千回サイン・カーヴで振動する空気の波であることを知った。電話の研究から、こういう音波は、それと同じ数学的性質を持つ電流に変えうるということが証明された。ではこの楽音をあらわす電流がそのまま空間を伝播する電磁波に変えられるのだろうか? これは理論的には可能である。しかし電波技師ならよく知っていることだが、一秒に数百万サイクルの程度の高周波電流なら発信はやさしいが、肉声や楽器に対応する低周波の発信はかんたんにはゆかない。ある場合には低周波電流を高周波に変えることが必要になる。

その方法が進歩した。現在では振幅変調という方法がつかわれている。空間に容易に放射できる高周波電流の振幅は、送られるべき音波の振幅変化と精密に同じ形になるように変えられる。これは各放送局にある適当な装置でなされる。その結果変調された高周波電流または搬送波(**図86**)は空間に発信され、それによって数百数千マイル先の受信器に達する。各受信器は搬送波を「外す」、つまり搬送波中の振幅変化を、その高周波電流の振幅と精密に同じように、時間的に変わる回路を伝わる低周波電流に変える。そして低周波電流は拡声器にはたらき、拡声器の振動が音波を生む。以上のような過程を経て、スタジオで話され演奏された音が、受信感度の悪さを救うために中継搬送をしたとしても、一秒の数分の一のうちに各家庭で再現される。

実際にふつうの放送局でつかっている変調電波の周波数は毎秒五〇万サイクルから、一五〇万サイクルまでの範囲にある。受信器を特定放送局に「調節」するには、その局の搬送周波数を受信するようにするのである。

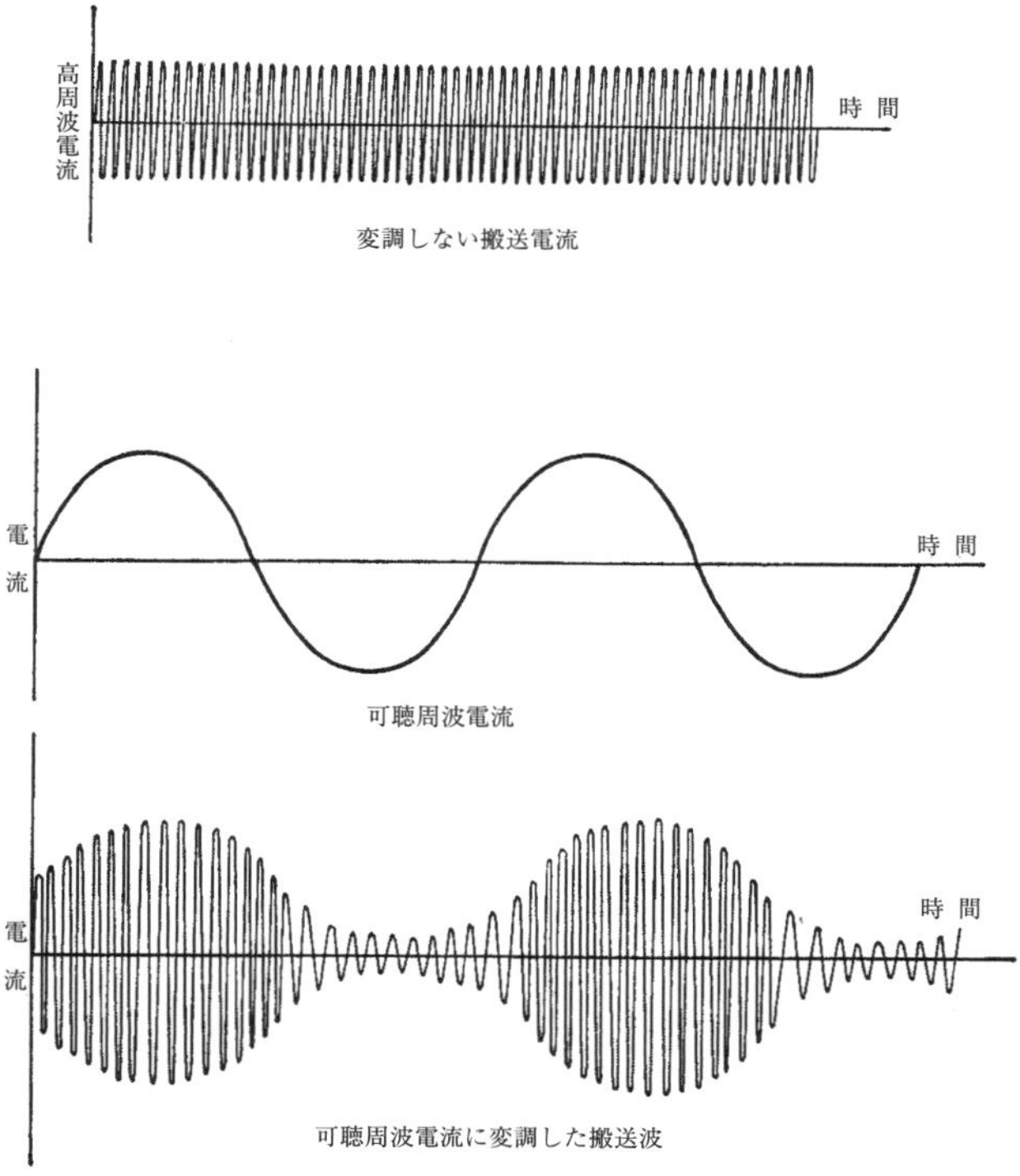

図86　振幅変調搬送波

近年、電波で声や音楽を伝える別の方法が研究されてつかわれだした。それは周波変調（FM）である。この方法では高周波電流の振幅ではなく、周波数を送らるべき音に応じて変えるのである。たとえば空中を伝わる搬送波又は電波の周期が毎秒九〇〇〇万サイクル、送るべき音が振幅一、毎秒一〇〇サイクルの単音であるとしよう。搬送波が変調してなければ、勿論毎秒九〇〇〇万サイクルで振動をつづける。しかし今この周波数が九〇〇〇万から九〇〇〇万二〇〇〇〇へ、そして九〇〇

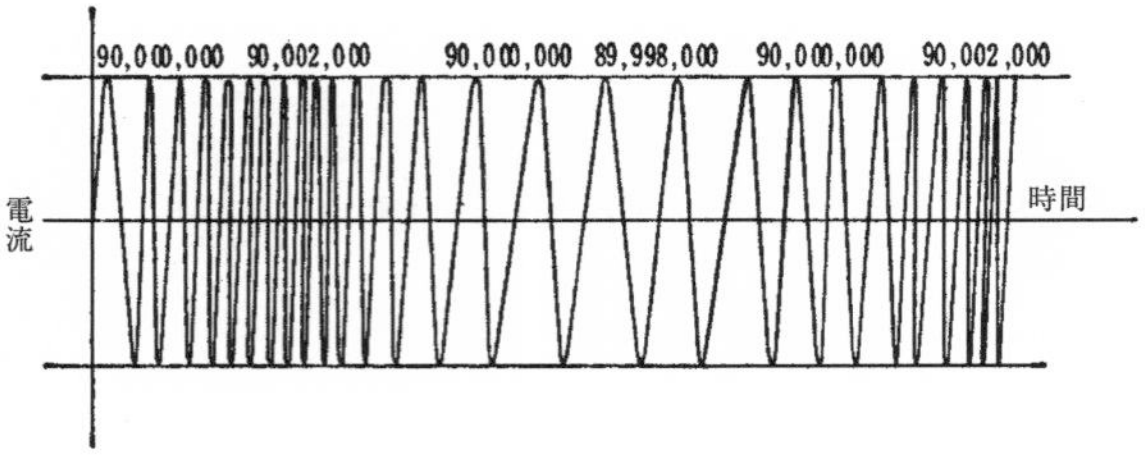

図87　周波数変調搬送波

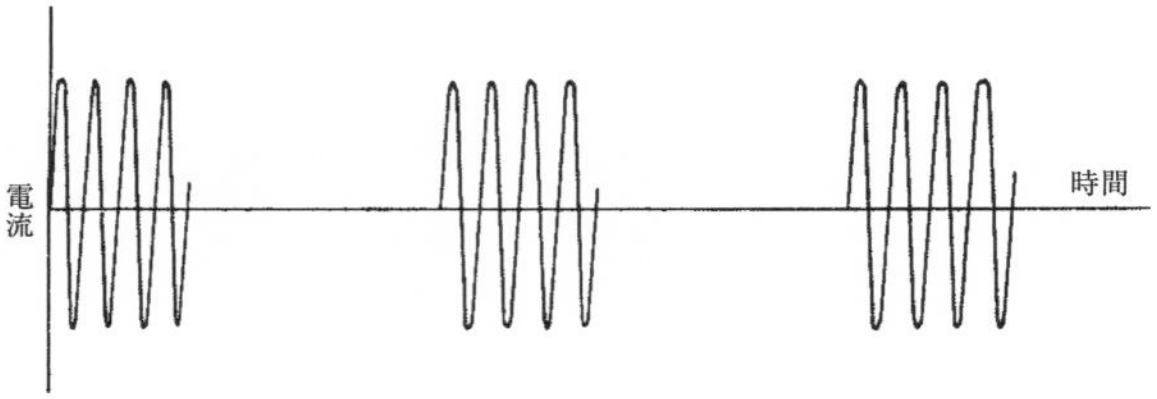

図88　レーダーのパルス

○万に帰り、さらに八九九九万八○○○になり、ふたたび九○○○万に帰るとする。この周波数の変化、即ち周波数変調を、毎秒一○○回の割合、つまり楽音の振動数になるようにする。搬送波の周波数が変化する範囲、即ち今の場合の二○○○サイクルは楽音の振幅によって決められる。この振幅が一でなく二なら搬送周波の変化は二倍、つまり四○○○サイクルにし、九○○○万の上下四○○○サイクルにわたり、やはり一秒に一○○回の振動をさせる（**図87**）。

　レーダー装置には周波数変調放送につかわれるものよりもっと高い周波がつかわれる。その場合空間に送り出される電磁波は毎秒一○○億回の周波数で強度がサイン・カーヴで変化する。こういう波は一秒の約百万分の一くらいつづく短い爆発波として送り出される（**図88**）。発信者のところに反射してかえり、それによって反射面の存在が検出される。

　これらの周波数間のおどろくべき諸特質は、光の周波数との上で、人間の想像力に一大飛躍をとげさせたのである。マクスウェル時代以前にすでに光はある種の波動であることが知られていた。マクスウェルが、光の本体も電磁波であることを数学的に証明して、光と電波の本質的な差異はただエーテル運動の振動数の違いにあることがあきらかとなった。

光波の振動は毎秒あたりゼロを十四箇つけた位の値である。とくに振動数が4×10^{14}から7×10^{14}の範囲の可視光といわれ、振動数が異なれば眼に違った色に映じる。光の振動数が小さい方から大きい方へむかうにつれて、神経と頭脳による色感は、赤から黄、緑、青、そしてさいごに紫へ除々に変わってゆく。光の色には音の高さと似た点がある。純音を結合させると複合音ができるように、単色を結合させると新しい色になる。たとえば白色光は単色の「単純音」ではなくて多数の色の合成効果たる光の「和音」である。太陽光は赤から紫へのあらゆる色をふくみ、それの合成効果が白色光になるのである。

電磁波の波長領域の断片がどんどん見つけ出され、やがて全領域が隙なく埋まることになった。写真乾板に黒く写るので検出された紫外線も、熱効果からわかった赤外線も、可視光の上下の振動数を持つ電磁波であることが知られた。十九世紀後半に検出されたX線も、紫外線よりも振動数の大きい電磁波であるとされた。そして放射性物質から出るガンマ線もX線よりもさらに大きい振動数の電磁波である。

マクスウェルの研究からあきらかにされた、様々のタイプの電磁波の類似性は、現在すでに実用の段階にある。たとえば各家庭の電灯では、導線を伝わる六十サイクルの波が、空間を伝わる光波に変えられている。いろいろな型の波の本質的な一致点が利用され、科学のもっとも著しい奇跡としてアメリカの各家庭に侵入している――それはテレヴィジョンである。放送されるシーンの光の変化が電流に変えられ、それがさらに高周波電波になって空間に発信される。家庭の受信器はこの電磁波を電流に変え、電流は光波に変わって、眼で原図と寸分違わぬ像を見られる。だから電磁波の一形式が他の形に変わり、さらに三番目の形になって送られ、受信の際はちょうどその逆が行なわれる。また映画館へ行くたびに、電磁波の一形式が他の形式に変わることが認められる。黒白の影でフィルムの横に焼き付けられた音声帯を通る光は光電管に当る。この装置が光を電流の変化に変え、さらにその電流が拡声器をはたらかす。こうして燃ゆる思いの恋人の蜜のように甘い言葉がわれわれをロマンティックな世界に誘いこむのである。

これらの実用上の成功は実にめざましいもので、しかもこの奇跡は世界共通のものとなり、地球のすみずみまで及んだ。またこれらは、本章のはじめにも論じたように、はかりしれない社会的意義を持っている。ラジオでニュースを聞くたびに、電磁気学の社会的意義を痛感させられることであろう。

しかしマクスウェルの業績には、その社会や日常生活への莫大な影響よりも遥かに大きい価値がある。人間はパンや政争のためにのみ生きるのではない。彼は自然と自然に対する自己の位置を理解しようと欲する。彼は音や光のような永久不変の現象に対する自己の好奇心を満たそうとする。そして自己の感覚に達する様々な事象のバラバラな印象を秩序づけようとねがう。こういう価値は物理現象の数学的説明からえられるものである。

マクスウェルの電磁論は、見かけ上バラバラの雑多な現象を一つの広汎な数学理論に包括する意味において、ニュートンの重力論をもしのぐものである。砂粒の作用から遠い恒星の運動まで、ニュートンの運動法則の下に表現され予測された。一方では眼に見えない電子から太陽光まで、マクスウェルの電磁法則の下に包括された。電流、磁気効果、電波、赤外線、光波、紫外線、X線、ガンマ線と、下は毎秒六十サイクルの周期から上は一の次にゼロが二十四もつづく周期までのサイン波が、すべてその底によこたわる一つの数理物理学的形式のあらわれなのである。この想像も及ばぬ広く深い理論は、自然の秩序を人々に雄弁に語りかける。これによって人間の理性は万物の霊長たる尊厳を保ち、自己の優越を信じる基礎とすることができるのである。繰りかえしていうと、人間は精神をもって奔放な自然を御しえたのである。

電磁論はさらに自然の神秘をときあかす数学の効力の好例ともなった。潜水艦や飛行機なら、工学が模型を作ってみせる前にも、想像できたことである。ところが電波の観念は、いかに空想を飛躍させても、思いもおよばぬことがあったし、たとえ思い至ったにせよ、すぐに忘れてしまうような他愛ない幻想に止まったであろう。電波の物理的本質は今日もなおわからないが、とにかく発見された。しかしこれは数学的推論が、その存在を要求したのであるから、発見よりもむしろ発明といわれるべきものであろう。そして科学は今、マクスウェルの理論によって明示された広大な電磁波の領域を組織的に探索中である。

電波を予測するにいたった数学的推論はありきたりのものではなかった。これは特に注目に価する。つまりそれは精密な推論への執着である。方程式の論理的正しさを大切にする数学者は、僅かの矛盾も見逃さない。さらにこの矛盾の除去をさまたげる誤りやすい感覚や、感覚の制約を受けるような物理的解釈を許さない。精密な推論の精神にはぐくまれた数学者は、決して精密さを知能の無用な浪費とは考えない。いわゆる実利的な人や、数学的厳密さと学識の衒いとを混同しているような科学者、技術者は、マクスウェルの研究の意義をとくと考えてみる必要がある。

この短い電磁気理論の概念からもわれわれは多くを学びうる。数学の方が電磁気論によって物質界の一片を学んだとしても、ラジオ、モーター、光学器械、X線装置がこの理論に一致するように設計されたとしても、どちらにしろ実在する現象をあつかっていることは疑いえない。しかし数学によって語られたこの効果を生み出すところの物理的基盤はどこにあり、何であるか？　導線を流れ、光り輝かせる電子とは何か？　物体を引き合ったり離したりする電場、磁場とは何か？　さらに空間を渡り、われわれのまわりの大気中に存在するこの変位電流とは何か？　電磁波を運ぶエーテルとは何か？　偉大な数学者、物理学者がこの問題に頭を悩ましましたが、解答はえられない。電磁気現象のためにデッチあげられた物理的解釈は、手に取ることも眼に見ることもできず、幽霊よりも薄気味悪いものである。電子、場、エーテルは架空のもの「幻想の影」にすぎない。電磁現象は超自然現象のようにおそるべく不可思議なものである。

電磁誘導の物理像（モデル）、マクスウェル自身が思考を進めるために使ったモデルを把握する才能を賦与された人も、物理的には完全にその現象を理解できないことを白状している。ファラデーが、一八五七年マクスウェルに宛てた手紙で問うている。マクスウェルは「数式と同じ完全さ、明確さで、日常の言葉によって数学的結論を表現できないものか？　もしそれができれば、私のような人間には象形文字から翻訳してふつうの言葉で話してくれると大いに有難いのだが。……もしこれができれば、数学者も専門用語でと同じく日常つかわれている言葉でわれわれにその結果を納得させることができるから、よいことではないだろうか？」残念ながらファラデーの要請は今日にいたるまで満たされない。

われわれの実在界や、その究極的本質に対する無知が、光の現象におけるほど著しく露呈されたものはない。太陽や電球のような光源から来る光が眼に達するには、何かが空間を通ってくることは疑いのないことだ。しかし、ではそれは何か？　三世紀間も科学者たちは真剣に倦むことなく光の本性の問題に取り組んできた。実験的結果から、二つのあいまいなしかも相矛盾する説が支持される。一つは光がエーテル中の連続波とし、他は小さい眼に見えない粒子の運動とする、科学見解がたえずこの二説の間にゆれ動いていて、奇数月には波動説が流行し、偶数月には粒子説になる、と揶揄されるくらいである。

マクスウェルは、自身の研究したあらゆる現象を力学的モデルを取って考えたことは事実である。彼は電気の流れをたとえば架空の液体の流れと考え、電気の流れに応用する数学法則をうるために実際に流体を研究しさえもした。彼は電磁場の伝播を想像し研究するために、粒子や歯車をふくんだ力学的モデルを発明した。しかし彼は流体や力学的モデルがたんに思索を助けるための手段であることを決して忘れず、最後にはそれらをすてて数学の方程式だけを残した。一八六四年彼が「電磁場の力学的理論」という古典的論文を王立協会に提出したときには、すでに数学的建築につかった物理的足場はとりのぞかれていた。ところがマクスウェルの後継者たちは物理的モデルに固執し、それを真の説明だと考えた。おそらく彼らにはモデルなしでは研究できなかったからであろう。だから電磁波を運ぶ媒体を考えることの必要から、彼らは安直に「光るエーテルの実在」に満足したのである。しかしこういうモデルは適切なものではなく、実験的に検証できるものではないから、本気になって受け取られるべきのものではない。

電磁現象の実体の定性的な説明は、マクスウェルたちの精密な定量的叙述とはぜんぜん無関係である。ニュートンの運動法則を科学者たちは物質や力を研究する手段としたが、物質や力をそれによって説明したのではなかった。同様にマクスウェルの方程式も、科学者たちにはその物理的本質はぜんぜんかわらなかったが、電磁現象の研究に用いておどろくべき成果をあげた。定量的法則がわれわれの知りうる統一的把握の方策のすべてである。数式は明確でありかつ広汎に応用できる。一方、定性的解釈はあいまいで不完全である。電子、電場、磁場、エーテルは数式にあらわれる変数の呼び名にすぎず、フォン・ヘルムホルツがいうように、マクスウェルの理論では電荷は記号にすぎない。ハインリッヒ・ヘルツは電磁現象の物理的本性をはっきりと喝破している。「マクスウェルの理論は何か、との問いに対して、私は次のような答ほど端的に明確にあらわしている言葉を知らない。曰く、マクスウェルの理論はこのマクスウェルの方程式の体系である、と。」

電磁気現象には物理的解釈に欠けているとすれば、一体なんによってそれを実在の相と観ずることで出来るのか？　なんの上にたってそれを把握したと公言できるのか？　数学法則はこの広大な物質界を探究し把握する唯一の手段である。かかる不可思議な現象には数学法則こそ人間の持ちうる唯一の知識なのである。こういうデルフィスの御託宣めいた、神がかったいい方に馴れていない世人にはこの答は不満であろうが、今日までの科学者はそれを認めねばならないことを思い知らされてきた。ただ科学者たちは多くの自然の神秘に直面して、それらを数学記号の重しのもとに埋めてしまい、あまりに完全に埋めてしまって、その後の研究者たちは埋められたものに気づかないでいることがある。

マクスウェルの研究をもって物理学にあたらしい転向が訪れた。彼の時代までは自然の力学観が流行していたのみならず、じっさいにもそれは自然現象の物理的解釈に満足をあたえてきた。長い間電気も磁気も流れの作用と考えられていて、ただ科学者はじっさいにそうなのかどうか知るすべがなかっただけである。

エーテルは極めて可塑的な剛体と見なされ、それによって光の伝播に力学的説明がつけられた。しかし電磁波の導入、さらにそれと光の一致は、これらの物理的解釈を破壊した。科学者たちは自然の力学観に深刻な疑念を持ちはじめ、やがてそれをすてざるをえなくなった。

かくして物理学は力学的基礎から数学を基礎とする方向へ移った。以前は数学は現象の力学的解析を研究し押し進める手段であったが、今日では数学的根拠が基礎となっている。力学観はある限られた分野以外ではすて去られている。近代物理学理論の本質は数学の方程式の体系である。かくして、ニュートン時代には物理的思考の召使であった微分方程式が今や主人となった。

マクスウェルの研究は自然の力学観を顚覆させたが、力学観とともに成長した決定論哲学を補強した。十九世紀の科学者にとっては、マクスウェルの研究は、コペルニクス、ケプラー、ガリレオにはじまるコースの絶頂であった。厖大に集積した新現象は精密な数学法則のもとに包摂され、宇宙に数学的構造があることは疑いえないものとなった。それに難癖をつけるような科学者は永久に存在しない。自信に満ちた楽天主義者の十八世紀科学者の作り上げた目標を、すべて完成したのは、十九世紀科学者の誇りとするところである。

マクスウェル自身は決定論に組したのではなかった。彼は自己の大成功に有頂天になるには賢明にすぎた。追従者たちよりも鋭い形而上学の学徒であった彼は、当時、ほとんどの人が持っていた決定論的宇宙に対する信仰に抵抗する上においても、天才ぶりを発揮した。マクスウェルは気体論に関連して、分子運動に関する基本的研究を行い、ふつうの物体は分子から出来ていて、その分子はみな砲弾の速度で動くが、決してその平均位置からずれることはない、という考え方に執着した。そこで彼は不安定な現象と安定な現象を区別するようになった。平面をころがる岩は、岩を少し押しても少ししか動かないから、安定な現象である。一方山頂に静止している岩は、少しの力でなだれ落ちるから、不安定である。同様に一本のマッチで森に火がつき、ちょっとした言葉の行き違いで世界が戦争にまきこまれ、小さな性細胞の違いで人間が数学者にも白痴にもなる、などは不安定な現象である。こういう不安定な要素、あるいはマクスウェルのいう特異点は、彼にあっては決定論の盲点である。こういう特異な場合では法則も破れ、ふつうは無視されるような小さな効果が決定的となりうる。

マクスウェルは仲間の科学者に、特異点の存在の意味について警告をあたえている。「だからもし物理学の育成者たちが物事の連続性や安定性よりも、むしろ特異性や不安定性の研究という科学の穴に眼をむけるなら、自然の知識は増進し、それによって、将来の物理学は、過去の物理学のたんなる拡張にすぎないという仮定からおこる決定論の偏見も打ち破れるだろう。」

一時代の指導者はまた同時に次の時代の予言者でもある。気体論へのマクスウェル自身の業績は決定論放棄への道をひらいた。彼がこの決定論の体系の中に見つけた、ひびわれやきずは、やがて拡がり、決定論的世界は崩壊するにいたった。しかしまもなく訪れたこの破滅は後章の適当なところで論ずるからそれまで待って貰いたい。数理物理学の多くの分野に未曾有の成果をあげたマクスウェル自身の研究は、四十八歳という若さでの彼の死をもっておわりを告げた、ということは、非常に残念なことである。

第21章

人間本性の科学

人類固有の研究は人間にあり

アレクサンダー・ポープ

「人間の科学こそはあらゆる科学の中でもっとも有益で、しかももっとも遅れているものである」とルソーはいった。この労働者の子は身のまわりに腐敗堕落だらけの人間社会を見つけていた。政治上の不正、弱肉強食、多数の悲惨の上にたつ少数の奢侈、悪徳、貧欲、戦争、侵略による民衆の奴隷化、指導者の大衆に対する欺瞞、それらは彼を戦慄させた。

人間の問題は自然現象といちじるしい対照をなしている。自然においては法則と秩序がはっきり存在している。惑星は決った道を辿り、決してそれからはずれることはない。物理学者が探求して行くところには、必ず秩序と調和をそなえた合理性と数学法則が見出される。自然は秩序あり、法則あり、合理的で、予測しうるものである。

しかし人間は、自然の秩序に欠くことのできない部分である。人間は物質界と同じく神の創造物ではなかったか？　また当時の唯物論哲学は、心も体も物質界の一部である、と教えはしなかったか？　だから人間の行為にも普遍的な自然法則があるはずである。惑星と同じく、人間も引力、斥力に従わねばならないから、人間の行為もこういう力の作用の力学的結果であるにちがいない。同様に、経済法則も基本的な経済力の相互作用からえられるはずである。個人的いさかい、政治における混乱、貧困窮乏の蔓延、こういう不祥事は、人間関係の特徴であるかのごとき観を呈しているが、ただ人間が社会の自然法則を探求しようとしないからそう見えるにすぎない。ひとたび真の法則がえられれば、要するに「自然の秩序」に合わせればよいのだから、安定した正しい生活改善の道や制度をしめうることは確かである。そしてもし社会の人がこれらの自然法則に従うことを要請され、説得されたら、文明の病は消えさるであろう。

だから人間の科学がなくてはならない。しかしルソーは、この科学は実験的に研究できないことを指摘した。なぜならば、大哲学者大僧正を実験にかけるようなことをしなければならないからである。しかしさいわいなことに、真理は第一原理から演繹推論によってえられるから、このような実験は必要ではない。ホッブスはこの思想を端的に述べている。政治、経済、倫理、心理は精密科学にされねばならない。この方法によってのみ思慮分別というものがえられる。ホッブスはつづける、われわれは間違いのない知識をえ、それによって将来を予測できるのだ。「幾何学は、神が喜んで人類に贈った唯一の科学である」という言葉の「幾何学」は、ホッブスにとっては、科学の単に一つの問題にすぎない。カントも社会の科学の必要を認め、ケプラーやニュートンには文明法則の発見が欠けている、と付言している。

かくして人々は、人間関係の演繹科学を見出す必要がある、との確信に達した。そして社会科学者は人間関係にはたらいている普遍法則を検証し、分析し、抽象する仕事に取りかかった。女性関係に眼をつければ、きわめて複雑な秘密も暴くことができると信じている探偵と同じく、これらの社会科学者たちも、僅かの基本法則を発見すれば、問題はすべて解けるという期待を抱いた。かつては数学的分析とはかけはなれたものと考えられていた思想の分野が、精密科学でえられた成果にあやかろうとして、再考されるようになった。享楽に必要な富とともに、酒、女、唄も数学的研究の対象となった。この章では、これらの研究コースにそって、数学思想の影響の跡を追って行こう。

社会的法則が存在するものとすれば、いかにすれば社会科学者がそれらを発見できるであろうか？　数学の例がその答をあたえる。まず、あらゆる科学者に人間本性の真理であることが認められるような、基本的公理を、思想と経験から見つけねばならない。これらの公理から、人間行為の定理が、数学に用いられるげんみつで絶対に誤りのない推論によって、演繹されるであろう。

さらに、数学の定理が運動や重力の公理を補って数理天文学を生んだように、倫理、政治、経済の特殊公理と人間行為の定理が結びついてこれらの分野の科学を生み出した。あたらしい社会科学の結論は定量的に公式化され、さらに高度の真理を演繹するために代数技術の応用を許すところまで行った。

人間行為の科学を作らんとする公理的真理の探求は、ゴールド・ラッシュの観を呈するにいたった。基礎原理発見のための人間本性分析の大作がつぎつぎとあらわれた。この問題に関する十七、十八世紀の古典には、ロックの『人間悟性論』、バークリーの『人間知識の諸原理』、ヒュームの『人性論』と『人間悟性論』、ベンサムの『道徳および立法原論』がある。一八二九年に出版されたジェームズ・ミルの『人間の心の分析』はこの運動を十九世紀にまで持ちこんだ。これらの労作には、著者たちは人間本性の科学の原理なりと信じるものを提出し、演繹的方法に従って、人間の思想行動を支配する法則をえた。

これらの研究で主張された人間行為の公理のあるものは、それ自身注目に価するものであるが、同時に当時の基本的な仮説やおこりつつある思想をしめすものとして興味深い。たとえば次のようなことが承認されている。人はすべて平等である。知識や信仰は感覚的所与から来る。快楽を娯しみ、苦痛をさけることは、人間の行為を決定する基本的な力である。人間の本性は文化や環境の影響をつねによく反映している。人間はつねに利己的に行為する。この最後の公理はもっとも基本的なものとしてつねに強調され、重力の法則に劣らざる普遍性を持つものとされた。二十世紀人は利己心が社会を破壊するものとしておそれるが、十八世紀人にとってはそうではなかった。

かくて神と自然は一般的骨組を構え
自愛と社会愛を一つのものとし給うた

個人的罪悪は社会が救済すべきものであった。もちろん以上の公理のすべてがあらゆる理論家に認められ、主張されるものではなかったが、これらがもっとも一般的なものであった。

人間本性そのものの、科学におけるさまざまな推論を限られたスペースで概観することは困難である。しかし幸いにこれが必ずしも本書の目的ではない。ここではただこういう科学がうちたてられたことを知れば十分である。

倫理、政治、経済など特殊領域における結果をうるためには、人間本性一般の科学に、特殊領域に固有な公理がつけくわえられねばならない。理性的精神に満ちた人の手で展開せしめられた倫理体系のなかで、特に二十世紀文明に直接間接に大きな影響をおよぼしたものがあるから、これをやや詳細に調べてみよう。ジェレミー・ベンサム（一七四八―一八三二）がたてた体系は、たんに合理的演繹であるだけではない。定量的であるともいえるのである。

数学的な才能があるとすれば、ベンサムはたしかにそれを持っていた。彼は思索においてきわめて論理的かつ精密で、全学問を吟味し、いかなる命題も疑いの余地があるとして、あたらしい学問にスタートした。彼はあらゆる知識を分類し、――たとえば一般の下に特殊を包摂するというように――正しい論理的関係の中に諸観念を排列し、あらゆる観念をその構成要素に分析しようと、倦まず努めた。ベンサムは法式化する動物といわれたこともある。

彼の不得意とするロマンスの場でも、彼は数学と結びつけて考えた。五十七年間、女性の世界と離れていたあげく、彼は結婚しようと決意し、注意深く選択の相手を推論した。それから彼は十六年間も会わなかった女性に手紙を書いてプロポーズした。彼はことわられた。しかし彼のプロポーズの論理はかわらなかったから、その誤りのないことをさらに二十一年間注意深く再検討して、ふたたび同じ女性に申し込んだ。おそらくその間に彼女が数学を学んで、彼の論理の力を覚っただろうと希望しながら。しかし彼女の側の論理や直観も確かであったと見えて、ふたたび彼女は拒絶した。

ベンサムが論理を確信する勇気を持ったのは女性問題だけではなかった。いろいろの宗教団体がまだ強力であった時代に、彼は大胆にもすべての宗教団体は有害であると断じ、教会と国家の分離を叫んでたたかった。デモクラシーを確信するようになった彼は、普通選挙の施行と君主制および貴族院の廃止を主張した。特権階級は彼の『虚偽の書』の中で攻撃された。『荷造り法の原理（特別陪審を批判したもの）』は陪審制にことよせて実は君主自身に宛てられたものである。

快楽と苦痛は、人間行為の底によこたわり、それを決定する実在である、というベンサムの人間本性に関する基本公理は、すでに述べたところである。人間はつねに幸福を追求し、苦痛をまぬがれようとする。もちろんこの快楽、苦痛という言葉は広い意味に用いられる。憎しみも、ある人々には快楽をあたえるから、そんな場合は快楽の中にくわえねばならない。

さて、人間本性の科学に合わせて作り、それから導き出された倫理学の体系というものは、快楽と苦痛の動機の上に作られねばならぬ。そこでベンサムは、彼の倫理学で、人類の幸福を増進せしめる行為を正、減退せしめるものを不正というように考えた。同一行為が若干の人々を喜ばせ、同時に他の人々を害するものであるから、彼は、「最大多数の最大幸福が正、不正の規準である」と称した。

ベンサムの倫理学の展開には、当時支配的であった思想が反映し、適切に表現されている。その上彼は、この思想の結論を追求し、数学的概念の導入によってそれを精密化した。彼の目的は快楽と苦痛を測り、「幸福を最大にする」ことであった。この目標にむかって、この道徳界におけるニュートンは「幸福への計算」を展開した。

まず彼は、感覚、富、権力のような十四の単純な快楽と、たとえば貧乏や憎悪のような十二の単純な苦痛の表を作った。快楽、苦痛をおこす各行為には、それぞれ測定の基準が設けられた。こういう行為の数値は客観的因子による。すなわちその継続期間、強度、確実性、切迫感、純粋性（他の快楽や苦痛からの独立）、生産性（他の快楽、苦痛を生み出す傾向）による、とベンサムはいう。これらの因子はそれぞれの行為の生み出す快楽や苦痛を測定するためにつかわれる。しかし行為を評価する上にはもう一つの因子が考慮されねばならぬ。同じ一つの事が、ある人には快楽、ある人には苦痛をあたえることもあり、きわめて複雑な機械である人間は人によってその感度を異にする。たとえば二人の人がめいめい千ドル持っており、一人がもう一人に五百ドルあたえるとすれば、その行為によっておこる苦痛は、えられる快楽よりも大きい。なぜなれば一方は三分の一増すに反し、片方は半分をうしなうからである。だから富はある行為に対する感度の問題である。同じように、教育、人種、性、性格、その他の因子も人々の受け取り方によって決定される。

さて行為の価値は次のようにして計算される。行為のあたえる客観的価値に、それにくわわる人々それぞれの受け取る感度を掛け、それからその各々の積を総和する。えられた数をプラスとする。同じように苦痛の方も計算して、その数をマイナスと考える。その行為の価値はこのプラスとマイナスの価の和である。この「計算」によって、行為の価値がえられるのみならず、二つの行為の比較もできるのである。

やがてこれをじっさいに応用する場合が訪れた。ベンサムの道徳算術は、種痘を受けることがよいか悪いかを決める問題に応用された。当時種痘の結果死ぬ子供が多かったので、この方法は一般には承認せられてはいなかった。しかし種痘の提案者たちは、種痘で死ぬ者は十パーセントであるに反し、種痘を受けないために死ぬ者が五十パーセントなら、生き残った者が多いほど社会全体にとっては益であるから、種痘はたしかに認められるべきものだ、と論じた。

ベンサムが道徳の問題を純代数的にあつかったように、この種の議論は、数学と無関係な分野にひいて数学を持ち込んだように見える。彼が考えた基準は容易に計算できるものではないことは、たしかに事実である。この欠点を見落してはならない。「げんみつな論理家は公認された妄想家である。」ただ重要なことは、ベンサムが、かつて権威と因襲の支配していた思想の領域に、理性の旗を大胆に押したて、合理的な庶民倫理を求めたことにある。ここに、宗教や既存の社会形態の合理化によらず、人間本性の科学にもとづく倫理の科学ができたのである。神の意志ではなく、人間の本性があたらしい倫理をおこした。とくに、徳というものは天国で報いられるものではなく、それ自体報いられるべきものとなった。ベンサム哲学の応用は今日の場合にもなお望ましいものであろう。

ベンサムをその典型とする倫理学の理論家たちは、その基本的プランの実行に成功した。つまり彼らは人間本性の法則と人間行為の特殊公理とを利用して、倫理学の論理的体系をうちたてたのである。ダヴッド・ヒュームの「政治は科学に帰されねばならない」という確信に刺激されて、彼らはそれぞれ個別科学の公理を求めた。勿論各自の思想によってえらんだ公理も違っていた。ホッブスなどは絶対君主制を正当化する公理を求め、ヴォルテールなどは啓蒙専制主義を保証しようとし、さらにベンサムなどはデモクラシーを論じた。

種々の政治理論が展開された中で、少なくともロックとベンサムの二つの理論は今日なおきわめて重要な意義を持っている。ロックは政府の自然的根源とレーゾン・デートル(存在意義)、すなわち政府の存在の論理的基礎をたしかめようとした。現実の国家の勃興の歴史は彼の研究には無関係であった。彼の議論は有名な彼の認識論にもとづく原則からはじまる。すべての人は白紙の心をもって生まれる。その性格やすべての知識は経験からえられたものである。それ故、人々のあいだの本質的差異は環境によるものであるから、すべての人は生まれながらにして平等である、ということは正しい。十八世紀に自然の状態とよばれた、ある原始的な状態を仮定すると、そこではすべての人は奪うべからざる自然の権利——たとえば理性など——を持ち、理性の法則によってみちびかれるはずである。生命、自由、財産の保護をうるために、人は政府に反社会的罪悪を規定し処罰する権利をゆずりわたして、政府と「社会契約」を結ぶ。この契約に入ったとき、人は多数の意志に従うことを承諾する。政府はその意志を決定し、それにもとづいて行政するものと考えられる。だからもし為政者、立法者が、彼らの憲法を欺くなら、その場合は革命が正当化される。だから政府の本質を合理的に追求すると、なぜ政府が存在したか、いかにしてそれは権力をえたか、何時その権力の度をこしたか、専制主義に対していかなる攻撃がなされえたか、のような問題に対しての答がえられる。ロックの政治哲学や、その合理的探求の態度を、アメリカ人なら誰でも知っている、そしてロックの言葉を多く引用した十八世紀の「数学的」文書ほど端的にあらわしているものはない（アメリカ独立宣言を指す。訳注）。

われわれは次の真理を自明なものと認める。すべての人は平等に創られていること。彼らは一定の譲るべからざる権利を創造主からあたえられていること。これらの権利のなかには生命、自由、幸福の追求が数えられること。そしてこれらの権利を確保するために、人々の間に政府が設けられ、その正当な権利は被治者の同意にもとづくこと。どんな形態の政府でも、この目的に有害なものとなれば、それを変更または廃止してあたらしい政府を設け、その基礎となる原理、その組織する権力の形態が、彼らの安全と幸福とをもたらすにもっともふさわしいと思われるようにすることは人民の権利であること。

この論述が、数学体系のその基礎をなす「自明の公理」に相当する、「自明の真理」でもってはじまっていることは、注目に価する。上述の公理によって政府が保証すべき権利を、王は人民にあたえなかったことをしめす事実が、文書に列記されている。だから他の公理によって、人民はこの政府を廃止し新政府をうちたてる権利を正当化できる。

上述の文書の筆者の個人的見解には、さらに進歩的なものがあった。トマス・ジェファーソンは、各世代は自らの社会契約を結ぶべきだ、といった。十八年と八カ月毎に、二十一歳以上の人の半分は死ぬ、と彼は計算した。だから十八年毎に新契約と新憲法が必要になるのである。

アメリカ独立宣言文が数学的形式をとっていることも重要だが、それ以上に重大なのはその中に折り込まれた政治哲学である。冒頭の一文は特に注意さるべきである。

人事の道程において、一人民にとって、彼らを今まで他の人民に連結していた政治的きずなを解きはなち、地上の他の諸列強のなかで、自然法および自然の神の法則がこの人民に賦与する独立平等の地位を確立する必要が生じた場合、人類の持つさまざまな見解に対する相応の尊敬の念からいって、分離独立せざるをえない理由を宣言する必要がある。

この鍵になる言葉は「自然法」である。ここに、人間をふくめて全物質界は自然法則によって秩序づけられる、という十八世紀の信念がはっきりと表明されている。もちろんこの信念はニュートン時代の数学者、科学者が発見した自然の構造を根拠とするものである。かかる法則が存在するのであるから、その法則が人間の理想、行為、制度をも決定するはずである。政府の正しい法律はこの自然法でなければならない。

これと同じく意義深いの「自然の神の」という言葉である。もちろん、それまでも神の意志と神の支持は、さまざまの理由から引き合いに出されてきた、しかしここでは啓示や聖書を通して知られるようなものは神の意志ではない。自然を通して語るのが神である。人間の部分である理性は同時に自然の部分であるから、自然が神の意志を解きあかすのである。十八世紀思想家たちは、事実上「正しい理性」と自然とを同義語と考えていた。

独立宣言は、大英帝国に抗する革命を正当化しようとする少数の政治指導者の手になるものであるが、それは人々の信念を表現していたので、大衆の支持を受けた。ジェファーソン自ら指摘しているように、彼はべつにあたらしい観念や感情を発明したわけではなかった。彼はただ誰しもが考える道に従ってのべたまでである。アメリカ革命を促進したのは、印紙条例や茶の課税よりも、むしろこの広く受け入れられた政治哲学であったのである。このアメリカ革命も、さらにフランス革命も、不正に抗する自然と理性の凱歌である、とは広く認められていることである。

数学的色彩を持つ合理主義と自然法の原則とは、政治に応用されて、あたらしい政治哲学を生み、不正に抗する革命精神を人々に吹き込んだ。しかし自然法の原則は十九世紀にはあまりよくつらぬかれなかった。革命の指導者の多く、特にハミルトン、マディソン、ジョン・アダムズは大衆の権利よりもむしろ個人の財産の擁護に多くの関心を払った。さらに、金儲けに対する政府の干渉からの自由を欲した新興商人階級の代弁者たちは、商人たちの利益と自然法を一致させ、自由人の自然法だと称して奴隷制を正当化した。英国では、労働者が教育を受けるという自然の権利は、教育がかえって彼らを不幸におとしいれ、小生意気にし、反キリスト教的な煽動的パンフレット、背教的な書籍雑誌を読ませる、という理由で否定された。さらに自然法の原則はフランス革命を喚起したので、この原則は恐怖政治やナポレオン的侵略主義のような悪事をおこさせるものとして非難された。以上のような理由からして、この原則は信望と支持をうしなった。その結果、政府は被治者の同意によりその正当なる権力をうる、というデモクラシーの原理は、その理論的根拠をうしない、デモクラシーの実行は実に困難となった。幸いにして、近代デモクラシーの哲学は、ロック以上に理性の力を確信しているベンサムの手で復興した。このあたらしい哲学は功利主義とよばれる。

ベンサムは彼の人間本性観と倫理体系を『道徳および立法原論』（一七八九年刊）の中で詳述している。この同じ本が政府の科学をあつかい、たんなる政治技術とは異なる道徳哲学の一分野としての政治科学を作りあげている。ベンサムは自然法と神の意志をすて、政治に対する純粋に合理的な基礎を求めた。彼にあっては、政治の分野における根本的真理、基礎的公理は、政府は最大多数の人々の最大幸福を求めるべきである、ということにある。この基本原理から、彼は多くの結論をみちびき出した。正義そのものは目的ではない。むしろ幸福の総量を増すための手段である。法律は、行為の動機に目をつけるのではなく、その結果のみを考えねばならない。なぜならば社会の幸福におよぼす行為の影響のみが重要だからである。刑法学についても、ベンサムは、法律は幸福を減ずるような行為をふせぐために罰を用いねばならない、という結論を出している。しかし、罰も苦痛を意味するから、それより大きい苦痛を防ぐ場合にのみ課せられるべきなのである。

支配者は自分自らの幸福を当然のこととして求めるが、政府は最大多数の最大幸福を求めねばならない。ベンサムは次にこの支配者と政府の間の矛盾を熟考した。いかにしてこれらの相反する利害を調停しうるか？　ただ為政者と被治者の利害を一致させることによってのみ可能である。これは万人の手のうちに権力を置くことによってのみ、達成される。だからデモクラシーは望ましい政治形態である。この議論の決め手として、ベンサムは「合衆国の不滅のもっとも有名な経験」に訴えた。その国では大英帝国に見られるような腐敗も、浪費も、悪事もない、と彼は論じた。

ベンサムの優れた弟子ジェームズ・ミルは、デモクラシーにおいてどういう人を選挙民とすべきか、の問題を取りあげた。投票者のうちで他の投票者によって利益を守られる投票者——たとえば妻の利益はその夫によって守られるとミルは信じた——をのぞいて、四十歳以上の男子のみが投票すべきである、と彼は結論した。

ベンサムは合衆国の事情を幾分誤解していたようだが、彼のデモクラシー論は非常に効果をあげた。アメリカ人はふつう、たとえ功利主義という言葉を知らなくとも、功利主義者である。ベンサムの最大多数の最大善、ロックの自然法や社会契約の哲学は、アメリカ・デモクラシーをきたえ、その中に融け込んでいった。

ここでは政治思想の流れをさらに追ってゆく必要はあるまい。結局のところ理論家たちも政治科学を天体の数学理論のようにしっかりと基礎づけることはできなかった。おそらく彼らは世間の政治事件を正当化し主張する以上のことはできなかった。しかし、合理的探求によって、少なくとも彼らは民主主義的運動の目標、理想、スローガンを明確にすることができたのである。

デモクラシーの完全な実現は、哲学や、人間の経済的習慣がかわるまでは、おこりえないだろう。なぜならば政治的には自由であっても、経済的には奴隷である人は、せいぜい自由の幻想を楽しめるだけだからである。すでにあらゆる知識を再組織する仕事にとりかかっていた十八世紀の大思想家たちは、やがて来るべき産業革命によって経済思想を補綴する必要にさしせまられたのである。

あたらしい経済学という科学が、数学的精神を持つ倫理学、政治学の理論家たちの引いた基本線上におこって来た。その根本となるものは人間本性の科学である。その上に経済学固有の公理がつけくわえられた。それから経済法則の演繹が容易に生じることになった。

十八世紀経済思想の二大学派、フランソワ・ケネーの率いる重農主義派とアダム・スミスやさらにおくれてジョン・スチュアート・ミルを頭とするイギリス古典学派とは、ともに公理的経済法則の存在ということに関しては一致していた。また彼らは、自然現象と同じく経済学にも不変不滅の法則が支配している、ということにも一致を見た（「フィジオクラット《重農主義者》」という言葉は自然の支配を意味する）。だから、富の自然科学に達することができるのであった。経済学者の仕事は法則をたしかめ、それを主張することである。

これらの学派によって採用された非常に有名な公理は、現在でもほぼ支配的な見解となっている。個々人は自身の利害にもとづいて行為する。どちらの学派にも共通な公理は、自由、蓄財、安寧への権利と土地および（または）労働が富の唯一の根源である、という前提である。

こういう公理からは、自由貿易や無制限競争の定理、レッセ・フェール、レッセ・パッセ（自由放任主義）という言葉であらわされる原理をみちびき出すのは難事ではない。生きてゆくための人間の合法的かつ自然な努力に対する干渉は、神の宇宙の構想に対する干渉であり、それ故、越権行為である。とくに、政府は実業に干渉してはならない。実業家の進歩した意識は経済体制の成果を保証するものであるから、実業家の手にゆだねられるべきである。政府はただ契約権利を保証し保護すればよいのだ。重農主義者は土地を富の唯一の根源と信じたから、土地のみに課税すべきであると主張した。一方アダム・スミスは労働問題には同情的であったけれども、収入にのみ課税する方をえらんだ。

これらの経済理論には、数学的精神から発する演繹と、公理があったが、社会の経済的疾患を是正する法則はなかった。これらの経済学者は無意識的にしろ商工階級の代弁者であった。理論家たちは、時代の合理的態度から単にレッセ・フェール原則の論理的擁護に必要なもののみを借りて来た。十九世紀初期産業化が急速に進むにつれて、この原則は、労働階級の苦しみをやわらげる上にはぜんぜん役だたないことがわかった。ただ金持がますます金持になり、貧乏人が無一文になって行くのを、正当化したにすぎない。社会の不平等、不正がますます目だってきたので、経済学者たちは、食ってゆけない低賃金で工場に働いている労働大衆の存在を、なんとか理由づけざるをえなくなった。彼らは、女子供が一日に十六時間も働くのも、神の一つの意図であり不可避的なことである、とするために、ふたたび自然法に眼をむけたのである。

トーマス・R・マルサスは人口法則にその答を見つけた。彼の求めた結論はきわめてかんたんなもので、彼はべつに現実世界と交渉を持たずして人口論を書くことができた。この書によってマルサスは権威者としての名声をえ、歴史と政治経済の教授の職をえたのである。

マルサスは次のように書き出している。

> 私は二つの公理を設けてよいと思う。〔例によってこの議論も公理からはじまる。〕第一は、人類の生存には食物が必要なること。第二に、両性間の情欲は必要であり、将来もほぼ不変であること。……〔換言すれば、性は現状維持する。〕この公理を正しいと仮定すれば、人口増加力は土地の食糧増産力よりもますますうわまわってくる、と私は言いたい。

ジョン・アダムズの言葉によると、人間は二つの欲望を持つ。すなわち食事と女である。しかし第二の欲望は非常に強くて、人は第一の方は忘れてむこう見ずに結婚にとびこみ、子供をこしらえる。だから人口増加は食糧増加にはるかにうわまわる。

おそらく数学的証明の権威を借りようと思ったのだろうか？　マルサスは、人口は幾何級数的に増し、一定面積からうる食糧は算術級数的に増す、とのべている。彼は二十五年毎に人口は倍になると推定した。もし他の因子が存在しなければ、人口は二世期間に二百五十六倍になるが、一方食糧の方は同じ期間に九倍になるにすぎないだろう。

しかしマルサスは、じっさいには人口が幾何級数的に増さないことを認めていた。なぜ増さないか? その答は、飢餓、病気、悪習、戦争が人口増加を抑制するからである。これらの不祥事は見かけは悪くみえるが、長い眼で見れば有益である。これらはおそろしいことだが、自然の方便として必要なものである。これらの現象は神の意図の一部であるから、法律によって人間の悲惨な運命を緩和することはできない。すべての人々が安楽に幸福にのんびりとくらせるような社会は存在しえない。そしてマルサスは、やしなえない子供はつくらないようにと、道徳的抑制を強調した。彼は十一番目の戒律(モーゼの十戒の次、訳注)をつけくわえている。「六人の子供をやしなう見通しなきものは、結婚するなかれ。」

悲惨な社会的条件を自然法にうったえて正当化することは、マルサスが最後ではなかった。その因果関係を取りあげたもう一人の有名な経済学者に、ダヴィッド・リカードがある。まず彼は、経済生活における諸要素を分離して定義した。すなわち、資本、労働、価値、効用、地代、賃金、利潤などである。商業においては万事がこれらの因果をふくむ自然法則に従わざるをえず、この法則は数個の公理から演繹されうるものである、とリカードはいった。たとえば商品の価格は需要と供給によって決められることは自明である。労働という商品に応用してみると、労働に対して自然価格が存在することがこの公理の中にふくまれている。もし賃金がこの水準をうわまわると、労働者は繁殖して家族を増し、それによって労働力の供給を増して、賃金の低下を招く。だから結局においては賃上げは無意味である。リカードは以上の考慮を彼の有名な賃金法則の中に総括した。「労働の自然価格とは、労働者を増加も減少もさせず、ただ人種の保存、労働者の生存のために必要な価格なのである。」だから、マルサスと同じく、リカードにとっても貧困、苦難、飢餓が存在することは当然であった。また、労働者、地主、資本家がたがいに利害が反するのも当然であった。彼らがもたらしたこれらの法則、条件のすべては、遠きおもんぱかりのある神の摂理の意志であった。

産業化が進行するにつれて、経済学という「科学」では社会の大きな問題をあつかえなくなっていった。そしてじっさいには経済学は改革運動に反対し、組合に反対し、救済法に反対し、慈善に反対し、科学は人類を救うかわりに人類の敵の役を演じた。

経済学における合理化運動は停頓してしまった。物理科学の驚異、数学の力は十八世紀にもまして十九世紀にはますます確固たるものとなった。ところがそれに反して、数学や科学の方法を採用した経済学理論では、ますます混乱が深まった。ある経済学者は考えた。その難点は、経済学者が数学の方法を用いて自然法則を求めたけれども、数学そのものはほとんどつかわなかった、ということにある、と。おそらく今までは一ぺんに頬張りすぎて、一時に咀嚼出来なかったのだ。分割して征服してゆくことこそのぞましいのであろう。

そこで経済学者は、全分野をあつかうかわりに、特殊な現象への定量的演繹的方法を試みた。一からげではなく一片ずつ研究して行く方法である。各場合でまず目標とすることは、基本公式または特定現象を支配する公式を見出すことである。次にはこれらの公式と数学技術をつかって結論を演繹する。このようなずっと範囲をせばめた研究では、経済学者は非常な成功をおさめたのである。

一八三八年、クールノーの『富の理論の数学的原理に関する研究』の出版をもって、経済思想の新学派、数理経済学派がおこった。今世紀のヴィルフレッド・パレートの研究もこれにふくまれる。特定問題に対する研究方法の一例として二人の現代アメリカ人、レイモンド・パールとロウエル・J・リードによる人口増加の問題の研究をちょっと紹介しておこう。

以下にのべることに対しては、一九四七年のミドルタウンの人口というような特定なものに関するものではないことを念頭において貰いたい。ここでは個々の事例ではなく人口増加の基本要素を発見するために、人口変化一般を考察するのである。この問題を数学的にあつかうために、パールとリードは次の仮定から出発する。

a、一区域または一国の人口には、客観的条件からしてLであらわす上限を置きうる。

b、人口増加率は現存人口に比例する。

c、人口増加率は人口膨脹の可能性、すなわちLと現存人口の間の差にも比例する。

これらの公理からは、数学者には容易に解ける微分方程式が生じる。その結果は人口増加の一般公式となる。yを国の人口、tをある時からの年数とすれば、その公式は、

$$y = \frac{L}{1 + a(2.718)^{kt}} \qquad (1)$$

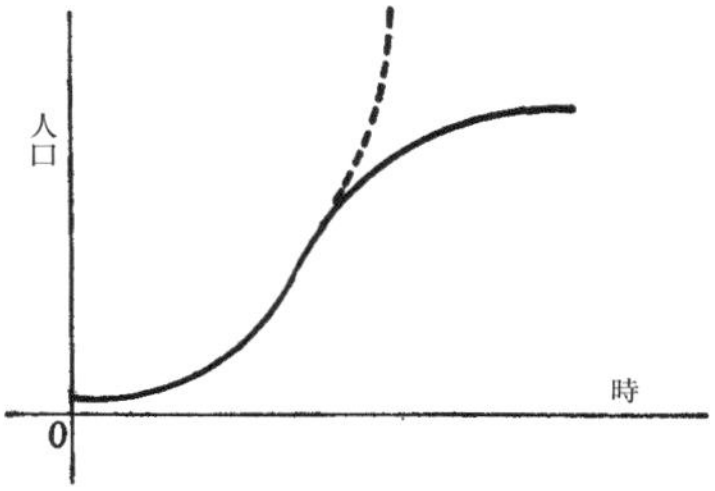

図89　増加曲線

となる。aとkは公式(1)の適用区域によって異なる値である。

読者は公式(1)の詳細についてあまり頭を悩まさなくてもよい。この公式に対応する曲線の形は**図89**にしめしてある。これはロジスティック曲線と呼ばれ、増加サイクルというものをあらわす。**図89**の破線は、もし人口がマルサスの主張のように幾何級数的に無限に増加するものとすればどうなるか、をしめすものである。

公式(1)は人口増加の一般法則をしめし、将来国民の数がどうなるかを告げるものである。しかし果してこのようになるであろうか？　一七九〇年から一九一〇年までの合衆国の国勢調査にあらわれた数字にあてはめて、パールとリードは公式(1)のaとkの値を決定した。それによると、合衆国の人口増加の公式は次のようになる。

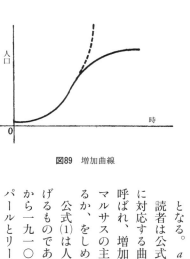

$$y=\frac{197.27}{1+67.32(2.718)^{-0.0313t}} \qquad (2)$$

ここで t は一七八〇年から数えた年数、y は百万単位でしめした人口である。**図90**は公式(2)に対する曲線をしめす。小円のじっさいのデータをあらわす。一七九〇年以前と一九一〇年以後のグラフの破線部分は、公式から生じる趨勢をしめす。一七九〇年から一九一〇年までのデータは公式(2)の曲線上にならぶことがわかる。

この公式は一九一〇年以後の現象とどれほどよく一致しているだろうか? 公式によると、一九三〇年の人口は一億二二三九万七〇〇〇であるべきで、調査では一億二二七七万五〇〇〇となっている。一九五〇年は人口一億四八四〇万になると公式は予測しているが、じっさいの調査では一億五〇七〇万となった。理論と事実は非常によく一致していると思われる。

公式(2)からその他いくつかの面白い結論が引き出せる。式から、人口の上限は一億九七二七万であり、二一〇〇年までにほぼこの値に達することになる。パール・リードの公式からさらに、合衆国の一九一四年の人口最大膨脹期をすぎた、という結論も出る。じっさいに人口増加を研究してみると、純粋に、理論的な研究方法でも、すくなくとも大体の趨勢において、事実とよくマッチする公式法則を生み出すことが知られる。

パールやリードの研究のような、範囲を限った数理経済学的研究でも、正しい前提が見出せないことが多

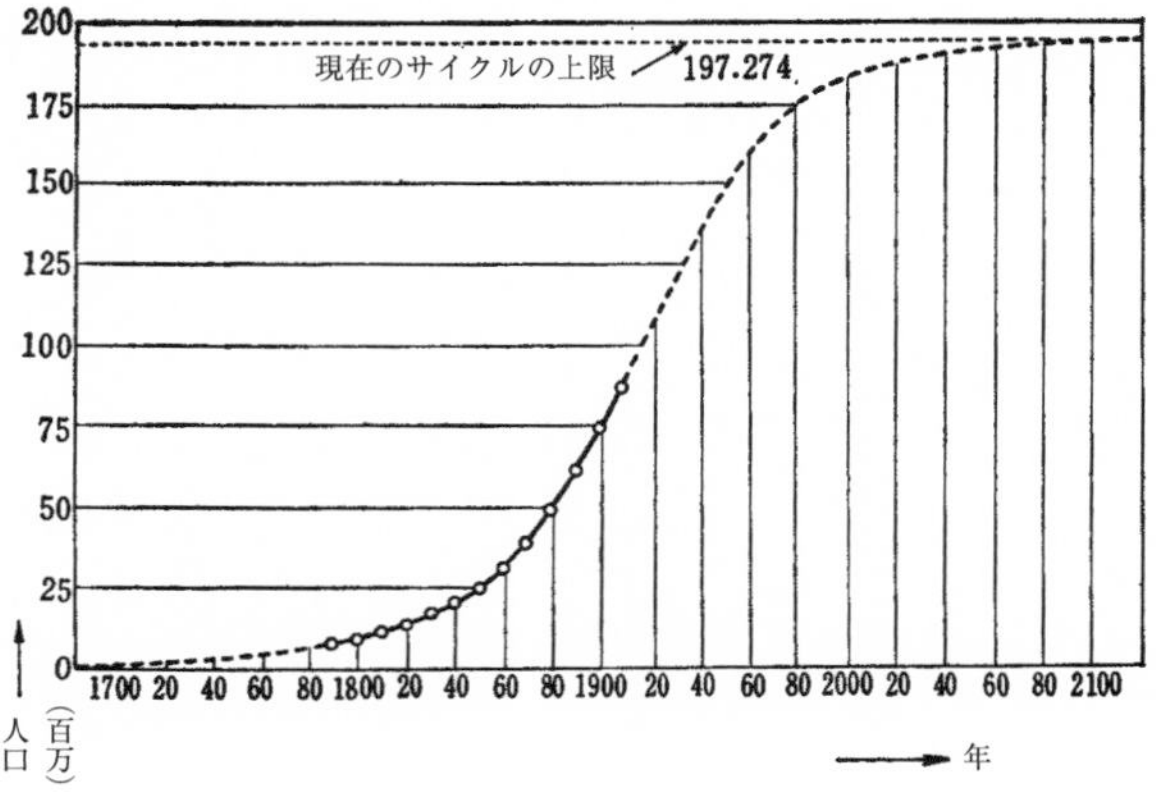

図90　合衆国の人口増加

くて、必ずしもプラスになったとはいえない。大量の数学記号に眩惑されて、意味ある成果をあげないことがきわめて多い。しかし、特殊な経済問題への数学的演繹的解釈によって若干の有益な知識を生み出しえたことは、疑いえない。

数学の応用性と効力に対する底抜けのオプティミズムから、ある奇妙な結論にみちびかれることもある。ある心理学者は感動の強さをあらわす公式をえようとし、まず恋愛からはじめた。そして、男と女の間の愛情は交際期間の二乗に比例し、その間の距離の三乗に逆比例する、という結論を出した。この「法則」は、距離が心を冷たくさせる、ということを定式化したものである。

さらにもう一つ、哲学者ダヴィッド・ハートレーのえた怪しい数式がある。彼の道徳および宗教哲学の文庫版には$W = F^2/L$という数式が出ている。Wは社会愛、Fは神への恐れ、Lは神への愛である。ハートレーはさらに、人が年をとると、Lが増し、ついに無限になる、という。だから年とるにつれて社会愛Wは減じてゼロに近づく。これが道徳的真理の総括であり本質である、というのである。

これまで人間の科学に対するそのもの、および数学によって促進された合理的精神の影響を考えて来た。この精神が、人間行為の普遍的自然法則の発見と、その結果あらゆる社会問題の解決とを、予測するものだと楽天的に信じているなら、もちろんそれは誤りである。人間は自分自身の行為さえも、理解も予測もできない。かれの身体、感情、欲求はげんみつな数学的法則に従いたがらない。すくなくとも、社会科学の分野で、行為を指図し、抑制し、現象を予測しうるような、定量的演繹的研究をうちたてた思想家は、いまだかつていない。とくに経済学では、成果が上げられていないことは注意しなければならぬ。

なぜ人間というものだけがアキレスの踵であるのか？　社会科学が存在しえない一つの理由は、古くからホッブスによってあたえられている。「というのは、次の事柄は少しも疑いがないからだ。つまり、もし、かりに三角形の三つの角が二直角に等しいということが、ある人間の統治権に反する事柄であったとしたら、その定理は、べつに論駁しなくても、統治者ができるかぎりの幾何学の全書物を焼いてしまえば抑圧されることになったであろう。」

十八、十九世紀の社会科学研究者に対するもっとも辛辣な批評は、彼らがあまりに数学的であり、十分科学的ではなかった、ということである。彼らは公理や一般原理を求めれば、それから容易に政治や経済の科学が引き出せる、と考えた。しかし、モンテスキューのように社会そのものを調べ、公理の正しさを吟味し、それから演繹過程を吟味しよう、というような人はまれであった。

社会科学や心理学に対する演繹的方法の長所欠点がなんであろうと、一つだけすぐれた価値がある。倫理、政治、経済、心理の科学の概念自体や、こういう科学を生み出す刺激は、ニュートン時代の肥沃な合理主義の土壌からじかに生育したものである。従って理性の光明は、伝統、慣習、迷信によって曇らされた分野を照らし出した。特に、既存の制度を受け入れるかわりに、政治について理性的であろうとする試みは、人間の眼を不平等、不正、苛酷な政治にむけて開いた。ギリシアの合理主義が数学に対してなしたことを、数学的精神はあいまいで捉え難い思想の領域に対してなしとげたのである。それは「信仰や通念の廃墟の上に理性の伽藍をうちたてた。」

第22章

無知の数学理論——人間研究の統計的方法

いたるところで現実家を悩ますものは、彼の眼前を絶え間なく流れ、止めることのできぬ多数の物事、出来事である。彼の欲することは、この多数の把握である。

セオドア・マーズ

ブリッジで手がついていないときに成功するこつは一番弱い組札から出すことである。これからのべるように、このこつも科学的な「手」でうまくやれる。切札を持っていないことをさとった社会科学者は、このこつを応用して非常な成果をあげた。

数学者や物理学者のとった戦術は、一言でいえば、先験的（ア・プリオリ）と演繹的の二つである。一現象に関する知識すべてを注意深く調べることによって、彼らは公理として役だつ普遍的な基本原理をうる。それから演繹的推論によってあたらしい結論とあたらしい知識とを生み出す。この「安楽椅子的」方法では、観察と実験が、第一原理を得、演繹を吟味する上の手助けとなるが、この場合は感覚よりもむしろ精神が主役を演じるのである。

先験的演繹的方法では、概して社会科学者は失敗した。その主な理由は、彼らの研究する現象がきわめて複雑だからであろう。わりあいに限定された問題の中にもきわめて多数の要素がふくまれていて、主だった要素を抽出することは不可能である。たとえば国家の繁栄期間はどうしたら計算できようか？　人間の幸福な状態は、天然資源、労働力、資本、外国貿易、戦争と平和、心理的考慮、その他の変数に依る。だから、誰もこの問題の核心に触れることができないのは、おどろくにあたらない。経済学者がいくつかの変数を取り出してそれについての仮定をたて、問題を簡単化してあつかえば、問題がきわめて人工的なものになって、じっさいの状態に適合しないものとなる。

多くの場合、じっさいにはあつかうべき知識がないものだから、先験的演繹的研究は不可能である。ある病気は、その原因が不明で、伝播因子もほとんど知られていないために、診断が不可能である。身体や頭脳のはたらきの化学は、生物学者にとってもまったく神秘である。遺伝の機構も閉ざされた書物のようなものである。これらの分野では、分析はまだ緒についたか、つかないかの段階である。

公理からの古典的演繹方法で基礎法則をうるには、知識が多すぎてかえってうまくゆかない場合がある。気体は、有名な重力法則によってたがいに相引く分子から成る。さらに、分子はニュートンの運動法則に従う。気体のある体積が僅か二、三個の分子をふくむものなら、気体の運動は、惑星の運動と同じようにして予測できる。しかし一立方センチの気体はふつうの状態では6×10^{23}個（六の次に0が二十三つづく）の分子をふくむ。各分子は重力法則によって他のすべての分子に作用をおよぼす。もちろん、この容積の気体の運動を、一つ一つの分子の他のすべての分子におよぼす影響を総和して研究する、というようなことはできない。多数の分子を一単位としてあつかうある方法が必要である。

社会問題を演繹的に研究するさいに、もう一つ不満な理由があることが十九世紀になってわかって来た。産業革命は大量の工場生産を生み、都市人口の増加を引きおこした。こういう発展から、人口変化、失業、商品の大量生産と大量消費、大規模経営に対する保険、人口稠密地域の不健康な生活条件の拡大、というようなさまざまな社会問題が生じて来た。これらの問題が社会科学研究者の上に群をなしてのしかかり、たとえそれらが先験的演繹方法で解けるとしても、時間がかかってとても出来ない相談であった。この演繹方法では、コペルニクス、ケプラー、ガリレオ、ニュートンのような天才の手によっても、運動と重力の法則を産むのに百年以上もかかったのである。それが、社会や医学の分野でそれよりも速く結果が生みだせるなどとはとても期待できない。

これらの理由のために、社会科学者は先験的演繹的方法では失敗し、あたらしい研究方法が必要となった。しかし科学的法則をうるために新方法に課せられた要求がいかに大きいものかを考えるとき、その発見に絶望せざるをえないだろう。それはすみやかに結果を生まねばならぬ。一つの状態にはたらく多くの変数の影響を総括しなければならぬ。一現象中に介在する無数の因子の影響を包摂しなければならぬ。そしてこの測定不能な因子を測定しなければならぬ。こういう法外な要求にもかかわらず、あたらしい方法はこれらすべてをあつかえるようにつくり出されたのであった。

新方法は事態の分析からはじまる。社会科学者は論じた。ここに現象があるが、その本質は理解しえないし、たとえ理解しても、気体分子の運動のようなもので、理解したからといって何の役にもたたないし、だから実際上の目的に対してはわれわれは無知であるといってよい。だから演繹的方法の根拠である普遍的な基礎原理は持ちえない。一方われわれを圧倒し、われわれの無知を確信させるばかりの、未消化のなまのままの事実が氾濫しているのに直面して、われわれは自らの無力を痛感せしめられるのみである。

そこで、社会科学者はブリッジのこつを思い出した。彼らは切札の役目をするカードを持っていないから、弱い札から出そうと決心した。彼らはいった、どのように雨が作物に影響するかはわからなくても、それを測定はできる。何故免疫は死から救うかを知らなくても、じっさいに施行した結果を表であらわすことはできる。国家繁栄の錯雑せる相を把握できなくても、適当な指標を設けてその栄枯盛衰の図を作ろう。植物、動物、人間の遺伝のメカニズムを理解できなくても、種を再生してどんな子孫があらわれるかを記録しよう。世界を実験室とし、その中でおこる現象の統計を蒐集しよう。

ただ統計を蒐集するだけではあたらしい考え方とはいえない。統計はバイブルやそれ以前の記録にもあらわれている。あたらしいことは、統計は社会科学研究の主な武器として役だつ、という認識である。これは十七世紀の富裕なイギリス商人ジョン・グラントからはじまるものと考えられる。グラントは趣味としてイギリスの都市の死亡記録を研究し、事故、自殺、種々の病気による死亡率がそれぞれ一定不変であることに気づいた。だから表面上気まぐれに見える現象が、驚くべき規則性を持つことがわかったのである。グラントはまた女子よりも男子の出生率が大きいことを発見した。この統計から彼は次の議論を基礎づけた。男子は職業上の危険や戦役に従うから、結婚適齢の男子の数は女子の数に匹敵し、だから一夫一婦制は結婚の自然な形式である。

グラントの研究は、その友、解剖学と音楽の教授で後に軍医となったウィリアム・ペティー卿が支持し、継承した。ペティーはグラントほどいちじるしい発見はしなかったが、その見解の広さは特に注目に価する。社会科学は物理科学と同じく定量的であらねばならない、と彼は主張した。彼の医学、数学、政治、経済上の著書で、彼はいっている。「私が用いた方法はまだふつうに使われてはいない。たんに比較級や最上級の形容詞や、観念的な述語を用いるかわりに、私は次のような方法をとった。数、重さ、尺度で自分を表現すること、常識的な用語のみを用いること、自然の中で眼に見える因果関係のみを考えること。」彼は揺籃時代の統計科学に「政治算術」という名を与え、それを政治に関することを数学によって推論する術と定義した。そして彼は政治経済のすべてをたんに統計学の一分野と見なしていた。

これらの慧眼なイギリス人が統計学に内在する発展性を論じたとき、また、十七世紀の僧侶たちが、月の満ち欠けが健康に影響するという迷信をやぶるために、統計を用いたとき、科学のあたらしい基礎がはらまれていたのである。この期間に、統計学は一般に国家のために有益な定量的知識を意味するものとなった。つまり政治家に対する資料となったのである。十九世紀初期までは、ペティーやグラントの研究にふくまれた示唆に従って資料を根拠として法則をえようとする仕事は、ほとんどなされなかった。この十九世紀はじめごろに、社会科学への先験的演繹的方法の失敗を知り、また統計学の潜在力を認めた、優秀な研究者グループが、この大問題にとりかかったのである。

ペティーとグラントは思想の鉱脈の発見者であった。しかし、純金をうるためには、金鉱を骨折って掘り出すだけでは十分ではない。鉱石をふるいにかけ、漉して精錬しなければならぬ。同様にたんなる統計の集積だけではあまり意味がない。資料から容易に結果がえられるのは余程かんたんな問題に限られるからである。大量の資料からの知識の抽出は、数学によって成される。

　資料から知識を抽出する数学的工夫のうちもっともかんたんなものは、平均である。ある小企業の雇人が次のような週給を貰うとする。

20, 30, 40, 50, 50, 50, 60, 70, 80, 90, 100, 1000, 2000

　平均週給はいくらか？　ふつうは週給の総和を作り、それを雇人の数で割る。この例では和は三六四〇、雇人の数は十三である。だから平均（ミーン）は二八〇となる。この種の平均は算術平均と呼ばれる。

　ミーンはあまり役にたたないことはあきらかである。この週給を貰っている人は一人も居ない。その上、十三人のなかでミーン以上貰っている人は僅か二人で、他はすべてそれ以下である。いいかえれば、その中の若干の量が他に比べてはるかに大きいときは、算術平均は代表的な値とはいえない。こういう場合には、他の平均のとり方のほうが役にたつ。今一つのよく用いられる平均値はメジアン（中央値）と呼ばれ、その値の上下に同数の件数がある値である。上の例では十三件ある。だからメジアン週給は六十である。なぜなれば六十以上稼ぐ人が六人、以下の人も六人だからである。

　この例ではメジアンの方がもっとも代表的な値といえるが、それでも適切とはいえない。メジアン以下の六人がひどく少ない給料を貰うときでも、以上の人がひどく高い給料を貰っているときでも、メジアンは同じとなる。このような稼ぎ高のひどい差は、メジアン値六十の中にはあらわれていない。だからメジアンも代表的数値となりえない。

　もう一つ一般につかわれている平均法は、モード（並み値）である。これは一番よく出るデータの値である。上の例では、週給のモードは五十である。それはこの週給を貰っている人が一番多いからである。この平均法は賃金分布にある指標をあたえるけれども、それでも適切でない。モードの上下の週給の幅はこの平均値にはあらわれていない。

以上の平均値ではいいあらわせないことは、その値の上下のデータの分布状態である。ミーンはすべての値をつかっているが、それから分布性質をしめすことはできない。たとえば、一〇〇〇と二〇〇〇の週給が一〇〇と二九〇〇となってもそのミーンはかわらないが、分布状態はかわる。これに必要なのは平均値のまわりのデータの分散状態である。このために、統計学者は標準偏差と呼ぶ量を用いる。それはδ（シグマ）であらわされる。この量は次のようにして計算される。まず、各データと算術平均との差、つまり各データのミーンからの偏差を計算する。負数になることを避けるために、このミーンからの偏差を自乗する。次にそれから偏差の自乗をくわえ合わせ、データの数で割る。この値を平方根して、前に自乗したのを元に戻す。短くいえば、一連のデータの標準偏差は、データのミーンからの個々の偏差の自乗のミーンの平方根である。

標準偏差の計算を例示するために、上の例を取ることもできよう。しかし計算が厄介だから、もっとかんたんなものをえらぼう。次のデータの標準偏差を求めることにする。

1, 3, 4, 7, 10, 13, 18

これらのデータのミーンは八である。だからミーンからの偏差は、

7, 5, 4, 1, 2, 5, 10

となる。これらの偏差の自乗は、

49, 25, 16, 1, 4, 25, 100

である。その和は二二〇となる。これらの自乗のミーンは、二二〇割る七だから、ほぼ三一・四となる。このミーンの平方根は約五・六である。この五・六という値はミーンの八にくらべてかなり大きいから、データの分散度も大きいことになる。同様な計算を上の週給のデータに対して行なってみると、標準偏差は五五六となる。そのミーンは二八〇であった。この場合もミーンのまわりの週給の分散度は大きい、と判断できるのである。

勿論、ミーンと標準偏差のような二つの代表的な数値でデータそのものを完全に表現できるわけではないが、データを一つ一つあつかっているわけにはゆかないから、これらの数値は非常に役だつのである。データの一つ一つを思い出さなくても、ただ二つの代数的数値だけでグラフが書ける。毎日、新聞を読む人はデータをグラフで表示した方がずっと理解しやすいことに気づいているだろう。生活費や株価の上下のグラフが一番よい例である。さらにデータをグラフで研究すると、ただその上下の変動が見やすくなるだけでなく、もっと意味深い結果を引き出せるのだ。

ある集団のすべての男子の身長を測定するとしよう。各身長に対応して、その身長を持つ人の数すなわち頻度というものがある。身長を横軸に、頻度を縦軸に取ると、頻度分布のグラフがえられる。じっさいのデータのグラフを**図91**にしめす。ここではデータをなめらかな曲線で結んである。グラフは心に印象づけられやすく、原資料にふくまれた多数の知識を一時に表現するものである。この身長分布や、これから論じる諸曲線で、特に意味あることは、曲線が、数学者が正規頻度曲線と呼ぶ理想的分布に近いことである(**図92**)。身長を測った数が多くなればなるほど、曲線は理想的曲線に近づく。あたかも正多辺形の辺数を増すにつれて円の形に近づくような工合にである。

正規頻度曲線または正規分布は非常に重要なものなので、その主要特性に注意してみよう。曲線は、データの中の最大頻度をしめす垂線を中心とした対称である。曲線上をこの垂線から左右に沿って行くと、まずゆっくりと、ついで急激に、そして最後には左右にはるかに延びて水平線に接近する。その形は鐘に似てい

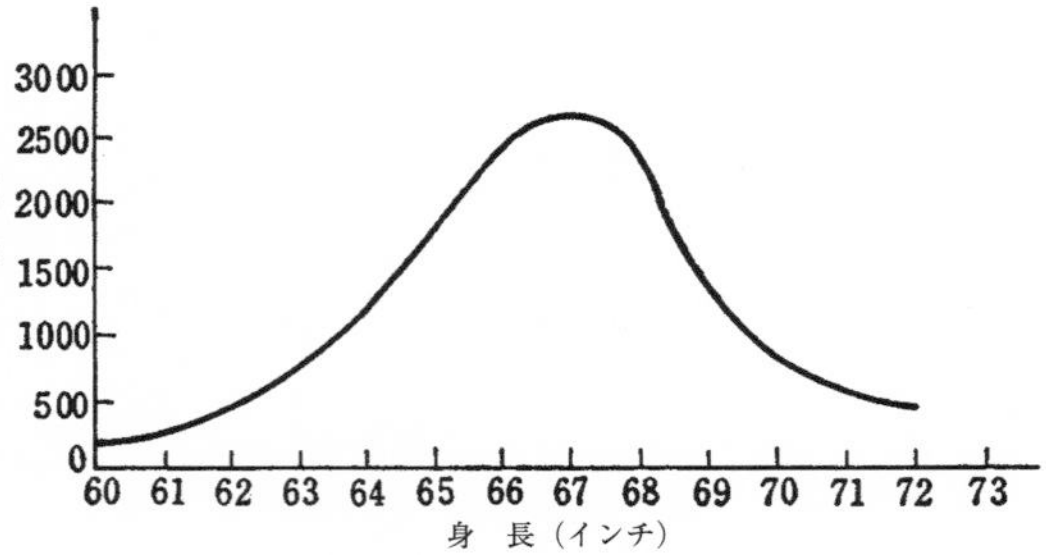

図91　ある集団の男子の身長

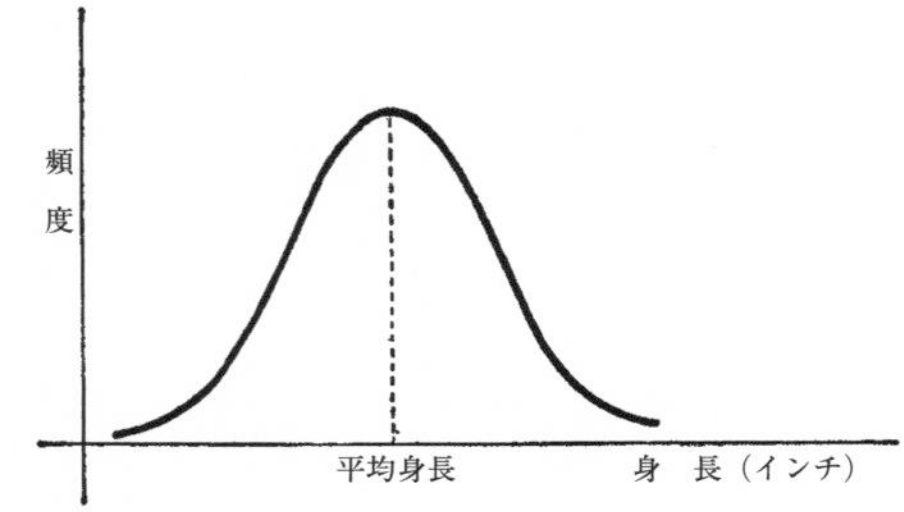

図92　正規頻度曲線

るので、鐘形曲線とよばれることもある。

正規分布において、縦座標、すなわち頻度が最大なものに対する横座標は、一番頻度が大きいのだから分布のモードでもある。グラフは対称的でこの横座標の左側も右側もおこる件数は等しいから、このモードはまたメジアンでもある。またモードはミーンでもある。その理由は、モードから両側に等間隔だけ離れた二座標は同じ頻度を持ち、ミーンの計算の際にこういう座標の対の平均はみなそれらの中点になるからである。だから正規分布では、モードもメジアンもミーンも一致する。

正規頻度曲線は、測定のさいによくおこってくるものだから、一八〇〇年ごろの天文学者やその他の科学者にはおなじみのものとなった。科学者が一片の針金の正確な長さを知ろうとしているとする。手や眼は完全に正確ではないし、温度などの周囲の条件も変化するので、彼はこの長さを一回ではなく五十回も測るだろう。これらの五十回の測定はそれぞれちがっていて、時には眼に見える位の、時に認めがたいほど小さい差異があるものである。ある測定値の数とその測定値とを縦横の座標にとってグラフをつくると、これは正規頻度曲線に近いものになる。事実測定回数を多くすればするほどその頻度曲線はこの正規分布に近づく。

注意深く行なった測定は正規曲線に従うと考えてよい理由がある。測定中の誤差は手や眼やつかわれた器械による無秩序な誤差であるはずである。こういう誤差は真の価の両側に分布し、丁度射的で的の中心から遠いほど弾孔が少ないように、中心の真の値のまわりにむらがっている。

測定値が正規曲線になるような観測事実は、科学者に非常に役にたつ。正規分布ではデータは平均値のまわりに集まり、その平均値が真の価なのである。だから、多数の測定値が正規曲線の形をなすならば、その平均値は真の測定値のよい近似値であるはずである。さらに、もし一組の多数の測定値が正規曲線からはずれるように見えるときは、ある余計な影響が入り込んでいるのだから、それを取りのぞかねばならない。たとえば、金属片の長さをだんだん暖くなりつつある室内で測るとすれば、測定値は少しずつ増してゆき、正規曲線に従おうとしない。これらの測定値のミーンにははなはだしい誤差があり、測定値のグラフを作って見るとすぐにこの余計な要素がわかる。

正規曲線は、天文学的距離を決定する上に、溶解度や溶点、沸点、その他多数の化学量の決定に、何千回となく用いられた。測定誤差の除去にもつかえるので、正規曲線はまた「誤差曲線」ともよばれている。測定中におこる偶然誤差は、でたらめにおこるのではなく、つねに誤差曲線に従う、というと、一見パラドックスめいているが、事実である。人間は誤りをおかす上でも勝手気ままが許されていない。

正規分布をつかうにあたっては、ある測定値の範囲内に何件あるかを知ることが大切である。たとえば一〇万人のアメリカ人男子の身長を考えよう。各身長の頻度が正規曲線上にどのようにならぶか、はすでにのべてきた。この分布のミーンと標準偏差とをそれぞれ六七インチと、二インチとしよう。すると（図93）、一標準偏差、すなわちミーンから二インチ以内にある身長測定値は六八・二パーセントとなる。つまり、六八・二パーセントの男子が六五インチから六九インチの間の身長を持つ。さらに、九五・四パーセントが二標準偏差内、つまりミーンから四インチ以内にある。そして九九・八パーセントが三標準偏差、すなわちミ

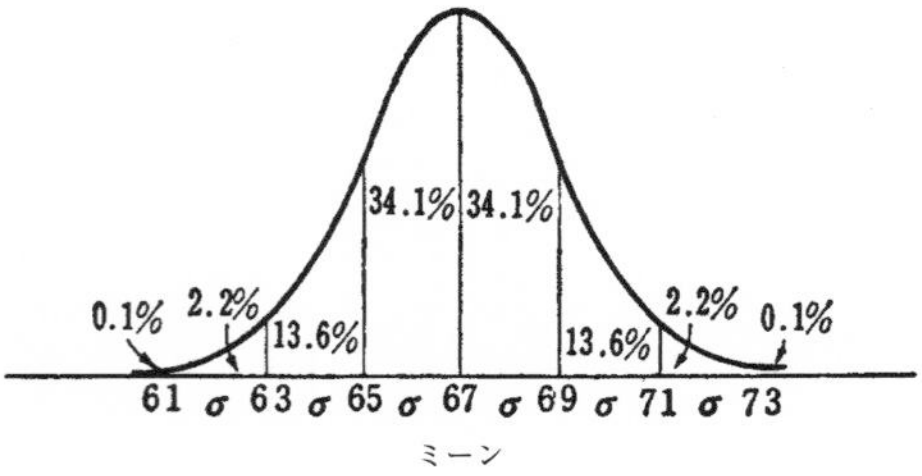

図93　正規頻度分布の種々の領域のパーセンテージ

ーンから六インチ以内にある。ミーンからの標準偏差が分数であっても、その中にあるパーセンテージは計算でき、表が作られている。だから正規曲線を研究して、ミーンと標準偏差を計算すれば、これらの二つの数から分布についての知識がすべて望みのままにえられる。

一八三三年ころ、ベルギーの天文気象学者で統計学者の、ケトレーは、人間の特性や能力の分布をこの正規頻度曲線によって研究しようとした。彼がつかったデータの多くは、ルネサンスの芸術家、アルベルティ、レオナレド、ギベルディ、デューラー、ミケランジェロなどによる人体各部の無数の測定からとれたものであった。ケトレーが基礎づけたものは、その後何百という後継者に受け継がれた。人間のほとんどあらゆる精神的肉体的特質は、正規頻度分布に従う。身長、四肢の大きさ、頭のサイズ、頭脳の重さ、知性（知能テストで測られるような）、電磁スペクトルの可視部の種々の波長に対する眼の感度、すべてこれらは一つの人種的国民的タイプのなかで正規分布をしていることがみとめられる。動物、植物、鉱物についても同じことがいえる。ある一品種のぶどうの実の大きさ、重さ、ある種の麦の穂の長さなどは正規分布をしている。

人間の特質や能力が測定誤差と同じ分布に従うということは、ケトレーにとってはきわめて意義深いことであった。人間は、パンを焼くのと同じく、一つの型から出来るが、作るときにおこる偶然的な差異から少しずつちがったものになる、と彼は論じた。この故に、誤差の法則が応用されているのである。自然は理想的な人間を目標とするが、ねらいそこねて、両側に偏差をおこすのである。一方、人間の典型となるものがなければ、その特徴——例えば身長——を測ることはできても、データの間のあるきまった数値関係も、グラフ上のある特定の意味も見出だせない。

ケトレーは、測定を多くすればするほど、個々の変化が消えさり、人類の中心的特性がはっきりとあらわれてくることに気づいた。これらの特性の平均を理想的な「平均人」とする。平均人は社会の回転の重心である。この中心的特性があるからこそ社会の形が保存され維持されるのだ、と彼は主張した。その上に物質現象と同じく社会現象にも、神の意図と決定論が歴然と存在することがこれからも知れるというのである。

ケトレーの哲学的結論の評価は後章に譲り、ここでは正規曲線を社会的、生物学的問題に応用して、これらの分野における知識と法則を得るにいたることに注意するにとどめよう。今日では、肉体的、精神的能力の分布状態が正規曲線に従うことは確証をえているので、多数の人を測定してこの結果に従わないようなことがあれば、その測定は信頼されない。たとえば、多数の集団にあたらしい検査方法を応用して、それが正規分布を生まないとすれば、その結論は問題にされない。ただ、テストが不正確だ、として片付けられてしまう。

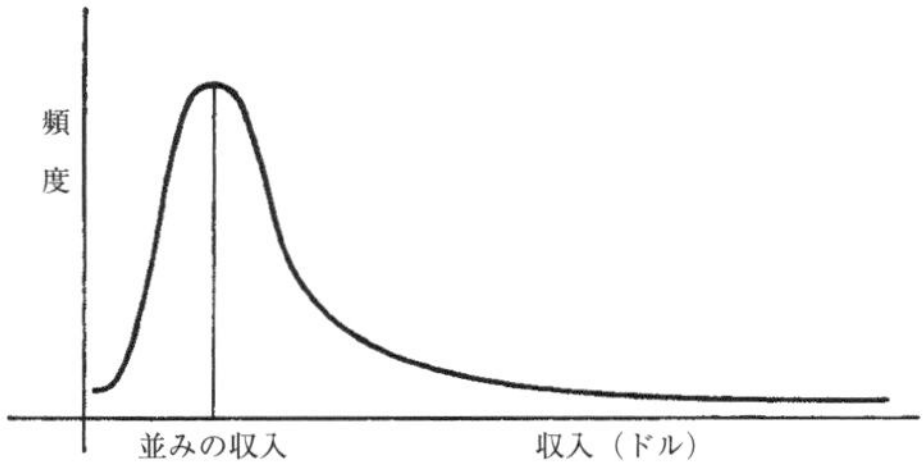

図94　収入の頻度分布

分布をグラフで研究すると、ひじょうに興味深い問題がおこってくる。精神的、肉体的諸特性は正規分布をしている。しかし収入の分布図を作ってみると――つまり収入の値とその収入をうる人の数とでグラフを作る――**図94**のようになる。この曲線は大ていの人が収入尺度の最低限に近い収入をえていることをしめしている。じっさいには、もっともふつうの収入、並みの収入は飢餓点つまりたんに生きてゆくための点に位していることが、この研究からあきらかである。そしてこの曲線のしめすところによれば、たんに生きるための収入以下の人が多いのに対し、それ以上の収入を持つ人はごくわずかである。

グラフを書いてみるとただちにわかることは、精神的、肉体的能力のグラフに比し、収入水準のグラフは非常な不均衡をしめすことである。この不均衡を説明しなければならない。何故に人間の稼ぐ能力に比してじっさいにうる収入はこのように顕著なアンバランスをしめすのだろうか？

データやデータにもとづくグラフから引き出せる貴重な結論は、特殊な問題に役だつだけでなく、理論的にも重要である。しかし現代の規準から判断すれば、科学研究の核心は数式である。公式中にふくまれた結論は、二重の意味で価値がある。公式はそれ自体簡潔で有用な結果をしめているのみならず、あたらしい結論をうるために代数、微積分、その他のあらゆる数学技術の応用を可能にする。この点に関してはすでにのべた例に徴してあきらかである。万有引力の概念は種々の現象を総括したものとしてそれ自体として非常に意義深い。しかしその概念が公式としてあらわせるからこそ運動法則と結びつけて、太陽をめぐる惑星軌道がえられるのである。

さて、データを公式であらわせることがよくあるが、その場合には、公式化する過程が大切なのである。データを公式であらわす方法を例をあげてしめそう。そのためにある特殊な問題を故意に一般化した例で考えてみよう。

数年間の食糧価格の変動を研究するとする。食糧価格の標準は、他の商品と同じく、「指数」によって測られる。この指数は、ここでは論じないがある方法で計算された概略平均価格である。次の表は数年間の合衆国の食糧小売価格の指数（yであらわす）である。xは一九〇〇年から数えた年数である。つまり$x=1$は一九〇一年というようになる。

x	1	3	5	7	9	11	13	15
y	71.5	75.0	76.4	82.0	89.0	92.0	100.0	101.3

ただ表をながめただけでは、xとyの間の関係式は出てこない。次の段階は、これらのxとyの対を、xを横軸、yを縦軸にとって、グラフであらわすことである（**図95**）。プロットした点は直線に沿ってならぶように見える。じっさいに点（3, 75）と点（9, 89）を通る直線は、他の点にもひじょうに接近している。しかし指数決定には避けえられない誤差が入って来るから、直線上にすべての点が正確にならぶということはまずありえない。だから、以上の関数のグラフは直線であることが決められてよいのである。座標幾何学によってこの直線の方程式を見出だすのは、かんたんな問題である。その結果は、

$$y=\frac{7}{3}x+68$$

となる。ここでyはある年にxに対する指数である。**図95**で直線に近いデータほどこの公式がよくあてはまる。

この公式はかなりの成果をもたらすものである。食糧価格の上下に影響する因子は判らなくても、その変化に関する法則はえられた。この法則は一九〇〇年から一九一五年の期間には確実にあてはまるものであるが、他の科学法則と同じく、予測にもつかわれる――この場合ではそれは一九一五年以後の食糧価格水準である。

さらにこの研究をもっと一般化しようという誘惑に駆られる。この公式はいかなるときも食糧価格の性質の正しい法則をあたえる、としてみたくなる。しかしこの法則からは確実なことはいいがたい。じっさいに、食糧価格が不変の型に従うかどうか、という根本的問題が存在しているのである。どのみち、食糧価格は常に上昇するものではなく、だから上の公式はせいぜい一定の短い期間にほぼあて

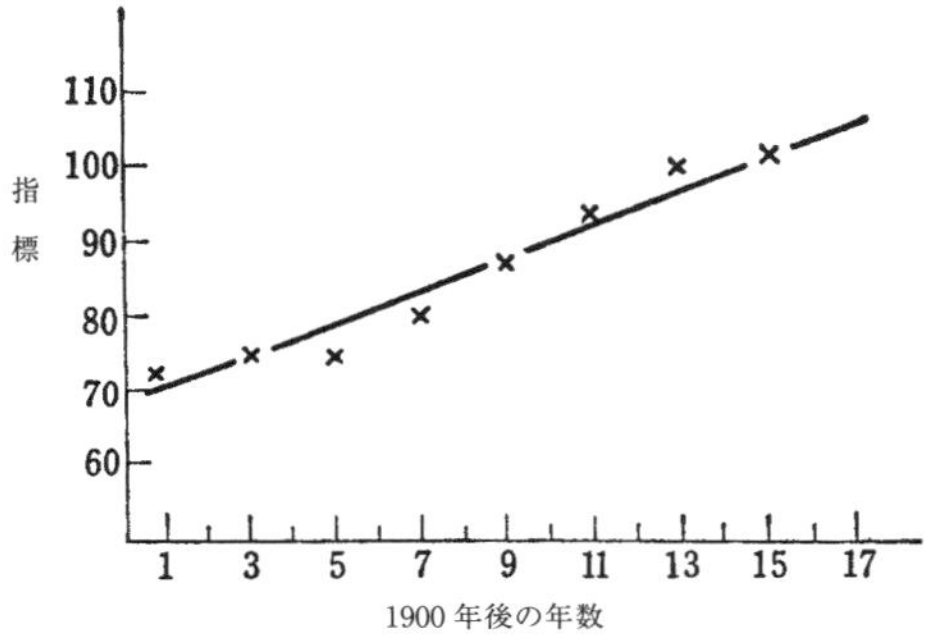

図95　食糧価格のデータのグラフ

はまる法則をしめしているにすぎない。データの量にも限りがあり、食糧価格の指数も必ずしも信頼のおけるものではないから、それ以上のことをこの公式から引き出すのは無理である。

食糧価格水準の特殊な問題は基礎的普遍法則とはいえないが、上述の方法は食糧価格のあるがままの法則、つまりデータの従う型と法則をうるものである。その法則化の技術というのは、データをグラフにあらわし、グラフに合う法則をさがすことである。グラフが一直線にならないときは、もっと複雑な数学が必要になることは、当然である。

データからえた公式で、真に経済法則の名に価する重要な例に、有名な政治経済学者ヴィルフレッド・パレートが出したものがある。ある社会における収入分布のパレートの研究は、$N = Ax^m$ という公式であらわされる。ここでNはある量 x に等しいかそれ以上の収入を持つ人の数、Aと m はその国のデータからきめるべき二定数である。パレートはまた、彼がテストした国ではみんな m がほぼ -1.5 になることを発見した。この数が国によっても時代によってもかわらないことは、パレートはじめ他の多くの経済学者には、非常に大切なことに思えた。

パレート自身は、多くの国におけるこの収入分布の法則の存在を、社会の経済的構造に帰さず、人間の中のある自然的本性の一般的分布によるとした。彼は、資本主義社会がますます多くの大衆の収入を減じさせる傾向にあると論じた論敵カール・マルクスを論駁するために、自らの法則のしめす恒久性を用いた。彼はまたその法則を用いて、国家は法律によって収入の不平等を是正しようとしても無駄だ、と論じた。

食糧価格に対すると同じ疑問が、パレートの収入分布の研究にもおこってくる。収入分布の普遍的法則というものがあるのだろうか？　もしあるとすればパレートの公式はその法則を物語るものであろうか？　食糧価格の場合よりも、収入分布の場合の方がこのような法則の存在を期待できる理由は多い。収入に影響する主な因子はすべての国、すべての時代を通じてほぼ同じようにはたらく、と信じられる。少なくとも、この場合は先験的基礎の上に惑星が年々不変の軌道を描くのと同じ位の可能性がある。

じっさいにはパレートの法則が正しいか否かについて経済学者の間に烈しく論争がかわされている。それが一八九五年はじめて公表されて以来、多くの国から取ったデータによってテストされている。十九世紀や二十世紀初期のイギリスのように、公式がデータとひじょうによく一致する地域が多い。一方一致しないところがあっても、データの信頼度にはつねに若干の疑問があるから、必ずしもこの公式の反証とはならない。じっさいには、データに公式を合わせてえた法則は正しいとはいい切れない。前の例では指数と年の表をグラフにした後、出来るだけ多くの点を通り、その他の点にもできるだけ接近する直線をえらんだ。しかしいくつかの点を通り他の点にも近接する直線は一本とは限らない。ちがった直線を取れば、それからえられる公式もことなる。勿論この差は実際目的に対しては無視しうる程度かもしれないが、つねにそうとは限らない。

公式というものは、上述の例ほど正確ではないのがふつうである。指数グラフ上の点はほとんど一直線上にならぶ。だからグラフは真に一直線であると仮定して、くい違いはデータを集めるときの誤差のせいにする。しかし、データは正確で、点は直線上にならばず、むしろすべての点を正確に結んだ曲線になる、というのが事実であろう。そうとすればわれわれの見出だした公式は、たとえそれがじっさい目的に対しては十分であるにしろ、正確なものとはいえないのである。

データに公式を合わせる段階に忍び込んでくる誤差をどう処理すればよいだろうか？　われわれのなしうるすべては、昨日や今日のことから明日をみちびくことである。えられた公式によって予測し、じっさいにおこった結果によってその予測を検証する。予測が正しくなければ、今までのデータにさらにあたらしいデータをつけ加えて、この拡張したデータに適合する公式を作りなおす。データから公式をえ、その公式によって予測することには、不確実性がひそんでいるけれども、この公式が既知のデータをもっと理想的な形で総括表現していることには問題はない。その上、データに合わせて作った公式のなかには、つねに応用のきくしっかりしたものもあり、ニュートンの運動と重力の法則のように、自然の不変の性状を表現しているものと考えられるくらいである。この種の法則にふくまれた重要さは後章で論ずることにしよう。

しかし、ある種の統計学研究には、公式という概念そのものがあてはまらず、ただデータから知識をかり集めうるにすぎないものがある。ダーウィンのいとこで、優生学の創始者であるフランシス・ゴールトン卿の研究した問題の一つを考えてみよう。彼は身長の異常が遺伝によるものかどうかの問題に取り組んだ。彼の方法の本質は次の如くである。公式があてはまるものとすれば、父の身長と子の身長の二変数の間の関係がえられるはずである。公式というものは一変数のいかなる値に対しても、第二の変数のただ一つの値が対応するのでなければならない。たとえば$y=3x$という公式では、このxのある値に一つのyの値が対応する。ところがじっさいは父の身長のある一つに対して、息子の身長の数個の値が対応する。だから公式を作るということはこの場合問題にならない。そこで、ゴールトンは相関関係の考え方を導入した。二変数間の相関関係はそれらの間の関係の尺度となる。この尺度ないし数は、−1から+1までの値を取る相関係数とよばれる特殊な表現で与えられる。

1という相関係数は直接関係をしめす。すなわち、一変数が上下するに応じて、他の変数も上下する。一変数は、大きくなれば、他変数も大きくなる。−1の相関係数は、一変数が他変数とまったく反対方向の性格を持つことを意味し、一変数の値が高いときには他変数は低くなり、片方が低いときは他方は高くなる。0の相関係数は、二変数が互いにまったく関係がないことをしめしている。だからその二つの変数はたがいに独立である。また、たとえば3/4のような相関係数は、一変数が他変数とまったく同じ性状ではないが、似た性状をしめすことを意味している。

ゴールトンは、父の身長と子の身長とが一定の正の相関係数を持つことを見つけた。一般に、背の高い父は背の高い子を持つ。ゴールトンはまた、一つの種属について、平均からのずれは、子の方が父よりも小さいことを見出した。——つまり背の高い父の子供は父ほどには高くないのである。身長は種属の平均の方へむかう傾向がある。ゴールトンは知能の遺伝の研究でも同じような結果をえた。平均すると、才能は遺伝するけれども、子供は両親よりも中庸に近いのである。(この研究は子供の成績が悪いと悩んでいる親たちに読ませたいものだ。)

ケトレーと同じく、ゴールトンも自分の導いた研究結果に自ら驚嘆した。そして身長や知能に関してえた結果を他の人間の諸特性に応用して、人間の生理は安定していて、あらゆる器官は典型の方向に移動する、という結論に飛躍した。

ゴールトンの研究でもっとも価値あるものは、相関関係の考え方である。これは非常に役だつものである。一国の生産水準を研究するには、複雑なデータの集計が必要である。しかし、生産物と株式市場で取引される株券の数との間の相関関係が高いとすれば、後者のデータはかんたんにえられるから、これを用いて前者を判断すればよい。一般に知能は数学の才能と高い相関関係にあるから、優秀な知能を持つ人は数学も達者であると考えられる。高等学校の成績と大学の成績、大学の成績と社会生活における金儲けの成功との相関関係を知れば、個人の一般的な将来を予測する上にひじょうに役だつであろう。

統計的方法を使う際の難点のうちには、数学では解決不能で、綿密さと正しい判断によってのみ救われるものがある。こういう場合の難点はその研究につかれる用語の意味から生じる。合衆国の失業問題を研究するとしよう。失業者とは誰か? その用語は働きたくても働けない人を指すのか? それとも一週に二日しか働いていないで、毎日働くことを欲する人もふくめるのか? 有能な技術者であるのに、タクシーの運転手くらいの口しかない人もふくめるのか? 労働に適さない人はどうなるのか?

統計の結論の解釈も困難に満ちている。統計のしめすところによると、年々癌で死ぬ人の数はふえている。この事は、近代生活が癌を増す傾向にあることを意味するのだろうか? そうではないだろう。五十年前も癌で死ぬ人は多かったが、医療技術があまり進んでいなかったので、死因が癌であることが判らなかったのだ。また、今日では人は五十年前よりも長生きし、癌はだいたい年取った人に多いので、癌のおこる率が多くなったのである。以前なら結核で死んだ人が、長生きしたために癌で死ぬことになったのだろう。それからおしまいに、今日では昔より記録が完全にとれる、ということがある。つまり、癌は今日ではかつてより多くの「人殺し」を演ずるかもしれないが、だからといって近代生活が癌を促進したとか、今日の人の生活様式が癌にかかりやすいものである。ということは出来ないのである。

ところが、広告宣伝家の手によって彼らの望むがままにこのような統計使用上の難点が故意にかくされ、或いは着色されることが多いのは残念なことである。このような統計の濫用が誤解にみちびき、統計の特徴や効力の減殺をひきおこすことが今までによくあった。統計学者は不明確な仮説から出発して既定の結論が厳密なものであるかのように見せかけるまやかし屋だとも考えられた。統計なんて嘘っぱちなもんだ、ということが通念になっているくらいである。

統計の濫用に眼を奪われてその効力を見失ってはならない。人口変化、株式操作、失業問題、賃金規定、生活費、出生死亡率、犯罪傾向、肉体的特質や知能程度の分布状況、病気の発生などの研究に大いに役だっているようである。統計は、生命保険、社会保障制度、医療設備、政策、商取引の基礎である。頭の固い実業家でも市場の選定、生産高のコントロール、広告効果のテスト、新製品の利益の見積りに統計的方法をつかう。統計的方法は、でたらめなあて推量や個人的判断の気まぐれをとりのぞき、きわめて有益な結論をもってそれに置きかえるのである。

いろいろな問題で統計的方法が成功を博したというのは、控え目な言い方で、さらに統計は思弁的でおくれた分野の中に科学を作りあげる上に決定的な役割を演じ、あらゆる分野の問題を考え解く方法となったのである。測定の観念は今や西洋文明の全活動面に浸潤した。かつて、有名なウイリアム・オスラー博士は、医者が数えることを学ぶほど医術は科学に近くなる、と語った。そして統計研究の重要性はアナトール・フランスをして次のように語らしめた。数えることをしらない大衆は将来も数えることをしない。ところが「政治家の都合のいいようなデータ」からえらばれた数学的結論が国家の運命を支配しようとしているのである。

第23章
予測と確率

トランプ遊びからはじまった科学が、人間の知識の最重要な問題にまで高められたことは、実におどろくべきことである。

ピエール・シモン・ラプラース

ルネサンスの数学・医術の教授、ジェローム・カルダーノは、非常な天才ではあったが節操にはかけるところがあった。彼は四十年以上にもわたって、毎日賭博に興じていた。幼いころより彼は、学問に時をついやす以外には、賭けでもしなければ貴重な時を浪費することになる、と考えた。無価値なことの追求に時をうしなうことを好まない彼はトランプの七を棄ててAを取る確率を熱心に研究した。仲間の賭博師の参考として、彼は「サイコロ遊びの書」と題する小冊子に、自分の研究結果をふくめて発表した。この著書は、彼の考えたことだけでなく、じっさいの経験からの結果もしめしている。たとえば、カードを切って特別な札をうるには、石鹼でそのカードをこすればかなり効果がある、などといっている。こうして現在、気体理論、保険事業、原子物理学の基礎をなす数学の一分野が創始されたのだ。

約百年後、もう一人の賭博師シュヴァリエ・ド・メレも確率の問題にぶつかったが、カルダーノのような数学的才能を持っていなかったので、それを数学の天才ブレーズ・パスカルにゆだねた。パスカルはこの解答をテキパキと処理したが、それがおそらく、確率理論によって基本的で複雑な問題を解きうるという期待を彼の心にあたえたのだろう。彼は終生この問題に頭を悩まし、身をすりへらし、魂をくるしめた。

パスカルの生涯ほど矛盾と謎に満ちた生涯はない。信仰と欲望の葛藤が種々の奇行を生み、彼をして聖界と俗界を彷徨せしめた。彼の労作は、文章の模範ともなる『田舎の友にあたえる手紙』のような神学論争における真剣な議論と、『愛の情念に関する対話』のような愛情論議との二つに大別さる。彼はバイブルの教えとローマ・カトリック教会の教義との相違に深く悩まされていたが、また一方ではその双方ともに無視して妹の財産をうばうようなこともしている。自ら賞金を提供し、当時の科学者ときそってその賞金を自らにあたえ、他の連中は知識の追求に真面目さが欠けていると難じたりしている。彼は人々には愛情、子供への愛情さえもおさえ、感情的な行為よりも精神的なものを貴ぶことをすすめたが、自身では自らの愛の情念における結論を身をもって証明して恥じない。彼は救いの道をもとめたが、その道を踏み外した無軌道な生活もした。彼の宗教的体験における燃えるような歓びは聖者のそれにも匹敵するものであるが、彼の人々に対する行為は罪ある人の不謹慎さといえるようなものである。人間活動のもっとも合理的なもの——数学——への優れた業績があるにもかかわらず、彼は真理は精神よりえられると主張した。奇跡の確率はきわめて小さく、信ずるには価しないと言いながら、奇跡の信奉者であった。理性の時代の創始にあずかる人が、同時に信仰の擁護者であった。

パスカルの科学上の生活にも葛藤がふくまれている。父が幼い子供の健康を害することを恐れて数学の勉強を禁じたのに、彼は十二歳のときに数学がなんであるかを知りたいと父に要求した。父からその答を学ぶと、その内容をむさぼるように吸収しだした。二年後には彼は当時のフランスの大数学者たちの毎週の科学的会合に出席を許された。十六歳にして彼は射影幾何学のところですでに論じた有名な定理を証明した。シュヴァリエが確率の問題を彼に提示したときには、彼は三十九歳の生涯の三十一年目であった。パスカルはフェルマーと文通し、手紙を交換しているうちにこの二人はこの分野の基本的結果を生み出すことになった。

確率論にふくまれた意義はあきらかである。我々の将来は一時間後でさえもまったく不確かである。数分後には足下の大地が急に裂けるかもしれない。しかしこういう悲劇がおこる確率は小さいことを知っているから、われわれはそれを心配したりはしない。言いかえれば、一事件に対するわれわれの態度や行動を決定するのは、その事件の確率である。

日常につかう確率の観念では、ただそれが大きいとか小さいとかいうだけで十分である。確率を数で判断するときでもふつうはおよその値を推定をするにすぎない。しかし工学や医療や企業の基礎としてつかう場合は、それでは十分ではない。こういう場合には特定事象の精密な確率の数を知る必要がある。そして、数学によってこれができるのだ。人間の勘で不確かな場合は、数がその確からしさをしめしてくれるのだ。こういう数学的確率は行動の手引きとしても信頼のおけるものである。

ではどうしてこういう確率がえられるかを考えてみよう。たとえばサイコロを投げて四の目が出る確率はどれだけだろうか？　この問題を解く一つの方法は、サイコロを一〇万回も投げて、四の目が出る回数を数えることである。この目の出る数の一〇万に対する比は本当の答にきわめて近いものである。しかし数学者はふつうこんな方法をつかわない。彼らは生まれつき怠け者で、千回もサイコロを振って腕を疲れさせるよりも、じっと坐っていて頭で問題を片付けようとする。

パスカルとフェルマーは次のように論じた。サイコロは六つの面を持っている。サイコロの形もその振り方もどの面にも公平に出来ているから、どの目が出るのも同じくらいの確からしさを持っている。この同じ確率の六つの目のうち、四と出る目に注意する。四の確率は$\frac{1}{6}$である。もし四と五の目を出したいとすれば、四か五の出る確率は$\frac{2}{6}$である。四か五が出ない確率なら、残りの四つの確率だから、それは$\frac{4}{6}$となる。

一般に、確率の量的尺度の定義は次のようになる。同じnの可能性のうち、一事象のおこる確率をmとすれば、その事象のおこる確率は$\frac{m}{n}$であり、その事象のおこらない確率は$\frac{(n-m)}{n}$である。この確率の一般的定義によって、確率のない場合、つまりある事象が不可能である場合は、この事象の確率は$\frac{0}{n}$すなわち0であり、nの可能性がすべておこるばあい、つまり事象が絶対確実であるときには、その確率は$\frac{n}{n}$つまり1である。だから確率の数値は0から1、不可能と確実の間にある。

この定義の今一つの例として、石鹸で洗ってないふつうのトランプからAを抜き取る確率を考えてみよう。ここに五十二枚選ぶべきカードがあり、そのうち四枚がAである。だからその確率は$4/52$つまり$1/13$である。五十二枚のトランプからAを引き出す確率は$1/13$である、ということの意義について若干の疑問がある。それは十三回カードを引けば（各回ごとに引いたカードを元に戻す）Aを一回引ける、という意味だろうか？　そうではない。三十回も四十回も引いてもAが出てこないこともある。しかし引く回数を多くするほど、総回数に比してAを引く回数の割合が十三対一に近くなる。回数を多くすればするほど各カードの引かれる回数はみな同じ割合に近くなるから、上のことは正しいといわねばならぬ。

さらにこういう誤解もある。たとえば第一回目にAを引いてしまえば、次に引く時はAを引く確率が$1/13$より小さくなるだろう、というのである。ところがじっさいには、たとえAが三回つづけて出たにしろ、その後でAを引く確率はやはり$1/13$である。カードや銅貨には記憶も意識もなくて、前におこったことが将来に影響することはない。$1/13$の確率というとき、その言葉の本質的な点は、それが多数回引いたときにおこる確率を意味しているのである。

確率問題でよくつかわれる言葉に「優差」がある。サイコロをころがして四の目を出す確率は$1/6$である。四の目が出ない確率は$5/6$である。四の目が出る優差ははじめの確率とあとの確率の比$1/6$対$5/6$、つまり一対五である。四の目の出ない優差は$5/6$と$1/6$の比、つまり五対一である。また銅貨を投げて「表」の出る確率は$1/2$である。ここでは表の出る優差も裏の出る優差も同じで一対一である。この場合は優差は対であるという。

今まで論じた確率の定義は非常にかんたんなものだから、応用もかんたんだと思えるだろう。しかし道を横切るときに、無事に横切ると横切らないと二つの確率だけがあるから、無事に横切る確率は$1/2$である、という論法を考えてみよう。読者にはこれが正しいと考えるような人はあるまい。その誤りは、無事に横切ると横切らないの二つの確率が、同じ度合でおこるのでない、ということにある。この点が致命的なものである。フェルマーやパスカルの定義は、ただその状態が同じ確率に分析される場合のみに応用されうる。

確率が同じ度合であるということが、確率の定義を応用するときには、非常に重要である。サイコロの面の出方が同じ度合であるかどうかも考えなおさねばならない。それにはサイコロを振って目の出る回数を数えて確かめてみればよい。

しかし確率の数学でえたサイコロの結論を確かめるためにサイコロを振らねばならないのなら、理論なんていらないだろう。サイコロを空中にほうりあげた場合、その目の可能性が同じ度数であることはテストしてみなくてもあきらかである。もちろんこれは論理的には仮定ではあるが、平面幾何学の公理が経験から支持されるように、立方体の知識から保証されるものである。そして確率が同じ度数であるなら、上述のパスカルやフェルマーの方法をつかうことができるのである。

それを銭投げの問題に応用しよう。二個の小銭を空中にほうりあげるとする。(a)二つとも表、(b)一つが表で一つが裏、(c)二つとも裏、となる確率はそれぞれいくらか？　これらの確率を研究するには、まず小銭の落ち方には同じ度数の四つの落ち方があることに注意する。二つとも表、二つとも裏、一番目が表二番目が裏、一番目が裏二番目が表、の四つである。この最後の二つの確率は、両方とも一つが表一つが裏なので、同じ目にまちがって数えられることがよくある。しかし二つの小銭の一つが銅貨、一つがニッケル貨とすれば、銅貨が表ニッケル貨が裏の場合と、銅貨が裏ニッケル貨が表の場合とは、違っていて、しかも同じ度数であることはあきらかである。そして四つの確率のうち、二つとも表の場合はただ一度しかない。だから二つとも表の確率は$\frac{1}{4}$である。同様に二つとも裏の確率も$\frac{1}{4}$である。しかし一方が表一方が裏の確率は$\frac{2}{4}$である。なぜなれば小銭が落ちる四つの落ち方のうち二つの場合がこの結果を生じるからである。

銭投げの問題を小銭三つの場合にまで拡げるなら、まず同じ度数の可能性を分析しなければならない。ここでも三つともちがった種類、たとえば銅貨とニッケル貨と銀貨、を取って考えれば、問題は容易である。

もちろん三つとも表の可能性はただ一度である。ところが二つが表で一つが裏である場合は三の可能性がある。また二つが表一つが裏の可能性は三、三つとも裏の可能性は一である。可能性の総数は八となる。だからそれらの確率は次のようになる。三つとも表は$\frac{1}{8}$、二つが表一つが裏は$\frac{3}{8}$、一つが表二つが裏$\frac{3}{8}$、三つとも裏は$\frac{1}{8}$。

さてしばらくはまったく知的遊戯として、四つ、五つ、さらにそれ以上の小銭を投げた場合を考えて見る。困ったことに、小銭の数が増せば、可能性の数もさらに多くなる。この点についてパスカルは数学の助けを借りて、現在パスカルの名を冠して呼ばれる面白い「三角形」を作った。次の三角形の数の排列を考えよう。

1
1 1
1 2 1
1 3 3 1
1 4 6 4 1
1 5 10 10 5 1
1 6 15 20 15 6 1

この三角形における各々の数値は、そのすぐ上の二つの数の和である（二つの数のうち一方が欠けている場合はそれに0をあてはめる）。だから四列目の四は一と三の和である。六は三と三の和である。このようにしてつづけて行って、かんたんな算術でどんどん何列も作って行ける。

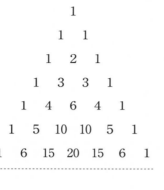

パスカルの三角形でひじょうに面白い点は、それから小銭投げの確率がすぐ出てくることである。たとえば四列目の数は一、三、三、一で、その和は八となり、これは三つの小銭の落ち方の数である。そして八の上にこの列の数をそれぞれ置いて、つまり$\frac{1}{8}$、$\frac{3}{8}$、$\frac{3}{8}$、$\frac{1}{8}$とすれば、それらがそれぞれ三つとも表、二つが表一つが裏、一つが表二つが裏、三つとも裏の確率となる。小銭五つの確率をえたいとすれば、六列目をつかえばよい。この列の数の和は三十二である。これは五つの小銭の落ち方の総数である。そして$\frac{1}{32}$、$\frac{3}{32}$、$\frac{10}{32}$……というように分数を作れば、それがそれぞれ五つとも表、四つが表一つが裏、三つが表二つが裏の確率となる。三角形の頂点の数一は、小銭ゼロ個の場合に対応する。しかしじっさいは小銭ゼロ個の落ち方に賭けても、金をうしなうこともないし、うることもないし、そのまま現状維持の確率を生じるだけだ。

歴史的にいえば、確率理論は賭博師の尽力ではじまった。しかし今日広汎に拡がっている確率論への関心には、賭け事はその痕跡をもとどめていない。統計的方法が産業、経済、保険、医療、社会学、心理学の研究に浸透して、かつての数学を応用していたのでは解けず、ただ確率論によってのみ答えうるいろいろな問題が生じて来た。その現況を概観するために、確率論の二、三の使用例を見よう。

もっとも独創的かつ印象的な応用例は僧院長グレゴール・メンデルのなした研究である。彼は一八六五年、豆の雑種のすぐれた実験によって遺伝学の創始者となった。二種の純粋な豆、黄豆と緑豆があるとしよう。これらの豆を交配すると、第二世代はみんな緑になるか、みんな黄になるかのどちらかである。メンデルは、一方の色が他方よりも優性である、としてこれを説明した。

優性の色を緑としよう。第二世代の緑豆は第一世代と同じものではない。第一世代は純粋種であるが、第二世代は雑種である。さらに第二世代の豆を交配すると、遺伝的性格を伝えるべき遺伝因子の混合具合は次のようになると考えられる。二つの雑種の豆からの遺伝因子が混合すると、緑と緑、黄と黄、緑と黄、黄と緑、と四つのまじり方ができる。これらは二つの小銭を投げた時の表と裏の組合せとまったく同じである。

だから第三世代の緑・緑混合は1/4、黄・黄は1/4、緑・黄と黄・緑混合は合わせて1/2となる。緑は優性の色であるから、すくなくとも少しでも緑の遺伝因子をふくんでいる第三世代の豆は、すべて緑色になり、ぜんぜんふくまないもののみが黄色となる。だから3/4は緑色に、1/4は黄色になる。確率論から予測されたこの比率を、メンデルやその後の実験家たちは実地に応用して確かめることができた。この比率をのべたのが、メンデルの形質遺伝の第一法則である。

メンデルはさらに考えを進めて、第三世代のいろいろなタイプの交配からさらに後の世代におこる比率、数箇の独立な形質を同時に交配させておこる比率を研究した。そしてどちらの場合にも確率理論によってじっさいの場合がよく予測されるのである。

この知識は今日園芸や動物育種の専門家に用いられ、新種の果物や花を作り、多産の牝牛を育て、植物や動物の種を改良し、銹病にかからない麦や筋のない莢豌豆を栽培し、白い肉が豊富にあってしかも家庭の冷蔵庫に納まるぐらいの大きさの七面鳥を作り、などといろいろ実際面ですばらしい成果をあげている。

人間の遺伝の研究に確率論を応用することにはきわめて重要な意義がある。科学者は男女の交合を実験してみることはできない。たとえ出来たとしても、実験結果はただちに容易にえられるものではないだろう。だから上述のような考慮によってのみ遺伝の事実を推論しなければならぬ。また、人間の諸特性に対する判断は個々人によってかたよっているから、数学的方法の客観性が、動植物の研究の際よりもいっそう重要なものとなってくる。

確率論はまた合衆国最大の企業——保険業——のじっさいの運営をすべて決定する。保険会社がジョン・ジョウンズという男と契約を結ぶ場合を考えてみよう。毎年掛金を払えば、会社は、二十年後か、それまでに彼が死んだときに九〇〇〇ドル払うと約束する。では会社はジョウンズ氏に毎年どれだけの掛金を要求すべきか？　あきらかにこれはジョウンズ氏が今後何年生きると考えられるかにかかっている。

この確率を決めるために、会社はいろいろのおこりうる死因——癌、心臓病、糖尿病、自動車事故、老衰、その他——のリストを作る。それからこれらの死因がジョン・ジョウンズにどれ位作用するかを決めようとする。この問題の答をうるために、会社はジョウンズの家庭、履歴、日常活動を研究しなければならぬ。さらに彼の身体の器官のすべてを考慮しなければならないだろう。このデータをもとにして計算をはじめる。数日の計算の後はじめて一つの事実があらわれ、計算をおえた紙は屑籠にすてられる。ジョウンズ氏を個人的に判断分析するだけでは、会社はいろいろな死因が彼にどのように作用するかを決められないのである。

この問題には人によっていろいろの違った答が出てくる。ジョン・ジョウンズは会社があつかった何十万という人々のうちのほんの一例にすぎない。会社はただ僅かの誤差範囲内で平均の人の生涯におこることを知れば、たとえジョウンズで損をしてもスミスでもうかることがあるから、結局は採算が取れて、会社は安全なのである。

十歳のときに生きていた一〇万人の死亡記録を集めて研究するというようなことが保険会社の仕事だ。たとえばその記録で一〇万人の人が四十歳に達する時は七万八一〇六人に減っていたとする。そうすれば会社はいかなる十歳の人も四十まで生きる確率は$\frac{78,106}{100,000}$である、と決定する。同様に、四十歳の人が六十まで生きる確率は、六十歳の人の数を四十歳の人の数で割ってえた数となる。

保険会社のやり方は確率的方法の基本的なものである。元のデータは経験からえたもので、それに対して数学的推論を応用するのだ。確率をうるための元になるこの経験の段階は、数学の領域外のことである。確率が知られてから後に数学ははじまり、経験からえられた数をつかって推論するのが数学の役目である。たとえば、保険会社が夫婦の三十年保険証券を発行しようとすれば、夫婦ともに証券発行から三十年間生きる確率を知ることが重要になる。夫婦とも四十歳であるとしよう。四十歳の人は七万八一〇六人であるに対し、七十歳の人は三万八五六九人であるから、四十歳の人が七十歳まで生きる確率は約〇・五〇である。これは小銭一つを投げて表が出る確率に相当する。だから二人とも七十歳まで生きる確率は、小銭二つを投げてともに表になる確率に相当する。だから二人とも七十まで生きる確率は〇・二五である。以上のような場合はかんたんに済むが、保険にはもっと込み入った問題がおこってくるので、さらに複雑な確率の答を出すために数学がつかわれる。

医療の問題でも、基本になる確率をうるためには、経験の使用は免れえないことである。たとえば、多数の記録から、ある病気に罹った人の五〇パーセントがそのために死ぬ、ということが知られているとしよう。この病気で死ぬ確率は$\frac{1}{2}$と置かれる。この確率は実地の問題にも応用される。あたらしい治療法を持っている医師が、それを四人の患者に試みて、みんな回復したとする。この結果から、新治療法は有効で、あらゆる場合に応用できる、としてよいだろうか？

一見したところ、この治療法はすばらしいものと思えるかもしれない。そのうち二人が死ぬはずのところ、一人も死ななかったのだ。そこで、確率論を引き出してこの問題を決めてみよう。特定の四人を集めた場合は、そのうち二人が死ぬはずだということは言えない。四人のうちみんな死ぬこともあろうし、誰も死なないという特定のグループもある。非常に多数の場合を取ってはじめて、五〇パーセントが死ぬことがわかるのだ。この事情は数学的にいえば小銭を投げる場合と同じである。ある一人の人が病気から回復するチャンスは、一つの小銭を投げて表が出るチャンスにあたる。四人とも回復する確率は、四つの小銭を投げて四つとも表になる確率にあたる。パスカルの三角形の第五列を見れば、四つの小銭を投げて四つとも表になる確率は$\frac{1}{16}$である。だからこの数はまた、その医者の治療を受けずとも四人の患者がともに回復した確率である。この確率の意味は、四人一組のたくさんの患者のグループがあるとき、平均すると十六グループのうち一グループが四人とも回復する、ということである。さて、四人のグループに新治療法をほどこした医師は、ちょうどみんな回復するグループに出くわしたのかもしれない。これは決して有りえないことではない——百に一つをあてにして競馬に凝る人も多いのだ——から、新治療法が有効だと結論するのは早計である。ある結論を引き出す前に、もっとたくさんの場合にあたる必要がある。

これまで考えて来た問題は、ただ二、三の可能性しかない場合であった。たとえばサイコロを振るときは、その目の可能性は僅か六である。生死の問題に関しては、僅か二の可能性があるに過ぎない、しかし確率論の問題では大ていおこりうる場合が無限にあるか、非常に多くてかえって無限としてあつかった方が数学的に便利なことがある。たとえば長さの測定の場合を考えよう。こういう測定値は可能性が無限にある場合の一例である。測定手段が正しいとしても、確率計算では無限数の可能性を考慮しなければならない。同様に一つの機械で作った何十万という同一部品も一様であるとはいいえない。一つ一つごく僅かながらも差があり、その数が非常に多いものだから、全部を無限の可能性として処理するのである。

たくさんの可能性を無限としてあつかう理論——連続確率の理論——は、百姓の出で、貴族となり、政治家であり、すぐれた数学者であったピエール・シモン・ラプラース（一七四九—一八二七）によって創始された。カルダーノ、パスカル、フェルマーは賭けの問題から確率に興味を持った。ラプラースの興味は、これも非実用的なものであるが、天体にあった。彼は、データからえられた数値的結果の信頼度を測り、ある天文現象が一定の原因に従う可能性を決定するために、確率論を用いた。天文学者に数学理論が役だつことは、これまで述べたように人類何千年の歩みの中で立証されてきたから、もはやこれにおどろきを感じる人はいないだろう。しかし数学理論の手の届く範囲がいかに広いかをもう一度見なおすために、その使用例をさらに二、三調べることにしよう。

特定現象の可能性が無限にあるところでは、これらの可能性の頻度分布は、うまいことに大てい正規形をなしている。だから正規分布の知識を連続確率の問題に応用できる。ただこの目的につかうには正規曲線上にあらわれることを少しばかり変えることが必要になる。正規分布はミーンと標準偏差でその特徴が定められる。六八・二パーセントの場合が一標準偏差、ミーンから一σの範囲内に入り、二七・二パーセントがミーンから一σと二σの間に、四・四パーセントが二σから三σの間にある。そして残り〇・二パーセントはミーンから三σ以上離れたところにある。こういう言い方をただ確率の場合にかえればよい。たとえばミーンから一σの範囲内にデータが入る確率は、この範囲内にすべての場合の六八・二パーセントがあるのだから、六八・二パーセントとなる。このことをべつの言い方でいえば、一〇〇〇の状態のうち平均六八二がミーンから一標準偏差内にある。もちろん他の区域でも同じように確率になおしてパーセンテージであらわせる。正規頻度分布曲線は上述のように解釈しなおされるから、正規確率曲線と呼ばれることもある（**図96**）。

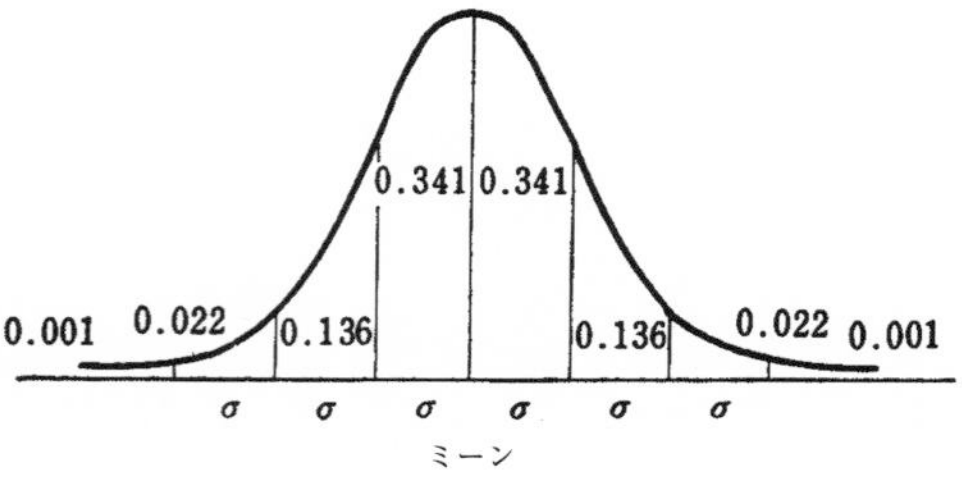

図96　正規確率曲線

　正規確率曲線をつかう一、二の例を考えよう。じっさいにアメリカ人男子すべての身長の頻度曲線を作ってみると、約六七インチのミーンで標準偏差が約二インチの正規分布がえられる。そこで任意にえらんだ一アメリカ人の身長が六五インチから六九インチの間にある確率はどうなるか？　六五インチから六九インチの間の身長はすべてミーンから一σの範囲内にあり、この範囲内にある身長は全体の六八・二パーセントであるから、その確率は〇・六八二である。同様に任意にえらんだ一人の男の身長が六七インチと七一インチの間にある確率は〇・四七七である。なぜなれば六七インチから七一インチの範囲はミーンから右へ二σで、この範囲内にある身長は四七・七パーセントだからである。

任意にえらんだ男の身長が正確に六八インチである確率、というようなことは問題にならないことに注意すべきである。これは無限数の中の一つの可能性であるから、この問題に対する答はゼロである。だからこういう問題は意味がない。すべて測定値は概算の値である。身長測定の誤差がたとえば〇・一インチとすれば、任意にえらんだ男の身長が六七・九インチと六八・一インチの間にある確率はいくらか、というような問題なら意味がある。この問題は前章でしたように正規曲線上のデータから答を出すことができる。

　もっと面白い確率の問題でこんなのがある。限られた数、つまりあるサンプルから男の子と女の子の生まれる率が同じであるかどうか決める問題である。ある集団の統計では三六〇〇件のうち男子一八九〇、女子一七一〇であった。五〇対五〇の割合からこれはずれているが、このことは男子と女子の出生が同率でないことをしめすものであろうか？　必ずしもそうとはいえないだろう。なぜなら、もっとたくさんのデータを集めれば男女の率が同じになるかも知れないからである。ではこの三六〇〇件のデータからどのような結論がえられるであろうか？

　男の子と女の子が同率であると仮定した場合に、三六〇〇の誕生件数のうち男子が一八六〇人になる確率を求めて、この問題を処理してみよう。三六〇〇の出生では男子の生まれる可能性は有限で、男子ゼロ、男子一、男子二、と男子三六〇〇にいたるまでの可能性がある。小銭の表が出る確率のように、男子の確率を$\frac{1}{2}$と仮定しているから、パスカルの三角形の三六〇〇列目に照らして男子が一八九〇となる確率をもとめればよい。しかしそこまでこの三角形を計算するには、代数技術を駆使しても、ずいぶんまだるっこしいものになる。

　そのかわりに、三六〇〇の出生の中のひじょうに多数の（厳密にいえば無限の）男女の組合せを考え、各組はみな男女合わせると三六〇〇になるとする。これらの多数の組合せのうち、あるものは男子ゼロ、あるものは男子一……というようになる。男子の数に対して組合せの数をプロットすると、正規頻度分布をうるはずである。（これはパスカルの三角形の研究からも考えられることである。たとえば第七列では六つの小銭を投げて三つが表三つが裏になる確率は$\frac{20}{64}$になるが、他の組合せはこれを中心として対称的にさがり、正規曲線状になる。）男の子と女の子が同率とすれば、最大数になる組合せは一八〇〇の男子、一八〇〇の女子の組合せである。この男子の数一八〇〇は男子の数のミーンである。さて、ここではしめさないが、統計の公式に従ってこの頻度分布の標準偏差を求めうる。この場合では$\sigma = 30$である。これは男女の組合せの六八・二パーセントが男子一七七〇と一八三〇の間にあることを意味している。ところがじっさいには三六〇〇の出生のうち男子の数は一八九〇である。この数はミーンの右三σのところにある。さて、ミーンの右三σ以上になる確率は僅か〇・〇〇一、つまり千に一つの確率である。この確率はきわめて小さいものであるから、男子と女子が同率であるという仮定は、おそらく誤りに違いない。じっさいに何千という出生率の記録のしめすところによれば、男女の比は五一対四九になる。これは女子が男子より僅かに価値の大きいものにしようとした神のよき判断の故かもしれない。

今研究した問題は、三六〇〇の子供のうち一八九〇が男の子であるという特殊な現象が、あらゆる組合せの可能性に対してどういう確率になるか、という問題であった。そしてこの問題は正規確率曲線に照らしてかんたんに解くことができた。こんどはちょっとかわったタイプの問題を考えよう。

コード製造業者が製品を平均一ポンドの球にまるめて売っている。彼は自分の工場から出す球の重さは一ポンドの十分の一以上狂うことはない、と言っている。小売業者がこのコードの球を二五〇〇買い、二五〇〇全部をいっしょにはかったところ、二四五〇ポンドとなった。だから平均球一つにつき〇・九八ポンドである。だから球の平均の重さをとれば製造業者の称する〇・一ポンドの誤差範囲内で十分合格する。しかし故意にコードを〇・九八ポンドに作って、もうけをごまかしたのではないだろうか？　製造業者は正直だろうか？　つまり製造業者が製品から任意に二五〇〇の球を選んで、それが平均すると偶然〇・〇二ポンド軽かった、というようなことが有りうるだろうか？

この問題はサンプルのミーンに関係してくる。サンプルのミーンが全母集団——この場合は工場製品——のミーンにどれくらい近いかが、われわれがこのサンプルが正しい製品であるかどうかを判断する基準になる。この問題は、二五〇〇単位のサンプルのいろいろなミーンをすべてを考えて、それらの頻度分布の研究によって答えられる。ただここではこれらのいろいろのミーンの分布理論を一つ一つ述べることはできない。しかし、これらのミーンが正規分布を作り、さらにこれらのミーンの頻度分布のミーンは全製品のミーン、すなわち一となり、これらのミーンの分布の標準偏差は〇・〇〇〇六であることを知れば、ここでは十分である。さて客が買った特定のサンプルのミーンは〇・九八であった。このミーンは一のミーンから〇・〇二だけずれ、だから〇・〇〇〇六の三〇倍、つまりぜんたいのミーンの左三〇σのところにある。ミーンから三〇σも離れたところにデータが存在する確率はきわめて小さく、無視しうるほどである。だから、客が買った二五〇〇の球が、製造業者のいう一ポンドの製品であるとは信じられない。製造業者が故意に平均して一ポンドに満たないコードの球を作った、と結論してよいのである。

もっと面白い確率論の応用として、最近勘の存在が「証明」された。ここでも証明はサンプルと全母集団との関係にかかっている。ある種の人達は数学的確率以上のパーセンテージで一組のトランプから抜いたカードの数や色をあてることができるという理由から、J・B・ライン教授などが勘の存在を頑強に主張している。つまり、ある場合に正しい予測の確率が$\frac{1}{5}$とすれば、毎回ほぼ$\frac{1}{5}$正しくあてることができる。しかし八〇〇回やってみて、一六〇回あたるところが、二〇七回正しく言いあてたとしよう。この一六〇回をはるかにこえた回数はこの特定の場合のみの偶然か、それとも何か意味があるのだろうか?

ラインによればこんなに多数回言いあてられるのは確率論では考えられないもので、だから勘によってかくされたカードを言いあてる異常な頭脳の力と解するより他に手がない。しかし、四七回余計に言いあてたことが勘を信頼する十分な証拠となるかどうかは議論の余地がある。ラインは八〇〇回試みて四七回も余計に言いあてる確率を計算して、$\frac{1}{250{,}000}$と出した。この確率はきわめて小さいので、ラインはこれをたんなる偶然には帰しえなかったのである。

以上のべた応用では、すべて確率論が事象の可能性を測定するに役だった。確率論は科学や産業のしもべであるに満足せず、その君主となった。この成果に刺激されておこったある問題はすでに論じた。すなわち、気体分子はニュートンの重力法則に従って引き合う。しかし、ニュートンの運動法則を基礎にして気体の運動、膨脹収縮、あるいは温度変化を予測しようとしても、分子の数がきわめて多いので、複雑になってやり切れない。今までの数学では二、三の他の分子の引力を受けた一つの分子の運動の問題さえも解くことができない。

この問題にぶつかって成功したのはクラーク・マクスウェルであり、その方法は確率論であった。ある容積中の無数の気体分子は一つの理想的、代表的な分子で置きかえられた。その分子の大きさは、気体分子のすべての中でもっとも確率的に大きい大きさであり、その速度はもっとも確率の高い速度、その他の分子からの距離はもっとも高い確率の値、その他の性質もすべてもっとも高い確率のものである。この理想的な分子のもっとも確率の高い作用が、気体そのものの作用と考えられた。このようにしてえられた法則が、惑星の運行を予測する天文学の法則に劣らず正確に、気体の作用を予測するのは、実におどろくべきことだが、真理である。要約すれば、気体の最も確率の高い作用がじっさいの作用なのである。この確率論の応用にふくまれた革命的内容はあとで考えることにして、ここではデータや仮説を評価する役目から出発した確率論が、法則をうるための基礎的方法としての意義を持つにいたったことに注意するだけにしよう。

科学研究や哲学思想において確率論が占めるにいたった大きな役割は、パスカルの著述の中にも予示されている。彼は賭けの理論の応用からはじめて、最後にはそれを神に応用している。パスカルは、あたらしい科学が古い信仰にはげしくいどみかかる歴史の転回点にたっていた。彼の世紀のあらゆる思想家とともに、彼もまたこの争の中に身を投じ、その解決を何らかの哲学にもとめざるをえなかった。生まれつき強い宗教的傾向を持ち、しかも科学と数学に立派な業績をしめしたパスカルは、他の人以上にこの矛盾に苦しみ悩んだ。彼はその両面をよく知り抜いていたので、彼の心は戦場と化し、その苦衷をぶちまけた行文は人の心にはげしく訴えるものがある。

これこそ私を苦しめるものである。私はあらゆる面を見、そしてどこにも不明瞭でないものはないことを知っている。自然の中には疑いと不安をおこさせないものは何もない。もし私が神の恩寵を何処にも見ないならば、私は否定を決意するであろう。私がいたるところに創造主のあらわれを見るならば、私は信仰の中に平安にとどまりうるであろう。しかし、否定するにはあまりに多くを見、確信するには自信がなく、私は哀れむべき状態にとどまっている。そして私は、もし神が自然を支えるならば、自然は不明瞭なものをしめさないはずだし、もし神のしるしが誤りであるなら、自然はそれをまったく排除してしまうはずだ、と何百回となくくりかえし、心を憔悴させた。完全な真理か無か、私はどちらを取ればよいのだろう。神よ告げ給え。

しかし神は自らをしめすことを拒んだ、そこで彼は若いころの確率の研究やそれによって解いた賭けの問題を思いおこした。確率論が信仰への手引きになったか？　その答は現在パスカルの賭けとして知られている形で彼を訪れた。

賭博の札の価値は、賞金とそれをうる確率の積である。確率がきわめて小さくても、賞金が非常に大きければ、札の価値は大きい。そこでパスカルは、神が存在しキリスト信仰が真である確率は実に小さいが、信仰による報いは永遠無上の喜びである、と考えた。だからこの天国への札の価値はきわめて大きい。一方キリスト教の教義が誤りであっても、帰依したためにうしなわれる価値はせいぜい人生の短い享楽にすぎない。だから神の存在に賭けようではないか。

パスカルの賭けは安易な警句ではない。絶望の叫びである。彼が直面した問題は少し扮装をかえてふたたび現われた。それは彼が創始した理論によって最近再開されたのである。

第24章

わが無秩序なる宇宙——統計的自然観

宇宙は一つの目的に
しかし種々の法則によってはたらく

アレクサンダー・ポープ

この宇宙に法則とか秩序というものがあるだろうか？　宇宙の活動は単に偶然と気紛れの作用に過ぎないのだろうか？　地球その他の惑星は本当に太陽のまわりをまわるのだろうか？　ある未知の天体が遠方からやって来て、惑星系の中にわりこみ、惑星の軌道をかえてしまいはしないだろうか？　よそでは恒星が毎日のように爆発しているように、太陽もある日爆発してわれわれみんなをフライにしてしまうようなことがおこりえないだろうか？　人間はその生存に適した特別あつらえの惑星に植えつけられたものか、それとも宇宙の偶然の事情の単なる付属物にすぎないのか？

思索好きの人はそれ以外にもいろいろな問題を知りたいと思う。もっと小さい問題でも、国際連合に対する壮大な計画、さし迫った金融問題、日常生活に間々ある腹のたつ事……などと。この答を求める抑えられない欲求は人間を人間たらしめる高貴な美質であり、人間自身について自然の驚異や宇宙の構造について、宇宙を活動せしめる力について、とどまることを知らぬ知識の探求は、無意味な狂宴に時をついやすのをはばみ、人間生活の支点ともなっている。その解答は決して完全に知られえたわけではないが、偉大な数学者のおかげで、人類は多数の有意義な手引きを持っている。ただ残念なことには、これらの手引きに対する解釈が決らず、いろいろの解釈が存在することである。

その解釈の一つはすでにわれわれにおなじみのものである。ニュートン時代に発見された数学法則から論じて、十八世紀の思想家たちは近代でもっとも広汎かつもっとも影響力の強い哲学大系を建設した。それは計画に従って秩序正しく動く世界を提出した。数学法則はその計画の設計をあきらかにし、数学的予測は誤つことなき完全さを示してこの設計の正しさを証明した。勿論、惑星運動やその他の生命のない物体を支配する法則に人間もあてはまることがあきらかになったわけではない。しかし、宇宙の合理性にはこんなにすばらしい根拠があるのだから、人間もその合理性の中にふくまれるということを疑いえようか？

この決定論哲学は今日なおわれわれの思想と信仰を支配し、行動の指針となっている。ところが近代科学の創始者たちにはきわめて単純かつ調和的に見えた自然の秩序は、今日では十九、二十世紀の科学者が非常に有効につかいこなす統計と確率の旋風に捲き込まれてしまった観がある。

数学者自身は、勿論統計的データをあつかうために導入されたあたらしい観念や技術を誇りに思っている。彼らはまた、確率の直観的観念が人間活動の手引きとしてひじょうに役にたつ道具となったことを喜んでいる。しかし彼らは、己の属する真理の全世界の一員としては、そうそう有頂大になっておられるわけのものでもなかった。というのは、秩序ある自然の構造をボロボロに崩してしまったのは、この統計的方法と確率理論の成功だったからである。

このあたらしい方法によってえた公式や法則が不正確なものであるとしたら、これは、完全に受け入れることのできる数学的科学的公理から結論を演繹する確実な方法が失敗したときにのみ、はじめてつかわれる頼りにならない代用品で、あまり値打のあるものとはならないはずである。そしてまたこの新方法が単に粗雑な漸近値であるなら、哲学的にも意味のないものであったろう。しかしじっさいには新方法は驚く程精密かつ有効である。それには曰くがある。

問題の核心にふみ込んで、統計的方法の出現によっておこった決定論哲学への攻撃を見よう。プラトンの対話技術を借りて来て、賛成演説と反対演説を決定論氏と高度確率論氏にやって貰おう。後者が少壮気鋭の主役で、まず彼から問題のありかを完全に述べて貰うことにする。「もっともおどろくべき点は統計的方法や確率理論が、法則の存在をまったく予想できないところに完全に信頼できる法則を生み出すことです。」と彼は指摘する。「たとえば知能分布を考えてみましょう。任意の大きな集団をえらびその知能を巧妙なテストで測定します。その分布はほぼ正規頻度曲線になるでしょう。テストをする集団が大きいほど、この曲線は完全な正規分布に近づきます。知能を決定する上には、法則とは言いがたい様々の説明しがたい要素が入っています。しかし知能の分布は規則性と不変の関係とをあらわす曲線に従います。」「さらに遺伝現象を考えてみましょう。両親の染色体が受精卵に無茶苦茶にまじり合い、発育の概念から数限りない変質が行なわれます。しかし遺伝特性の伝達は確率論によって正しく予測されます。さて一つの長さを何度も測定して、測定値とその頻度を両軸にしてグラフを画いてみましょう。眼や手の非熟練から測定値にはかなりの不規則性があります。しかしそれでも曲線はほとんど正規分布をなし、測定値の数を多くするほど曲線は正規分布に近づきます。人間の過ちさえも法則に従うのです。」

要約すると、みかけ上全然法則などありそうに思えない現象でも、それにはおどろくべき法則的結果が秘められている。というのがP氏の結論である（今後高度確率論氏をP氏、決定論氏をD氏とよぶことにする）。「法則を予期できないような現象にも法則があるなら、何も困ることはないではありませんか」と老いたるD氏は反問する。「もっとたくさん法則が持てるなんて結構なことじゃないですか。これは決定論を更に強化する論旨ではないでしょうか？　君が期待しなかったところにも、いたるところに神の合理的な意図が存在するのだ。」

P氏は答える。「それこそまさしく私が問題にしている点です。こういう場合には今までの意味での法則が存在することを予想する理由はなくて、むしろ法則を予想できないという理由がいろいろあるのです。ところが、われわれはこういう場合にもあてはまる法則を持っているのだから、ニュートン科学の作った数学法則の存在意義がどの程度のものかがおわかりでしょう。われわれの作ったこういう法則の存在から、神の意図とか決定論とかがどうして出てくるのでしょうか?」

D氏は言葉をはさんだ。「まあそんなに急ぎなさんな。こういう風に考えて見たらどうだろう。われわれの知識の底をはたいても気紛れで無秩序に見えるような現象があるが、それをもなおかつ、表現しうる法則があったとする。するとこういう法則があるからといって、君はわれわれがつねに宇宙の合理性を証明しうると見なしている昔からの法則を疑うのだ。しかし、見かけでは無秩序に思われる現象が物理法則に従うとあえてしなくても、こういう現象はきわめて複雑だから、われわれの限られた知能には偶然の結果としか見えないと考えればよいのです。」

P氏は言葉を柔げて答える。「あなたの議論は十分もっともに聞えます。気体分子の運動を詳しく調べるとまったく不規則に見えるが、物理学者は各分子が太陽をめぐる地球の運行と同じ法則に従うものと信じています。同様に、知能や遺伝の過程にあずかる諸特質の分布は、各個別の状態を厳密に決定する物理作用に従うものとして論じられますが、こういう作用は複雑に過ぎて我々の理解力で把握は出来ないのだ。経験現象、死亡率、その他ちょっと見たところ、法則が認められないような諸事象についても同じことがいえるでしょう。だから、無秩序に見える現象でも完全に決定され、統計的研究からえられた数学法則もこれらの底によこたわる秩序ある物理作用の存在を反映しているにすぎないでしょう。」

ここでD氏は満足して警戒を解くが、確率論を知っているP氏はこれから攻撃準備にかかる。

「しかしDさん、今度は次のようなことを考えてください。六つの小銭を同時に抛りあげたとき、表の出る数はゼロから六まである。その結果を決めるには実に多くの既知、未知の因子が入っているから、表の出る正確な数がいくらであるか予測する方法はない。風の強さ、小銭に加える手の力、落ちる床の形、その他さまざまの因子がある。だから小銭を抛りあげるのは偶然の問題と仮定します。小銭を抛りあげる回数が多くなるほど、偶然の演ずる役割が大きくなる。そして六つの小銭を抛りあげる回数を非常に多くすると、表がゼロは何回、表が一つは何回、というようにすべての可能性を確率論で計算出来る。抛りあげの回数を多くするほど、結果は理論の予測に近くなる。だから、小銭の落下がある厳密な規則によって決定されるものかどうか考えなくても、偶然だけが結果を決定するという仮定から結果を予測する数学法則がえられるではありませんか。」

Ｐ氏はつづける。「じっさいにも、私が今小銭の落下について述べたと同じ方法で、十九世紀の物理学者たちが気体運動に関する有名な法則をえたことは、あなたも御存知でしょう。彼らは気体中の何億何兆という分子の活動を研究するさいに、じっさいにはさまざまな質量、速度を持つ気体分子の中でもっとも確率の高い質量、速度、その他の性質を持つ代表的理想的な分子を考えて、難点を克服したのです。理想分子に関する法則は、気体の必然的作用ではなく、もっとも確率の高い作用を述べているだけのことですが、それでもこれがいかなる数学、科学にも劣らず、うまくあてはまるのです。だからといって、大量の分子の性状はわかっても、個々の分子が前もって決められた型に従うということはいえません。それは見当違いの考えです。」

Ｄ氏はなかなか自説を撤回しそうにない。

「Ｐさん、君は、気体の分子運動や小銭の落下が一定の不可避的な法則に従い、ただ便宜上、小銭はみんな気粉れに落ち、気体分子はもっとも確率が高い特性を持つ、と仮定しているんだ。ただ偶然の作用の仮定や君の確率論がうまく予測できるという理由だけで、われわれはその底によこたわる重要な基本的法則の普遍的な存在に眼を蔽ってはならない。複雑な現象に対する確率論の使用が便利で有益だといって、庭にある法則を否定するものではない。こういう法則があるからこそ、確率論がじっさい的で有益な結論を生み出せるのだ。」

「Ｄさん、あなたは私の論旨の要点を理解していない。あなたの必然法則の信頼の仕方に間違ったところがあることに気をつけてください。たとえば小銭の落下、とくにその重量をかんがえてみよう。たしかにそれはニュートンの運動法則の中にふくまれています。

しかし小銭が落ちる間中その重量は一定ではない。如何なる固体も絶えず分子をうしなったり、えたりしているから、小銭も莫大な数の分子から成るが、たえずその数は変化しています。落下中に小銭に吹き寄せる風も何億何兆の分子から成っていて、それがたえず小銭のまわりを勝手気ままに跳ねまわっているが、われわれにはどのように跳ねまわるのかわからない。小銭の落ちる床もしっかりした形をしているのではない。床の木の分子の結合の仕方で形がちがい、だから小銭が床に落ちる角度もげんみつなことはいえない。小銭が落ちる距離も不定です。小銭の中心から床の表面までの距離を測るとしましょう。たえず形のかわっている小銭の中心はどこにあるのか？　床の分子層がまったく不規則であるのに、どこからがその表面といえるか？　距離を測るために定規をつかえるだろうか？　質量の場合と同じで、定規も長さが一定とはいえない。定規の端の分子はたえずついたり離れたりしていて、その長さがかわるのです。」

P氏はせきこんで語る。「物質は構造が複雑にみえるからといって、科学法則を語ることがぜんぜん許されないでしょうか？　こういう法則はすべて、物質は質量、表面、長さ、圧力、密度、などの性質をあつかうものですが、いがなる対象に対してもこれらの性質は一定ではない。ただ人間の手や眼、測定器械の未熟さのために一定の長さや質量のようなものがあると誤信しているだけで、そしてこれをわれわれは精密な科学法則として語っているのです。法則は質量、長さ、容積、重量などの諸性質をふくむものですが、これらの量は平均値として使われているに過ぎない。だから、法則は、平均値を中心とする不規則な物理状態の便宜的な総括以上のものではない。Dさん、要約してみると、ある法則が漠然たる現象をあつかっているものだという事実をよく注意してみると、すべての科学法則がみんな漠然たる現象をあつかっているということになりますよ。では秩序ある自然の存在に対する科学法則の意義とはどういうことになるでしょうか？」

「Pさん、私の理解する限りでは、君の議論の要点は、物質そのものの構造をしらべると、一定量と見えるものがじっさいには絶えずかわっている、というんですね、だから、科学法則というものはすべて、労働者の平均収入のように、平均的効果についてのものだから、一定不変の科学法則を語ることがどうしてできようか、と君は疑問に思っているのだ。しかしPさん、考えても見給え。法則の大局には影響しない若干の微視的不規則性があるからといって何故この根拠もしっかりしたすばらしい法則を否定するんです？」

「Dさん、私が今まで述べたことが取るにたりないものなら、あなたのおっしゃることは正しいかも知れない。物質そのものの本性にもう少したち入って、分子自体を考えましょう。御存知のように、分子は原子から成り、さらに原子は複雑な構造をした自由電子と核から出来ています。さてDさん、これから私が述べる電子や核に関する一、二のことをしっかり聞いてください。あなたはおそらく、こういう粒子が一定時刻に一定の場所を占める物質の小塊と考えるでしょう。そうです、何年か前までは科学者はそう考えていました。今日ではわれわれはそうはいわない。われわれはこういう。電子や核の構成要素はいたるところに存在するが、ただ場所によって存在する確率がことなる。近代原子論ではあなたはこの部屋の隅っこの椅子に腰かけているとはいわない。あなたはいたるところに存在し、場所によってその確率の度が違い、あなたが坐っていると思う隅が一番確率度が大きいのだ。馬鹿げた理論だとおっしゃるか？　中世の地獄の観念のように馬鹿げてるって？　左様、わが世界を原爆地獄に落したのもこの理論だ。

　さてDさん、厳密な必然的数学法則に従う古き、よき、堅固なる物質は何処へ行ったのでしょう？　ジョンソン博士がかつて物質の実在を証明せんと蹴った固い石は、ある数学的確率で漠然としているものに変じてしまった。デカルト、ガリレオ、ニュートン、ライプニッツが天を測らんとして架した梯子の基礎は、たえずフラフラしていて不定定なものになってしまった。」

「Pさん、私にはどうもなっとくできない。君が私にいっていることは、ただ現在の理解の程度では原子の構造がひじょうに複雑なので科学者は確率論に訴えてそれを理解しなければならない、ということにすぎない。それでどうなんだ？　君は問題を小銭を落すことから原子の構造にすりかえた。私は原子構造が複雑なことを疑いもしなければ、その構造を研究するのに確率論を使うという工夫にも疑問を持ちはしない、しかし、知能の分布や体質遺伝の法則の存在と同じく、原子の法則の存在も、底によこたわる決定的な作用があることは否定できない。アインシュタイン博士はこの点を巧みに表現している。〝神が宇宙のサイコロを振っているとは私には信じられない〟」。

「Dさん、あるいはそうかもしれないが、あなたがわからないという点は、役に立つ法則を得ても、自然の構図、不変の秩序、因果律、つまり決定論がしっかりしたものだといい切れない点にあるのだ。あなたはもっと譲歩しなければならないと思います。しかし、それでもあなたはまだ決定論におあつらえむきの事実が二、三あるような気がするでしょう。物質が複雑であっても、それを表現する法則が存在するのだから、こういう法則がさらに神の意図をふくんでいることの証明になるのだ、とあなたは論じるでしょう。」

P氏は、自説を喋りおわってもまだ調子づいていて、しかも青年にありがちな確信から、D氏自身よりも氏の考えをうまくのべられると思ったのだ。議会の方式でいうと、発言権はまだP氏の手中にあるのだ。

「Dさん、あなたの気に入るような一つの法則をつくっておめにかけましょう。過去五十年間の国家の隆盛と太陽黒点の強度の表を作る。あなたももちろんデータに合わせて公式を作る統計的方法を御存知でしょう。この方法で国家の隆盛と黒点強度を関係づける公式がえられる。この二変数の間の必然的関係の存在からどんな結論が引き出せるでしょうか？　ぜんぜんそんなものはないじゃないか、とあなたはおっしゃるでしょう。しかしそれが、あなたのいう宇宙の法則に関する数多くの科学的公式とどれほどの差があるでしょう。」

ここにいたってD氏は動かされるところがあって、（いろいろな確度率で至るところに存在するところの）椅子から身を浮かせた。

「Pさん、答は明瞭だよ。黒点と国家の降盛のデータに合わせる公式がなくても、科学法則は常にたもたれるものだ。たとえばケプラーの法則を取ろう。過去四百年間の観測はすべてこれを支持している。このように長期間地球が同一法則に従ったということには意味があるのではないだろうか？」

「Dさん、あなたがケプラーの例を取りあげたことは私にとって有難い。まず、ケプラーの法則がデータに公式を合わせて作ったものであることを思いおこしてください。多年努力の限りをつくし、五十も違った曲線を描いてみて、はじめてケプラーは火星の軌道が楕円であることを発見した。コペルニクスやブラーエの観測もすべて彼の支えとなった。こういう観測があまり良すぎるものではなかったのは、ケプラーにとっても、さらに科学史にとっても、幸運でした。今日ではわれわれは、理論やもっと精密な観測からして、真の軌道は楕円ではなく、他の諸惑星の重力からあらゆる種類の摂動を受けて歪んだものであることを知っています。だからケプラーの法則は、惑星の平均の運行の表現だったのです。厳密にいうと、それは今日では成りたっていないのです。

ケプラーの法則の運命は、すべての科学法則の運命でもある。しばらくは成りたっているが、やがては科学知識が一般に増大して若干の補正か必要となってくる。ケプラーの法則自身コペルニクス理論の補正であり、コペルニクスもまたプトレマイオスの説を改良したものである。ケプラーの法則はその前の理論を土台として作りあげられたものだから、彼の法則はよく合うといわれたのです。しかし彼の研究も最上のものではなかった。」

神経質に室内を往きつ戻りつしていたD氏は勢いこんで反対した。「そうではないだろう。しかし君もこの法則がだんだん補正され精密化されて行ったことを認めている。補正は何に導くか？　勿論真の法則へとである。ケプラーの法則は、最上のものでないにしろ、それに非常に近づいている。しかし目標とすべき真の法則がなかったなら、どうして真の法則に近づきうるだろうか。」

「Dさん、地球が一つの型に精密に従って運動し、ケプラーはそれに非常に近い法則を出した、とします。そうすれば、その型はただもっとも可能性の大きい型であるにすぎません。小銭が何回表を向くかという問題よりも、地球が現在の運行をつづけるということの方が必然性に富むというわけのものではない。明日地球は太陽に衝突するかもしれない。Dさん、あなたが神経質に歩きまわるのをやめてゆっくりと考えてみたら、われわれは、じっさいに作用する法則の存在を問題にしているのではなく、それに付された意義をあれこれといっているのだ、ということにお気づきになるでしょう。」

「Pさん、私が歩きまわって気にさわったら許してください。データに公式を合わせてえた法則や統計的法則と君はいうが、そんなものからはえられないような法則をお目にかけよう。ガリレオやニュートンが運動の現象をうまく分析したことを思いおこして見給え。その結果、重力によって惑星の運動の物理的説明ができたのだ。この力によって惑星が軌道に従いケプラーの法則に従うのだ。惑星軌道の摂動までも今日この重力の作用で説明できるのだ。」

「Dさん。あなたにはまったく手を焼きます。説明なんかどうでもいいじゃないですか。あなたの重力論なぞを問題にしているんじゃない。それが仮説以上のものではないことをあなたもよく知っているはずだ。惑星を軌道に従わせるこの重力とはなんですか。太陽がいかにその引力を地上におよぼすかを理解しようとする試みほど、われわれの知性を苦しめる文学的空想はない。黒点と国家繁栄を結びつける方がもっと合理的かもしれない。われわれが持っているものはただ公式に過ぎず、こういう公式に対しては、黒点と国家の繁栄を関係づける公式の存在以上に哲学的意義をくっつける理由なんかないじゃありませんか。」

D氏は、彼が今やその実在を疑いはじめた安楽椅子に戻って、その存在を再確認した。P氏は滔々と語りつづけ、有利の態勢のまま押し切ろうとした。

「ふりかえってみると、この論議も一点に凝集して来たじゃありませんか。自然に関する二、三の法則の上にあなたは自然哲学を基礎づけた。ところが統計的方法や確率論が導入されるにいたって、この二、三の法則の発見（私はあえて製造とよぶ）にじっさいにふくまれたものがいかに小さいか、思い知らされるようになった。」

D氏はほとんど聞いていなかった。彼は思いに耽りはじめた。雄弁な論敵の手を変え品を変えの議論が、彼の心を開いて、かつては法則的な現象と信じていたものにも本質的な不規則性や無秩序が存在することをさとりはじめたようである。化学者や物理学者による原子論の発展は、その分野におけるあたらしい問題と不確定性をしめし、物質は想像以上に複雑なものであることをあきらかにした。分子の運動速度で熱現象を説明する熱運動論の発展は、熱の流れが何億という大量の分子の不規則な運動に他ならないことをしめした。液体の静圧は、一定した一個の力ではなく、液体の個々の分子が容器の壁に不規則にぶつかる効果にすぎない。滑らかな鏡の面はじっさいには分子の集団で、それが集まって数学法則に従う反射光を放つが、一つ一つはてんでバラバラにはたらくのである。数式ではほぼ完全に表現される肉声や器楽の音も、空気分子の不規則な集団運動の結果にすぎない。ゴールトンは、遺伝のメカニズムの発見に失敗した後、その法則を統計的方法をつかって発見したが、この法則も偶然のいたずらとも見える現象である。植物、動物、さらには人間の形や種類は無限にある。天候なんてものはさらに始末におえない。人間は旱魃も台風も豪雨も支配出来ないどころか、予測さえもむずかしい。単純、秩序、不変性をもって尊ばれた自然の諸力にも、津波、火山の爆発、地震のように予想も説明もできないものがある。突如として彼には自然は予測も出来ず、厄介で気紛れなものに見えてきた。

　だから、十八世紀には不変の数学法則に従ってしっかり定められ設計されていると考えられたこの同じ世界が、今では混沌として法則のないものという観を呈している。実在はまったく無目的な「無意味でただ騒音と怒号に満ちた痴人の夢」となった。とくに人間は盲目に流れる事象の中の偶然の産物にすぎなくなっている。科学の数学法則は無秩序な現象の平均的効果を便宜的にうまく総括したものにすぎない。自然は混沌としていて、予測できるものではなく、法則は平均的効果のかりそめの便宜的な表現である、というような自然観、法則観は、統計的自然観といわれている。

　この統計観と決定論は正面衝突している。双方とも科学法則の存在と応用性については一致しているが、事実の解釈でははなはだしい差異がある。決定論によれば、科学法則は自然対象の必然的、不変的、普遍的性状を表現するものである。統計観によると、法則はたんに高度の確率を持つものとされている。決定論者は、地球と太陽とがケプラーの法則で結びつけられたように、法則によって諸対象の本質的結合が表現される、と信じている。統計論者は、法則というものは、私が茶色のネクタイをしめたのと、隣の男が葉巻を吸ったのとが同時であった、という程度の、その時々の事情や、偶然にならびおこったことを表現するにすぎない、と主張する。決定論によれば、自然の現在の状態から必然的に将来が決定される。私がボールを空中に投ずれば、それは抛物線を描いてふたたび地上に落ちて来ねばならぬ。これに対して統計論者はいう。いかなる場合でも抛物線を描くとは限らず、太陽にむかって真直ぐにとんで行くかも知れない、と。

一、二の例をあげると、この二つの見解の相違がもっとあきらかになるだろう。バットでボールを打ったとしよう。決定論的見解のもとでは、バットがボールに触れると、力がはたらいて、ボールは運動法則で決められた一定のコースを描いて飛ぶ。二、三の量を定めると、ボールの運動は確実に予測できる。一方統計観によると、何億というバットの分子が、何億というボールの分子に接近したとき、バットの分子がむちゃくちゃに運動している間に、ボールの分子の群の多くにあたり、ボールの分子の速度に自身の速度をわけあたえる確率が非常に大きくなる。非常にたくさんのボールの分子がその影響を受けるから、大部分の分子がバットの分子に触れて動く方向へボール自身も動くのである。ボールが一定方向に動く確率は非常に大きくて、それからのずれはまずほとんど認められない。このずれの確率はきわめて小さくて、九牛の一毛である。

さらにもう一つ例を取って、決定論と統計観の差異をあきらかにしよう。平時にあっては一単位としての国家には一連の規則正しい行動の型がある。人民は働きに出かける。たべる。男と女は結婚し家族を作る。老いも若きもそれぞれの娯楽を求める。選挙が行なわれ、それに勝った者が政治をつかさどる。国家についてはこれきりしか知らず、そしてこういう行動はきわめて合理的な人間に関する公理からみちびかれるものとすれば、国家の行動や人生そのものさえも、ある超存在によって設計され、決定され、この不変の設計に従うように束縛されている、と証明してみたくなる。しかし統計観測の弁護士はもっとくわしく調べてみる。個人の行状を調べてみると、そこには何が発見できるだろうか？　働きに行かずに、乞食をしたり、金を借りたり、盗んだりして生きている人も多い。たべないで飢える人もある。結婚しない人も、結婚しても子供を作らない人もある。選挙にはごく一部の人しか投票しない。残りには投票に無関心な人も、選挙権のない人もある。こういうことを知っているなら、集団としての人の行動をなんと定義できるだろうか？　彼らは不変の決まっている法則に従っているだろうか？　集団行動とはただあらゆる種類の反対行動、不規則性、無秩序を消しさった一般的集団的効果ではなかろうか？　しかし、個個人によってちがうといっても、雑多な行動の包括的効果は、国家全体としての平均の結果となると考えられる。ただ特別の場合には、集団的効果として人々の平均的行動の中に革命、変革となってあらわれることもある。

決定論か、統計的自然観か、どちらが正しいかという問題は、純学術的なものではない。神の意図と秩序のある宇宙では、人生は意味と目的を持っている。この神の意図に対する確信は、人人に生きかつ世界を建設する勇気と理性をあたえる。また神の存在についての最強の論理は、神の意図による宇宙にもとづいた論議であるから、超存在への信仰を強化することにもなる。遠きおもんぱかりのある超人間的摂理や大いなる創造主は、数学的に出来た自然界にはなくてはならぬ存在である。さらに神の存在は宗教や倫理の世界に依拠すべき実体をあたえている。一方統計的自然観を正しいとすれば、物質界やその中の人間の役割は非合理なものである。現象はたんに偶然にすぎないから、目的や指針はどこにもない。宇宙全体はあすにも終末が来て破滅するかもしれない。人生には無意味な快楽としばしの苦痛以外には何物もない。

ここに至って決定論者は天秤のかたむきを元に戻そうとして再登場した。ケプラー、ガリレオ、ニュートンの法則の中に神の意図、因果律、決定論を読みとるためのあたらしい理由を見つけた。あたらしい理由をならべたてようと健闘をつづけて、血まみれになりながらも屈しないD氏の説を聞こう。

彼は主張する。統計的法則とニュートン級の公式の間には本質的な差異がある。前者はデータの表や確率論にもとづく。後者は、物質の本質的構造が複雑でほとんど未知であっても、疑いえない数学的科学的公理からみちびかれたものである。この故にこそニュートンの法則は精密な真理で、自然の従うべき優れた法則であると信じうる。

Ｐ氏はもちろん自己防衛のために立ちあがる準備をしていて、議論がやがて満足な結論に到るものと確信を以て語りはじめる。

「Ｄさん、あなたの議論の難点はその公理の真理性にあります。その公理は宇宙に本来そなわっている事実を表すものか、それとも小売食糧価格をじっさいの価格に適応させるのと本質的には同じ方法で、たんに経験に合わせてつくったものでしょうか？　たとえばニュートンの重力に関する公理を考えましょう。それによると、一物体が他の物体を引きつける力は、両物体の質量の積をその間の距離の自乗で割ったものに等しい。この公理にもとづいてみちびかれた数値は観測精度の範囲内で観測とよく一致することが時を追うて立証され、この公理は非常に正確なものであることが証拠だてられました。しかしこの公理が、太陽をめぐる地球の運動、地球をめぐる月の運動に応用できることは、多年の天体観測と質量、距離、時間の測定によってはじめて確認されたものです。じっさいには、ニュートンがその公式を定める前に、それに似たたくさんの公式が試みられていたのですが、それほど正確な結果をあたえないといってすてられたのです。だから、どうしてニュートンの公理だけが最上のものといえましょうか？　食糧価格の法則よりもこういう科学的公理の方が確かな真理だという根拠はありません。」

Ｄ氏はこういう答を予想していたと見えて、ただちに反論を開始した。

「Ｐさん、ニュートンの重力法則のような公理にもとづく限り、科学的法則の絶対真理性を君が疑うのも無理はない。しかし、純粋数学の定理そのものは、まったく自明の公理にもとづくのだから、おかしがたいものであることも認めなければならない。さらにこういう公理は測定値をまったくふくまない。それでも君は、全体は部分よりも大きいという公理や、三角形の角の和は一八〇度であるという定理を攻撃するのですか？　純粋数学の公理、さらに定理は、確かに自然に関する絶対的真理であり、確固たる法則を構成している。宇宙の構造にこういう法則が存在するからには、他にも同様にして存在する法則があるはずだ。」

この議論はうちやぶりがたいものと思えたが、Ｐ氏はぜんぜんおどろかない。最近単位を全部とり了えたばかりの彼は、あたらしい非ユークリッド幾何学なるものが出来て、ユークリッド幾何学よりもよく物理空間にあてはまることを学んでいた。だから彼は断乎として論敵の意図を挫きにかかった。

「Dさん、お気の毒に百年前ならその議論でも間にあいます。あなたもきっと非ユークリッド幾何学を御存知でしょう。べつの機会にこの問題をもう少しくわしくお話しすることにして（第26章を見よ）ここではただユークリッド幾何学と矛盾する非ユークリッド幾何学の公理や定理が、少なくともユークリッドのものと同じくらい物理空間をよく表現できることを認めていただきたい。だからユークリッド幾何学の真理性には毛程の根拠もない。まったくないんです。」

果たせるかな、D氏はすっかり参ってしまった。彼が持ち出した議論は片端から崩れてしまった。ところが急に彼の眼にずるそうな閃きがあらわれ、意味ありげに輝いてきた。彼は用心深く、しかも声に少しばかり皮肉をこめて語りはじめた。

「Pさん、君はきっと確率論のことを知っているにちがいない。われわれがともに応用できると認めたケプラーやニュートンの法則が、きわめて簡単な法則であることも認めるでしょう。では、気紛れで無秩序な宇宙の法則が簡単であるという確率はどうかな？　その確率と、神の意図に従って合理的にはたらく宇宙で簡単な法則を見出す確率とを、比べて見給え。君はどちらの確率をとるかね？」

P氏もさすがにこの論法の効き目は肚にこたえた。この確率はたしかに彼に不利である。彼は注意深く反省してみて、それからゆっくりと論敵の論旨をときほごし、語るにつれてだんだん考えがまとまって来た。

彼は語りはじめた。「何千回も火星を観測して、やっとケプラーはその軌道が簡単な楕円であることを見出だしました。これは、彼のした観測がみんな正確に楕円になったことを意味するのではありません。小さい差は誤差と見なされ、無視されました。神は宇宙を作る上に数学を用いた、と信じていたケプラーは、簡単な運動法則がえられたといって、楕円を大いにありがたがったのです。しかし、ケプラーがしたことは測定誤差の範囲内でデータに合わせていろいろな曲線をつくり、その中から一つをえらんだにすぎない、と数学者なら論じるでしょう。彼がもっと複雑な曲線を採用しようとしたなら、楕円よりももっと測定値に近いものを見つけたかもしれません。ケプラーが簡単な曲線をとりあげるためにこの曲線からのずれを測定誤差のせいにしてしまったのは、正しかったでしょうか？　それはどうともいえない。測定値も正確とはいえないから、この不定性は決して除去されない。科学法則の単純性にもとづく神の意図論議はこれに帰しうるのです。つまり、測定値のせいに出来るような誤差の範囲内で自然現象を表現するたくさんの公式を作り、それから一番簡単な物をえらぶのです。こういうように考えれば、単純性の論議も、自然の状態に対してではなく、人間の心理に適合するように出来たものであることがおわかりでしょう。」

ここまで来ると、D氏も自らの船をすてようとひそかに準備していたが、一縷の希望を託して、おそるおそるもう一つ議論を出した。

彼はのべる。「科学的法則の真理性と必要性に関してもう一つ重要な論議がある。それは実際的技術にあまねく応用されることだ。橋、建築、ダム、エンジン、発電所はこういう法則の助けなしでは済まない。橋のスパンはこわれない。エンジンは設計の通りに仕事をする。法則に沢山の真理がふくまれていなかったなら、自然が法則に従うようにできていなかったなら、どうして法則がこんなに普遍的に、こんなに良く応用できるのでしょうか？」

「Dさん、あなたの議論は論理的な効果よりもむしろ感情に頼っているようですね。数千年間人々は地球が平坦であるという仮説――ないしはそれに対する確信――のもとに生きていました。当時の人が住んでいた地理的範囲の枠内では、この仮説で十分だったのです。この仮説はもちろん正しくない。同様に、ニュートン時代以来、科学者は定量的重力法則を利用し、工学上の問題もその法則の広汎な応用に頼っていた。今日では相対論の出現の結果、ニュートン法則が正しくないことは知られている。さらに、新理論は重力を完全に駆逐してしまった。しかし二百年以上にわたって重力法則は科学的ドグマであった。今日でも日常生活の大概の目的にはこれで十分なので、まだ使用されているんです。だから、公式や理論の応用性は、真理や宇宙における神の意図の存在とは関係が少ない。

Dさん、あなたは世間にありがちな誤解をおかしています。つまり、じっさいには作業仮説にすぎないものを、多年用いられているからという理由で真理だと信じるのです。そういう誤りはプトレマイオス説、地球平坦説、ユークリッド幾何学、重力概念にもあります。じっさいには人間はこれまで一つの表現方法から他へとフラフラよろめいて来た。誤りが見つかるまでにはずいぶん時間がかかり、さらにそれの補正は恐ろしく遅々としているので、長い間には自然法則を発見したと誤信して安心してしまうものです。幸いに、コペルニクス、ニュートン、アインシュタインのような人があらわれて、誤信の迷夢を覚ましてくれるのです。」

これを受けてD氏は語った。「もちろん私はあらゆる科学法則の普遍的応用性にもとづく決定論の議論はすてるが、それでもただ一つの単純な数学定理の上にもっとよいものがたてられるのではないかという気がする。Pさん、私の数学は最近流行のものとはいえないが、数学では経験からまったく離れて純粋な推論の長い鎖を作れることを知っている。こうして達する結論は初の公理からはるかにかけはなれたものがしばしばある。たとえば、円の接線は中心からその接点にむかって引いた半径に垂直である、というユークリッドの証明は、その基礎をなす公理から数百段階離れている。しかしこの定理は公理と同じく経験と非常によく一致している。なぜ純粋推論の沢山の段階を経てえられた結果が経験とよく一致するのか？　自然そのものが合理的に設計され、法則に富んでいるからではないだろうか？　自然は人間の心のようには矛盾を許さないものなんです。」

「Dさん、あなたがそんなに素朴な見解をもつのなら、推論の長い鎖によって自然と一致する定理がどのようにして生まれて来るかをみたいものです。人間の推論というものは、道路上を数マイルも行く自動車のように、僅かにコースに狂いが生じても、走りつづけるにつれてだんだんその狂いが大きくなり、ついには溝にはまり込んでしまうようなものではないでしょうか？　甘美な推論の花の車の前途には溝がよこたわっており、車がひとたびそこにはまりこめば、旧式の一頭立馬車のように大学構内のガラクタ置場にしかふさわしくないものになるでしょう。――これが自然の秩序にもとづく論議と称するものの運命なんです。」

「Pさん、そんな恐ろしい事故もおこるかもしれない。しかしその事故がおこるまでは、自然に対して広く有効にあてはまる公理、定理を持った、論理的で、複雑かつ広汎な数学的展開が存在しますが、これは、決定論以外の哲学では、正に奇跡としかいえないでしょう。」

「Dさん、そうじゃありません。この奇跡は容易に説明できます。あなたの論じる数多くの定理を演繹する推論の原理はいかにしてえられるか？　たとえば、すべての人は誤りをおかす。数学者は誤りをおかす。数学者は人間である、故に数学者は誤りをおかす、と論じるとしましょう。私が正しい論理をつかったかどうか、どうやったら決められますか？　身近な対象に関する経験に照らして原理をたしかめるのじゃあないでしょうか？　Dさん、言いかえれば、人間は自然の性状の研究によって推論することを学ぶんだ。それからすれば、公理が正しければ論理の筋道の結論が自然と一致することはあたり前です。この一致には何か特にすばらしいものがあるでしょうか？　あなたが論理的な原理と呼ぶものは、自然のみかけの性状を抽象的に公式化したものにすぎません。」

D氏の弁論は完全にふさがれてしまったようである。

絶望しながらも、彼は反撃を敢行する。

「Pさん、君は、統計的自然観の提案者として、君の立場と両立しないように見える自然の構成の一要素をどのように説明するんですか？　それはエネルギーです。エネルギーは消散して、人間の必要を満たさなくなる。たとえば、水は高所から落ちてしまえば、もはや動力としては役だたない。しかしエネルギーは太陽熱、石炭、石油、原子反応、水力の形で人間に役だつから、エネルギーは分子の気紛れな排列からおこるよりも、むしろ特に役にたつ形で生み出されるものとも思える。偶然によって出来た地球の上にこういう有益な排列が存在する確率は、任意にえらんだ百万人の人が同じ身長を持つという確率よりも小さい位の奇跡でしょう。」

P氏は自分の縄張りの中に入ってきたから反駁出来る自信を感じた。

「Dさん、あなたの議論の要点は、地上にあるような特殊なエネルギー構成がきわめて可能性の小さいものだ、という点にあるようですね。たしかにきわめて可能性が小さい。しかし、今一〇万枚の籤が売られて、そのうち一枚があたり籤だという賭けを考えましょう。あたり籤をうる確率は九万九九九九対一である。しかし、ともかく一人が籤にあたることはたしかだ。地球上の条件もきわめて可能性の小さい状態としても、とにかくこの状態は可能でありおこったのです。それへの解答に故意に神の意図を持ち出す必要がない。天空には地上にみられるようなエネルギー構成にうまくあたらなかった無数の惑星がある。だからそれがたまたま一惑星上におこったということはおどろくにあたらない。」

この答には反駁の余地はなかったが、老いたるD氏は少なくとも道徳的勝利はえられたものとして満足した。彼は地球がきわめて例外的なものであることに関してP氏を譲歩せしめえたと思ったのだ。彼は自分にもっとも有利な状態のときに議論に終止符を打つのが得策だと思って、これからちょっと電磁気のあたらしい法則の証明を完成しなけりゃならないという理由で、この論議を打ち切った。

彼らが他日議論を再開するときには、またわれわれは仲間に入ろう。ただこの問題を離れる前に、秩序なり決定論的な構成を持つ世界と、まったく偶然が支配する混沌とした世界と、この二つの見解の間に、中間的な見解があることを付言しておこう。その一例として、自然は法則的でも混沌としているものでもどちらでもないというものがある。常識人の心というものはこのような考え方をするもので、ちょうど自分のイメージの中に神を作りあげるように、自然にもこれらの二つの性質がともにそなわっている、とおぼろげながらも考えているのである。心の中には経験を数学法則の形で、構成しようという欲求が本来そなわっている。また精密な定量的法則とか正確な幾何学図形というような概念も持っていて、これらを経験に応用して、経験界を把握しようとする。こういう法則が宇宙の中に確固として存在するものでは決してない。法則はただ心の本性およびその限界をも反映した人間の欲求を自然のなかに投影したものにすぎない。ちょうど愛する人を語る恋人の話がその本人を反映しているように。

自然法則を問題にするすべての思想すべての学派を遍歴するのが本書の目的ではない。それらは絶対的決定論から完全な混沌までの全音階にわたってならんでいる。ここでは主要テーマを再確認して事足れりとしよう。それは、数学理念やその方法の発展が、自然に対する、さらにはその結果として宗教や社会に対する、支配的態度を決定した、ということである。

第25章

無限のパラドックス

幾何学においては、いかなる量よりも大きい無限量、さらには他の量よりも無限に大きい無限量が認められる。大きいものでもせいぜい長さ六インチ、幅五インチ、深さ六インチの頭の尺度にとっては、これは実におどろくべきことだ。

ヴォルテール

トリストラム・シャンディーはまったく弱ってしまった。彼は自伝を書きはじめたが、一日かかって半日の経験しか書けないことを知った。従って、たとえ彼が生まれたときから書きはじめたとしても、たとえ彼が永遠に生きつづけるとしても、いついかなるときも生活の半分しか記録できないから、彼の全生涯はついに記録されない。しかし彼が果てしなく生きつづけるとすれば、彼の最初の十年の記録は二十年目の末に記録され、最初の二十年間の記録は四十年目の末に記録され――というようになるから、彼は全生涯を記録できるはずだ。こうして彼の生涯のどの年も何時の日にか記録されるだろう。だから、彼の考え方によると、彼は自伝を完結出来もするし、出来もしない。トリストラムはこのパラドックスに迷えば迷うほど、ますます混乱し、決心がつきかねた。

トリストラムがこのパラドックスを解けなかったのは無理もない。なぜなら、彼の問題は無限時間をふくんでいるからである。ギリシア時代以来、数学者、哲学者は無限をふくむ問題に悩まされてきて、ぜんぜん見るべき結果がえられなかった。たとえば、ガリレオは、全整数の数は無限である。つまりこれらの全整数の数は一定の数えられる数よりも大きいことを認めた。彼はまた全偶整数も無限であることを認めている。こういう二つの無限集合のうち、どちらが大きいか、と彼は問うた。一面からすれば、前者は後者の数をすべてとさらにそれ以上をふくんでいるから、前者の方が大きいともいえる、また一面では、五対一〇というように、前者の各数に後者の数が必ず一つ対応する。二つの集合間のこの一対一対応の観点からすれば、前者と後者の数は同じであるはずである。ガリレオは無限量の比較は不可能だと結論し、それ以上問題を追求することを放棄した。「無限性と不可分割とは、その本性がとうていわれわれにはわからないものである」と彼はいっている。ライプニッツも同じ問題を考えて、全整数の数という観念は自己矛盾であり、排除さるべきものだ、と結論している。

無限の問題はついにはうまく解かれるようになるのであるが、その解決の直前でも十九世紀の一流数学者カルル・フリードリッヒ・ガウスは無限量への恐怖を語っている。「私は無限量の使用に抗議する……。それは数学において決して許さるべきものでない。」

多くの数学者は無限量の思想にひるみ、拒否しようとしたけれども、十九世紀中ごろまでには、数学はもはやこの概念なしでは済ませなくなっていた。一六〇〇年から一八五〇年の間に数学は大幅の進歩をとげた。この群雄時代に、偉大な知的冒険家たちは難点欠陥を無視しとびこえて、彼らの天才と卓見によって夢見られたゴールへと一足跳びに歩み入った。こういう先駆者たちは、あとにつづくもっと注意深い人たちがしっかりした橋を架けてくれるだろうと期待していた。

しかし橋は容易に架けられなかった。群雄時代に残されたギャップを埋める試みは、次から次へとあらわれる背理や矛盾にゆがめられた。そして直観や「常識」をこえ、それらにとってかわる種類のものを考えていた批判的思索家にとっては、ギャップを埋める試みが緊急の必要事となってきた。この必要はついに満たされた。しかし、批判的努力がもたらしたすばらしい深遠な発見は、先駆者たちも、それよりも綿密な研究者も、全く予期しなかったところである。

無限の問題に対する最初の成果は、ゲオルグ・カントールによってなされた。彼の父は彼に教師よりももっと金になる工学の研究をすすめたので、カントールの経歴はこの世俗的問題から出発したが、数学のもっとも抽象的な分野への業績をもっておわった。彼の研究も、新機軸や独創性が遭遇するをつねとする憂き目を見た。——すなわち無視され、嘲笑され、誤解された。数学者仲間の一人レオポルド・クロネッカーは彼を激しく攻撃している。十九世紀後期のもっとも著名な数学者、アンリ・ポアンカレが一九〇八年になした批判は、クロネッカーよりも温和ではあるが、カントールに対する反応の典型的なものである。「後代の人は〔カントールの〕『集合論』をたんなる一時の病と見なすだろう。」数学者というものも、ふつうの人とかわらず非合理的で、偏狭で、貧欲なものである。一般の偏狭な人とかわらず、彼らは既存の思考様式のカーテンのかげに自己の鈍感さをかくし、カーテンの布を破り裂く人があると気違いだと罵るのである。カントールは、自分の研究に対する攻撃があまりにはげしいのを見て、自らを疑いはじめ、絶望的になり、神経衰弱に苦しんだ。彼の晩年には（彼は一九一八年に死んだ）彼の論理の反常識性も二、三の仲間から若干の承認をえた。上のポアンカレの言葉と対照をなして、それから少しおくれてアメリカ最大の数学者デイヴィッド・ヒルバートの言葉を聞けることは愉快である。「カントールがわれわれのために創造してくれた天国から閉め出しをくう者は誰もない。」今日ではカントールの研究は広くかつ完全に認められていて、数多くの数学の学徒たちは、カントールの研究がもたらした問題をさらに深く追求している。

では、カントールがどのように無限量の問題をあつかったかを見よう。無限集合の卑近な例は、整数の集合、分数の集合、すべての実数の集合、つまり整数、分数、$\sqrt{2}$・$\sqrt{3}$・πのような無理数である。こういう集合の数を数えることは、際限がなく不可能である。一方、これらが無限であるといっても、無限という言葉は有限でないといっているにすぎないのだから、何も意味がない。こういう言い方は、直立猿人は牝牛ではない、と同じようなものである。出来れば、無限の集合の中にどれだけの対象がふくまれているかに、もっと役にたつ答をあたえたい。

カントールはもちろん、無限の集合または類の中の対象の数が数えることによってはえられないことを認めている。彼はまた、一見たいした意味もないようなある一つのことに深い意義を認めた。第一類の対象の一つが第二類の対象の唯一つに対応し、第二と第一を逆にしても同じことがいえるような、対象の二つの類があるとしよう。たとえば、一部隊がめいめい鉄砲をかついで目の前を行進しているとすると、兵隊と鉄砲の間にこういう対応が存在する。専門的にいうと、二つの類、兵隊と鉄砲の間の関係は一対一対応という言葉であらわされる。一対一対応にある二つの類は、同じ数の対象をふくむことはあきらかである。二つの類の数をかぞえる必要はない。

カントールの偉大さは、一対一対応原理の重要性を認め、その帰結を追求して行ったことにある。カントールによると、二つの無限類が一対一対応におかれるならば、それらは同数の対象をふくむ。たとえば、正の整数の類

$$1 \quad 2 \quad 3 \quad 4 \quad 5 \quad 6 \cdots\cdots$$

とこれらの数の逆数の類

$$1 \quad \frac{1}{2} \quad \frac{1}{3} \quad \frac{1}{4} \quad \frac{1}{5} \quad \frac{1}{6} \cdots\cdots$$

とは一対一対応にあり、第一類中の各数に第二類、すなわち逆数の唯一の数が対応する。同様に、第二類の各数に、第一類中の唯一つの数が対応する。だから、これらの二つの類は同数の対象をふくむ。こういう特殊類中の対象の量をしめす数をカトールは、$\aleph_0$（アレフ・ヌル）であらわした。それは超限数とよばれる。

正の整数の数が、それと一対一対応にある対象の集合の数と$\aleph_0$である。といっても、各集合中にどれだけあるかという根本問題の答にはならないように見える。このなじみのうすい$\aleph_0$は、正の整数の数についてなんの知識もあたえない、という読者もあろう。その抗議は正しくない。この数は百万兆という数と同じ程度

に意味のあるものである。x_0が正の整数の数をあらわすように、百万兆も特定の集合の中の対象の量をあらわす記号にすぎない。

もちろん読者は、百兆の集合という対象は数えられるが、x_0という対象はかぞえられない、と反駁するだろう。だから前者の数は彼には若干の意味があるが、後者にはない、という。この区別は正しいが、意味のないものである。百兆の対象をじっさいに数えた人があろうか？　理論的にはそれはできるが、それなら理論的に無限の集合の対象に番号をつけることも可能である。だから、それぞれ百兆の対象を持つ二つの集合が持つのと同じ意義を、それぞれ同じ数の対象をふくむ二つの無限の集合はもっている。のちにのべるように、むしろ無限集合の方が百万という数よりも価値が多いであろう。

カントールの定義の論旨はもっとしっかりしたものである。x_0は三という数と同じく意味がある。この三という数は対象の量としてすぐピンとくるから、我々に意味あるのである。数を知らない子供には、三という数は無意味である。ただ子供が三本の指や三軒目と結びつけて三の意味をつかむように、x_0の対象をふくむ集合になれれば、人はx_0の意味を把握できるだろう。カントールの理論によると、こういう集合がどんなものかを決められるのである。

カントールの定義を念頭に置いて、ガリレオを悩まし、無限に関する思索をはばんだ難点を、もう一度考えなおしてみよう。ガリレオは正の整数の集合と正の偶整数の集合との間の一対一対応を認めたが、このことと、第一の集合が、第二の集合の数のすべてとそれ以上をふくんでいるという事実とを、調和させることができなかった。

このディレンマに対して、正の整数の集合と正の偶整数の集合とは、後者が前者にふくまれるけれども、ともにx_0対象をふくむ、という解答をカントールは出した。整数の数と偶整数の数とは、双方が一対一対応をなす故に、同じである。

正の整数の集合が正の偶整数の部分集合と同数である、とは奇妙ではなかろうか。しかし、一対一対応を無限集合の等式の基礎とすれば、この奇妙に見えることも認めねばならない。それではわれわれの推論もナンセンスになり、矛盾にみちびくことになる、とも思えるだろう。ここではわれわれは難点をうのみにして、それによっておどろくべき事実にぶつからなければならぬ。カントールの無限数の概念には論理的矛盾はないのである。正の整数と正の偶整数の数が同じだとは馬鹿げている、と考えるのは、対象の有限集合に馴れて、その馴れから形成された、たんなる考え方の習慣である。こういう有限集合に対する考え方は、無限集合を理解するさいの手引きとはならない。数学史の上では、理論と因襲的考え方の相剋にしばしばゆきあたる。そしてさらに、古い考え方との告別にゆきあたる。カントール以前の数学者は、量に対する習慣的な考え方をすて切れず、無限数の問題を発展させえなかった。しかし十九世紀の批判的思索家たちはそれほど臆病でもなかった。

彼らは難問に真向からぶつかった。哲学教授で無限類論のカントールの先輩、ベルナルド・ボルツァーノの指示に従って、無限集合は自身の部分集合と一対一対応をなすものとして定義された。この対応は有限集合では不可能なことである。整数とその部分類たる偶数との間に一対一対応があるから、正の整数の集合は無限なのである。

あらゆる無限集合は正の整数と一対一対応におかれうるだろうか？　決してそうではない。0と一の間の整数、分数、無理数をふくむすべての数の集合は、正の整数と一対一対応をなさない。正の整数と、0と一の間のすべての数の集合との間の一対一対応を考えれば矛盾にみちびかれることをしめせば、その証明はかんたんにできる。しかしここではその詳細は省略する。

0と一の間のすべての数値の無限集合と正の整数とは一対一対応になりえないから、二つの集合の数は同じではない。0と一の間の数値の数は超限数Cであらわされる。したがって、0と一の間のすべての数値と一対一対応をなす対象の集合はすべてC対象をふくんでいる。

C対象の集合の例として、線分上の点がある。直線とその上の点Oを考える。直線上の各点にOからその点への距離をあらわす数を付する。この場合Oの右側へは正、左側へは負の条件をつける。すると、Oと一の間の数値と、その数を付した直線上の点とは、一対一対応になる。このことは、これらの点の数がCであるという意味もふくんでいる。

Cを0と一の間の実数の数と定義した。この集合はすべての正の実数と一対一対応にある。このことを幾何学的に証明しよう。実数の集合は、座標幾何学におけるX軸のような直線上の点と一対一対応にある。だから、Oの右の直線上（**図97**）の点ですべての正の実数をあらわし、OAをその上の点がOと一の間の実数と一対一対応にある単位線分とする。ここでOABCのような矩形を作り、対角線OBを引く。さて、PをOの右のある点とする。CPを引き、OBとQでまじわらせる。QからLに垂線を引き、その足をP′とする。上述の作図でできる対応によって、Oの右L上のある点PはOA内の一点P′と一対一対応する。逆にOA内のある点P′からはじめて、P′においてOAに垂線を引き、この垂線がOBをQで切るとする。それからCQを引けば、CQがLを切る点がP′に対応する点Pである。OA上の点Pは、Oの右L上のすべての点に一対一対応をするから、OA内の点の数も、全半直線上の点の数も、同じくCである。算術的にいうと、正の実数の集合はOと一の間の実数と一対一対応にあり、従って正の実数の数はCである。

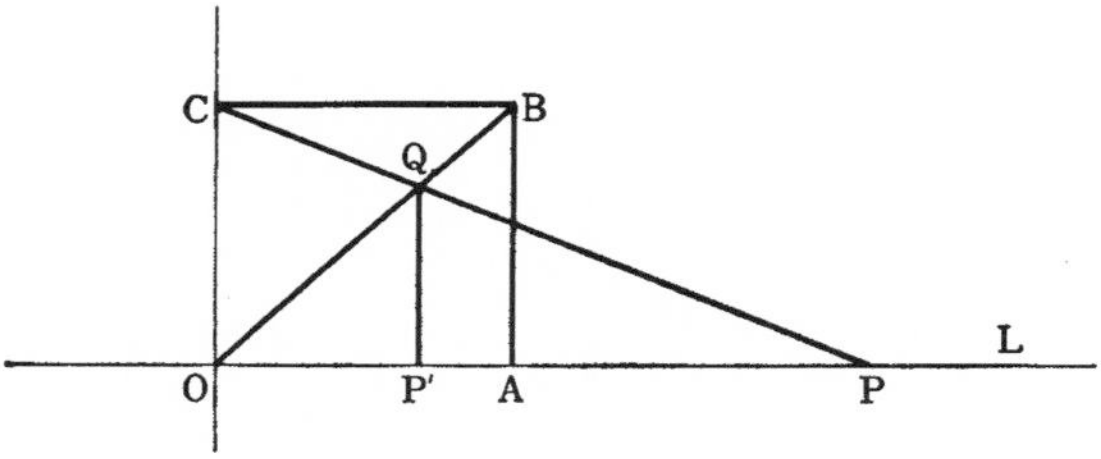

図97　単位線分の点と半直線上の点の間の一対一対応

線分上の点と半直線上の点とは、一方が一単位長、一方が長さ無限であるのに、一対一対応をする。じっさいにはOAを二単位長、或いは任意の有限単位長にしても、結果は同じである。だから、いかなる線分上の点の数もつねにCである。

この結論なども直観に反するものに見える。しかし、二つの線分の長い方が点が多いと考える権利がわれわれにあるだろうか？　点や線に関してこういう考えのささえとなるような知識があるだろうか？　ユークリッド幾何学では、いかに小さい線分でも分割できるから、いかなる線分でも無限の点をふくむ、といっている。一方この幾何学では線分上の点の数については何もいっていない。カントールの理論では、いかなる二線分も、その長さに関係なく、同数の点をもつ、ということがあきらかにされた。この結論は論理的に正しいだけでなく、二千年来哲学を悩ましつづけて来た空間、時間、運動の本性に関する難問をも処理しえたのである。

　空間、時間の直観によると、長さや時間がいかに小さくとも、さらにそれ以上に分割できる。これらの概念を数式で表わすさいには、この分割性の性質が考慮に入れられている。たとえば、いかなる線分もユークリッド幾何の作図で分割される。数学上の直線はさらに次のような性質も持っている。いかなる長さも、長さを持たない点から成っている。さらにこれらの点は数系列の数とおなじようにたがいに関連づけられる。さて、いかなる二数の間にも、他の数が無限に存在する。たとえば1と2の間には$1\frac{1}{2}$、$1\frac{1}{4}$、$1\frac{1}{8}$……などがある。だから直線上のいかなる二点の間にも、他の無限数の点がある。同様にして時間の数学概念では時間は継続期間のない瞬間から成り、数系列の数とおなじくたがいにつづいている。だから、十二時は瞬間であり、十二時何秒後に対してもそれぞれ対応する瞬間がある。そこで、ある二瞬間のあいだに無限数の瞬間があることは、直線上の点と同じく、時間に対しても真である。

　このような長さと時間の数学概念には、ギリシアの哲学者ゼノンが指摘したような難点があるが、今日では無限類論の使用で解決できている。ゼノンのアキレスと亀のパラドックスをバートランド・ラッセルのあらわし方によって考えよう。

　アキレスと亀が走りっこをし、足のおそい亀はアキレスの出発点よりも前から出発することが許された。アキレスが亀を追い越したら、勝負はおわりになる。ということになっていた。各瞬間毎に、アキレスと亀はコースのある点にあり、双方とも一つの点に二度いることはない。すると、彼らは同じ瞬間数を走るから、アキレスも亀も走る点の数は同じである。アキレスが亀に追いつこうとすれば、それ以上の距離を走らねばならないから、亀よりも多くの点を通らねばならない。だからアキレスは決して亀に追いつくことができない。

この議論は一部は正しい。彼らの走る各瞬間毎に、彼らは正しく一点を占める故に、スタートからおしまいまで亀とアキレスは同数の点を通ることを認めねばならない。だから亀の通る点の無限集合とアキレスの通る点の無限集合の間には一対一対応がある。しかし、競争に勝つためにはアキレスはそれより大きい距離を通らねばならないから、アキレスは亀より多くの点を通らねばならない、というのは正しくない。その理由は、右の言い方では、競争に勝とうとするアキレスが通らねばならない線分上の点の数は、亀の通らねばならぬ線分上の点の数にひとしい、といっているにすぎないからである。線分上の点の数は長さとは無関係であることに注意する必要がある。いいかえれば、この問題を解決し、時間・空間の数学理論を救うのは、カントールの無限類論である。

時間・空間の無限分割性を否定するものとして、ゼノンはもう一つパラドックスを考え出した。これは彼の論敵たちをやりこめていたものだが、やっと近代になって時間・空間の近代数学的概念と無限類論によってはじめて満足に答えられた。飛んでいる矢を考える。いかなる瞬間をとっても、それは定まった位置にある。その次の瞬間には、矢はべつの位置にある。矢は一点から他点へ何時移るのか？

矢はどのようにしてその次の瞬間にはあたらしい位置にたどり着くのか？　この議論では次の瞬間というものを仮定しているが次の瞬間というものはない、というのがその答である。数系列の数のごとく、瞬間はつづいておこるもので、2や$2\frac{1}{2}$の次の数字というものもない。二つの瞬間の間に、他の無限数の瞬間が介在する。

しかしこの説明はただ一つの難点を他の難点にすりかえたにすぎない。矢が一点からその近くの点に達するまでには、無限数の中間の点を通らねばならない。そしてその点は無限数の瞬間にそれぞれ対応している。では、無限数の中間の点を通らねばならないとすれば、どうしてその近くの点に達しうるのだろうか？ この問題もむずかしくはない。一単位の長さを通過するには無限の点を通らねばならないが、しかし僅か一秒でもその中に無限の瞬間をふくむので、無限の点を通るのに一秒とかからなくてもすむのである。

しかし矢の運動にはもっと大きな難点がある。飛んでいる間の各瞬間には、矢の先は一定の位置をしめる。その瞬間では矢は動かない。瞬間には継続期間はないからである。だから各瞬間で矢は静止している。これは各瞬間について真であるから、動いている矢はつねに静止している。このパラドックスは一筋縄では行かないもので、論理そのものを否定するかの如き大難問である。

近代無限集合論はこれに対してまた次のようなおどろくべき解答をもたらしている。運動は一連の静止である。運動は点と瞬間の対応に他ならず、点と瞬間はそれぞれ無限集合をなしている。物体が「運動」をつづけている間、その各瞬間で、物体は一定の位置を占め、静止しているともいえる。

この数学的な運動概念では、われわれの経験上の物理的運動概念を満足させられるか？ 直観によると、運動はことなった瞬間におけることなった位置以上のものではないか。しかし、ここでも直観にあまり信を置くことはできない「活動」写真は、毎秒十六の割合でスクリーン上を明滅する一連のスチールのようなものである。つまり、活動しない写真から成るものではあるが、活動の幻影を十分あたえうる速度で入れ替るのである。だから運動は一連の静止に他ならない。この数学的運動理論では、各瞬間における無限数の「静止」をあたえる故に、かえって直観で捉えやすいはずである。この運動の概念によってパラドックスは解けたのだから、それは完全に承認されてよいはずのものである。

超限数の代数は若干のおどろくべき特徴を持っており、その特徴によって時間、空間の観念におけるいろいろの難問を解くのに役立つのである。対象(a)対象(b)の二つの類を考える。

(a)	1	2	3	4	5	6	7
(b)	6	7	8	9	10	11	12

(a)類の数はそれぞれの横の(b)類に対応し、その逆もいえるから、この二つの類は一対一対応にあることはあきらかである。だから二つの類は同数の対象を持つ。この数は正の整数の数であるから、x_0である。しかし第二類は第一類よりも五だけ小さい。つまり、

(1)　　$x_0 - 5 = x_0$

となる。方程式(1)にあらわれた奇妙な事実、すなわち無限量から有限量を引いても同じ無限量が残るということは、西暦一〇〇年ごろのローマの詩人ルクレチウスによって詩的に表現されている。

好き勝手に子孫をこしらえるがよい。しかしどの道お前を待っているのは永遠の死だ。ずっと以前に死んだ者も今日はじめて死んだ者も、生きた長さに違いはない。

正の整数の集合は正の偶整数の集合と一対一対応におかれ、正の奇整数と正の偶整数は同数だから、正の奇整数も、正の偶整数も、共にx_0である。ところですべての正の整数の集合は、正の奇整数と偶整数といっしょにしたものに正しく等しい。後者はx_0+x_0または$2x_0$の対象をふくむが、正の整数の集合はx_0である。だから、

(2)　　$x_0 = 2x_0$

となる。

よく注意すれば、方程式(2)であらわされることをつかって、この章のはじめにしめしたトリストラム・シャンディーのパラドックスを解くことができる。トリストラムは、一日の間に半日の経験しか記録できないから、無限数の年を生きても生涯の半分しか記録できない、となげいた。また一方、永遠に生きつづけるとすれば、どの年のこともいつかは記録できる、とも思えた。無限量の数学理論は後者を支持する。彼が$2x_0$年生きるとすれば、生涯のx_0を記録できる。しかし、$2x_0$生きることはx_0年生きることだから、トリストラムは自伝を完成して子孫に残すことができるだろう。

x_0をふくむ(1)と(2)のような方程式は、われわれには正しいものとはみえない。それはわれわれが有限数に対して成りたつ考え方に馴れているからである。しかしここには非論理的なものはない。有限数に対して成りたつ諸性質は、超限数に対しても成りたつとは限らないし、その逆の場合も必ずしもそうある必要はない。この論理は、猫と犬がともに四足獣だからといって猫に対して真であることが犬に対して真である必要はない、というのと、同だ理屈である。

無限量の研究におけるカントールの業績を以上に短くのべただけでも、彼の理論がみちびいた結果がいかに価値あるものかわかったであろう。しかし、これは帳簿の片面である。もう一方の面にも記載事項があって、それも注目に価するものである。

無限量研究の基本概念は、対象の類や集合の概念である。その例としては直線上の点集合や瞬間の集合などがある。ところがまずいことにこのかんたんに見える基本概念は、われわれがまだ考えてみたこともない難点をふくんでいるのである。これを二、三の例で考えよう。

第一の例は古くから有名なものである。それはいろいろな形で新約聖書などの古い文献にあらわれている。使徒行伝の中でパウロはチトウスにクレタ島人のことを語っている。「彼らの一人、街の予言者はいえり、クレタ人はすべて嘘つき、悪漢、貧欲なりと。この証しは真なり。」このクレタ人に対する誹謗はもっと一般には次のようにいわれている。「クレタ島人エピメニデスは、クレタ島人はつねに嘘をつく、といった。」

しかし、もしエピメニデスが正しければ、彼は真実をのべているのであり、クレタ島人がつねに嘘をつくことは真ではない。一方、彼自身の陳述によれば、クレタ島人の一人としての彼は嘘つきで、だからすべてのクレタ島人が嘘をつくということは嘘である。いずれにしてもエピメニデスは自己矛盾をおかしている。たとえ事実はクレタ島人はすべて嘘つきであっても、彼はすべてのクレタ島人が嘘をつくと述べることは論理的に出来ない。彼の口は論理によって封ぜられている。

次に、実直な村の散髪屋のディレンマを考えよう。彼は広告文句に、自分で鬚をそる人はそらないが、自分でそらない人の鬚はみんなそります、と謳った。ある日、自分の顔をそっているとき、急に自分の顔をそるべきか否かの疑問に落ちこんだ。鬚をそれば、彼は自分で鬚をそる人になる。だから広告によって自分の鬚をそってはならない。一方、自分でそらなければ、広告にしたがって自分でそらなければならなくなる。哀れな散髪屋は、人を自分でそる人とそらない人に分類したが、自分自身はそれにふくめなかった。可哀想に彼は顔をそりかけのまま剃刀片手にどうしていいかわからなくなった。

さらに次のような面白い例もある。「多綴（polysyllabic）」という語は多綴であるが、「単綴（monosyllabic）」という語は単綴ではない。この二つの言葉のうち、前者は自らを表現しているが、後者はそうではない。単綴（monosyllabic）のような自らをあらわす場合にはあてはまらない言葉はヘテロロジカルということにしよう。Xが X自身でなければ、Xという言葉はヘテロロジカルである。Xにヘテロロジカルという言葉を代入してみよう。そうすれば、ヘテロロジカルという言葉そのものはヘテロロジカルでなくても、ヘテロロジカルはヘテロロジカルである。言いかえれば、あるものはそのあるものでなければ、あるものである、というのである。だからこの点に関していえることはみな、あるものはまちがいである、ということになる。

こういうパラドックスには、クレタ島人の類、鬚をそられる人の類、そして最後の例のヘテロロジカル言語の類など、さまざまな対象の類がふくまれている。分析してみると、その命題は自己矛盾であることがわかる。ところがこういう難問が、カントールの類概念の使用によって、数学の中に持ち込まれたのだ。だから彼の研究が批判の嵐をまきおこし、烈しく反対を受ける問題となったのも、不思議はない。

残念ながら難点はまだきれいに除去されてはいない、といわねばならない。こういう難点は論理学と数学の間の境界線上の問題をふくみ、いくつかのちがった方法がこころみられ、それぞれ自分の方法が正しいと主張しているが、どれ一つとしてまだ満足なものはない。数学者は現在いくつかの学派にわかれ、おのおの自己の数学基礎論の哲学を守っている。

しかし数学のすべてに疑念がむけられているのではないことを付言しておこう。また、論議のさなかの問題も一部たりといえども放棄さるべきでない。幸なことに理論的には問題はあっても実際的観点からこれらの部分の適否を判断することができる。ちょうど微積分がまだ論議の的となっていた間にも、どしどしすばらしい法則を生み出していたように、今日でもまだ問題のある定理がじっさいに応用されてその効果を発揮している。微積分の歴史を見ると、その難点は結局解決されたのだから、これに勇気をえて、現在問題になっているものの解決も期待してよいであろう。

しかしこの疑問は数学者に自己の研究の意義に疑惑の目をむける機会をあたえたらしい。時代の生みだした成果にはつねに厳密化する問題がつきまとい、それが有名なアメリカの数学者E・H・ムーアをして「一日の厳密化は一日にて足れり」という警句をはかせている。もっとシニックな数学者がいる。証明は疑惑を集中させる場所を教えてくれる、と皮肉った者がいる。また、論理とは確信をもって誤りに突入する技術なり、といった者もある。

カントールの研究がひきおこしたパラドックスは、今日も完全に解決されてはいないが、彼は人間の為しうる本当の進歩をなしとげたのだ、と認める数学者が多くなった。数学者は直観と洞察の力によって創造する。論理は直観の収穫物を確認する。とにかく抽象に流れがちの数学をじっさいに応用して、その観念を健康に強く維持することは、精神衛生上必要である。数学の全構造は不確かな基礎、人間の直観の上にたっている。今ではここかしこで直観は堅固に建てた思索の柱によって取り替えられている。しかしこの柱もその底ではあいまいな直観の上にたっているのである。直観をげんみつな思索によっておきかえる作用は、数学のよってたつ基礎の性質をかえるものではないが、建築の強度と高さを増すものである。

この章をおえるにあたって注意しておかねばならないことがある。パズルだのパラドックスだのがたくさんあらわれたので、読者は無限数論を数学遊戯と思うかもしれない。これはとんでもない誤解である。あいまいで捉えがたい直観に対して正確な思索がいかに応用されていったかを見るべきである。無限集合の対象にたいする量の観念をげんみつにうるために、カントールは、アリストテレス時代から現代にいたるまでつづいた哲学論議を持ち出したのである。

無限数論は十九世紀の批判的思索家の産み出したもののなかのただ一つにすぎない。その内容は奇妙なものにも見えようが論理的でもあり有用でもある。この次にたずねて行く数学に対しては、読者はいまだかつてない風がわりな作品だと思うだろう。しかしそれは、数学思想、科学思想、哲学思想において革命的な役割を発揮したのである。数学的げんみつさの精神は、まずギリシア人によって導入され、のち十七世紀になって科学的活動の促進にあまりせっかちになったために一時見うしないかけたが、十九世紀の数学者は、このげんみつさを保とうとしてかえって正常で常識的な思想の流れから、ますます遠くへ押しやられたかのようにも見えるのである。

第26章

あたらしい幾何学あたらしい世界

私は自らのおどろくべき発見に茫然自失してしまった。私は無からあたらしい別の世界を産み出したのだ。

ヨハン・ボヤイ

最初にユークリッドに挑戦した者はユークリッドその人であった。真理の住家、哲学、科学の出生地として、もっとも広くかつもっとも完全に受け入れられた思想体系、その創始者はこれを世に問う前にすでに自己の結果に疑いを抱いていたのである。ユークリッドの懐疑は現在あかるみに出されている研究の端緒であるが、それが彼以来実に二千年のあいだ埃をかぶっていたのである。

ユークリッド幾何学はきわめて自明な十の公理の上に作られていて、「正常な」人なら誰も疑いえないものであることは、広く知られている。この堅固な基礎から、完全無欠の論理が、公理と同じように自明な「真理」をつみ重ねていった。さらに、ニュートン時代をもって頂点とする二千年に渉るその応用の成功が、これらの真理の完全性と信憑性に議論の余地なき根拠をくわえていた。年々歳々、経験によって論理をささえ、伝統によって常識を補強して、ユークリッドの体系はおかしがたい尊厳をかちえた。一八〇〇年ごろには教育ある人たちはバイブルの文句よりもユークリッドの定理に誓ったものである。

経験に従ってか、カント哲学を受け入れてか、あるいは自明のものと認めてか、とにかくユークリッドは真理であり、真理はユークリッドである、という結論は人々にはおかしがたいものに見えた。このうらやむべき地位をユークリッド幾何学ははじめから持っており、しかも時がたつにつれてますますその地位は高揚したのであるが、ユークリッドをはじめ二、三の思索家たちは安閑としておられなかった。彼らは二つの見た目には傷のないように思える公理を案じていたのである。

そのうちの一つは、線分はどちらの方向へものぞみのままに延長できる、というもので、二番目は平行線の公理、すなわち一直線L上にない点Pを通る直線をMとし、LとMをどんなに延長してもまじわることのないような直線Mはただ一本しかない(図98)、というものである。ユークリッド幾何学の公理が物理空間における経験に従って承認されるものとすれば、若干の問題がある。地球上数マイル以上の空間における現象に対しては、直接経験を持ち合わせている人は誰もいない。じっさいには、これらの公理はわれわれが動いている限られた範囲においてのみ真理である、としかいえない。また、射影幾何学の章で、直接見とどけられる空間でも平行線を見ることはできない、と指摘してあるから、ここでもこの公理を確信できない。ユークリッドが平行線とした二直線がはるか彼方にまで延びているときは、両端で一致するように見えるのである。

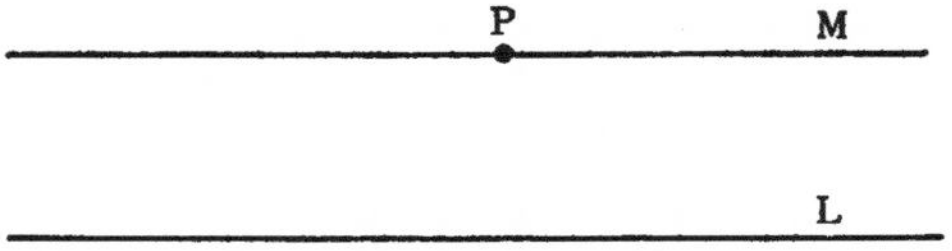

図98 ユークリッドの平行線の公理

ユークリッドはこれらの公理をそれぞれ意識的に区別してつかっている。一番うたがわしいと思われる平行線の公理はできるだけつかわずに済まそうとしている。幾何学の定理の問題には線分(二点間の直線部分)をつかっても、無限直線は考えていない。必要でない限り線分を両方に延長しない。しかしユークリッドが以上の二公理を疑っていたからそうしたのだというわけではない。むしろこれらはかなり程度の高いものだから、これらの公理の内容をもっとかんたんな他の公理の結果としてえようとしたかったのだろう。

ユークリッドから後の各時代でも、げんみつな思索家はこれらを公理として用いることをためらった。なんとかして気にかかる点を取り除こうと、みな同じことをくりかえした。彼らは平行線公理に頭をなやまして、他の公理からそれを演繹するか、もっと受け入れやすい代用品を探そうとしたのである。何百という数学者が貴重な時をついやしたが、結局失敗におわった。そして一八〇〇年ごろには、平行線公理は幾何学の汚点とよばれるようになっていた。

これらの努力の跡を辿るのは意義あることでもなければ、のぞましいことでもないだろう。しかしその中の一人ジェスイットの僧侶ジロラモ・サッケーリの研究は注目に価する。彼はパヴィア大学の数学教授であり、熱心な論理学の学徒でもあった。サッケーリは大胆なあたらしい考え方を持っていた。彼の平行線問題の斬新な研究を論じてみよう。一直線Lと一点Pをあたえると、(a)Pを通りLに一平行線が引ける、(b)Pを通りLに平行な線はない、(c)Pを通りLに平行な直線は少なくとも二つある、の三つのうちどれかである。(a)はユークリッドの平行線公理である。(a)を(b)でおきかえるとすれば、(b)とユークリッドの他の九つの公理をいっしょにするとたちまち矛盾した定理にみちびかれることがわかる。だからたしかに(b)は正しくない。同じく(c)も他の九公理と結びつけると矛盾した定理にみちびくだろうから、これも正しくないだろう。だから ユークリッドの平行線公理のみが可能である、という結果が出る。

(b)とユークリッドの他の九公理をいっしょにつかって、サッケーリはたがいに矛盾する定理を演繹した。しかし彼は他の九公理と、(c)の二つ以上の平行線を許す公理とから矛盾を引き出すことには失敗した。彼の努力は広汎におよび、彼のみちびいた結論はユークリッド幾何学のそれに比しておそろしく奇妙なものだったが、とにかく矛盾はなかったのである。

サッケーリは画期的発見の敷居ぎわにいたのだが、それを乗りこそうとはしなかった。サッケーリ自身は、彼の公理から作り出した奇妙な定理をまったく予期していなかったので、ユークリッドの平行線公理こそ正しいものにちがいない、と確信していた。そこで彼は一七三三年その結論を『あらゆる汚点から弁護されたユークリッド』と題する書物にまとめて発表した。ある人が他を弁護しようとすれば、とかく事実を無視することになりがちのようである。

平行線公理による問題に対しては、数学者として偉大であった人も、二千年来の考え方の習慣を認め、それを排除しようとしなかった。ここにサッケーリなどの誤りがある。しかし十九世紀初期の数学界では、知的環境に変化がおこり、根本原則の徹底的、批判的再検討となった。ガウス、ロバチェフスキー、ボヤイの三人がたがいに独立にそして同時にサッケーリの研究の正しい解釈を発見した。これがこの変化の時期を画するものである。ロバチェフスキーとボヤイが彼らの研究を発表したのは、たがいに数年と間をおかない間の出来事であった。

以上三人のうちニュートン、アルキメデスと比肩されるべき最大の人物はカルル・フリードリッヒ・ガウスである。カルルはいろいろの分野に早熟ぶりをしめし、とくに数学を熱愛した。若いころ正十七角形を定規とコンパスで作図できることを証明して、彼は有頂天になって、数学を研究するために言語学者になる素志をすてた。やがて彼はいろいろな分野で立派な業績をあげ、また発明家、実験家としての名声もかちえた。彼の業績は質、量ともに他のいかなる数学者にも劣らぬものであったが、ガウスはきわめて謙虚であった。「誰でも私のように深く倦むことなく数学の真理に注意すれば、私のような発見をできるでしょう。」と彼はいっていた。数学的才能に絶望している人も、天才は九十九パーセントの汗だと信じている人も、ガウスの言葉を聞いて慰められるだろう。

平行線公理の問題にはじめて注意したときは、ガウスはまだ若かった。まず手はじめに、彼はなんとか平行線公理をもっとかんたんな公理でおきかえようとしたが、失敗した。それから彼はサッケーリの考える線に沿ってユークリッドの公理と矛盾する平行線公理——サッケーリの(c)を——採りあげ、このあたらしい公理とユークリッドの残りの九公理とから結果を演繹した。サッケーリと同じく、彼も奇妙な定理に達した。この奇妙さにおじけることなく、ガウスは虎穴に飛びこんだ。彼は偉大な数学者たちも考えいたらなかった大胆であたらしいおどろくべき結論を引き出した。ユークリッド幾何学と同じく正しい幾何学が他にも存在い、しうる、と彼は確信した。

ガウスは非ユークリッドの幾何学を創造する知的勇気は持っていた。しかし十九世紀初期の科学者は、ユークリッド幾何学以外の幾何学はないと宣して、当時の思想界を支配していたカントの影の中に生きていたので、ガウスも創造的天才を気狂いあつかいする愚民どもにたちむかう道徳的勇気は持っていなかった。ガウスの非ユークリッド幾何学研究は死後の遺稿の中に見つけられたものである。

非ユークリッド幾何学創造者の栄を有する他の二人のうち、先に出たのは天才ニコラス・ロバチェフスキーである。一七九三年貧しいロシアの家庭に生まれた彼は、カザン大学で研究し、二十三歳にしてそこの教授職についた。ロバチェフスキーも平行線公理の問題に興味を持っていた。数学者たちの二千年来の努力をもってしても、それよりよい公理を生み出しえなかった、という事実に感じるところがあったのだ、と彼はいっている。そして、サッケーリやガウスと同じく、彼もユークリッドの公理と矛盾する平行線公理を基礎にしてあたらしい幾何学を建設した。彼はほとんど信じがたいような定理にみちびかれたが、ガウスに劣らずそれに勇気をくじかれることはなかった。正しい推理がそこにみちびいたのだし、正しい推論こそ疑いの余地のない手引である。そしてロバチェフスキーも革命的な結論に必然的に達した。ユークリッド以外にもそれと同じように正しい幾何学がある。

ロバチェフスキーとともに非ユークリッド幾何学の発見と発表の栄をになう人は、ハンガリア人ヨハン・ボヤイである。彼も神から天才を授けられていたが、その上やはり数学者であった父ウォルフガングの激励と薫陶を受けていた。ウォルフガング自身平行線公理の問題に首を突っ込んで、多年心血を注いだが報いられなかった。彼はその問題を息子に譲ったが、その息子は一八二五年、二十三歳にして急に眼から鱗を落したのである。ユークリッドの公理に矛盾する公理があって、それがあたらしい幾何学の基礎となりうるのだ、とヨハンは考えた。彼は建設にとりかかった。父のすすめで、彼は一八三三年その研究を父の書物の補遺として発表した。

ロバチェフスキーとボヤイの論文はどんなあつかいを受けたか？　当時の科学者たちはこのユークリッド幾何学の敵手たるゆゆしき新説にいかに反応したか？　当時の支配的哲学であった合理論哲学者は己に対する徹底的反駁に対していかに処したか？　ロバチェフスキーやボヤイの研究は完全に無視された。その上、一八四七年には、すばらしい成果と無私の研究態度を持っていたロバチェフスキーも、大学から放免の憂き目にあった。ボヤイはオーストリアの陸軍士官であったが、彼もどこかの教授であったら、同じ運命をなめていたであろう。

ロバチェフスキーやボヤイが画期的大作を発表してから約三十年して、ガウスの遺稿のなかに非ユークリッド幾何学に相応するものが発見された。彼の名声はこの問題への関心を引き起し、それからは数学者もロバチェフスキーやボヤイを読みはじめるようになった。

彼らの平行線公理問題の研究を考えるために、しばらく逆戻りしよう。直線LとL上にない点Pを考える（**図99**）。ユークリッドの平行線公理では、Pを通りLにまじわらない線Kは一本、ただ一本しかない。QをL上の点としよう。Qを右に動かすと、直線PQはPのまわりを時計と反対むきにまわり、直線Kに近づくように見える。同様に、Lに沿ってQを左に動かすと、直線PQはPのまわりに時計のむきにまわり、これもまたKに近づく。どちらにしても、PQは一本の同じ極限直線Kに近づく。

しかし、ボヤイとロバチェフスキーは、PQの二つの極限が同じ直線Kにはならず、Pを通る二つのちがった曲線、つまり極限直線MとNになる（**図100**）と仮定した。その上、JのようにPを通りMとNの間にあるあらゆる直線はLとまじわらない、と仮定した。だから、ボヤイとロバチェフスキーの平行線公理では、Pを通りLに平行な平行線の無限集合の存在を肯定している（彼らは極限直線M、Nに平行線という言葉をそのままつかっているが、ここではそれをPを通ってLにまじわらない直線とよぼう）。

ボヤイやロバチェフスキー当時の数学者とともに、読者もこれを荒唐無稽な仮説だと感じるであろう。MとNを十分延長すればLにまじわることを図はしめしている。しかしボヤイやロバチェフスキーが意図したところは、それがわれわれの住む空間を反映していると否とにかかわらず、ユークリッドの公理のかわりになるものを取り出そうとしたことにあったことを思いおこしてみよう。この公理とユークリッドの残りの公理から、図の助けを借りるのではなく、ただ推論のみによって定理をえようとするのであるから、この公理が視覚にどう写ろうと、それは問題ではない。

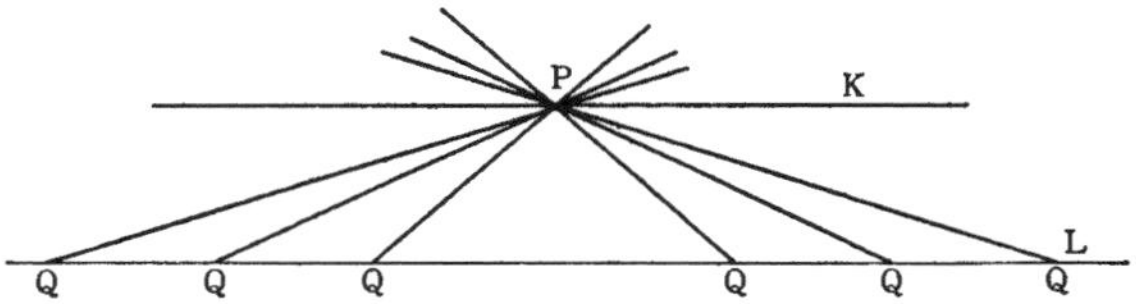

図99　1本の極限直線をもつユークリッドの平行線

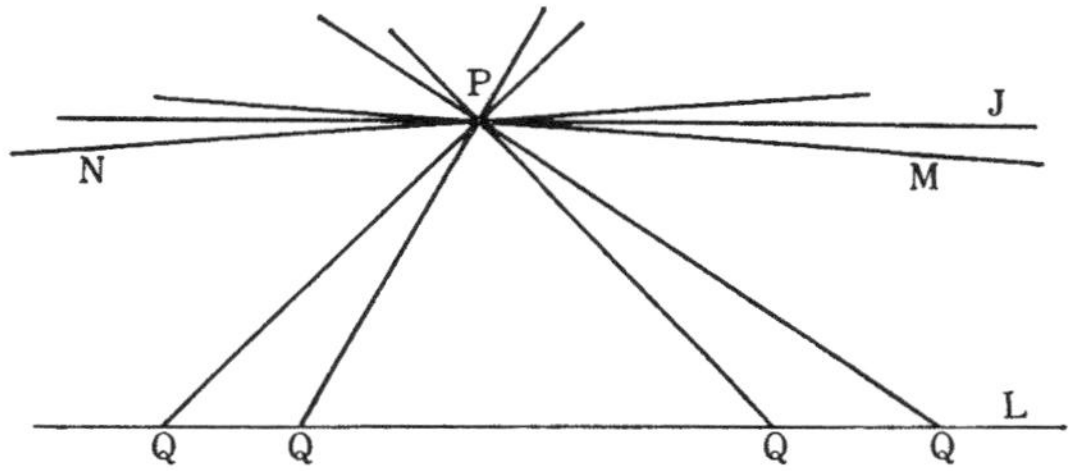

図100　ロバチェフスキーとボヤイの平行線公理

ボヤイとロバチェフスキーはこういう公理からどんな定理を証明しえたのであろうか？　勿論、彼らも他のユークリッドの公理は残していたのだから、ユークリッドの平行線公理をつかわずに証明できるユークリッド幾何学の定理はみな、彼らの幾何学においてもそのままである。鉛直角はすべて等しい、一点Pから一直線にむかって一本の垂線を引きうる、二等辺三角形における等辺の対角は等しい、などは、こういう種類の定理である。

ボヤイやロバチェフスキーの幾何学では、彼らの平行線公理にもとづいていてユークリッド幾何では見つけられない驚くべき定理が出てくる。これらの定理も、一般の数学定理と同じく、読者におなじみの演繹推論から証明されるものであるが、ユークリッド幾何学とちがって、証明段階をしめしたり、定理の意味をあきらかにするためには、図形はあまり役にたたない。

もっともおどろくべき定理は、いかなる三角形の角の和も常に一八〇度より小さい、というものである。さらに、もっとおどろくべき事実として、二つの三角形で、面積の広いものの方が角の和が小さいとし、新幾何学は、二つの幾何学図形の大きさがちがっても同じ形を持ち得る、というユークリッド幾何学の概念を一掃してしまったことである。こういう場合は、図形は相似であるが合同ではない、とふつういう。ところが新幾何学では、相似三角形は合同でなければならぬ。新定理の最後の例としてこういうものを挙げよう。二平行線間の距離が一方向でゼロに近づけば、他方向では無限大となる。

ボヤイとロバチェフスキーは、多くのおどろくべき定理を持った新幾何学建設に成功した。しかし彼らの研究は論理の演習問題以上のものであろうか？　まず、新幾何学の数百の演繹はたがいに矛盾する定理を一つも生じていないことに注意しよう。つまりこれは、古い平行線公理が他のユークリッドの公理から演繹されないことを意味している。そうでなければ、新幾何学の仮説は自己の体系内で矛盾にみちびくことになるはずである。しかしユークリッドの平行線公理が他のユークリッドの公理からみちびかれえないということは、かならずしもあたらしいことではない。この事実はかつてすでに予想されていたことである。

ところがボヤイとロバチェフスキーの研究の二番目の意義はまったく予期されていなかったことである。それは、ユークリッドの平行線の公理のかわりに他の公理をつかうと矛盾に陥るからユークリッドの公理は絶対正しい、という論法はいえなくなったことである。だから以前の数学者が平行線公理を立証しようとしてつかった二つの方策は、ともにうまく行かないことが、あきらかになった。

ともあれ、新幾何学の最大の意義は、まったく予期されなかったものである。論理の演習問題だという考えがまだ人々の心に引っかかっていたけれども、とにかくユークリッド幾何とちがった幾何学があるのである。この知識を持った数学者は、空気銃を手にした少年のようなものだ。それをつかおうとする誘惑は押さえがたいほど強いものである。ユークリッド幾何学は物理空間の正確な表現として知られていた。一方、ボヤイやロバチェフスキーの非ユークリッド幾何学は、物質界に応用できそうにも見えなかった。——果してそうであろうか？

この問題への反応ははじめは一般に否定的であった。ユークリッド幾何学が正しいなら、このあたらしい対立する幾何学も正しいということがどうしていえようか？　その上、こういう荒唐無稽の定理を身のまわりの現実世界に応用できると思うのか？　しかし少し考えてみれば、はじめの反対はあまりに性急であることがわかる。ユークリッド幾何学が正しいという理由はどこにあろうか？　数千年来用いられてきたことはたしかである。また長い間習慣になって来た考え方であることも確かである。しかし、ユークリッド自身平行線公理を問題視していたではないか、空間はきわめて膨大で、われわれに認められる部分は地球表面上の一点にすぎないのだから、人間の日常経験からはるかにかけはなれた空間領域については確かなことはいえないのではないか？　火星近傍の宇宙の幾何学や、地上十マイルのところの幾何学さえも、知っている人はあろうか？　地球に応用できると思えることがどこにでも同じくあてはまると断言する権利があろうか？　一時はかなりよく使われても、究極的にはすてさられるべき科学法則が何百とあるが、ユークリッド幾何学もそれと同じ運命なのかもしれない。

この問題を注意深く考えてから、ガウスはユークリッド幾何学の正しさを決める基準をしめした。この幾何学では三角形の総和は一八〇度であるが、新幾何学では一八〇度より小さい。だから三角形の角を測ればどちらが物理空間に適合するかを決められる。二つの理由から非常に大きい三角形をえらばねばならなかった。まず、小さい三角形では眼の誤差が大きくなる。次に、ロバチェフスキーやボイルの定理では、三角形が小さいほどその角の和は一八〇度に近くなるから、測定器械にその差が感じられなくなる。

ガウスは自ら実験をやってみた。彼は三つの山頂に観測者を配置した。各観測者は他の山頂をのぞむ角度を測った。その結果、三角形の角の和は一八〇度から二秒の範囲になり、その差はきわめて小さく、測定誤差と見なされるべきものである。だからこの実験は決定的なものではなかった。

最良の実験条件の下でも、空間がユークリッド的であることを証明できなかった、というのが、ガウスの三角形のテストの結果である。測った角の和が一八〇度であっても、測定誤差の範囲内でのことであり、だから真の和が一八〇度よりも小さいという可能性もある。じっさいにはテストには二つのあやしい仮定が入っていて、それからえられた結論も信用できないものである。その第一は、三つの山頂でできた三角形を、決定的な結論がえられるほど十分大きいものとしたこと、第二の仮定は、三角形の辺をなす光線を直線としていることである。光線はじっさいにはほとんど認められないほどではあるが曲っているらしい。

ガウスのテストは、面白いが実りなきものとして棄てられても、非ユークリッド幾何学の応用の可能性についての大問題はなお注目に値するものである。二つの幾何学のうちどちらが物理空間に適合するか、の問題を決めるために種々試みている間に、両者とも同じようによく適合する、というおどろくべき事実が生じた。あたらしい幾何学でも三角形を小さくすると角の和は一八〇度に近くなることはすでにしめした。非ユークリッド幾何学、従って一八〇度よりごく僅か小さい角の和をつかっても、実際的見地からは問題はおこらない。また、一点Pと一直線Lとをあたえて、PとLの平面内でPを通りLに平行な線の無限集合が存在する、と仮定しても、とりわけ問題はおこらない。

相似三角形は合同でなければならぬ、などというんだから、新幾何学は物質界にあてはめられはしない、と考えられる人もあるかもしれない。相似であっても合同でない三角形をじっさいに作れると考えられる。じっさいに一つを大きな三角形にし、他を小さな三角形にできる。しかし二つの三角形をどんなに注意深く作図しても、じっさいに相似であるかどうか？　つまり対応する角が精密に等しいかどうかわからない。あたらしい非ユークリッド幾何学によると、三角形を小さくするほど角の和は大きくなる。しかしその差はきわめて僅かである。だからじっさい上の目的に対しては、新幾何学を認めようと認めまいと、別に問題はない。言いかえれば、どちらの幾何学が物理空間に適合するかを決められない。どちらも用いられるのである。古くからの偏見と習慣、それに非ユークリッド幾何よりもいくぶんかんたんなので、われわれはユークリッド幾何学の方をつかいたがる。しかしそれを好むからといって、あたらしい幾何学が応用できないというものではない。

これだけでは読者は満足しないだろう。非ユークリッド幾何学が物質界に応用できるというもっと面白い議論の方に眼をむけよう。

少しの間ユークリッド幾何学に帰ることにする。あらゆる方向に果てもなく拡がっているとてつもなく大きい一枚の紙を想像しよう。この紙は、ユークリッド幾何学の諸定理が成りたつ数学平面を物理的にあらわしたものである。さて、この巨大な紙の形を変えて、左右の側を少し上に曲げ（**図101**）曲面を作る。ただし前の平面と同じく、あらゆる方向に果てしなく拡がっているのである。こういう面は円柱面と呼ばれる。形をかえた結果、前の平面の直線は大てい曲線になり、これが平面内の直線のように平面上の二点を結ぶ最短距離である。こういう曲線を「測地線」とよぶ。平面上の平行二直線は、曲面上では平行測地線、つまり曲面上でまじわらない測地線となる。元の平面上で三角形であったものが、曲面上では測地線の弧でできる形になる。この新しい図形も「三角形」とよぶ。平面上の円を曲面上でも「円」と呼ぶことになる。

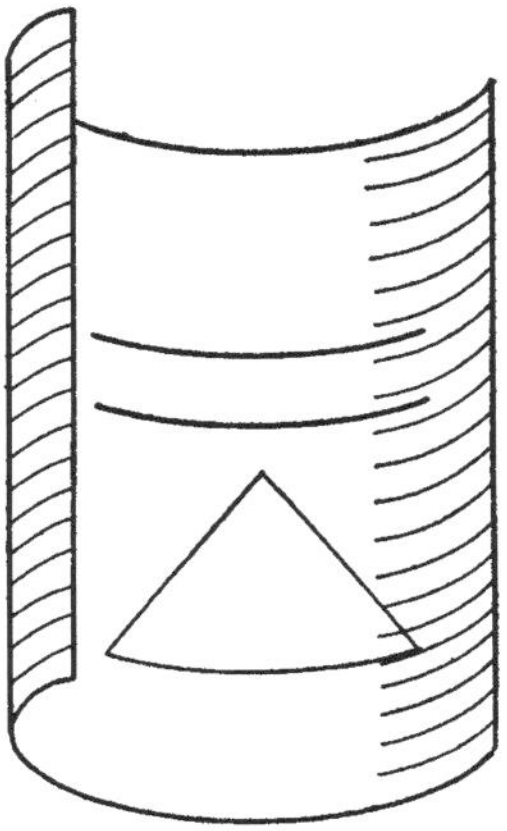

図101　ユークリッド幾何学のあたらしい図式解釈

ここで非常に大切な事実にゆきあたる。ユークリッド幾何学のあらゆる公理は、一つの規定をすれば円柱面上の図形にもあてはまる。一つの規定とは、直線、三角形、円などの言葉を上述のように解釈することである。だから、作図とは全然無関係に、公理から演繹推論によってみちびかれるユークリッド幾何学の諸定理は、曲面上の図形についても成りたつ。一例をとると、曲面上の「三角形」の角の和は一八〇度である。

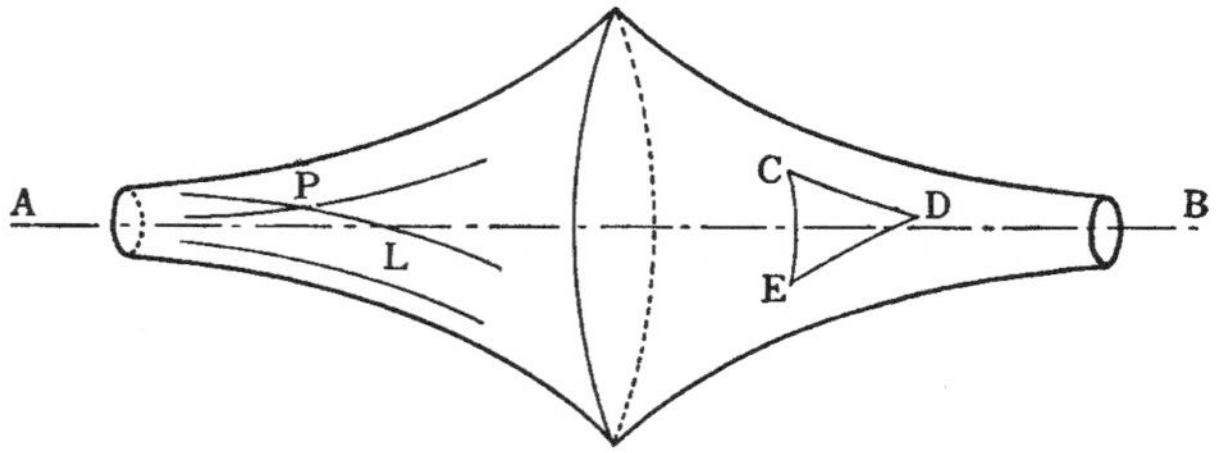

図102　ロバチェフスキー‐ボヤイの非ユークリッド幾何学の図式解釈

直線から定義された図形は上の曲面上では正しい意味を持たない、と反対する読者もあろう。たしかに直線は直線性を失ってまっすぐではない。しかしここでは第5章で指摘したことを良い意味で利用しよう。つまり点や線のような基本的幾何学概念は定義されていないものだから、ただ公理の中に明示したこれらの概念の諸性質だけをつかってゆくのである。だから、たとえばあたらしい直線の物理像が公理の要求する性質を持つならば、このあたらしい像、このあたらしい考え方を採用できる。それ故、まったくあたらしい直線像をユークリッド幾何学のすべてに結びつけることは論理的に正しいのである。

ユークリッド幾何学のあたらしい物理的解釈に対する論議は、非ユークリッド幾何学にもあてはまる。そして、直線やその他の図形の概念を自由に選択できれば、新幾何学にも直観的に受け入れられる解釈があたえられる。**図102**にしめすものは「擬球」とよばれる曲面である。擬球上の二点の最短距離である曲線——こういう特殊な曲線も測地線とよぶ——はロバチェフスキーやボヤイの公理において直線が持つ諸性質も満たしている。たとえば、二点はただ一本の直線を決定するという公理はこれらの測地線にもあてはまる。疑球上の二点（**図102**のCとD）は唯一本の直線を決定し、それがその間の最短距離である。同じく、直線L上にない一点Pを通ってLにまじわらない直線は無限数ある、というロバチェフスキー、ボヤイの公理は、この擬球上の測地線にはあてはまるのである。

ロバチェフスキー、ボヤイの公理は擬球上の測地線にあてはまるから、その論理的帰結としての定理もあてはまるにちがいない。だから、三角形の角の和は一八〇度よりも小さい、という定理は、測地線の弧でできた三角形CDEに対して成りたつ。こうして、直線像を少しかえただけで、非ユークリッド幾何学の視覚化ができたのである。

新幾何学の「意味」をあきらかにするために、元の問題に帰ろう。新幾何学は我々の住んでいる物質界を表現できるか？ その答はこうである。物理空間の幾何学は、直線概念に付した物理的意味によっていろいろある。直線を引っぱった糸であるとすれば、ユークリッド幾何学は非常によくあてはまることが実験から知られている。しかしすべての物理的応用に際しては、直線が引っぱった糸を意味するということは必ずしも必要でもなく、のぞましいことでもない。山国に育って曲面の測地線に関心を持っている人々を考えよう。彼らにとってもっとも役にたつ直線の物理的解釈は測地線、つまり二点間の最短距離の曲線である。そして、おどろいたことに、こういう「直線」は、場所によって山や谷の地形のちがいに応じて、形がかわるのである。こういう「直線」はいかなる公理に従うか？ ユークリッド幾何の公理でないことはたしかである。たとえば、その地域の地勢によって、二点間の最短距離がいろいろ違うことになろう。また一点を通って特定の測地線にまじわらないたくさんの測地線の存在するところもあるだろう。

天文観測でも、引っぱった糸がじっさいの直線の解釈とはならない。ここでは光線が糸のかわりになる。光線を直線としてつかうときには、どんな幾何学が一番よくあてはまるか？ この問題は次章に譲って、ここでは非ユークリッド幾何学の数学的意義に帰ろう。語らねばならない数学的世界はまだたくさんある。

ロバチェフスキーやボヤイはユークリッドの平行線公理に注目したが、他のユークリッド公理はほとんど疑いえないものとして受け入れた。そのなかには、線分は両方向に果てしなく延長しうるという公理もある。これもまた地上一兆マイルのかなたの空間におこる現象にもあてはまると称する公理である。それが正しいということはどうしていえるのか？ それが物質界に応用できるとどうしていえるのか？

ボヤイやロバチェフスキーの平行線概念の研究発表された直後に、数学者の烱眼は直線の無限性に注がれ、

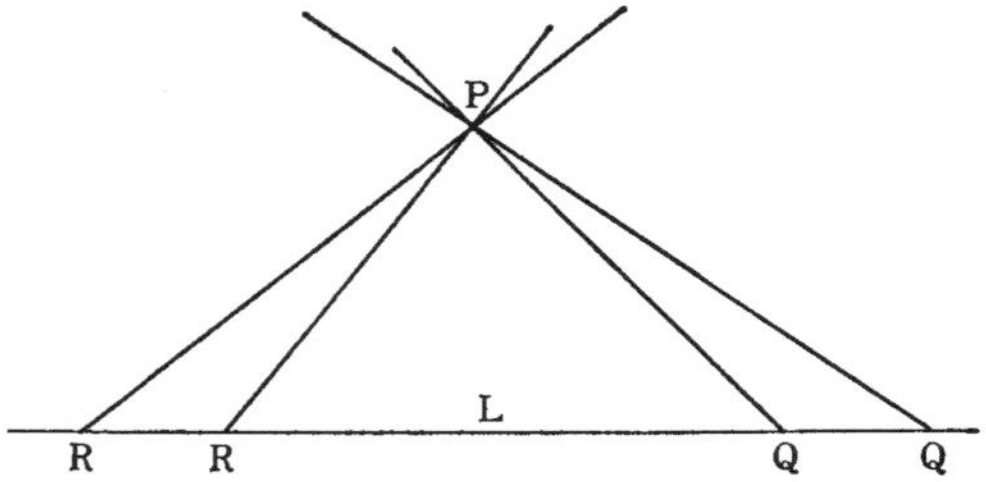

図103 リーマンの平行線公理の幾何学的基礎

この公理の真偽を決めようとした。病弱で早熟であったベルンハルト・リーマン（一八二六―六六）は、ドイツ・ルーテル教会の牧師であった父に、数学を研究できるように聖職に就く訓練を止めさせてほしいと乞い、この公理のかわりとなるものを見つける研究にとりかかった。

彼の斬新な思想の一つに、無終性と無限性の区別がある。たとえば、地球の赤道は無終ではあるが有限である。この差異を考えて、リーマンは、ユークリッドの直線の無限性の公理にかわるもの、すなわち、すべての直線は長さは有限であるが無終であるという公理を提出した。

この考え方は、ロバチェフスキーやボヤイに似た平行線公理の考察から生じたものであるが、別の結論にみちびいた。Ｌに沿ってＲを左側に、Ｑを右側に（**図103**）、動かすと、二点は究極において一致する。これはリーマンが直線Ｌを有限と考えたからである。その結果、直線ＰＲはＰのまわりを回転してＰＱと一致するが、Ｌから離れるということはない。つまり、Ｐを通りＬに平行な直線はありえない。**図103**からはふつうの直線概念でＰのまわりのＰＲの全回転を考えることは不可能である。図はリーマンの考え方をしめすに役だつにすぎない。こういう考察から、リーマンは平行線が存在しないかわりに直線の有限性を公理として採用した。

ユークリッド公理の二つを改変することだけでは満足せず、リーマンは三番目のものを提案した。すなわち、二点は唯一本の直線を決定するというかわりに、リーマンは、二点は二直線以上を決定することもある、という公理を採用した。

先に進む前に、しばらく読者はこういう公理を新幾何学の純理的発展の基礎として認めるようにして貰いたい。このやや気ままな体系と実在界との関係は後で考えることにする。

　ロバチェフスキー、ボヤイの幾何学と同じく、リーマン幾何学もユークリッド幾何学と共通な定理を持っている。鉛直角は等しいという定理や、二等辺三角形の対角は等しいという定理は、以上三つの幾何学に対して成りたつ。なぜなれば、これらの定理は、三つの幾何学に共通な公理にのみよるのものだからである。

　リーマン幾何学の定理の若干は、ユークリッドのとは、はなはだしくかけはなれたものである。たとえば、一直線に対する垂線はすべて一点に会する（**図104**）。またこの不思議な国では二直線が一つの面積を囲む（**図105**）。ロバチェフスキー、ボヤイの幾何学と同じく、相似三角形は合同でもある。さらに二つの定理がつづく。第一は、三角形の角の和は一八〇度よりも大きい、第二は、二つの三角形のうちで、面積の広いものほど角の和は大きい、である。

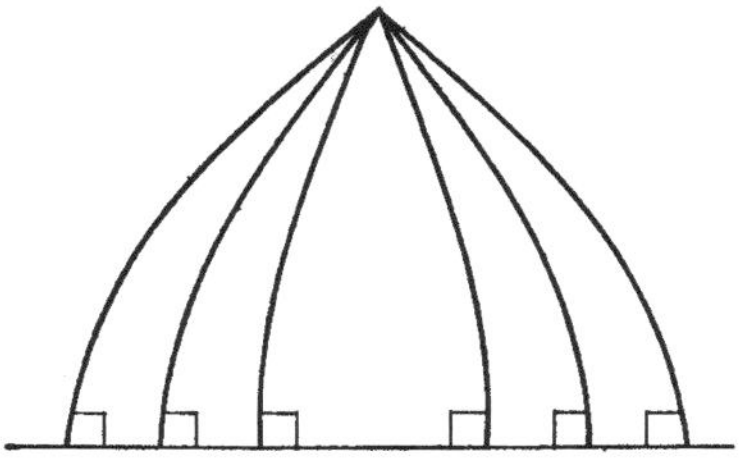

図104　１直線に対する垂線はすべて１点に会する

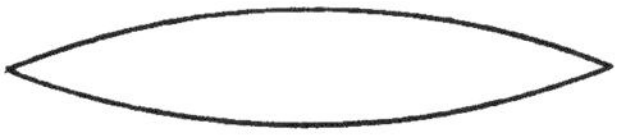

図105　２直線は１つの面積を囲む

　さて、ロバチェフスキー、ボヤイの幾何学についておこったのと同じ疑問が、ここでもおこってくる。リーマン幾何学は数学の演習問題以上の意義を持っているだろうか？　ここでもその答はしかりである。リーマン幾何学をふつうの直線観によって物質界に応用しても、幾何学の定理と物理的状態の間の相違は認められない。このところの議論はロバチェフスキー、ボヤイの幾何学のところで論じたものと同じである。

　その上、直線観をかえることによって、リーマン幾何学の直観的な解釈ができる。ユークリッド幾何学を円柱面で考え、ロバチェフスキー、ボヤイの幾何学を擬球の上で考えうるように、リーマン幾何学も球の上で考えることができる。最短通路で球上の二点を結ぶ曲線——つまりこの場合の直線にあ

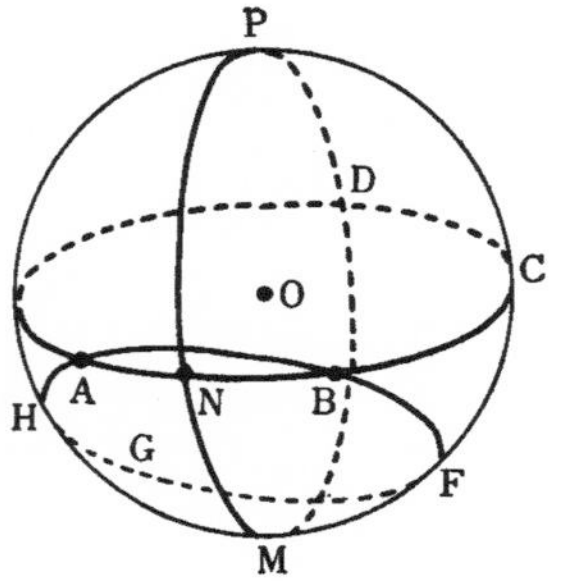

図106　リーマン幾何学の図式解釈

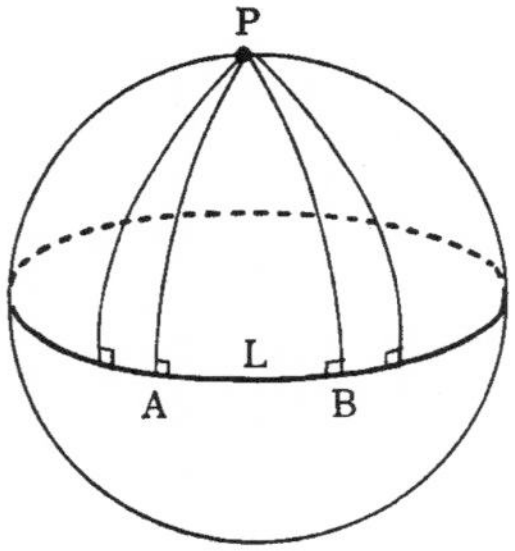

図107　球上の大円に対する垂線はすべて１点に会する

たる曲線——は二点を通る大円の弧である。大円とはその中心が球の中心に一致するものである。だからＡとＢを通る円で（図106）、円ＡＢＣＤＥは大円であるが、円ＡＢＦＧＨはそうではない。

公理のなかの直線は球上の大円を意味するものとして、リーマン幾何学の公理が球にあてはまるかどうかを見よう。まず大円は無終で長さ有限である。次に、いかなる大円もまじわるから、球上には平行線というものはない。しかも一点ではなく二点でまじわる。たとえば大円ＡＢＣＤＥと大円ＭＮＰＤはＮとＤでまじわる。二点は二直線上を決定することもある、という公理も、球上で満足される。図106のＡとＢのような二点は一つの大円しか通らないが、ＮとＰのような二点は二つ以上の大円が通る。

リーマン幾何学の公理は正しく球についての事実を表現するから、正しい演繹推論からえられる定理も球上において真でなければならぬ。その二、三を調べてみよう。一直線に対する垂線はすべて一点に会する、という定理がある。図107の大円Ｌを直線と見なすと、Ｌに対する垂線はすべてＰに会することを知る。たとえばＬを地球の赤道とすれば、Ｐは南北極となる。

三角形の和は一八〇度より大きい、という定理がある。ここでは公理の直線は大円だから、三角形は大円の弧でできる図形である。こういう三角形は**図107**のＡＢＰのようなものである。この三角形のうち二つはともに直角であるから、三つの角の和は必ず一八〇度より大きい。このことは、球上のすべての「三角形」に対しても成りたつ。

すでにあきらかになった点について今さらくりかえしてのべる必要はあるまい。要するにリーマン幾何学の諸定理はただ定理の中の直線を球上の大円と考えて、球の上で解釈すればよいのはある。だからリーマン幾何学に幾何学的で直観的に満足のゆく意味をあたえることができる。だから、その範囲ではたしかに物質界に対応する幾何学だといえる。物質界はロバチェフスキー、ボヤイの幾何学の意味で非ユークリッド的である、という論議はすべて、リーマン幾何学にも同じようによくあてはまる。非ユークリッド幾何学をわれわれの住む世界に応用することの可否は、先に行って相対論のところで論ずることにしよう。

さかのぼって考えれば非ユークリッド幾何学創造の歴史は大なり小なり人間の盲目性の歴史でもある。人間は地球表面に住んでいる。彼がこの表面を三次元のユークリッドの世界における球面と考えるかわりに、直接にこの面に適合するような幾何学を作ったとしよう。この球面に対する幾何学では「直線」はきっと二点を結ぶ最短の曲線であったはずである。それはこの曲線がもっとも役に立つからである。この曲線は前述のように二点を結ぶ大円である。一方われわれになじみ深いユークリッド幾何学の意味での直線は、球面上には存在しないものだから、きっと基本的曲線と考えられなかったであろう。

この大円に対して幾何学者はどんな公理をえらぶだろうか？　これこそリーマンのえらんだ公理系、すなわち、平行線は存在しない、直線の長さは有限である……などに他ならない、言いかえれば、この地球上の動物にとって、自然な幾何学、常識的な幾何学は、リーマン幾何学なのである。

数千年来この幾何学は人間の足下にあったのである。ところが、その長い間に大数学者たちが一人として平行線公理を球の幾何学で調べてみようとしなかった。そしてこの時代の頂点には大カントが、ユークリッド幾何学を絶対的真理としてその上に深遠な哲学を築きあげた。他の幾何学を考えることはできなかったのである。しかし、その間もカントは、非ユークリッドの世界の中にとはいわないまでも、非ユークリッドの世界の上に住んでいたのだ。

幾何学は地球上の測定からおこったものであるのに、ユークリッド幾何学が先に発展したのはどうしてであろうか？　ごく狭い地域に住んでいる人間には、地球は扁平に見え、扁平な平面上の最短距離はふつうの意味での直線である。このように直線を引っぱった糸のように考えると、ユークリッド幾何学の公理や定理が当然出てくる。ひとたび扁平面の幾何学が発達すると、球もユークリッド幾何学の方式の中で考えねばならなかった。誰も、球を特別好んだギリシア人さえも、このような球面に直接適合するように工夫した公理系によって、球の幾何学を研究するということに思いいたらなかった。人間が、物質的習慣や社会的習慣、因襲と同じく、思想の習慣に支配されるものであることは、歴史のよくしめすところである。ロバチェフスキーやボヤイ以前の先駆者の失敗は、技術の未熟やむずかしい数学の会得に対する無能によるものではないことは確かだ。彼らは思想の習慣――すなわちユークリッド幾何学――をやぶれなかったからこそ、平行線公理の問題の解決に失敗したのである。レッキイは、『ヨーロッパ合理主義の歴史』の中で、「時代精神」は直接よかれあしかれ当時の人々の見解や信仰の素因となっている、とのべているが、このユークリッド幾何学の思想的惰性の歴史はレッキイの言葉にうまくはまる好例である。カントしかり、一八〇〇年までの数学者はすべてしかりである。ユークリッド幾何学がおかしがたい真理であるという考え方のため、眼前に非ユークリッドの世界があるにもかかわらず、人々はユークリッド幾何学以外の幾何学が存在し得るとは夢にも考えなかった。

思想史一般の中における非ユークリッド幾何学の重要性は、いかに誇張しても誇張とはならない。コペルニクスの太陽中心説、ニュートンの重力法則、ダーウィンの進化論と同じく非ユークリッド幾何学も科学、哲学、宗教に直接に影響した。あらゆる思想の歴史を通じてこれ以上の大激変はないといっても過言ではない。

まず最初に、非ユークリッド幾何学の創造は、つねに表面化せず、認められることのなかった差異に光をあてた。その差異とは数学空間と物理空間のちがいである。この二つがはじめから同じだというのは誤解によるものである。心への束の間の訪れたる視覚と触覚から、ユークリッド幾何学の公理を物理空間の真理だと思っていたのだ。これらの公理からみちびかれた定理はさらに視覚、触覚によってたしかめられ、――少なくとも感覚の及ぶ限り――完全に正しいことが確信されていた。だからユークリッド幾何学は物理空間の精密な表現なりとされた。数千年来この思想がきわめて堅固に形成されていたため、あたらしい幾何学という観念そのものが意味をなさなかった。幾何学とは物理空間の幾何学を意味し、それは即ユークリッド幾何学であった。しかし、非ユークリッド幾何学の創造とともに数学者も、科学者も、一般人も、物理空間に関する命題にもとずく思想体系は物理空間そのものとはことなる、という事実を認めざるをえなくなった。

この差異は、一八八〇年以来の数学と科学の発展の理解の鍵となるものである。今では、数学空間はただ科学理論の本質に応用できるものにすぎないといわねばならない。数学空間が経験事実に一致し、科学の必要を満たす限りにおいて、物理空間の研究に応用されるのである。科学研究の結果が増大するにつれて、一つの数学空間が、科学研究ともっとよく一致する他の数学空間におきかえられることがある。ちょうど天体運行のプトレマイオスの理論がコペルニクスの理論におきかえられたようなものである。こういう変換がおこりうることをよく理解しておけば、読者は次章になってもとりわけまごつくようなことはないだろう。

いかなる物理空間の理論もまったく主観的構成物と見なすべきで、それに客観的実在の意味をくっつけてはならない。ユークリッドであろうと非ユークリッドであろうと、とにかく人間は幾何学を作り、その幾何学によって空間を考えようとする。頭の中に作った構造の特徴を、じっさいの空間がもっているかどうかはたしかではなくても、構造を作ることによって空間について考え、理論を科学研究に応用できるのである。一般に空間や自然観は客観的物質界が存在することを否定するものではない。ただ人間の空間に関する判断や結論が、まったく彼自身の創作であることを、認めなければならぬ。

非ユークリッド幾何学の創造は、真理の領域を荒らす奔流をくい止めた。古代社会における宗教のように、数学は西欧思想において尊厳にしておかすべからざる地位を占めていた。数学の寺院にはすべての真理が安置され、ユークリッドはその高僧であった。しかしその尊厳さも、高僧も、その追従者もすべて、三人の冒瀆の徒の研究によって聖なるヴェールを剝ぎとられた。その三人は、ボヤイ、ロバチェフスキー、リーマンである。

これらの不敵な知性は新平行公理の論理的結果をのみ念頭において研究していたことは事実である。はじめから彼らは絶対の真理にいどんでいると思っていなかった。彼らの研究が巧妙な数学奇術の一種だと思われている間は、烈しい反対はおこらなかった、しかし、非ユークリッド幾何学が物理空間の正しい反映であることが気づかれはじめるや否や、当然おこるべき大問題が生じて来た。つねに量や空間に関する真理を表示して来た数学が、今やいくつかの相反する幾何学を持つにいたったのはどうしてだろうか？　複数の真理がありうるであろうか。これらの幾何学はみんな真理とはちがうものかもしれない。あたらしい幾何学は、すべての数学公理が「もし」であることを認めさせようとした。もしユークリッド幾何学の公理が物質界の真理であるなら、それから生じる定理も真理である。しかし、残念ながら、ユークリッドの公理も、その他の幾何学の公理も、先験的に真理であるというわけにはゆかない。

非ユークリッド幾何学の創造は、真理の宝庫としての数学の品位を傷つけ、人々から絶対の真理へ達する夢をうばった。一八〇〇年までは、つねに絶対の真理の存在が信じられていた。ただ真理の源の選択が人によってちがっていたのである。アリストテレスも、教会の師父たちも、バイブルも、哲学も、科学も、すべてそれぞれの時代で我こそは永遠の客観真理なりと自認していた。十八世紀には、理性が数学や科学の数学的領域において生み出した成果の故に、人間理性のみが栄光を受けた。数学的真理の獲得は、来るべき将来への多年の夢を保証するものなるが故に、とくに歓迎された。ああ、悲しい哉、希望は吹き飛んでしまった。ユークリッド幾何学の支配の終焉は、こういうすべての絶対的基準の支配の終焉でもあった。哲学者はそれでも深遠な思想を確信して主張するかもしれない。芸術家は熱情こめて自己の技術のしめす洞察の正しさに固執するかもしれない。宗教家は聖なる啓示のこだまをもって大伽藍を満たすかもしれない。ロマン派詩人はうっとりした陶酔にわれわれの知性をいざない、魅惑的な詩句を人々の魂に吸いこませるかもしれない。これらはすべて真理の源かもしれない。あるいはそうでないかもしれない。しかし、非ユークリッド幾何学の洗礼を受けた合理的な人々は、少なくとも真理の罠を用心し、たとえ真理を受け入れても、いつか幻滅させられる日が来ることを予想しているだろう。逆説的にいうと、新幾何学は真理に達する人間の能力をスポイルしたが、一方それは人間精神の力のあらわれのもっとも良い例を示している。人間精神こそ習慣や直観、感覚に挑み、それを乗り越えて、新幾何学を創造できるからである。

　真理の証しが消えて、数学そのものの本質に関する昔からの問題があらわれた。数学は山や海のように人間とは無関係に存在するか、それともまったく人間の創作であるか？　言いかえれば、数学者は数世紀間闇の中に埋もれたダイアモンドを掘り出すために骨折っているのか、それとも人工宝石を合成して作っているのか？　十九世紀後半においてさえも、非ユークリッド幾何学の話を聞いた天才物理学者ハインリッヒ・ヘルツはこういっている。「これからの数式は独立な存在とそれ自身の知性を持ち、人間や人間の発見よりも賢明で、数式の中にはじめからあったもの以上をわれわれは数式からえている、というように感ぜざるをえない。」しかし数学は、人間に無関係な世界の永遠の相というよりも、むしろ頼りにならない人間の心の産物である。数学は、客観的実在の礎石の上によこたわる鋼鉄の建築ではなく、人間の心がところどころむき出しになっている思弁にまとわる薄絹である。

　非ユークリッド幾何学は数学を真理の台座から蹴落したが、同時に数学を自由に闊歩せしめるようにした。ロバチェフスキー、リーマン、ボヤイの研究は、数学者にいきたいところに行けと行先明示のない旅券を渡した。はじめは論理的興味から研究された非ユークリッド幾何学が、きわめて重要なものであることがわかって、数学者は、少しでも面白い点があれば、いかなる公理体系のいかなる問題をも探究しようとした。数学研究の最大の動機である物質界への応用は、それから先のことである。この歴史的段階では、数学は足から泥を落して科学から別れたのである。ちょうど科学が哲学からわかれ、哲学が宗教からわかれ、宗教がアニミズムや魔術からわかれたように。今にいたってゲオルグ・カントールの言葉が思いおこされる。「数学の本質はその自由にあり。」

一八三〇年までの数学者の地位は、芸術家が芸術への烈しい衝動に燃えているにもかかわらず、生活の必要から雑誌の表紙を画くことを強いられている有様になぞらえている。こういう制約から解放されると、芸術家の想像力と活動力はせきを切って流れ、すばらしい作品を生むものである。非ユークリッド幾何学はちょうどこの解放作用となった。前世紀中葉以降の数学者の研究にあらわれた、数学の美的性質の強調と数学活動の烈しい膨張とは、新幾何学の影響の甚大であったことを証明するものである。

思想史上ならぶものなき重要性を誇る非ユークリッド幾何学は、二千年来「無用な」論理の問題をいじったその成果の頂点である。かくして数学は、実用的顧慮を無視した抽象的、論理的思索の叡知の好例となった。さらにそれはまた、ちょうどコペルニクスが、思想の産物として太陽中心説をしめしたように、感覚的根拠を排除した叡知の力の好例ともなったのである。

第27章 相対性理論

気ちがい数学者ただ一人
雑事の鎖につながれることなく
洞ろな空間に恍惚の瞳を凝らし
円をめぐりて、四角なりとす

アレクサンダー・ポープ

友達に気をつけろ、敵はほっといてもかまわない、という古い格言がある。これを科学の分野にもってくると、次のようになる。自明なものを疑え、自明な真理は君の眼をかすめてにげる。しかし、自明なものへの挑戦はつねに気ちがいじみた行動と見なされるから、冒険である。天才はよくこういう冒険をやってのけるが、だから俗説のように天才と狂人は紙一重ということになるのだろう。

しかし、天才の冒険は的はずれの強がりではない。数学や科学の世界では、現象の論理的に矛盾のない根拠というちゃんとした目標がある。こういう根拠を求める情熱が科学者の特徴である。認識する能力と推論の道を追う勇気とが天才を測る尺度である。

現代においても、相対性理論の創始者である一人の男はこういう人なみすぐれた偉大さの徴候を発揮した。天才を謙譲の中に秘めたアルバート・アインシュタインは、自明なものを追求し、科学、哲学のほとんどあらゆる分野に対する革命を遂行した。その追求は、長い間きわめて自明なものとして認められていた物理科学の概念や仮定にむけられた。

こういう仮定のなかでも、もっとも堅固なものは、空間や空間中の形がユークリッド幾何学に従う、という仮定である。もちろん、アインシュタインが追求をはじめたころは、非ユークリッド幾何学が現われてすでに約七十五年を経ていたことは、事実である。また、物理空間がユークリッド的性格であるとは保証されないことも、認められていた。しかし、科学研究のための幾何学がユークリッド幾何でなければならないことは、誰も疑っていなかった。物理空間がユークリッド的であると信じることは、空間が均質である、つまり地球上やその近傍の空間ともっとも遠い恒星の区域とは同じ幾何学的性質をもつ、と信じることにつらなっている。

十九世紀物理学も、ある形而上的仮説にもとづいた。この仮説はニュートンがみちびき出し、その後の科学者が安心して採用したものである。この仮説の本質や役割を評価するために、物理作用の根本たる長さの測定を調べてみよう。船客が進行中の船のデッキの上を一点から他点に歩いているとする。彼のはじめの位置とおわりの位置の間の距離はいかに？　この問題の答は容易である。船客は物差で距離を測れる。さてこの人の運動の方向が船の動く方向と一致し、近くに停泊している船の上の観測者が、この人のはじめの位置とおわりの位置の間の距離を測るとする。すると、船が船客をある距離だけ運ぶから、この距離は船客自身が測った距離より大きくなる。

勿論ここにはとりわけの難点はない。船客は船に対する距離を測る。停泊した船の上の観測者は海に対する距離を測る。どちらか一方が動く船の運動を考慮に入れれば、補正がなされ、二人の観測者の測定は一致するだろう。しかし距離の測定は、人によってちがうことは認めねばならぬ。はじめとおわりの点の間の距離というときは、その距離を測った人を指定しなければ、無意味である。

現在もっと重要な科学法則は、速度、加速度、力の決定におけるように、直接間接に距離をふくんでいる。だから科学法則は、それを作るために測定する観測者によるはずのものである。ニュートンは、感覚によって絶対空間、絶対時間が確認されると信じ、地球という名の、動く船の上の観測者によってつくられた法則に満足しなければならないとしても、絶対法則は存在する、と仮定した。絶対法則は超人的観測者、すなわち神のみの知るところで、神の時間、空間の観測は絶対である、と彼は信じた。そしてこの宇宙の数学や科学の法則の理想的公式は神の絶対観測によってえられる法則である。固定した観測者、つまり神、に対する地球の運動を知ることによってのみ、人は法則を真の形にかえることができるのである。だから、ニュートンの科学思想の本質は、神、絶対空間、絶対時間をふくむ形而上的仮説にもとづくのである。

十九世紀後期の科学思想においてもっとも堅固な仮説は、重力の存在である。ニュートンの運動の第一法則によると、静止している物体は永久に静止し、運動している物体は他から力を受けない限り一様運動を継続する。だから、重力がなかったとすれば、手の中のボールをそっと離すとボールは空中に浮かんだままになるだろう。同様に重量がなければ、惑星は一直線に沿って空間のかなたに飛び出してしまうだろう。じっさいにはこういう奇妙な現象はおこらない。宇宙は重力があるかのようにはたらく。

ニュートンは天上天下あらゆる重力作用の影響が、同一の量的法則によって表現されることをしめしたけれども、重力の物理的本質はまったく理解できなかった。地球から九三〇〇万マイルも離れた太陽が、いかにして地球にその引力をおよぼすのか？　地球はいかにして地表付近の物体に引力をおよぼすのか？　こういう問題には解答はえられなかったけれど、物理学者は決して惑わなかった。重力はきわめて役にたつ概念であったから、彼らはそれへのありとあらゆる反対を無視して平然としていた。一八八〇年ころにもっとさしせまった疑問や難点がおこらなかったとすれば、物理学者は重力論に満足していて、決して深刻に悩むというようなことはなかったであろう。

重力の導入によっておこった今一つの問題も、問題なく側へ押しやられていた。第十四章で指摘したように、あらゆる物体は二つの性質、質量と重量を持っている。質量は、物体の速度や運動方向がかわるときに生じる抵抗である。重量は地球がその物体を引く引力である。物体の質量は一定であるが、重量は地球中心から物体への距離による。これらの物質の二つの性質はちがったものであるが、すべての物体の質量と重量の比は、一定場所ではつねに同一である。この事実は、石炭生産高と小麦生産高の比が毎年同じである、というくらいにおどろくべきことであろう。石炭と小麦の生産高がこのように一定比にあるとすれば、その国の経済構造の説明が求められるであろう。質量と重量の比の一定も同様に説明されるはずである。ところがアインシュタインがあらわれるまでは、誰もその説明を発見しなかったのである。

　アインシュタインの研究に入る前に、もう一つの仮説に触れておかねばならない。光の本性を説明するこころみは古くギリシア時代にさかのぼる。十七世紀以来一般に認められていた光の考え方では、それを音と同じく波動と見なすのである。波を運ぶ媒質のない波動というのは考えられないから、科学者たちは光波を運ぶ媒質があるにちがいないと考えた。しかし、遠い星から光が通ってくる空間は真空であるから、波を運ぶ物体をふくまない。それ故、科学者は「物質」、エーテルの存在を仮定し、眼に見えず、手に触れず、味も臭いも重さもないものとした。その上、あるちょっとした理由で、エーテルは、地球その他の天体が動きまわる空間とともに固定した媒質でなければならぬ。光波を運ぶエーテルの導入は科学者を深い眠りに誘いこみ、この惰眠は二百年以上にもわたってつづいた。しかし一八八〇年ころには、エーテルに帰せられた諸性質がひじょうに矛盾するものとなり、物理学者はみなその存在を疑いはじめた。

　十九世紀後期の物理学の基礎には多くの疑わしい仮説がよこたわっていたけれども、そんなに宇宙の法則の発見に自惚れを持つ科学者は他の時代には見られない。十八世紀は楽天的であった。十九世紀は確信的であった。二百年の部分的成功は科学者や哲学者の頭をまったくかえ、ニュートンの重力法則や運動法則は、思想の法則や純粋理性の直接の帰結だと主張されるにいたった。ニュートンがはっきりとのべたように、重力やエーテルの概念は仮説であり、仮説はじっさいにはぜんぜん信じられるべきものではないにもかかわらず、仮説という言葉はその後の科学上の論文にはあらわれなかった。本当はニュートンには考えられなかったものは、十九世紀人にも考えられなかったはずである。

一八八一年、二人のアメリカ人物理学者が、静止するエーテル中を地球が動くという結論を、実験的にたしかめようと手をつけたときが、物理学の劇的なドンデン返しのはじまりである。この二人の男A・A・マイケルソンとE・W・モーリーは、きわめてかんたんな原理にもとづいて実験を工夫した。

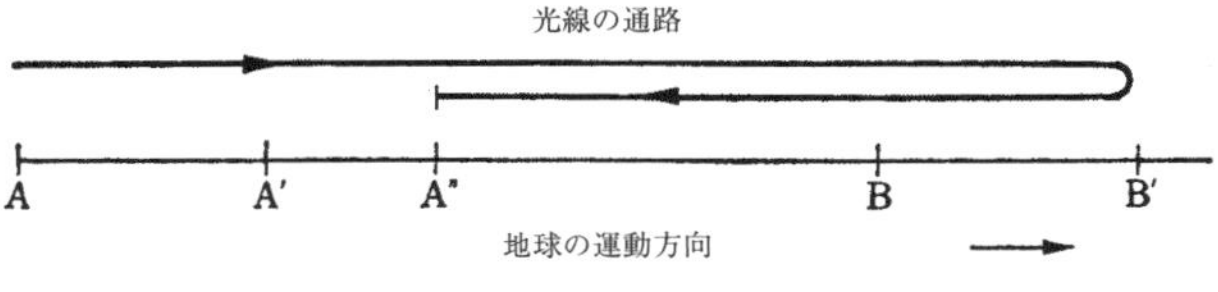

図108　マイケルソン - モーリーの実験

河を往復してある一定の距離を漕ぐときに、流れのあるときの方が、ないときより時間が長くかかることは、ちょっとした算術ですぐわかることである。たとえば流れのないときには一時間四マイル漕ぐ人は、十二マイルを往復するのに六時間かかる。しかし、毎時二マイルの流れがあれば、流れにさかのぼるときは毎時4−2マイルであるに反し、流れをくだるときは毎時4+2マイルの割合となる。こういう割合で河を往復すると、所要時間はしめて2+6つまり八時間となる。流れの速度のような一定速度は、原理上運動をたすけるよりもむしろさまたげとなり、その結果時間を余計にくうことになる（上の例では六時間の上に二時間）。

マイケルソンとモーリーはこの原理を次のようにつかった。地上の点A（**図108**）から地上のBにすえつけた鏡に光を送る。AからBへの方向は地球が太陽のまわりを公転する運動の方向である。光線はふつうの光速度でエーテルの中を通ってBに達し、Aに反射して帰ってくると考えられる。しかし、地球の運動のために、Bにおいた鏡は新位置B′にうつり、光線はB′にむかう。だから地球の運動は光線が鏡に当る時間をおくらせる。B′で光線は反射してA方向にむかう。しかし光線がBの方へ行く間に地球はAをA′に動かし、さらに光線が反射して帰る間に地球はA′をA″に動かす。だから地球の運動によって反射光はB′からA″へ動く。ところがB′からA″への距離はAからB′への距離よりも短い。こうして光線は地球の運動にたすけられて往きより帰りの方が短い時間ですむ。この場合の地球の運動は、上例の流れの速度と同じ効果を持っている。だから、前にのべた原理によって、光線がAからB′を経てA″にいたるには、エーテル中に静止しているとした地球の距離ABを往復するよりも、時間が多くかかるはずである。ところが干渉計というひじょうに巧妙かつ感度の高い装置を用いても、マイケルソン、モーリーはこの時間の増加を検出できなかった。エーテルの中を地球が運動するということはありえないらしい。

物理学者は越えがたい難局に直面した。光を運ぶに必要なエーテルは、固定した媒質で、その間を地球が通る、ということでなければならない。ところがこういう条件は実験結果と矛盾している。理論がかかる基礎的な実験と一致しないことは、ゆるがせに出来ない矛盾である。ここにいたって物理学者は彼らの科学が若干の改善を必要としていることを確信するようになった。

彼らは基本的問題ですでにいいかげん悩まされていたけれども、一九〇五年アインシュタインがあらわれて、同時性、長さ、時の基本的概念のなかにある難点にさらに注意を集めた。アインシュタインの指摘によると、ある事情のもとでは、二人の観測者が事象を同時的だと一致して認めることは理論的に不可能であり、この故に観測者たちは事象と事象の間の距離や時間について一致を見ることはできない。こういう不一致が何故おこるかを考えてみよう。

長い急行列車の中央にいる人が、同時に汽車の前と後の二つの閃光を見るとしよう、汽車の前と後の中間のレールのわきに立っている地上の観測者も二つの閃光をみとめたが、それは同時ではなく、後の閃光の方が早く彼に達する。では閃光ははたして同時に発したか？

どちらの観測者も同時に発したのではないことに意見一致を見る。地上の人にとっては、彼は正確に二つの閃光の中央にあり、同じ距離を通って彼に達するのだから、それにかかる時間も同じはずである。ところが後の閃光の方が早く見えたから、その方が先に発したに違いない。一方、車上の人に対しては、後から来る光線は光速度マイナス汽車の速度であるに対し、前からの光は光速度プラス汽車の速度である。ところが両方とも彼に達するまでに通る距離は汽車の長さの半分であるから、後から来る光の方が時間がかかる。それが同時に彼に達するためには後の方が先に発してなければならぬ。この場合にはべつに問題がないように思える。

地上の人はエーテルに対して静止しており、車上の人は運動をしている、と仮定するから、この二人の観測者は閃光発火の順序について意見が一致するのである。しかし、車上の人が、汽車がエーテルに対して静止しているのであって、地球は汽車の後へむかって動いているのだ、という異常な見解を持ったとしよう。この見解に従えば車上の人は、閃光は同時に発した、と結論する方が正しい。地上の人は、地球はエーテルに対して静止していて、後の車からの閃光が先に発したのだ、という立場に相かわらず固執することだろう。この二つの閃光の同時性についての不一致は、エーテルに対して静止している者は誰か、という問題の不一致からおこる者である。果して静止している者は誰だろうか？

まずいことに、マイケルソン、モーリーの実験によると、エーテルを通るというような運動は検出しえない。だから、地上の人がエーテルに対して静止しているといえば、車上の人も汽車がエーテルに対して静止しているという資格がある。だから、おたがいに対して動いている二人の観測者は、二つの事象の同時性について意見が一致しない、ということになるのである。

二人の観測者が二事象の同時性について不一致を見るなら、距離の尺度についても一致しないはずである。火星上の観測者と地球上の観測者が、地球と太陽の間の距離を測ろうと相談したとする。この距離はたえずかわるものであるから、ある瞬間にそれを測ることに決める。しかし二人がある瞬間に一致するには、二人が時計の音のような時を刻む事象の同時性について一致しなければならない。ところが、おたがいに対して動いている二人の観測者は事象の同時性について一致しえないから、「ある瞬間において」彼らのえた地球と太陽の間の距離はくいちがうことになる。

おたがいに対して動いている二人の観測者は、距離の尺度ばかりでなく、時間の尺度についても一致しない。そうでなければ、時間のはじめ及びおわりを刻する事象の同時性について一致したことになる。時間の一致はできない相談である。

空間はいたるところユークリッド的である。絶対尺度、絶対時間、絶対法則は存在する。重力は宇宙にあまねく作用する。静止したエーテルは存在し、光を運ぶ。以上のような仮説、さらにこれらがくみあわさった問題が累積して、もはや科学では容易に処理できなくなった。さらに同時性、時間、長さが独自の意味をもたないことが認められて、たんなる補綴ではこういう難点は解決できないことがあきらかになった。一国の経済的、社会的構造が人民の基本的要求を満たしえなくなったときには政治革命があらわれるように、物理学理論の革命があらわれてきた。

一九〇五年、二十五歳の若さでアインシュタインは物理学理論再建に必要な大手術に着手した。マイケルソン、モーリーの実験では地球の運動は地球に対する光速度に影響をあたえない。科学は実験事実に背きえないから、アインシュタインは、観測者がおたがいに対していかに運動していようともそれに関係なく、宇宙のすべての観測者に対して光速度は一定である、という基本的仮定をみとめた。だからある点では物理学理論と実験は一致するようになった。彼はもう一つ実験のしめす公理、すなわちいかなる物体も光以上の速度を持ちえない、ということを承認した。

ニュートンが宇宙の真の法則を建設する上に必要とした絶対空間、絶対時間の概念を、アインシュタインは放棄した。おたがいに対して動いている二人の観測者は時間、空間の測定について一致しない、という事実をみとめて、彼は局所長と局所時の観念を導入した。おたがいに対して静止している二人の観測者は二事象間の距離と時間について一致する。この距離と時間はこれらの観測者に対する局所長と局所時である。おたがいに対して動いている二人の観測者は同じ二事象の間の距離と時間についてことなった測定値をうる。そのそれぞれの測定値は、彼の局所長であり、局所時である。言いかえれば、その人たちはちがった時空世界に住んでいるのである。

たとえば、火星人が地球上の二事象間の距離と時間を測るとすれば、われわれ地球人の測定のしめす値とはちがった量になるだろう。さらにわれわれは火星上の長さや二事象間の距離を測れば、火星人のえた値とちがった値をうるだろう。

ことなった観測者のえた長さの測定に差があると論じても、ここでは錯覚などのことをいっているのではないのである。火星上の長さを測るときに火星がわれわれのすぐそばを通り抜けたとしても、やはり火星人の測った長さとは差があるのである。また時間の不一致を論じても、心理的感覚的効果のことをいっているのではない。局所時の理論によると、おたがいに対して動いている二人の観測者は、一緒に合わせた時計を持っていても、ちがった時間世界に住むので、ちがった時間を記録することになる。

数値を入れた例を考えると、毎秒地球に対して一六万一〇〇〇マイルの速度で動いているロケット船を地球上の人が見る大きさは、船上の人が見る大きさの半分である。また、ロケット内の時計は、地球上の人に対しては、ロケット中の人に対しての「半分の速さで」時を刻む。そして逆に、ロケット中の観測者は地上の物体や事象に対して、大きさや時間について同じ結論をくだすだろう。両者ともその測定は、自分の時空世界においてはそれぞれ正しいのである。

この局所長と局所時の中に相対論のあたらしい特徴がある。部屋の長さや勤務時間の長さははっきりきまった量ではない。われわれにとって一つのものがあるとしても、それはわれわれに対して動いている観測者にとってはちがったものである。こういう考え方は奇妙に見えるだろうが、この方がニュートンの絶対的観念よりも、上述の同時性の実験や推論とはるかによく一致することを見逃してはならない。もし一致しないのなら、相対論であろうと絶対論であろうと、科学者はぜんぜんかえりみないだろう。

絶対空間、絶対時間をすてたために、アインシュタインは宇宙の数学的法則を形成するあたらしい概念を採用しなければならなかった。観測者に無関係という意味での絶対法則は存在しない、というのが彼の結論である。法則というものは、ある特定の観測者の測定ということを考慮に入れて作らねばならぬ。一人の観測者が自分の時間空間の測定値によって法則を作りあげるとする。そうすれば、他の観測者の場合にはこの法則を変換できるはずである。二人の観測者の相対速度をふくみ、それぞれの長さや時間の測定を関連づける公式ができるはずである。しかし、いかなる場合でも法則は観測者に結びついている。

アインシュタインは、絶対空間、絶対時間、絶対法則を放棄したけれども、時間や空間の測定値に関するもので、あらゆる観測者に対して同一の量であるものはないか、という問題に注目した。この種のきわめて重要な量が一つ発見された。それを論ずる前に、これまでの章の表示法をいくつか思いおこしてみよう。二次元平面上の一点をあらわすには、xとyの二つの座標が用いられる。三次元空間中の一点をあらわすには、x、y、zの三つの座標がつかわれる。事象の空間、時間測定値をあらわすには、習慣上x、y、z、tの四つの文字をつかう。はじめの三つは空間中の位置をあらわし、四番目の文字は時をしめす。二つのことなる点または事象を論ずるときには、ふつう小さい数字を右下にくっつける。たとえば、x_1、y_1、z_1、t_1はさいしょの事象をあらわし、x_2、y_2、z_2、t_2は二番目の事象をあらわす。

さて、座標幾何学の定理を思い出そう。平面上の二点間の距離は、その二点の座標を(x_1, y_1)、(x_2, y_2)とすれば、次のような形になる。

(1) $$\sqrt{(x_1-x_2)^2+(y_1-y_2)^2}$$

空間中の二点(x_1, y_1, z_1)、(x_2, y_2, z_2)間の距離をあらわせば、

(2) $$\sqrt{(x_1-x_2)^2+(y_1-y_2)^2+(z_1-z_2)^2}$$

となる。

二事象(x_1, y_1, z_1, t_1)、(x_2, y_2, z_2, t_2)については、アインシュタインは次の量があらゆる観測者に対して一定であることを見出だした。

$$\sqrt{(x_1-x_2)^2+(y_1-y_2)^2+(z_1-z_2)^2-186{,}000(t_1-t_2)^2} \qquad (3)$$

ここでは距離はマイルで、時間は秒で測るとする。この絶対量は二事象間の時空間隔とよばれる。この名は上の(1)や(2)の量を四次元の世界にまで拡張し対応させたものである。一八万六〇〇〇という数字は、毎秒の光速度をマイルであらわしたものである。

あらゆる観測者に対して一定である絶対量を見つけるためには、距離と時間をともにふくむ表現を作らねばならないことは勿論である。そしてこの表現では、時間の測定値が空間の測定値と同じとりあつかいを受けている。さて、空間と時間はつねに性質のちがったものと考えられてきているので、公式(3)のように時間の値を空間値のようにとりあつかうことは、絶対量を作るために特に人工的に工夫した細工のように見える。しかし一九〇八年にロシアの数学者H・ミンコフスキーはそうでないと論じた。空間の観念とは無関係に、連続的に流れる時間の観念があることは、彼も認めている。ところが自然の中の事象を観察するときは、時間と空間とを同時に経験する。その上、時間そのものは常に空間的手段によって測られる。たとえば時計の針の動きとか、振子の揺れとか、日時計の影とかいうように、空間内の運動や距離によって測られる。また空間を測る方法は必ず時間をふくむものである。棒をあてがうようなきわめて簡単な方法で距離を測るにも、その間に時間は経過しているのである。瞬間的測定というものはない。だから事象は空間と時間を結びつけてあらわす方が自然である。つまり、ミンコフスキーによると、世界は四次元の時空連続である。

観測者がことなれば二事象間の時空間隔の時間要素、空間要素の測定値がちがうことは、事実である。しかしこれはおどろくには値しない。三次元空間自体を考えてみよう。地球上のことなった地点にいる二人の観測者は、同一の三次元空間を見ている。観測者たちは空間を鉛直と水平とに分析して考えるものであるが、しかし、一人の人にとっての鉛直と水平の方向は、他の人にとっての鉛直、水平の方向とはちがっている。にもかかわらずわれわれは、鉛直と水平に人工的にわけたことを忘れて空間を三次元全体として見ていると思いこんでいる。これと同じように、ことなった観測者は時空をことなった時間、空間の要素に分解して考えているのである。階段を駆けおりる人にとってはこの鉛直と水平を区別することが必要であり、また実感をもって感じられるものであるように、時間と空間を区別した人にはたしかにそれは必要であり、実感がともなうものである。しかし、この区別を設けたのは人間である。自然は空間と時間をいっしょにしめしているのだ。

アインシュタインは、ミンコフスキーの考えを利用して、宇宙を四次元の時空世界と見なすべきだと主張した。革命的なアインシュタインの特殊相対論をもってしても、この章のはじめに積み重ねた多数の難点をすべて除去するというわけにはいかなかった。いかにして重力が地上に物体を引きつけ、惑星を軌道に「たもつ」か、何故ある地点では質量と重量の比がつねに一定であるのか、こういう問題に関しては説明できなかった。そのうちに、近代天文器械の改良によって、ニュートンの理論をテストする機会が訪れた。こういう器械によって、水星の実際の位置と重力法則によって予測された位置の間のずれが発見された。これらの問題を考慮して、アインシュタインは一般相対論を産み出し、発表した。この新理論は前の特殊相対論の主要な考え方は残しているが、それを拡張してさらに多くの成果をあげたものである。

空間、時間を四次元単位と見なす考え方は、次のようにして一般相対論につかわれた。前に公式(3)は四次元世界の時空間隔と見なさるべきである、とのべた。それは二次元、三次元世界における二点間の距離をそれぞれあらわす公式(1)、(2)の一般化である。ところで公式(1)、(2)はユークリッド幾何学を基礎にしてえられたもので、たんに距離をあらわす代数的方法にすぎない。公式(3)は本質的には(1)、(2)の一般化にすぎないから、アインシュタインの特殊相対論の時空もユークリッド的である。(正しくはユークリッド的であるというには、(3)のマイナス記号はプラスでなければならないが、これは区々たる枝葉末節である。)

ところで、(3)のかわりに次のような表現をつかうとしよう。

$$\sqrt{2(x_1-x_2)^2+3(y_1-y_2)^2+7(z_1-z_2)^2-100{,}000(t_1-t_2)^2} \qquad (4)$$

公式(4)を、(3)の(x_1, y_1, z_1, t_1)、(x_2, y_2, z_2, t_2)の座標を持つ二事象と同じ二事象間の時空間隔の数値であるとすれば、これらの事象の間の間隔の値は勿論(3)であたえられるものとはちがっているはずである。二次元、三次元に対応させて考えても、この二点間の距離はユークリッド幾何学の公式(1)、(2)であたえられるものとはちがったものになる。時空間隔の値をかえることにはどういう意義があるのか？

距離の公式のえらび方によって、ユークリッド幾何学か非ユークリッド幾何学か、いずれになるかが決る。どうしてそうなるかを考えよう。ニューヨークとシカゴに対応する数学的点の位置をあらわすために、第12章で論じた三次元直交座標をつかうと考えよう。ニューヨークからシカゴへの距離を計算するために公式(2)をつかうと、公式のあたえるもの、すなわち二都市を結ぶ線分の長さがえられる。またほかにも使える公式がある。たとえばニューヨークとシカゴの間の地球表面上の大円の弧の長さをあたえる公式などである。

さて、ニューヨーク、シカゴ、リッチモンドの三都市を議論にのせることにする。これらの三都市は三角形の頂点である。公式(2)をつかって三角形の各辺を計算すれば、直線線分の長さになる。一方、各頂点を結ぶ大円の弧の長さに対する公式をつかえば、球面上の大円弧でできる三角形の辺の長さがえられる。つまり、公式のえらび方によって、三角形を平面三角形と考えるか球面三角形と考えるかが決まる。この二つの三角形は性質をことにし、一方はユークリッド幾何学に従い一方はリーマンの非ユークリッド幾何学に従う。だから距離の公式のえらび方によって、物質界を表現するにつかう幾何学が決定される。

同様にして、時間空間における二事象間の間隔に対して(3)のかわりに(4)のような公式を採用すると、ユークリッド幾何学の図形とはことなった性質を持つ四次元数学世界における幾何学図形がえられる。つまり時間空間における非ユークリッド幾何学を樹立できるのだ。あたらしい幾何学が前章でのべたロバチェフスキーやリーマンの幾何学であるとはいわないが、ユークリッドとはことなるという意味での非ユークリッド幾何学である。

距離公式の選択によって、幾何学ばかりでなく、測地線、つまり二点間の最短距離も決定できる。ユークリッド幾何学では測地線は直線の線分である。リーマン幾何学では大円の弧である。ロバチェフスキー、ボヤイの幾何学では第26章**図102**にしめしたタイプの曲線となる。さて、アインシュタインがどのようにして「距離」公式を選択していったかを見よう。

まず、惑星の位置が四つの座標、つまり空間の位置が三つとその位置を占める時間が一つ、であらわされることに注意しよう。その位置はつねに四次元の数学的世界の曲線上にある。アインシュタインは、すばらしい着想をもって、各惑星の「軌道」が測地線になるような時空間隔に対する公式をえらび、その幾何学を作った。

この巧妙な数学によって出来たものは何か？　惑星が、ニュートンの運動の第一法則に従って直線運動をするかわりに楕円軌動を動くことの説明として重力が導入されたことを想いおこそう。今ニュートンの運動の第一法則を改訂して、物体はアインシュタイン時空の測地線に沿って動き、力によって影響を受けるものではないとすれば、この改訂法則では、重力という架空の力を導入せずして太陽をめぐる惑星の運動をあらわせるのである。

しかし、重力はまた地球のまわりの物体に対する引力の説明としてもつかわれてきた。木から落ちるリンゴは惑星と同じ軌道を描きはしない。この種の重力現象をいかにアインシュタインはとりあつかうか？　ここでも彼は時空の測地線を利用して架空の重力を消去した。彼は時空間隔の公式をえらぶにあたって、時空の場所場所によってそこに存在する質量に応じて値のことなる関数で(4)の2, 3, 7, −100,000という数をおきかえた。地球の質量は太陽の質量とはことなるから、地球のまわりの幾何学的「場」の構造は太陽の付近とは事情をことにする。従って、測地線の形は時空における「場所」によってことなる。つまり、時空間隔における公式の関数を適当にえらんで、アインシュタインは、物質界における質量の存在がその時空の性格とその質量のまわりの測地線を決定するように、時空をこしらえあげたのである。これはちょうど一山脈の山の形状の変化によって地表上の測地線がいろいろに決定されるようなものである。地表付近の物体はただこの地域の時空の測地線に従うだけで、その軌道を説明する上でここでも重力を必要としない。

これまで重力効果と考えられていたものを時空の幾何学によって説明できるようになって、さらにいままで解かれなかった問題、すなわち何故地球の近傍ではあらゆる物体に対して質量と重量の比が一定であるのか、が処理できるようになった。物理的に解釈すると、この一定比はあらゆる物質が地球に落ちる加速度である（第14章を見よ）。これはニュートン力学ではその質量に対する地球の引力と考えられていたものである。だから、この質量、重量の一定比は新しい理論では、あらゆる物質が地球にむかって落ちるさいに同じ空間、時間の性質に従う、という意味になる。アインシュタインの重力現象の改訂公式によると、これまで地球の引力と見なされていたものが、今では地球近傍の時空の形の効果となるのである。自由落下をするあらゆる物質は、この運動の第一法則の改訂版によると、時空の測地線に従うのである。言えかえれば、あらゆる物質は地球の近傍では同じ空間、時間の性質をしめすことになる。だから、相対論は、質量、重量の一定比の問題を解き、科学的概念としての重量を消去し、かつては重力に帰せられた効果にもっと満足のゆく説明をあたえた。

これらの成果の頂点として、相対論は科学者を悩ましつづけてきたもう二つの未解決の問題を処理した。その一つは水星の運動である。この惑星は太陽をめぐる楕円軌道に完全には従わない。じっさいには近日点――すなわち水星が太陽にもっとも近接する楕円軌道上の点――は一公転ごとに前へ進む。百年ほど前にフランスの天文学者ルヴェリエは、この近日点移動は何か他の惑星の引力によるものであるとした。しかし相対論が出るまでは完全な説明はできなかった。新理論の時空における水星の「軌道」を計算すると、実験誤差の範囲内で、観測された運動とよく一致する。つまり、新理論によって、ニュートン理論よりももっと精密な惑星運動の計算ができるようになったのだ。

科学者を悩ました問題の第二は、恒星から地球へ光がくる途中、太陽の傍を通るときに太陽によって進路が曲げられる、という観測事実である。光線も質量を持つものとするなら、この彎曲も光線に対する太陽の引力で説明される。ところが、運動の第一法則の改訂版によると、ただ光線が太陽のまわりの時空領域の測地線に沿うと考えるだけで、光線の彎曲は説明され、直線通路からのずれの測定値は新理論にもとづく計算と一致する。

相対論によって導入された奇妙な原理に接し、その数学が実に複雑難解だとさとった人は、悲鳴をあげたくなるだろう。「私のエーテル、私の重力、単純で直観的で感覚に受け入れやすい私のニュートンの世界を、そっとしておいてくれ。君のゆがんだ建て方は実験やげんみつな推論にもっと近いものかもしれないが、あまりに飛躍的でまともに受けとれない。」ところが悲しい哉、今日に生きる人はこの選択の自由を持っていない。相対論が果した予測は、今日では科学に不可欠のものとなっている。

予測の第一は質量の相対性である。ある人がボールを投げるとき、相対論では、その人に関してはボールの質量はその速度とともに増す、という。この動く物体の質量の増加は、その速度が毎秒一八万六〇〇〇マイルの光速度に近くなると、相当大きくなる。こういう速度は真空管内の電子や原子核破壊装置の粒子ではザラである。こういう装置の理論では、質量の相対論的増加を考慮に入れねばならぬ。

理論から出るもう一つの予測は、ある量のエネルギーはある量の質量と物理的に等価である、ということである。これは今日の知識人が知らないではすまされないことである。光波のエネルギーは本質的には木片とことならない。ある質量をもった物質のエネルギーは光速度の二乗に質量を掛けたもの（適当な単位で）であるというげんみつな量的表現は、今日ではよく知られている。この公式を作った上で、アインシュタインは、物理学者に質量のエネルギーへの転換を見いだすために放射能現象を研究するようにすすめた。彼の勧告は正しいことが証明された。数年前人類は質量の電磁波エネルギーへの転換をコントロールすることを学び、原子爆弾を産み出した。

この理論のおどろくべき劇的な検証が原子爆弾によって示されたにもかかわらず、その四次元の非ユークリッド宇宙がどうもピンとこないと苦情をいう人も多い。誰も四次元の非ユークリッド世界を視覚的に捉える人はない。しかし今日、科学や数字のあつかう概念の視覚化に固執する人は、なお知識発展上の暗黒時代をさまよっている人だといって過言ではない。そもそも数の研究のさいしょから、数学者は、感覚経験と無関係な代数的推論をあつかってきたのだ。今日数学者は、意識的に人間の頭脳の中にしか存在しない、そして決して視覚化を意味しないところの幾何学を、建設し、応用している。勿論感覚知覚との関連をすべて放棄してしまったわけではない。幾何学的、代数的思索によって予測された物質界に関する結論は、その論理構造が科学に役にたつものであるなら、観測や実験と一致するはずである。しかし、推論の鎖の各段階が感覚にとって意味を持たねばならないとこだわることは、たとえそれが幾何学的推論であっても、二千年来の科学や数学の発展を阻止することになるものである。

相対論の利点はまだまだ多くの点について言える。前節では高山地帯の地球の自然幾何学が非ユークリッド的であろうとのべた。こういう地域の地表では直線も円もない。ある二点間の最短距離の曲線を、他の二点に応用しても役にたたない。だから、測地線の性質によって決められる幾何学の性格は、場所場所によってことなる。これがまさしくアインシュタインの一般相対論の場合である。山塊が山地の幾何学を場所によってかえるように、相対論の時空では幾何学の性格や測地線の形は地球とか太陽とかいう質量の存在に影響される。

新理論では、局所空間や局所時の概念、さらに時間、空間の相対性をみとめねばならない。おたがいに動いている観測者の時間世界はことなっている、と結論するためには、これはどうしても必要である。時間経験の主観性ということはこれまでも認められていた。しかし個人的な感じで時間を判断するとすれば、ある間隔の間に時間がどれだけ経過したかについては人々のあいだで一致が見られない。だから時計のような人工的装置によってのみ、観測者による時間のちがいがあることにおどろかされるのである。ところで時刻を合わせた時計をもつ観測者はみな同じ結果を得ると仮定しても、今ではそういう標準装置を用いても観測者と無関係に時間を定めるには役だたないことを、認めねばならない。

アインシュタインの考えは突飛なものではないことをもう一度考えてみよう。地球は底知れぬ基盤の上の平野面ではなく丸い球だとはじめて教えられた人が、どんなにいぶかしく思ったかを想像してみたまえ。地球に裏側があることはどんな数学的説明をすれば彼らに得心がいっただろうか？　さらに、感覚的な根拠に反して地球その他の惑星が太陽のまわりを猛烈なスピードでまわっていることを知ったときの、人々のまごつき方を想像してみたまえ。今では常識になっているコペルニクス説も、現在の相対論の発表より以上に十六世紀の人々をおどろかしたにちがいない。人間が地上に止まり、地球が軌道をまわる理由に対するニュートンの説明——不可思議な重力——は、あまり満足のゆくものではなかった。一方アインシュタインは、この不思議な力やその他の仮説を、じっさいに感覚的根拠と矛盾することなしにとりのぞいたのである。

たしかにアインシュタインの考えはあらゆる点で立派なものだが、どうも難解だ、といって絶望するにはあたらない。われわれをとりまく宇宙の神秘について思いめぐらす暇のない世人は、空間、時間、物質、重力にかんするあたらしい数学的科学的法則にまごつかせられるのも無理はない。これらの問題の上に堅固な思想をきずくことに生涯を賭けた哲学者の混乱ぶりに比べれば、一般人の混乱は軽いものだと思って自らなぐさめてよいだろう。

数学と哲学の関係はこれまでしばしばのべたが、相対論も数学的創造が近代哲学に革命をおこした最良の例である。

相対論の提案した時間と空間の統一、時空に対する物質の影響は、一九〇〇年代初期の哲学者にとっては無縁な問題に見えたが、今では自然哲学の中に広汎に取りあげられつつある。自然は空間、時間、物質のまじりあった、有機的全体として顕現する。人類は過去においては自然を分析し、もっとも重要と思われるある性質をえらび出し、そういう性質が全体の抽象的側面にすぎないことを忘れて、それらを固有の実体と見なした。ところが今では矛盾のない知識の体系をうるために、こういう分離して考えた概念を再統一しなければならなくなった。

まずアリストテレスは、空間、時間、物質を経験の構成要素として哲学学説をうちたてた。この見解はその後の科学によって採用され、ニュートンもこれを用いた。われわれは、それに従って、空間と時間を物質界の基本構成要素と考え、それらを物質から分離することに馴らされてきたが、現在ではこの自然観はもろもろの自然観のなかの一案としてしかみとめることができない。もちろん現今の哲学者、とくにアルフレッド・ノース・ホワイトヘッドはこの自然分析を無益だとは論じない。逆に、きわめて価値高く、本質的なものでさえある。しかし、われわれはそれが人工的なものであることを知るべきであり、死体の解剖で観察した器官を生体そのものと見誤まるようなことを、自然そのものの分析においておかしてはならない。

相対論は、科学の基本的哲学的仮定である因果関係を顚覆させた。ふつうは原因は結果に先行する。しかし新理論では二事象の順序について絶対的なことはいえない。同時性の問題を論じて、二閃光の順序は観測者に依ることを知った。これらの二閃光を事象でおきかえると、ある観測者には原因と結果に見えた事象が、他の観測者には結果の方が原因より前におこって、因果関係が逆になることがあるかもしれない。因果概念の変更が必要になるのである。

自由意志の存在は因果関係と同じ運命にある。自由意志は、心の恣意的作用が肉体の結果的作用をおこす、という意味を持つ。「自由意志」をはたらかせている人には、これは事象の順序の問題である。しかし、ある観測者にとっては、事象の順序が時間的に逆になって、肉体の作用が人間の心を作りあげるように見えるかもしれない。後者は近代心理学の情緒論を連想させる。それによると、たとえば、恐れを感じるからにげるというかわりに、危険からにげるから恐れを感じるのである。人間が自由意志を所有するか否かの問題は、相対論に照らして再考されねばならぬ。

新理論の革命的原理は、われわれが生まれながら身につけた思考の型に注目と関心を惹き寄せた。ニュートンは、はるか彼方の太陽から地球に達し、惑星を軌道に従わせるという考え方を教えた。この概念は正確な予測をもたらすとして、十八世紀においては喝采された。われわれも疑いえないものとしてこの考え方に従って来たのである。しかし将来二、三世代後の青年たちは、きっとわれわれの素朴さと軽信を嘲笑するだろう。

もう一つ、相対論研究が注意を換起した問題は、無意識に仮説を作ることである。これは進歩への障碍になる。無批判に気軽に仮説を作ることは戒るべきである。たとえば時間、距離、同時性がこの宇宙のすべての人に対して同一である、というものなど、無批判な仮説の好例である。今日の数学者、科学者は、表向きに認められ仮説としてのべられたものよりも、無意識裡に作られた仮説にもっと注意をはらわねばならないことを自覚している。

おそらく著者もこの点ではあやふやな仮説を作るという罪をおかしている。つまりその仮説というのは、読者が相対論の主題とその哲学的意味までもすばやく呑み込み消化するものとしていることである。だからここでかんたんに主旨を復習しよう。十九世紀の物理学は、ユークリッド幾何学、絶対長、絶対時間、事象の絶対同時性の観念、ニュートンの運動と重力の法則、エーテルの概念を基礎にして建てられたものであった。こういう礎石はどれもこれも物質界に関する仮説をふくんでおり、その仮説は確かなものと信じられていた。ところが、マイケルソン・モーリーの実験は、物理学理論の矛盾が、光波を運ぶエーテルをつかうところにあることを指摘した。それからアインシュタインは長さ、時間、同時性の絶対性の仮説は立証されるものではないことをしめした。物理学思想の革命が生じた。局所長、局所時、事象の局所順序の観念が絶対性にとってかわった。あたらしい絶対量の探求は、それを生むためには時間と空間を結合させねばならないという認識にみちびいた。ミンコフスキーは宇宙は四次元の時空統一でなければならず、時間と空間を分離することは、実際目的には時として必要であっても、事実に沿うものではない、とのべた。アインシュタインはこの考えに従って非ユークリッド幾何学を展開し、ニュートンの重力効果を、あたらしい時空における物体の自然な軌道によって説明した。

これらの発展をもって、数学と科学の協力の歴史の上で、絶頂時が訪れた。これまでの章で科学の数学化を論じた。十七世紀の科学者たちは彼らの思想や方法を定量的にあらわそうとして、この方向に巨歩を印した。運動、力、音、光、電気の現象はすべて引きつづいて研究され、数学への変形が完成されてのち始めて応用された。だから、科学の多くの領域は、数の数学の単なる拡張となった。

科学のうちのいかに多くが幾何学の形で数学化されたかは、察するにあまりある。ユークリッド以来、物理空間の法則は幾何学の定理に他ならなかった。それからヒッパルコス、プトレマイオス、コペルニクス、ケプラーは天体の運行を幾何学の形で総括した。ガリレオは、自身の望遠鏡をもって幾何学を無限の空間と無数の天体に応用拡張した。ロバチェフスキー、ボヤイ、リーマンは、いかにしてユークリッドとはちがった幾何学世界を作れるかをしめし、アインシュタインは物質界を四次元の数学世界に適合させる考え方をつかんだ。そこで重力、時間、物質は、空間とともに、幾何学の構造の一部となった。実在は幾何学的性質によって理解されるという古典ギリシア人の信仰や、物質と運動の現象は空間幾何学として説明されるというルネサンスやデカルトの説は、ここにいたって確固たる支持を受けることになった。

二十世紀数学の発展は文明文化の形式に決定的役割を果したが、相対論はその発展の一つにすぎない。今世紀をよく知るには、おそらくもっと影響の大きい発展——量子論——を学ばねばならぬ。相対論が大きな距離、時間、速度をふくむ現象の処理に役だつ一方、量子論は科学者をして原子内部の極微の世界のあつかいを可能にした。かくして、巨大な宇宙の科学にも極微の領域にも共に革命がおこったのである。ただ残念なことに、二十世紀科学の進路は、「常識」から、直観的に受け入れられる概念から、単純な物理像から、ますます離れてゆく傾向にある。科学はますます複雑な数学におもむきつつある。その数学に対する物理的説明は不完全で矛盾していても、原子爆弾を設計し生産するにはそれで間にあう。だから、この短いスペースで量子現象を説明しつくそうというのは無理である。まだ半ばを越したばかりの今世紀の第二の重要な発展には、ただ言及するに止まらざるをえないことは、残念である。

第28章 数学、方法と芸術

純粋数学の科学は、その近代的発展において、人間精神の最も根元的な創造たらんとす

アルフレッド・ノース・ホワイトヘッド

これまでの章では、数学自体の思想のあるもの、時代の背景の中にあるこれらの思想の起源、他の文化諸領域への影響を調べてきた。近頃ではこれらの思想がおそろしい速度で累積倍加してきた。したがって、数学の影響は数と深みとその複雑さにおいて増大した。数学と密接な関連のあった分野のある期間をとりあげて、これまでのべてきたが、それらの今日にいたるまでの関連を延長継続させて調べることもできる。しかし、芸術、科学、哲学、論理、社会科学、宗教、文学、その他多数の人間活動および関心との数学の関係に包括的な説明を許すスペースも時間もない。ただこの書の論旨たる、数学が近代文化の形式に主役を演じたことを、十分のべつくしえたならば幸いである。

しかし、一つの問題が軽んぜられていた。数学は、それ自身われわれの文化の中で生きて栄えゆく分野である、ということである。数千年の発展は巨大な思想体系を生み出し、その本質はすべての教育ある人たちにはよく理解されている。近代数学の性格はギリシア時代の業績の尾を引いているが、中間の世紀におこった現象、とくに非ユークリッド幾何学の創始は、数学の性格と役割を急激にかえてしまった。二十世紀数学の性質を調べると、これまでの誤りを匡正しているのみならず、数学が威力と権勢を得るにいたった理由も

あきらかとなろう。

数学はまず方法である。方法は、実数の代数学、ユークリッド幾何学、非ユークリッド幾何学におけるように、数学の各分野で具現されている。これら諸分野の共通の構造を調べることによって、数学の方法の顕著な特徴があきらかになる。

数学のいかなる分野、いかなる体系も、一群の概念をあつかう。たとえば、非ユークリッド幾何学は点、線、三角形、円などをあつかう。体系に属する概念のげんみつな定義は、もっとも重要な礎石で、その上に巧妙な上部構造が建設されるのである。ところが残念ながら、一つの定義から他へと果てしない定義の連続におちいることなく、あらゆる概念、用語が定義されるものではない。物理的な用例には定義されない用語の意味がふくまれていることは事実である。代数学の定義されない用語の一つである加算は、牛の二つの別個の群を一つの群にしたときえられる頭数というようなものだ、と説明される。しかし実際的用例をつかってこのように説明するやり方は数学ではない。数学は論理的に独立的かつ自足的だからである。円はある点から一定距離にあるすべての点の集合である、として表わせば、円は点、平面、距離から定義される。このように定義させられない概念に照らして定義できる概念もある。

ある用語が定義されていなくて、これらの用語でつくっている物理像や物理作用が数学そのものでないとすれば、ではいったいわれわれが推論につかえる事実とはいったいなんだろうか？　答はその公理の中に見いだされるべきである。このように、定義されると否とにかかわらず証明ぬきで認められる用語をつかった公理が、すべてそれから引き出される結論の唯一の基礎となっている。

しかし、とくに無定義の用語をふくむときには、どうしたら公理と認めるべきものがわかるのか？　自分の尻尾を追っかけている犬のような立場にわれわれはあるのではないか？　それに対してふつうは経験が答をあたえる。たくさんの対象やじっさいの図形についての経験が公理を保証する故に、人間は数についての公理やユークリッド幾何学の公理を認めたのである。ここでもまた、数学と実際経験との関係に注意しなければならぬ。数学は公理が妥当であると否とにかかわらず、公理の表現をもってはじまる。十九世紀までは経験が公理の唯一の源であった。しかし、非ユークリッド幾何学の研究はユークリッド幾何学とことなった平行線公理をつかいたいという欲求から発したものである。こういう場合には数学は故意に経験の反対を行くのである。

非ユークリッド幾何学の公理は一見人間経験には反するように見えるけれども、物質界に応用できる定理を生み出したのである。このことを考えれば、公理の選択にはかなりの自由があるように思える。しかし、数学のある一分野の公理はたがいに矛盾しないものでなければならぬし、もしそうでなければ混乱を引きおこす結果となる。無矛盾性というのは、ただ公理がたがいに矛盾してはならないだけでなく、公理がたがいに矛盾する定理を生み出してはならない、という意味を持っている。

無矛盾性の要求は、近年非常に重要なものと考えられるようになった。数学者が公理や定理を絶対的真理と見なす限り、論理に誤りがなければ、矛盾はおこりえなかった、自然は矛盾しなかった。数学はその公理の中に自然の事実をもり込み、それからして自然の中には直接には認められないいろいろな真理をみちびき出すものであったから、数学は矛盾のないものであった。しかし非ユークリッド幾何学が生まれて、数学者は自然に依拠するのではなく、自分の足で立たねばならぬことを知るようになった。数学者は自然を記録しているのではない、解釈しているのである。誤りであっても無矛盾な解釈もあるであろう。無矛盾の問題は、基本概念のなかのパラドックスの問題、カントールの業績より発展した一連の発見によってさらに重要視されるにいたった。

一連の公理がたがいに矛盾しないことは、公理を直接検することによって決められるだろう。しかし公理からみちびき出される何百という定理のどれもがたがいに矛盾しないことは、どうしたら確かめられるだろうか？　この問への答は長くなり、実をいうと今でも完全に満足なものはえられていないのである。数学における最近の研究の多くは、いろいろの数学諸分野の無矛盾性を確立する方向にむけられている。しかし、実数に関する公理、定理をふくむ数学体系が無矛盾なることを証明しようとこれまでいろいろ苦労をかさねているが、さまざまな障碍にゆきあたることになった。事態はきわめて困難なものである。近年無矛盾性は真理にかわって数学者にとっての神になったが、今ではこの神も存在しないかのごとくである。

数学の一分野における諸公理は、たがいに矛盾しないものである上に、単純なものであるべきである。これが要請される理由はあきらかである。公理は証明なしで認められるものであるから、つねにその認めたものをよく知っておかねばならぬ。そして公理が単純なものなら、このところの把握が可能なのである。数学体系の諸公理がたがいに無関係なものであることは、本質的に必要ではないけれども、望ましいことである。つまり一公理を他の公理から演繹できるようなことがあってはならない。証明なしで認める命題の数は出来るだけ少なくしたいのだから、このように他から演繹される公理は定理の中にくり入れられるべきである。そして最後に、数学体系の公理は実り多いものでなければならぬ。蒔く種子をえらぶように注意深くえらべば、そういう公理は価値高い収穫をもたらすにちがいない。数学活動の目的の一つはその公理の中に秘められたあたらしい知識と洞察をうることである。ユークリッドの数学への業績は、彼が何百という定理を生む単純な公理系をえらんだが故に、価値高かったのである。

必要なかつ望ましい条件のすべてを満たした公理系がえらばれたとする。ではその次に、数学者は証明すべき定理をいかにして知るか、いかにして証明をかさねてゆくか？　こういう問題を次に考えよう。

定理の源となるものはたくさんある。なかでも経験はもっとも実り多い源である。実際上の三角形の経験は数学的三角形に関するいろいろな結論のヒントをあたえてくれる。そしてこれらの結論が数学定理として確立されるか否かは、公理からの演繹にかかっている。もちろんこの場合の経験は広い意味で解釈されねばならない。無計画な観察も時とすると定理になりそうなものをしめしていることがある。また、実験室や観測所における科学的問題や、平面の上に深度を描き出す芸術上の問題は、これまでもげんみつな定理にみちびいてきたのである。

しかし、定理の大部分は数学自体の問題から発生した。数や幾何学図形に関する一般化から定理になりそうなものがおこることは多い。たとえば、数学をあつかう場合に、最初の二つの奇数の和すなわち1＋3は二の二乗になる、最初の三つの奇数の和1＋3＋5は三の二乗になる。このようにして最初の四個、五個、六個の奇数も同じようになる。だからかんたんな計算からｎを正の整数とすれば、最初のｎ個の奇数の和はｎの二乗になる、という一般的表現がえられる。もちろん上の計算からはこれが定理であることは証明されない。その上、あらゆるｎに対して無限数の計算をすることは、寿命に限りのある人間には出来ない相談である。しかしこの計算から数学者は研究課題をみつけるのである。

定理の源としての例を、もう一つ考えよう。三角形は三辺を持った多角形である。ユークリッド幾何学では、三角形の角の和は一八〇度である。そうすれば、いかなる多角形の角の和も求められる。一般的定理を求めたくなるのは当然ではなかろうか？　この問題はすでに非常に古くから定理としてあたえられている。多角形の角の和は、辺の数から二を引き、それに一八〇度を掛けたものである。

ユークリッドの平行線公理にふくまれた命題をもっと承認しやすい公理からみちびき出そうという純粋に論理的な問題が、非ユークリッド幾何学へとみちびいたことは、すでにのべた。一たびこういう幾何学の考え方が把握されると、それからして定理への数多くの手引がユークリッド幾何学における定理と対応させることによってえられるのである。たとえば、ユークリッドの四角形の角の和は三六〇度であるという定理に対応して非ユークリッドではどんな定理が出来るか、というように進めてゆくのである。

数学者が定理へのヒントをいかにしてうるかは、以上の二、三の例ではすべてをつくせるものではない。しかし定理が見つかるまでまったくの偶然とかあてずっぽう、まぐれあたりをいくらつみ重ねても無駄で、結局は創造的天才の想像力、直観、洞察に待たねばならないだろう。

これらは定理へのヒントを得るためにはもっとも重要な要素である。四角形をぼんやり眺めていても、四辺の中点を結んで出来る図形は平行四辺形であることを知るにはいたらないだろう。こういう知識は論理の

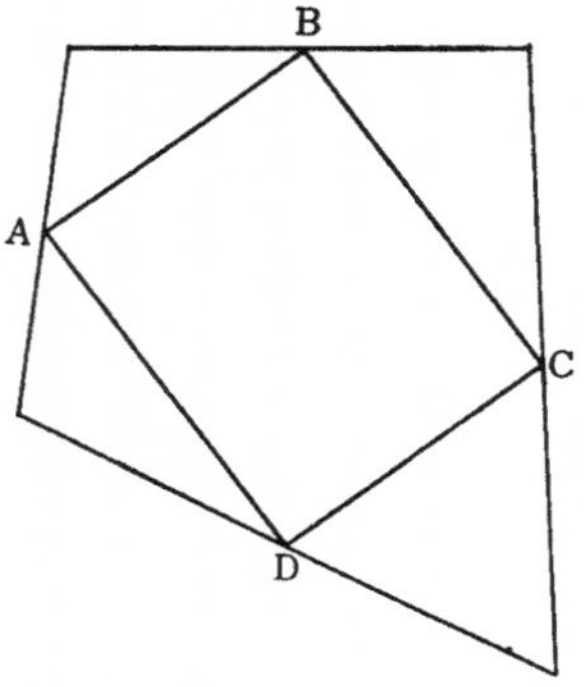

図109　四角形の辺の中点を結ぶ線は平行四辺形を作る

産物ではなくて、直感の閃めきである。

代数学、微積分、ことに高等解析の領域では、第一級の数学者は、作曲家のような一種の霊感に頼っている。作曲家は主題を感じとり、それを発展させ、修飾して美しい音楽を生みだす。音楽的な経験や知識は主題を展開させるに役だつ。数学者の世界でも同じことで、公理から生じる結論を予測する経験や知識は彼の着想を正しい経路にみちびく。あたらしい定理の正確かつ満足な表現がえられるまでは、一種または数種の修飾が必要となる。しかし本質的には数学者も作曲家も霊感によって動かされるのであって、この霊感によって、礎石をおく前に完成した建物を見とおし、知ることができるのである。

何を証明するかを知ることは、いかにそれを証明するかと切っても切れない関係にある。数学者はある場合における既知の事実からある定理を証明できるはずだと確信する。しかしこの定理の演繹証明をうるまでは、それを肯定することも応用することもできない。定理が成りたつはずだという確信と、定理の証明とがちがうものであることは、古くからたくさんある例を見ればあきらかである。ギリシア人は三つの有名な問題を提案した。定理とコンパスで立方体を二倍にし、角を三等分し、円を正方形になおすことである。二千年以上にもわたって、たくさんの数学者が試みたが、結局以上の条件下ではこれらの作図は不可能である、と確信せざるをえなくなった。しかし十九世紀にいたって不可能の証明が明確になされるまでは、この問題は結着がついたわけではなかったのである。

疑いえない真理だと、ともすると見誤られる臆説の好例として、偶数はすべて二つの素数の和である、というのがある。素数というのはそれ自身と一によってのみ割り切れる整数である。だから十三は素数であるが、九はそうではない。この臆説によれば、2は1＋1、4は2＋2、6は3＋3、8は3＋5、10は3＋7というようになる。このように果てしなく偶数をテストして行くことが出来、この臆説は成りたつと思われるかもしれない。しかし、この臆説には証明はあたえられないから、数学定理とはいえない。

定理は公理からの演繹推論のみによって正確に作りあげられるもので、数学者はこういう証明をうるために数千年来努力してきた。日常会話で数学的厳密さというのは、この確実性への執拗な探求に払われた尊敬の言葉である。

何を証明すべきかの問題が片付いた後でも証明方法を見つけるためには数学的努力がずいぶんいることは当然である。この点はとりわけ強調する必要もあるまい。幾何学の演習問題にとりくんでいる学生が、何を証明すべきかをしめされていて、その点から出発すればよいにもかかわらず、ずいぶんと苦労していることを見れば、あきらかである。何を証明すべきかを見つけるのと同様、証明方法の探求にさいしても、数学者は想像力、洞察、創造能力を用いねばならない。彼は、追求して行く可能性のある方向を見きわめ、解を見いだすまで問題にとりくんで離れない気分を持たねばならない。特殊な問題にとりくんでいる彼の心に去来するものを知るのは、美しい詩を作るキーツがどんな思想を持っていたか、何故レンブラントの手や頭が心理的な深みを絵にあたえたか、を知る以上にむずかしいことである。天才を定義することはできない。ただ、数学における創造能力には異常な素質が必要である、と言えるだけである。

今まで述べたことにはずいぶん誇張がふくまれていると思う人があるかもしれない。定理を予想し、それを確立したからといって、数学者はじっさいに何かあたらしいことを学んだというのか？　結局公理の中にはじめから含まれていた結論を公理から論理的に導き出したにすぎない。数学者は公理を採用し、じっさいには公理を精巧化したものにすぎない定理を引き出す。ただそれだけの仕事に何世紀もついやしているのだ。哲学者ヴィトゲンシュタインの言葉によると、数学は壮大な同義反復にすぎない。

しかしなんと壮大なことよ！　数学の論理構造を同義反復というのは、言葉の上からは正しいが、これは、ミロのヴィーナスが単に大きな娘にすぎない、というに等しい。公理系の選択はいたるところ富鉱ばかりの鉱山地帯から一片をえらんで買うことに似ている。数学が同義反復だというのは、はじめから存在していた鉱石を発掘するという意味においてである。しかし、倦まずたゆまず固い土地を掘り起し、基岩から貴金属を注意深くふるい分け、そして得られた宝石の価値と美、成功の歓喜と興奮、こういう要素はすべて同義反復という表現にはふくまれていない。

定理の予測と樹立をもって数学の一分野の構造は完結する。各分野には定義、公理にもとづく定理がふくまれる。数学体系のこの分析によって、数の数学の構造やいろいろな幾何学の構造があらわれる。数学の本質は以上のように要約されると見なしてよい。しかしもっと完全に数学を理解するには、さらに深い考察が必要である。

いかなる数学体系も無定義項をふくむ。たとえば、幾何学における点や線の如きものである。非ユークリッド幾何学を論ずるときには、直線という言葉には、その言葉によってすぐ心に思い浮かべられる引っ張った系とはかなりちがった物理的意味を付している。無定義の用語にはこういうようにいろいろな解釈をする自由があり、だから、無定義の用語が存在することに深い含蓄があるのである。

しばらく数学を忘れて、外交というあまり論理的でない分野に注目しよう。国際会議において一人の政治家がいろいろの機能を果すいくつかの委員会を作る仕事にあたり、次のような条件で委員会を作ると政略上よいと決定した。

(a) いかなる二国も少なくとも一つの委員会で出会うべきである
(b) いかなる二国も二つ以上の委員会で出会ってはならない
(c) いかなる二つの委員会も少なくとも一つの国の代表を共通に持つべきである

(d)すべての委員会は少なくとも三国の出席者から成る

この政治家には以上の条件がなかなか賢いやり方に思えたけれども、不測の紛争がおこりうることをいくぶん恐れていた。そこで数学者に相談すると、彼はただちにある方策を授けた。

(1)いかなる組合せの二国も唯一つの委員会において出会うべきである
(2)いかなる二つの委員会も唯一つの国を共通して持つ
(3)いかなる委員会においても出会わない三国の組合せが多くある

数学者はただちに以上の結論をのべることができた。それは国と委員会の条件が次のような点と線に関する命題と精密に等しいことを認めたからである。

(a′)いかなる二点も少なくとも一つの直線上にある
(b′)いかなる二点も二本以上の直線の上に存在することはない
(c′)いかなる二直線も少なくとも一点を共有している
(d′)いかなる直線も少なくとも三点をふくむ

この二組のちがいはただ点と線が国と委員会におきかわっただけである。だから数学者が(a′)から(d′)までの条件によって点と線に関してみちびいた定理が、そのまま国と委員会にあてはまる。(a′)から(d′)までの事実だけでいろいろな定理が作れる。数学者は数学定理の中で点と線を国と委員会におきかえて、政治家にその結論をしめしただけである。だから点や線のように無定義の用語ははっきりきめた意味がないからかえって融通が利いて役にたつものである。

大変な結論が出たものだ。公理を明示して、それから演繹推論をおこなう際には、無定義の用語の意味内容は関係しない。今日の数学者は、点、線、その他の無定義の用語をふくむ公理が成りたてば、その用語にどんな実際的内容を付加してもかまわないのだ、ということを知っている。公理さえ成りたてば、その定理も実際的な解釈にいろいろ応用できる。

　この数学の性質に関する新概念は、数学から意味内容をすべてうばいさったものといえる。あたらしい概念によると、数学はある定まった物理的概念に密接に関連して物質界への洞察をあたえるかわりに、「無を意味する」空虚な言葉にすぎないように見える。しかし真実は逆である。数学はかつて考えられたこともないほど意味の豊かな、展望の広い、実り多い応用をもたらすものになったのである。かつては物理的意味が数学概念と同一視され、勿論今なお関係をたもっているが、それ以外にも今では数学体系の公理を満足させる無数のあたらしい意味があることが発見された。こういう新情勢に応じて、これらの体系の定理はあたらしい意味を持ち、さらにあたらしい応用をえたのである。

　しかし純粋数学そのものは無定義項に場合に応じて付加した特定の意味と直接関係を持つものではない。むしろ公理と定理から作られる演繹過程が問題なのである。一方応用数学は純粋数学の概念の物理的意味を問題とし、それが数学研究に役だつ定理を生むのである。純粋数学から応用数学への過程はふつうあまり注意されていない。円の面積はπr^2である、というのは純粋数学の定理である。円形の土地の面積は一定の長さの二乗をπ倍したものである、というのは応用数学の定理である。

　純粋数学と応用数学の間に引かれた区別をバートランド・ラッセルは次のようなうまい警句でいってのけている。これを軽薄ないい方だという人もあろうが、なかなかうがった言葉である。「数学とは、何について語っているのか、語っていることが真理であるのかどうか、ぜんぜんわからない問題である。」ラッセルにいわれるまでもなく、文字通りこういう考え方をしている数学嫌いな人は多い。しかし、そういう人たちも真理がいかなるものか、いかにして判定するかを知らないだろう。数学者は、自分が何について語っているかを知らない。それは純粋数学が実際的意味に関与しないからである。数学者は自ら語ることが真理であるかどうかを知らない。それは純粋数学者としてはその定理が物質界の真理であるかどうか確かめる努力をする必要がないからである。純粋数学の定理では、ただ正しい推論によって得られたものかどうかをただすべきである。

数学体系の持つ抽象的性格や実際的意味を、音楽の場合と比較してしめそう。ベートーヴェンは第五交響曲を作った。その追従者たちはそれをかってに解釈した。彼らは希望、絶望、勝利、敗北、運命に対する人間の闘争、こういう主題をすべてベートーヴェンの大作の中に読みとるのである。しかし音楽は数学と同じくこういう解釈応用なしで存在するものである。

無定義の用語をふくむ公理から結論をみちびき出す方法は、純粋数学特有のものである、と考えがちである。しかしちょっと余談をまじえてみると、この種の推論が別段特異なものでないことがわかる。法律家の典型的な考え方をとってみよう。法律家は警察権が至上であるという事実を公理として受け入れる。むしろ彼はこれを原理だと主張する。合衆国における州の定義にしたがって、ニューヨーク州は州内の事件を管轄する。ニューヨーク州内で行なわれる産業は純粋に州内の事件である。故にニューヨーク州は州境内にある全産業を支配する警察権を持つ。ニューヨーク内のビルのエレベーター従業員の仕事は、法律上の定義に従って、完全にニューヨーク内で行なわれる産業である。故にニューヨーク州は州内のビルのエレベーター従業員の仕事に対して警察権を持つ。そしてとくに婦人従業員の場合もしかりである。

概念や用語についてのある公理をつかって、法律家は結論に達した。しかしこの推論には警察権の定義があらわれていないことに注意しよう。法律家はいかなる主権も警察力を持つという公理のみを利用した。だから数学者が点や線をつかうように、警察権という用語は無定義の用語としてつかわれたのである。その上、上述の推論を認めるとしても、法律に暗い読者は警察権と警察官とを混同するだろう。しかし、警察権のふつうの法律的解釈は、健康と一般福祉をあたえる権利である。法制史上、婦人労働者の最低賃金を定めるということは一度も警察権にふくまれたことがなかったので、前述の推論からすると、ニューヨーク州は婦人エレベーター従業員の最低賃金を定めることはできなかった、という結論にもなる。しかし、最近婦人の最低賃金を定めることが警察権の中にふくまれる、と決定された。だからこの警察権の解釈では、ニューヨーク州はニューヨークのビルのエレベーターを操作する婦人の最低賃金を定めることができる。かくして警察権という無定義の用語にはまったくたがいに矛盾する解釈があたえられるが、上述の推論によってえた結論はどちらの解釈にもあてはまるのである。

この例からしてわかるように、法律家は、数学者と同じく無定義の用語についての演繹推論の鎖をつなぐことに従事し、結論をあてはめようとするときのみこれらの用語に具体的意味をあたえる。数学者が直線のような無定義の言葉に場合によっていろいろな実際的意味をあたえるように、法律家も警察権のような無定義の用語に時によってことなった意味をあたえるのである。

数学と法律の類似は演繹推論の鎖における無定義の用語の使用に止まらない。法律の原理は単なる公理に止まらない。原理は数学の公理と同じく体系、制度に属し、ことなった制度では、ことなった原理を持っている。たとえば、ユークリッドの平行線公理がユークリッド幾何学の体系の中の公理であるように、私企業に従事する個人の法律的権利は資本主義政治体系の原理である。いくつかの幾何学における定理のちがいはことなった公理から生じるように、ファシズム、民主主義、共産主義の政治形態の相違は根本原理のちがいから生ずる。そしてどの幾何学も物理空間をあつかおうとするように、どの政治制度も社会秩序をあつかおうとする。

法律制度における法律家のみならず、政党に属する政治家もこれまでのべた数学的方式を用いる。選挙運動の前には、政治家は論理的になろうとする。各党の指導者たちが綱領を作りあげ、その項目は党の政治的信条の公理となる。この綱領から将来の立法における党の立場が導き出せる。ここまではそれでよい。しかし、自由、正義、祖国愛、民主主義のような無定義の用語を綱領の中で自由につかった場合は、しばしば政治家たちはしくじりを演じるのである。こういう点からして、無定義の用語の使用は慎重を要することはいうまでもない。

数学体系における無定義用語の意義を論じたので、数学的思考の抽象性の評価の一助ともなったであろう。数学そのものは、無定義用語に付した物理的意味を欠いているから、この抽象性が生じたのである。数学的方法もある意味では抽象的である。自然のなかの雑多な経験から、数学者は特殊な位相を分離してそれに没頭する。これは研究する現象を限るという意味で抽象作用である。たとえば、数学的直線は、テーブルの端や鉛筆で描いた線に比べると、ごく僅かな性質しか持っていない。この数学的直線のごく僅かな性質は公理の中にのべられてある。たとえば、直線は二点によって決定される、というようなものがそれである。じっさいの直線は、この性質の他に、色もあり、さらに幅や深さもある。その上、複雑な構造をした分子から成っている。

物体のごく僅かの性質だけに注意して自然を研究しようという態度は、効果の薄いものと思われもしよう。ところが、数学の力はこの種の抽象化の使用に秘められているのである。この方法によって厄介な瑣事から心を解放し、目前の対象をそっくりそのままとらえようという方法よりも、より以上のことを達成できるのである。自然の特殊な位相を抽象化する方法の秘密は、分割統治法則にもとづくものである。

研究問題を限ることには、経験の少数の面に注意を集中させるという利点がある。実験科学者は、物体を直接にあつかっているので、ふつうは感覚を通して知覚される対象のみを考える癖がある。彼は大地につながれている。数学は、物体から概念や性質を抽象化することによって、思想の翼をつけて視覚、聴覚、触覚の感覚の世界を飛びこえる。かくして数学は、感覚の領域を越えないと決して量的に表現できないエネルギーの塊のような「物」を「あつかう」ことができる。数学は、重力をも視覚をこえた巨大な空間の一性質として「説明」できる。また、数学は、思弁の産物で、適当なイメージを作りえない電気、電波、光のような不可思議な現象をもあつかい、かつ「知り」うる。抽象作用、すなわち数式は、これらの現象の把握にさいしては意義と役割をもっとも十二分に発揮するのである。

定量的法則はたがいに無関係に見える現象に対してもあてはまるものだから、物理現象の量的側面を抽象化することによって、時として思わぬ関係があらわれることがある。これが一番よくあらわれた例は、マクスウェルの発見、電磁波も光も同一の微分方程式を満足する、というものである。それからして光も電磁波も同じ物理的性質を持つことがわかったのである。ホワイトヘッドはいっている。

数学がだんだん抽象的思想の最高段階にまでせりあがるにつれて、それが地上にはねかえって事実の分析の正確さをもたらすことになったということは、きわめて意義深いことである。……抽象の極が具体的事実の思想を統御する真の武器であるというパラドックスが、今や完全に確立するにいたった。

このパラドックスは承認するが、それでも成果を収めるためには物理科学は数学的抽象という犠牲を払わなければならないのは辛い、と嘆く人たちがある。その人たちは物質界の本質の科学的探求において何を求めているのかを再考しなければならない。数学的関係と数学的構造の知識こそ物理学がわれわれにあたえるすべてである、というのがエディントンの答である。そしてジーンズは、宇宙の数学的表現こそ究極の実在である、といっている。理解を助けるために使った像やモデルは、ジーンズにとっては実在からの一歩後退になる。そういうものは「精霊のゆがんだ像」のようなものである。

これまで数学を方法として、量的空間的関係の研究や、それから生じる概念に応用する方法として論じてきた。しかし数学の領域は決してそれだけに限定されるものではない。これまでのべたように非ユークリッド幾何学の創始は真理製造の義務から数学者を解放し、公理を自由に採用させ、物質界の把握に直接役立たないと見える思想を研究させた。また数学者は、自らの問題選択が何を導き、彼の研究活動が何を動機とするか、を自問するようになった。彼の研究が安っぽいクイズやクロスワード・パズル、たんなるナンセンスとどういう点でことなるのか？（ただちにこの問題の答を出してくれという読者は少々性急にすぎはしないだろうか。）最近百年間、数学者は、ギリシア人が感じ、肯定し、近世において失せたもの、すなわち、数学は芸術であり、数学研究は美的欲求を満足させねばならぬ、ということを再認識するにいたった。

数学を芸術にふくませることに異を唱える人はずいぶん多いにちがいない。そのもっとも強く反対する点は、数学が情緒的意味を持たない、というところにある。もちろんこの論法は、数学に対する嫌悪の感情から出たものであることを考慮しなければならぬ。数学の創造者が考えを公式化し、きわめてたくみな証明を作りあげたときに経験する愉悦も、この議論では過小評価されている。初等数学を学んでいる学生でさえも、型にはまった演習問題の証明に成功し、混乱と曖昧の場所に光と意味と秩序を自らの力で見出だしたときは、喜びを感じるではないか。

しかし、数学が一般には音楽、絵画などのような情緒に訴えかけることがないことは事実である。そして、芸術の根本的機能は情緒感情を喚起することにある、と論理的に主張できる。しかしこの概念によると、センセーショナルな写真の方が数多くの偉大な絵画作品よりも芸術的だと考えられるようになる。現代の抽象絵画・彫刻は芸術的とは見なされず、建築や陶器の部類も芸術に属するかどうか怪しくなる。ピカソの静物画、モネーなど印象派の光と空気の効果の研究、スーラやセザンヌの作品、立体派の「アレンジ」、これらも以上の要求を満たしえないだろう。じっさいには、近代の純粋絵画は、点や線の使用や技術的問題において、絵画の理論的、形式的側面を重視している。こういう作品は情緒よりも知性に訴えかけるものである。ルネサンス絵画は、その構成に知的研究が含まれていたが、それでも直接には情緒にはたらきかけるものであった。ところが近代芸術の作品はまず「計算」からはじめる。芸術は情緒を喚起せしめねばならないという要請は、とくに今日では当をえないものと思われる。

芸術は人間の創造本能のはけ口であらねばならぬ。記数法の成長、計算方法の改良、芸術、科学、哲学の問題から喚起された新分野の創設拡張、推論の精密化、それらのあとを一瞥すれば、これらは数学者が創造したものであることを知るのである。定理の中にふくまれるげんみつな命題の決定、その定理を作りあげる証明は、創造のはたらきである。そして、芸術と同じく、完成品の細部は発見されるものでなく、構成されるものである。

創造作用は、構図、秩序、美をもつ作品を生み出す。これらは数学的創造の場合にもあらわれる。構図とは構造的形式、秩序、調和、均斉の存在を意味する。たとえば次の平面幾何学の定理を考えよう。同じ面積をもつｎ角形のなかで、等角等辺の正多角形が最小の周囲を持つ、という定理がある。同面積、同辺数では非正多角形よりも正多角形の方が周囲が短いことは数学から示される。ではことなった辺数で同面積の正多角形のうち、最小の周囲を持つものは何か？　同じ面積の正多角形の中では、辺数の最大のものが最小の周囲を有する、がその答である。いかなる多角形も作図できる。では一定面積に対して最小の周囲を持つ図形はいかなるものか？　ここでは構図に対する直観的な感じが答をあたえる。正多角形の辺数が増すにつれて、その形は円に近づく。だから円が最小の周囲を持つべきである。そしてこれは数学の定理となっている。こういう定理が秩序と構図の本質である。

構図は数学の中にただ時たまあらわれるものではない。いかなる論理構造の中にも必ず存在するものである。この構図を意識的に採用することによってのみ、ユークリッドはユークリッド幾何学の全体系の公理を出発点として築きあげえたのである。

数学創造の原理につかわれる構図の好例は、高次元幾何学の建設の中に見いだされる。$x^2+y^2=r^2$は平面における円の方程式であり、$x^2+y^2+z^2=r^2$は三次元空間における球の方程式であるから、$x^2+y^2+z^2+w^2=r^2$は四次元空間における超球の方程式と考えられる。だから二次元三次元の座標幾何学の構図は意識的により高次元にまで拡張されうる。

芸術創造にあっては、部分同士の関係、部分の全体に対する関係は調和的でなければならぬ。数学創造の場合の調和は、論理的一貫性の形であらわれる知的な性質のものである。一つの数学体系内の諸定理はたがいに完全に調和していなければならぬ。しかし、もう一つの調和がある。ユークリッド幾何学の全構造は、数の研究と調和している。座標幾何学の手段によって、幾何学の概念や定理を代数的に解釈できる。逆に代数方程式は幾何学的解釈を持っている。だからこの二種はたがいに調和しているのである。

いくつかの大きな数学の流れが最近たがいに調和してきている。これまで幾何学の四つのちがった分野——ユークリッド、射影、二つの非ユークリッド幾何学——にかんたんに触れてきた。これらはそれぞれことなった形をもち、ある場合にはたがいに矛盾するようにも見える。しかし、最近きわめて満足すべき成果があらわれて、射影幾何学の特殊定理として他の三つの幾何学を包含するような、公理的基礎にたった射影幾何学の建設が可能になった。言いかえれば、四つの幾何学のすべての内容が今では一つの調和的全体の中に統一されているのである。

数学はさらにもう一種類の調和を生んでいる。数学は自然にはたらきかけて、無秩序を調和ある秩序におきかえた。これがプトレマイオス、コペルニクス、ニュートン、アインシュタインの業績の本質である。

もちろん創造活動というものは芸術作品のあらゆる形式的特性を持ちうるが、だからといってその形式にしばりつけられているものではない。近代音楽を聴き、近代絵画を見る人なら、この形式からの解放が今日生み出されている芸術についてはまったくよくあてはまることを知っているだろう。芸術作品評価の根本は、美的快楽や美そのものに対して貢献したところによる。幸か不幸か芸術の場合は評価は主観に頼り、個人の趣味教養の程度によるものである。だから数学が美を持つか否かの問題は、実際に数学を研究している人によってのみ答えられるのである。

実際上では美的快楽を追求する心はつねに数学に刺激をあたえ、その研究を促進している。目前にあらわれる多数のテーマや形式から、数学者は意識的にしろ無意識的にしろ、美の感覚を満足させるものをえらぶ。古典時代のギリシア人は、幾何学の形式や論理的構造が美しいからといって、幾何学を研究した。彼らは自然に存在する幾何学的関係の発見を重視したが、それはその発見が自然の理解に役だつからではなく、美しい構造をあらわしているからである。コペルニクスは自己の理論の数学が彼に美的快楽をあたえるからといって、彼の惑星運動の新説を主張した。ケプラーもこの故に太陽中心説を重視した。彼はいう、「私はそれが真なるか否かを魂の奥底に問うて見た。そして玄妙な魅惑を持つその美にふけった。」コペルニクスの研究に刺激されて、ケプラー自身も美的満足をあたえる数学法則の探求に全生涯をささげた。ニュートンも彼の数学的、科学的研究の究極的意義を美に求めた。彼の語る神とは、宇宙の調和と美を保つものである。このような考え方は数多くの数学者の著作の中にも認められる。

真の数学者の美的感覚というものは、口やかましい奥様の叱言よりも元来鋭敏なものである。すでに証明された定理をあたらしい方法で証明しようというのは、美的欲求がなければできないことである。また、たんに確信をうるための数学的証明もある。有名な数理物理学者レーリー卿の言葉をつかうと、「数学者は自己の証明の承認を要求する。」ところが「彼らの知性に言いよる魅力的な証明がもう一つあるとする。すると数学者たちはたちまち元気をよみがえらせ、神に感謝をささげる。」見事に完成した証明は、形式からいえば詩ともいえるのである。

数学問題の孜々たる探求からは、精神集中、果てしない追求の中の心の平和、活動の中の瞑想、いさかいなき闘争のスリル、日常のトラブルからの慰藉、今日のうつろいゆく世相に惑わされることなき泰山の風格がえられる。

数学的推論の超俗性と客観性から生じる魅力をバートランド・ラッセルは見事に表現している。

人間感情から離れ、自然の些事から離れて、じょじょに秩序ある宇宙を創造してきた。そこには純粋な思想のふるさとがあり、すさんだ現実世界から逃れた高貴な希求が宿りうるのである。

一般読者も数学研究の芸術的性格がわかったと思う。ソローはいう、「もっとも明晰かつ美しい真理の表現は、究極において数学的形式をとらねばならぬ。」数学に不感症の読者も、数学者が美を探求しているのであることを知れば、数学者の態度や努力の一端でも理解できるであろう。

以上の分析から、数学が芸術の基準を満たしていることがあきらかである。ところが数学を芸術でないという人も多い。しかし無意識的には彼らも数学の芸術性を認めているのである。誰も歴史や経済学や生物学の天才などといいはしない。ところが数学の天才とは誰しも口にする言葉で、数学の才能がないから残念だなどという。だから数学の才能は芸術的天分の部類に入るものである。

ここでは数学の本質や影響にさらに突込んで行けないのは残念だ。高等数学の分野に立ち入る時間があれば、数学がわれわれの文明に対して果した役割をさらに解明できるであろう。しかし、数学思想を習得するには何年も研究しなければならず、このコースをちぢめる抜道はない。望むらくは、ここに示した内容が、少なくとも、数学が形式の書であるとか、ギリシア時代の物語であるとか、人類史上のとるにたりない一エピソードであるとかいう誤った観念を一掃し、われわれの文明文化の中で数学のたもつ位置の理解の若干をあたえることになれば、著者の喜びとするところである。

残念ながら、数学は人類の直面する問題すべてを解いているわけではない。推論、公理的方法、定量的分析は、人生のあらゆる位相の問題に役だっているとはいえない。芸術家は数学的透視法を用いるが、正しい透視法が芸術そのものではない。十八世紀の思想家は、数学を手段として社会の法則を発見し、あらゆる社会問題を解決できる、と確信していたが、今日では十八世紀よりもますます社会秩序は複雑になってきている。ロマンスや結婚の問題でも、最近の人類学者はこれに数学を応用しようとして熱心に研究しているけれども、そんな問題を数学を手段として解くことは一般の人にはおすすめできない。数学の応用範囲は限られている。その限られている理由は、人間は合理的動物であるという言葉に簡潔にのべられている。合理性はたんに人間の動物性の修飾語にすぎない。人間の欲求、情緒、本能などは動物的性格の一部であり、理性ではは納得できないものである。理性だけでは人間活動のすべてをみちびき、統御するに十分ではない。だからといってもちろん理性の人間関係への応用が飽和点に達したといっているのではない。

数学は、知識の体系として、実際上の道具として、哲学の礎石として、論理的方法のお手本として、自然への鍵として、自然の中の実在として、知的遊戯として、推論の冒険として、美的経験として、というようにいろいろに表現される。本書では数学を概観して、これらの表現の根拠となるものをしめしてきた。数学が作用をおよぼした数多くの分野を考えると、数学を物理的、精神的、情緒的経験の世界に達する方法だと呼びたくなる。一方、自然を理解し、物質界におこる現象の混乱に秩序をあたえ、美を創造し、健全な頭脳の自然な欲求を満たし、正確な思想を引き出すという、きわめて純粋な作用もある。われわれの現代文明の成果は数学に負うところが大きいが、この文明世界に住むわれわれは、また以上述べたところを身をもって証明するという位置に今たっているのである。

『数学の文化史』復刊に寄せて

この本の原著はMorris Kline, *Mathematics in Western Culture*（Oxford U. P., 1953）である。名著の誉れ高くて、ペーパーバックになって今も版を重ねている。

私の邦訳が出たのは一九五六年（蒼樹社）のことだから、もう六〇年近く前のことになる。その間、河出書房新社から、また社会思想社から出版され、今度また河出書房新社から出版されることになった。

クラインは一九〇八年ブルックリン生まれの数学者、ニューヨーク大学で学士、修士、博士号まで取り、以後ずっと母校で教えて教授となる。その間、第二次大戦中はレーダーの仕事に従った。

彼は応用数学者で、特に数学教育の改革論者である。初等教育から大学教育まで行われている数学教育の慣行、戦後の新数学教育にも激しく反発し、数学のための数学というような数学教育者に抗して、数学もその物理への応用や社会・文化の中で捉えよう、教えようという数学教育思想の持ち主である。本書が主題とする数学の文化史への関心も、その主張の初期のものとして考えられる。本書の出た三年後には雑誌に投稿し、「数学教師は学生が悪いと言うが、それよりも数学教育のカリキュラム、教科書、それに教師自身が悪いのだ」、と激しく攻撃したものだから、教育の世界では反発する人も多く、クライン自身晩年にはこのままでは数学はかつてのような文化的意義を失うのではないか、という憂いを持つようになっていた。

私は一九五一年に大学を出て、出版社の平凡社に入り、『科学技術史年表』を編集していた。自分では科学史をやるつもりではあったが、当時としてはどういう道を取っていいか判らなかった。科学史家の間には実際に著述で生活を支えている人が多くいた。星野芳郎さんには科学史家としてやっていくためには、子供向けのものを書けと言われ、金関義則さんからは「君は語学が得意なら、翻訳をしろ、三冊ほど訳してから、その間に自分のものを貯めて書け」と言われた。私は翻訳家の道を選び、その三冊目が本書だったのである。

著者クラインに訳書のことで色々問い合わせて文通を重ねている内に、「君のような関心があるなら、ハーバードの大学院へ来るといい」と推薦状を書いてくれたので、私は渡米できることになった。当時としては、あるいは今でも、あまり例のないことである。翻訳は三冊目でも、自分のものが貯まらない焦りを感じていた矢先のことで、大学院で科学史の基礎的トレイニングを受けるチャンスを与えられたことは、私にとってはまことに幸運であった。

まず私はニューイングランドのベニントンでフルブライトのオリエンテーションのプログラムに入っているところに、クラインは家族同伴で避暑に行っている途中に寄ったと言って、初めて会うことになった。その後、ニューヨークに出て、氏の教えるニューヨーク大学を訪ね、周りを案内された。ニューヨークっ子の氏は「このあたりはグリーニッジヴィレッジで、元は雰囲気があったんだが、今はもう駄目だな」と嘆かれる風だった。ブルックリンのお宅にも招かれた。

そのうち、氏からハーバードにいる私の所に手紙が来て、「君の出版社はつぶれたと聞いたから、君も損をしないように処置しろ」と言われた。これではまるで私が留学の便を図って貰うために嘘を言って騙したような格好になる。おどろいた私は、蒼樹社に連絡すると、編集者は「会社はつぶれても本を出す」と言ってきた。その通りになって、安心した。

その後は私は科学史の研究者の道をたどり、一方クラインは数学教育改革にのめり込んでいって、ついに会う機会なく、氏は一九九二年に八四歳で亡くなった。

この本は私の翻訳業ももっとも脂に乗っていた頃のもので、文中出てくる詩の引用も一つ一つ訳詩が既に出ていないかしらべ、中には私の訳の方がいいのではないか、と思えたところは、既存の訳詩は引用せず、自分のものに替えた。若い頃の思い出の籠もったものである。

二〇一一年二月、メルボルンにて

中山茂

1956年に蒼樹社より（タイトルは『数学文化史』）、
1962年に河出書房新社より（『数学文化史』上・下）、
1977／78年に社会思想社より（現代教養文庫、『数学の文化史』上・下）
刊行されたものを、『数学の文化史』全一巻としました。

著者 モリス・クライン
1908-1992。応用数学者。数学教育にも力を注いだ。元ニューヨーク大学教授。著書に本書のほか、『数学教育現代化の失敗』『何のための数学か』『不確実性の数学』などがある。

訳者 中山茂（なかやま・しげる）
1928-2014。科学史家。神奈川大学名誉教授。ハーヴァード大学Ph.D（科学史）。著書に『占星術』『歴史としての学問』『野口英世』『帝国大学の誕生』『近世日本の科学思想』『20・21世紀科学史』『大学生になるきみへ』、訳書にクーン『科学革命の構造』など多数。

数学の文化史

2011年4月30日　初版発行
2023年6月20日　新装版初版印刷
2023年6月30日　新装版初版発行

著　者　モリス・クライン
訳　者　中山茂
装　丁　松田行正
発行者　小野寺優
発行所　株式会社河出書房新社
〒151-0051
東京都渋谷区千駄ヶ谷2-32-2
電話03-3404-1201（営業）
03-3404-8611（編集）
https://www.kawade.co.jp/
組　版　株式会社キャップス
印　刷　三松堂株式会社
製　本　大口製本印刷株式会社

Printed in Japan
ISBN978-4-309-25459-3